高等职业教育土建类专业"十四五"创新规划教材

建筑工程计量与计价

主　编　万小华　万巨波　龚蔚兰
主　审　梅国元

中国建材工业出版社

北　京

图书在版编目（CIP）数据

建筑工程计量与计价 / 万小华，万巨波，龚蔚兰主编. － 北京：中国建材工业出版社，2023.11
高等职业教育＋建类专业"十四五"创新规划教材
ISBN 978-7-5160-3819-2

Ⅰ. ①建… Ⅱ. ①万… ②万… ③龚… Ⅲ. ①建筑工程－计量－高等职业教育－教材②建筑工程－工程造价－高等职业教育－教材 Ⅳ. ①TU723.3

中国国家版本馆 CIP 数据核字（2023）第 154904 号

建筑工程计量与计价

JIANZHU GONGCHENG JILIANG YU JIJIA

主　编　万小华　万巨波　龚蔚兰
主　审　梅国元

出版发行：中国建材工业出版社
地　　址：北京市海淀区三里河路 11 号
邮　　编：100831
经　　销：全国各地新华书店
印　　刷：北京雁林吉兆印刷有限公司
开　　本：787mm×1092mm　1/16
印　　张：22.75
字　　数：560 千字
版　　次：2023 年 11 月第 1 版
印　　次：2023 年 11 月第 1 次
定　　价：**69.80 元**

编　委　会

主　编　万小华　万巨波　龚蔚兰

副主编　孙　丽　舒灵智　刘宏勇

　　　　　范红辉　周　锴　李　云

主　审　梅国元

前　言

本书是以教育部职业教育与成人教育司 2018 年发布的高等职业学校工程造价专业教学标准为依据，根据高职高专院校土建类及中高职衔接中职土建类专业的人才培养目标、教学计划、工程量清单计价课程的课程标准，并以《建筑工程建筑面积计算规范》（GB/T 50353—2013）、《建设工程工程量清单计价规范》（GB 50500—2013）、《房屋建筑与装饰工程工程量计算规范》（GB 50854—2013）、《建筑安装工程费用项目组成》《湖南省建设工程计价办法》（2020 年）、《湖南省房屋建筑与装饰工程消耗量标准》（2020 年）等为主要依据编写而成的。

本书在编写过程中力求体现如下特点：

（1）新颖性。根据房屋建筑行业、工程造价行业最新颁布的规范、标准、计价办法、定额编写而成，紧跟时代发展步伐。

（2）紧贴工程造价岗位与工程实际。

① 以工程造价岗位工作过程为导向，遵循高等职业学校学生认知规律，将教材内容分为建设工程计价认知、工程量清单编制、工程量清单计价 3 个模块。

② 全书以精选的某供水智能泵房成套设备生产基地项目施工图为载体，以该项目的工程量清单编制与清单计价为目标与纽带，按工作过程设计了 11 个学习型工作项目、53 个学习型工作任务，每个任务由任务目标、任务单、知识链接、BIM 虚拟现实任务辅导、任务评价、夯基训练 6 个方面内容组成，学习任务具体、目标明确、资料详细、实施可靠、可评可测，使学习过程即为工作过程。

（3）根据 1＋X 证书书证融通要求，将造价员技能等级证书考核有关内容融入课程。

（4）贯彻 2020 年 5 月 28 日教育部印发的《高等学校课程思政建设指导纲要》，以立德树人为目标，将思政元素融入教材。

（5）本书是以学生为中心的工作任务单式新形态教材。

（6）BIM 虚拟现实任务辅导、重难点教学视频、任务评价、夯基训练均上传到互联网云端，学习者扫码即可得到学习指导。

本书在编写过程中，力求做到语言精炼、通俗易懂、博采众长、理论联系实际，不仅适用于高职及中高职衔接土建类相关专业，而且可作为土建类从业人员业务学习和考试的参考书。

本书由湖南工程职业技术学院万小华、湖南三一工业职业技术学院万巨波、湖南电子科技职业学院龚蔚兰担任主编；湖南工程职业技术学院孙丽、舒灵智、周锘，汨罗市职业中专学校刘宏勇，湘阴县第一职业中等专业学校范红辉，长沙远大住宅工业集团股份有限公司造价总监李云担任副主编；长沙市鹏基工程项目管理有限公司总经理梅国元参与了部分章节的编写任务。全书由万小华统稿，由梅国元担任主审。

本书可作为中高职学校工程造价、建设工程管理、建筑工程技术等专业的教材，还可作为工程造价从业人员学习和考试用书。

本书在编写过程中参考了国内外同类教材和相关教材，在此一并向原作者表示感谢。由于编者水平有限，书中难免有不足之处，恳请广大读者批评指正。

编　者

2023.5

课程思政融合点与思政元素

本书的思政育人目标：积极落实国家政策，立足工程建设，服务区域经济；立足造价员岗位工程造价计算职业能力要求，对接工程建设定额编制与应用、工程量清单文件编制、工程量清单计价文件编制等岗位工作，融合造价工程师执业资格标准，培养学生工程造价计算能力及专业、细心、耐心、匠心的职业素养；以技能为纽带，以提炼的思政融合点为切入点，通过相关教学法，融入思政元素，提高学生的文化素养，培养其民族情怀；倡导节能、环保、创新、守法意识，坚守契约精神，做中华优秀文化的传承者。

内容导引		思政融合点	教学方法	思政元素
模块1 建设工程 计价认知	项目1 建设工程 计价	引入北京大兴国际机场、港珠澳大桥等工程建设案例，从工程规模、工程设计特色、工程施工技术、建筑材料创新方面让学生领略我国经济建设取得的巨大成功，激发学生的爱国热情	案例教学法 讨论法	工匠精神 创新精神 家国情怀
	项目2 工程建设定额	节约资源、降低消耗、节能环保对我国社会可持续发展的重要意义。专业、细心、耐心、匠心的职业素养对工程建设定额编制与应用的重要性	讨论法	节能环保 可持续发展
模块2 工程量清单 编制	项目3 工程量清单 编制基础	公平竞争、公正执法、公开透明、诚实信用、遵守规则对我国社会发展的重要意义	案例教学法 讨论法	公平正义 守法诚信
	项目4 建筑工程工程量 清单编制	降低资源消耗、绿色施工对我国社会可持续发展的重要意义。专业、细心、耐心、匠心的职业素养对工程量清单编制的重要性	案例教学法 讨论法	节能环保 可持续发展 工匠精神
	项目5 装饰工程工程量 清单编制	降低资源消耗、绿色施工对我国社会可持续发展的重要意义。专业、细心、耐心、匠心的职业素养对工程量清单编制的重要性	案例教学法 讨论法	节能环保 可持续发展 工匠精神
	项目6 措施项目 清单编制	降低资源消耗、绿色施工、安全施工对我国社会可持续发展的重要意义。专业、细心、耐心、匠心的职业素养对工程量清单编制的重要性	案例教学法 讨论法	安全环保 可持续发展 创新精神

内容导引		思政融合点	教学方法	思政元素
模块 3 工程量 清单计价	项目 7 工程量清单 计价基础	节约资源、节能环保对我国社会可持续发展的重要 意义。专业、细心、耐心、匠心的职业素养对工程量 清单计价的重要性	讨论法	节能环保 可持续发展
	项目 8 建筑工程 清单组价	降低资源消耗、绿色施工对我国社会可持续发展的 重要意义。专业、细心、耐心、匠心的职业素养对工 程量清单计价的重要性	案例教学法 讨论法	节能环保 可持续发展 工匠精神
	项目 9 装饰工程 清单组价	降低资源消耗、绿色施工对我国社会可持续发展的 重要意义。专业、细心、耐心、匠心的职业素养对工 程量清单计价的重要性	案例教学法 讨论法	节能环保 可持续发展 工匠精神
	项目 10 措施项目 清单组价	降低资源消耗、绿色施工对我国社会可持续发展的 重要意义。专业、细心、耐心、匠心的职业素养对工 程量清单计价的重要性	案例教学法 讨论法	节能环保 可持续发展 工匠精神
	项目 11 单位工程 工程量清单 计价文件的编制	公平竞争、公正执法、公开透明、诚实信用、遵守 规则对我国社会发展的重要意义。专业、细心、耐 心、匠心的职业素养对工程量清单计价文件编制的重 要性	案例教学法 讨论法 角色扮演法	公平正义 守法诚信 工匠精神

目　录

模块 1　建设工程计价认知

项目 1　建设工程计价

【项目引入】

根据国家统计局 2021 年发布的统计数据，我国全社会固定资产投资额 2019 年为 560874.30 亿元，2020 年为 527270.30 亿元。建筑业企业签订的合同额 2019 年为 545034.77 亿元，2020 年为 595576.76 亿元。为了保护国家利益、社会公共利益和招标投标活动当事人的合法权益，提高经济效益，保证项目质量，我国在 2000 年 1 月 1 日颁布了《中华人民共和国招标投标法》（2017 年 12 月修正）。《中华人民共和国招标投标法》第四十一条规定："中标人的投标应当符合下列条件之一：（一）能够最大限度地满足招标文件中规定的各项综合评价标准；（二）能够满足招标文件的实质性要求，并且经评审的投标价格最低；但是投标价格低于成本的除外。"

此外，建设项目在不同的工程建设阶段具有不同的造价文件类型，包括投资估算、设计概算、施工图预算、工程结算、工程决算等。由此可见，建设工程计价是工程建设过程中一项不可或缺的重要工作。建设工程计价项目目标如表 1-1 所示。

表 1-1　建设工程计价项目目标

知识目标	技能目标	思政目标
（1）了解基本建设的概念、内容、程序。 （2）了解基本建设程序与工程造价的联系。 （3）掌握建设项目的分解方法。 （4）掌握建设项目的总投资构成。 （5）掌握建设项目的建筑安装费用构成	（1）能进行建设项目的分解。 （2）能说明建设项目的总投资构成。 （3）能说明建设项目的建筑安装费用构成。 （4）能正确说明不同建筑工程计价模式的计价步骤、计价依据	（1）具有精益求精的工匠精神。 （2）具有节约资源、保护环境的意识。 （3）具有家国情怀。 （4）具有廉洁品质、自律能力

任务 1.1　建设项目的分解

【任务目标】

（1）了解基本建设的概念、内容、程序，了解基本建设程序与工程造价的联系，掌握建设项目的分解方法。

（2）能正确说明建设项目的建设程序，能对建设项目进行逐级分解。

（3）具有精益求精的工匠精神，具有查找资料、应用资料的能力，具有节约资源、保护环境的意识，具有较强的表达沟通能力，具有家国情怀。

【任务单】

建设项目的分解的任务单如表 1-2 所示。

表 1-2 建设项目的分解的任务单

任务一 说明某建设项目的建设程序	
任务内容	识读某供水智能泵房成套设备生产基地项目 2♯ 配件仓库工程施工图（见附图），说明该项目的建设程序
任务要求	每三人为一个小组（一人为编制人，一人为校核人，一人为审核人）
任务二 建设项目的分解	
任务内容	识读某供水智能泵房成套设备生产基地项目 2♯ 配件仓库工程施工图，完成该建设项目的分解
任务要求	每三人为一个小组（一人为编制人，一人为校核人，一人为审核人）

【知识链接】

1.1.1 基本建设的概念

基本建设是指固定资产扩大再生产的新建、扩建、改建、恢复工程及与之有关的其他工作。实质上，基本建设就是人们使用各种施工机具对各种建筑材料、机械设备等进行建造和安装，使之成为固定资产的过程。

1.1.2 基本建设的内容

基本建设的内容主要有：

（1）建筑安装工程，包括各种土木建筑、矿井开凿、水利工程建筑，生产、动力、运输、试验等各种需要安装的机械设备的装配，以及与设备相连的工作台等装设工程。

（2）设备购置，即购置设备、工具和器具等。

（3）勘察、设计、科学研究试验、征地、拆迁、试运转、生产职工培训和建设单位管理工作等。

1.1.3 基本建设的程序

基本建设的程序指建设项目从策划、评估、决策、设计、施工到竣工验收、投入生产或交付使用的整个过程中各项工作必须遵循的先后次序。按照建设项目发展的内在联系以及过程，将建设项目分成若干阶段，它们之间存在严格的先后次序，可以进行合理的交叉，但不能任意颠倒次序。

基本建设程序如图 1-1 所示。

基本建设应遵循先研究立项后勘察设计，先施工准备（含招投标）后施工，先验收后使用的程序，但基本建设程序的内容不是一成不变的，需要不断充实和完善。

1.1.4 基本建设程序与工程造价的联系

工程项目从筹建到竣工验收整个过程，工程造价不是固定的、唯一的、静止的，而是

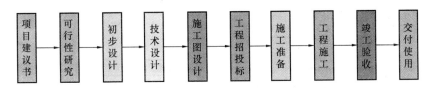

图 1-1　基本建设程序

一个随着工程的不断进展而逐步深化、逐步细化和逐渐接近工程实际造价的动态过程。如图 1-2 所示。建设工程造价管理的基本内容包括工程造价的确定与控制两个方面。不但要合理确定工程造价，而且要有效控制工程造价。要求造价管理人员在工程建设的各个阶段，采取一定的措施，把工程造价控制在计划的造价限额内，及时纠正发生的偏差，以保证工程取得较好的投资效益。

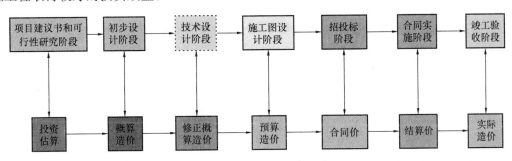

图 1-2　基本建设程序与工程造价的联系

1.1.5　建设项目的分解

建设项目的分解

工程造价计价是指按照规定的计算程序和方法，用货币的数量表示建设项目（包括拟建、在建和已建项目）的价值。工程造价计价的基本原理就在于项目的分解与组合。建设项目具有单件性与多样性组成的特点，每一个建设项目的建设都需要按业主的特定需要进行单独设计、单独施工，因而不能批量生产和按整个项目确定价格，只能采用特殊的计价程序和计价方法，即将整个项目分解，划分为可以按有关技术经济参数测算价格的基本构造要素（或称分部、分项工程），这样就很容易地计算出基本构造要素的费用。一般来说，分解层次越多，基本子项越细，计算越精确。按照我国对工程造价的有关规定和习惯做法，建设项目按照组成内容的不同，可以分解为建设项目、单项工程、单位工程、分部工程和分项工程五个层次。建设项目的分解如图 1-3 所示。

1. 建设项目

建设项目是指按照同一个总体设计，在一个或两个以上工地上进行建造的单项工程之和。作为一个建设项目，一般应有独立的设计任务书，行政上是有独立组织形式的管理单位，经济上是进行独立经济核算的法人组织，如一家工厂、一家医院、一所学校等。

2. 单项工程

单项工程是指具有独立的施工条件和设计文件，建成后能够独立发挥生产能力或工程效益的工程项目，如办公楼、教学楼、食堂、宿舍楼等。单项工程是建设项目的组成部分。

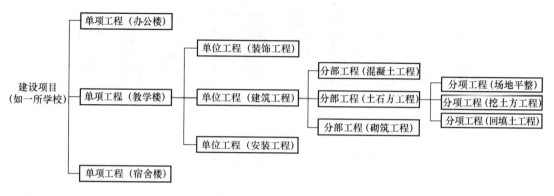

图 1-3　建设项目的分解

3. 单位工程

单位工程是具有独立的设计图纸与施工条件，但建成后不能单独形成生产能力与发挥效益的工程。单位工程是单项工程的组成部分，如土建工程、给排水工程、电气照明工程、设备安装工程等。单位工程是编制设计总概算、单项工程综合概算造价的基本依据。

4. 分部工程

分部工程是单位工程的组成部分。分部工程是按照建筑物的结构部位或主要工种划分的工程分项，如基础工程、墙体工程、脚手架工程、楼地面工程、屋面工程、钢筋混凝土工程、装饰工程等。分部工程费用组成单位工程价格，是按分部工程发包时确定承发包合同价格的基本依据。

5. 分项工程

分项工程是分部工程的细分，是构成分部工程的基本项目，又称工程子目或子目，是指通过较为简单的施工过程就可以生产出来并可用适当计量单位进行计算的建筑工程或安装工程。一般按照选用的施工方法、所使用的材料、结构构件规格等不同因素划分施工分项。如在砌筑工程中可划分为砖基础、砖墙、砖柱、砌块墙、钢筋砖过梁等，在土石方工程中可划分为挖土方、回填土、余土外运等分项工程。这种以适当计量单位进行计量的工程实体数量就是工程量，不同步距的分项工程单价是工程造价最基本的计价单位（单价）。每一分项工程的费用即为该分项工程的工程量和单价的乘积。

任务 1.2　认识工程造价

【任务目标】

（1）了解工程造价的含义、特点，掌握建设项目的总投资构成，掌握建设项目的建筑安装费用构成。

（2）能正确说明建设项目的总投资构成，能正确说明建设项目的建筑安装费用构成。

（3）具有精益求精的工匠精神，具有查找资料、应用资料的能力，具有节约资源、保护环境的意识，具有较强的表达沟通能力，具有较强的团队协作能力，具有公正、廉洁精神。

【任务单】

认识工程造价的任务单如表 1-3 所示。

表 1-3　工程造价的任务单

任务一　说明某建设项目的总投资构成	
任务内容	识读某供水智能泵房成套设备生产基地项目 2♯配件仓库工程施工图（见附图），写出该项目的总投资构成
任务要求	每三人为一个小组（一人为编制人，一人为校核人，一人为审核人）
任务二　说明某项目的建筑安装工程费用构成	
任务内容	识读某供水智能泵房成套设备生产基地项目 2♯配件仓库工程施工图（见附图），根据 2020 年印发的《湖南省建设工程计价办法》规定的建筑安装工程费构成（按工程造价形成划分）写出该建设项目中 2♯配件仓库工程建筑安装费用构成
任务要求	每三人为一个小组（一人为编制人，一人为校核人，一人为审核人）

【知识链接】

1.2.1　工程造价的概念

工程造价从不同的角度定义有不同的含义，通常有如下两种定义。

一是从投资者-业主的角度定义，工程造价是指建设一项工程预期开支或实际开支的全部固定资产投资费用，包括建筑安装工程费、设备及工器具购置费、工程建设其他费、预备费、建设期贷款利息与固定资产投资方向调节税。

认识工程造价

二是从市场的角度定义，工程造价是指工程价格，即为建成一项工程，预计或实际在土地市场、设备市场、技术劳务市场，以及承包市场等交易活动中所形成的建筑安装工程的价格和建设工程总价格。这种定义是将工程项目作为特殊的商品形式，通过招投标、承发包和其他交易方式，在多次预估的基础上，最终由市场形成价格。

工程造价两种含义之间的关系：第一种含义体现的是工程项目的个别成本，第二种含义体现的是市场价值规律。当投资者生产的建筑产品工程造价低于市场平均价格时，市场竞争优势大；当投资者生产的建筑产品工程造价高于市场平均价格时，没有竞争优势，可能被市场淘汰。

1.2.2　建设项目的总投资构成

建设项目总投资是为完成工程项目建设并达到使用要求或生产条件，在建设期内预计或实际投入的全部费用总和。生产性建设项目总投资包括建设投资、建设期利息和流动资产投资三部分；非生产性建设项目总投资包括建设投资和建设期利息两部分。其中，建设投资和建设期利息之和对应于固定资产投资，固定资产投资与建设项目的工程造价在量上相等。工程造价的基本构成包括用于购买工程项目所含各种设备的费用，用于建筑施工和安装施工所需支出的费用，用于委托工程勘察设计应支付的费用，用于购置土地所需的费用，也包括用于建设单位自身进行项目筹建和项目管理所花费的费用等。总之，工程造价是按照确定的建设内容、建设规模、建设标准、功能要求和使用要求等将工程项目全部建成，在建设期预计或实际支出的建设费用。

工程造价中的主要构成部分是建设投资，建设投资是为完成工程项目建设，在建设期内投入且形成现金流出的全部费用。建设投资包括工程费、工程建设其他费和预备费三部分。工程费用是指建设期内直接用于工程建造、设备购置及其安装的建设投资，可以分为建筑安装工程费和设备及工器具购置费；工程建设其他费是指建设期内发生的与土地使用权取得、整个工程项目建设以及未来生产经营有关的构成建设投资但不包括在工程费用中的费用。预备费是在建设期内为各种不可预见因素的变化而预留的可能增加的费用，包括基本预备费和价差预备费。建设项目的总投资构成如图 1-4 所示。

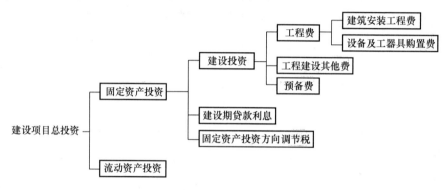

图 1-4 建设项目的总投资构成

1.2.3 建筑安装工程费用构成

在工程建设中，建筑安装工程是创造价值的生产活动。建筑安装工程费用作为建筑安装工程价值的货币表现，也被称为建筑安装工程造价。

住房城乡建设部、财政部 2003 年印发的《建筑安装工程费用项目组成》、湖南省住房和城乡建设厅 2020 年印发的《湖南省建设工程计价办法》及《湖南省建设工程消耗量标准》分别规定了建筑安装工程费构成。此处介绍《湖南省建设工程计价办法》《湖南省建设工程消耗量标准》规定的建筑安装工程费构成。

1. 按费用构成要素划分

建筑安装工程费按照费用构成要素划分，由人工费、材料费、施工机具使用费、企业管理费、利润和增值税组成。

（1）人工费，是指按工资总额构成规定，支付给从事建筑安装工程施工的生产工人和附属生产单位工人的各项费用。内容包括：计时工资或计件工资、奖金、津贴补贴、加班加点工资、特殊情况下支付的工资，五险一金。

（2）材料费，是指施工过程中耗费的原材料、辅助材料、构配件、零件、半成品或成品、工程设备的费用。内容包括：材料原价、运杂费、运输损耗费、采购及保管费。

（3）施工机具使用费，是指施工作业所发生的施工机械、仪器仪表使用费或其租赁费。

① 施工机械使用费，包括折旧费、检修费、维护费、安拆费及场外运费、人工费、

燃料动力费、其他费用。

② 仪器仪表使用费，是指工程施工所需使用的仪器仪表的摊销及维修费用。

（4）企业管理费，是指建筑安装企业组织施工生产和经营管理所需的费用。内容包括：管理人员工资、办公费、差旅交通费、固定资产使用费、工具用具使用费、劳动保险和职工福利费、劳动保护费、自检试验费、工会经费、职工教育经费、财产保险费、财务费、税金及附加、其他。

（5）利润，是指承包人完成合同工程获得的盈利。

（6）增值税，是以商品（含应税劳务）在流转过程中产生的增值额作为计税依据而征收的一种流转税。在增值税条件下，计税方法包括一般计税法和简易计税法。

2. 按工程造价形成划分

建筑安装工程费按照工程造价形成，由分部分项工程费、措施项目费、其他项目费和增值税组成。

（1）分部分项工程费，是指各专业工程（或单位工程）的分部分项工程应予列支的各项费用。

（2）措施项目费，是指为完成工程项目施工，发生于该工程施工准备和施工过程中的技术、生活、安全、绿色施工（节能、节地、节水、节材、环境保护）等方面的费用。

① 单价措施项目费，包括大型机械进出场及安拆费、大型机械设备基础、脚手架工程费、二次搬运费、排水降水费，各专业工程措施项目及其包含的内容详见国家工程量计算规范。

② 总价措施项目费，包括夜间施工增加费、冬雨季施工增加费、压缩工期施工措施增加费、已完工程及设备保护费、工程定位复测费、专业工程中有关的措施项目费。

③ 绿色施工安全防护施工措施项目费，包括安全文明施工费和绿色施工措施费。其中，安全文明施工费包括安全生产费、文明施工费、环境保护费、临时设施费。绿色施工措施费是指施工现场为达到环保部门绿色施工要求所需要的费用，包括扬尘控制措施费（场地硬化、扬尘喷淋、雾炮机、扬尘监控和场地绿化）、施工人员实名制管理及施工场地视频监控系统、场内道路、排水沟及临时管网、施工围挡等费用。

（3）其他项目费，其他项目费由其他项目清单内的费用组成，包括暂列金额、计日工费用、总承包服务费、优质工程增加费、安全责任险、环境保护税、提前竣工措施增加费、索赔签证。

（4）增值税，是以商品（含应税劳务）在流转过程中产生的增值额作为计税依据而征收的一种流转税。在增值税条件下，计税方法包括一般计税法和简易计税法。

任务 1.3　认识建设工程计价

【任务目标】

（1）了解建设工程计价的概念、特点，掌握建设工程计价模式分类及相应特点、计价步骤、计价依据。

（2）能正确说明不同建设工程计价模式的计价步骤、计价依据。

（3）具有精益求精的工匠精神，具有查找资料、应用资料的能力，具有节约资源、保护环境的意识，具有较强的表达沟通能力，具有较强的团队协作能力。

【任务单】

认识建设工程计价的任务单如表 1-4 所示。

表 1-4 建设工程计价的任务单

任务内容	现采用工程量清单计价方式编制某供水智能泵房成套设备生产基地项目 2♯配件（见附图）仓库工程的招标控制价，试写出其编制依据和计价步骤
任务要求	每三人为一个小组（一人为编制人，一人为校核人，一人为审核人）

【知识链接】

1.3.1 建设工程计价的概念

建设工程计价就是计算和确定建设项目的工程造价，是建设工程造价计价的简称，也称建设工程估价。工程造价人员在项目实施的各个阶段，根据各个阶段的不同要求，遵循计价原则和程序，采用科学的计价方法，对投资项目最可能实现的合理价格做出科学的计算，从而确定投资项目的工程造价，编制工程造价的经济文件。

工程造价的特点使得工程计价的内容、方法及表现形式各不相同。业主或其委托的咨询单位编制的工程项目投资估算、设计概算、招标控制价，承包商及分包商编制的投标报价，都是建设工程计价的不同表现形式。

1.3.2 建设工程计价的特点

1. 单件性

建筑产品的多样性，决定了每项工程都必须单独计算造价。

2. 多次性

建设项目建设周期长、规模大、造价高，需要按建设程序分阶段进行，才能保证工程造价计算的准确性和实施控制的有效性。

（1）投资估算。投资估算是指在整个建设投资决策阶段，由建设单位或可行性研究单位依据现有的资料和一定的方法，对建设项目的投资数额进行的估计。投资估算一般针对一个建设项目来编制。

项目建议书阶段编制的初步投资估算，作为相关部门审批项目建议书的依据之一；可行性研究阶段的投资估算，可作为对项目是否可行做出初步判断的依据；可行性研究报告评审阶段的投资估算，可作为对项目是否真正可行进行最后决定的依据。

（2）设计概算。设计概算是指在初步设计阶段，由设计单位根据初步设计图纸，预先对工程造价进行的概略计算。设计概算是设计文件的组成部分，其内容包括建设项目从筹建到竣工验收的全部建设费用。

经批准的设计概算是确定建设项目造价、编制固定资产投资计划、签订建设项目承包合同和贷款合同的依据，是控制拟建项目投资的最高限额。按照编制工程对象的不同，设计概算可分为建设项目总概算、单项工程综合概算和单位工程概算。

（3）修正概算。当建设工程采用三阶段设计时，在技术设计阶段，随着对初步设计的深化，建设规模、结构性质、设备类型和数量等方面可能要进行必要的修改和变动，因此初步设计概算需要随之做必要的修正和调整。一般情况下，修正概算不能超过原已批准的初步概算投资额。

（4）施工图预算。在施工图设计阶段，根据施工图纸、各种计价依据和有关规定编制的施工图预算，是施工图设计文件的重要组成部分。经审查批准的施工图预算，是签订建筑安装工程承包合同、办理建筑安装工程价款结算的依据，比概算造价或修正概算造价更为详尽和准确，但不能超过设计概算造价。

（5）合同价。合同价是指工程招投标阶段，在签订总承包合同、建筑安装工程施工承包合同、设备材料采购合同时，由发包方和承包方协商一致作为双方结算基础的工程合同价格。合同价具有市场价格的性质，是由承发包双方根据市场行情共同议定和认可的成交价格，但不等同于最终结算的实际工程造价。

（6）工程结算。工程结算是指一个建设项目、单项工程、单位工程或分部工程完工，并经建设单位及有关部门验收后，施工企业根据工程合同的条款规定，结合施工过程的设计变更通知，施工变更，材料代换，现场签证，地方现行人、材、机价格和各项费用标准等，在合同价的计价文件基础上，按规定编制的反映工程实际造价的文件。

（7）竣工决算。竣工决算是在整个建设项目或单项工程完工并经验收合格后，由建设单位根据竣工结算等资料，编制的反映整个建设项目或单项工程从筹建到竣工交付使用全过程实际支付的建设费用的文件。

综合以上内容，工程的各计价过程之间是相互联系、相互补充、相互制约的，前者制约后者，后者补充前者。

3. 组合性计价

工程造价的计算是逐步组合而成的。一个建设项目总造价由各个单项工程造价组成；一个单项工程造价由各个单位工程造价组成；一个单位工程造价按分部分项工程费用计算而成。其计价顺序是：分部分项工程费用→单位工程造价→单项工程造价→建设项目总造价。

4. 计价方法的多样性

工程的多次计价有各不相同的计价依据，每次计价的精确度要求各不相同，由此决定了计价方法的多样性。例如，投资估算的方法有设备系数法、生产能力指数估算法等。

5. 计价依据的复杂性

影响造价的因素多决定了计价依据的复杂性。计价依据主要可分为以下 7 类：

（1）设备和工程量计算依据，包括项目建议书、可行性研究报告、设计文件等。

（2）人工、材料、机械等实物消耗量计算依据，包括投资估算指标、概算定额、预算定额等。

（3）工程单价计算依据，包括人工单价、材料价格、材料运杂费、机械台班费等。

（4）设备单价计算依据，包括设备原价、设备运杂费、进口设备关税等。

（5）措施费、间接费和工程建设其他费用计算依据，主要是相关的费用定额和指标。

(6) 政府规定的税、费。

(7) 物价指数和工程造价指数。

工程计价依据的复杂性不仅使计算过程复杂，而且需要计价人员熟悉各类依据，并加以正确应用。

1.3.3 建设工程计价模式

1. 定额计价模式

定额计价模式是采用国家、部门或地区统一规定的工程定额和取费标准进行工程计价的模式。在定额计价模式下，由国家制定工程定额，并且规定各项费用的内容和取费标准。建设单位和施工单位均先根据定额中规定的工程量计算规则、定额单价计算人工费、材料费、施工机具使用费，再按照规定的费率和取费程序计取企业管理费、利润、规费和税金，汇总得到工程造价。在传统计价模式下，工程计价方法有两种，即预算单价法和实物法。定额计价模式的计价步骤如图 1-5 所示。

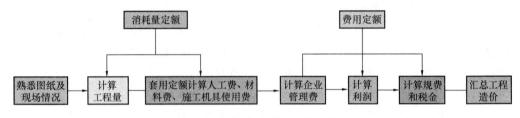

图 1-5 定额计价模式的计价步骤

2. 清单计价模式

为了使我国工程造价管理与国际接轨，2003 年，我国颁布了《建设工程工程量清单计价规范》（GB 50500—2003）。"03 规范"规范自实施以来，在各地和有关部门的工程建设中得到了有效推行，但也存在一些不足之处，经过两年多起草和多次修改论证，2008年 7 月 9 日发布了《建设工程工程量清单计价规范》（GB 50500—2008），从 2008 年 12 月 1 日起开始实施，要求"全部使用国有资金投资或国有资金投资为主的工程建设项目，必须采用工程量清单计价"，全面推广工程量清单计价方式。随着我国建设市场的不断发展和成熟，总结《建设工程工程量清单计价规范》（GB 50500—2008）实施的经验，针对执行中存在的问题，住房城乡建设部和国家质量监督检验检疫总局于 2012 年 12 月 25 日联合发布《建设工程工程量清单计价规范》（GB 50500—2013），自 2013 年 7 月 1 日起开始实施，《建设工程工程量清单计价规范》（GB 50500—2008）同时废止。

工程量清单计价模式是指按照工程量清单计价规范规定的全国统一工程量计算规则，由招标方提供工程量清单和有关技术说明，投标人根据自身的技术、财务、管理能力和市场价格进行投标报价的一种计价模式。工程量清单计价模式的计价步骤如图 1-6 所示。

工程量清单计价能够更直观准确地反映工程的实际成本，更适用招投标竞争定价的要求，单价清晰明了，能够直观反映各清单项目所需的消耗和资源。有利于控制造价，有利于公平、公开、公正的市场竞争机制形成，减小因合同价的不明确产生的纠纷和扯皮。

在招投标中采用工程量清单计价，施工承包企业可根据自身技术力量、施工方案、企业实力、企业成本、预期的利润、采用的施工技术措施及市场状况进行竞争报价。

工程量清单单价具有相对固定性和一定的综合性。工程量清单计价采用的综合单价，

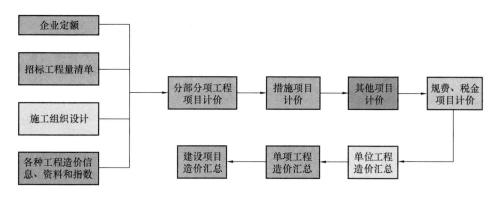

图 1-6　工程量清单计价模式的计价步骤

包含了清单项目所需的人工费、材料费、施工机具使用费、管理费、利润以及风险因素。另外，工程量清单报价一经合同确认，单价不能改变。中标单位确定后，以单价形式签订施工合同。施工过程中，按实际完成工程量清单所列内容及分项，依据合同单价和有关合同条款计算付款；出现工程变更或索赔时，也可参照确认的工程量清单单价，计算新增项目单价和索赔价格。

1.3.4　建设工程计价依据

1. 工程造价计价依据的概念

所谓工程造价计价依据，是用以计算工程造价的基础资料的总称。由于影响工程造价的因素很多，每一项工程的造价都要根据工程的用途、类别、结构特征、建设标准、所在地区和坐落地点、市场价格信息，以及政府的产业政策、税收政策和金融政策等具体计算。因此，就需要确定上述各项因素相关的各种量化的定额或指标等以作为计价的基础计价依据。

2. 工程造价计价依据的分类

工程造价计价依据种类较多，依据不同的分类方法，可进行不同分类。按用途分类和按使用对象分类是最常用的两种方法。

（1）按用途分类。工程造价的计价依据按用途分类，概括起来可以分为七大类十八小类。

① 规范工程计价的依据：《建设工程工程量清单计价规范》（GB 50500—2013）。

② 计算设备数量和工程量的依据：可行性研究资料，初步设计、扩大初步设计、施工图设计图纸和资料，工程变更及施工现场签证。

③ 计算分部分项工程人工、材料、机械台班消耗量及费用的依据：概算指标、概算定额、预算定额，人工单价，材料预算单价，机械台班单价，工程造价信息。

④ 计算建筑安装工程费用的依据：间接费定额，价格指数。

⑤ 计算设备费的依据：设备价格、运杂费率等。

⑥ 计算工程建设其他费用的依据：用地指标，各项工程建设其他费用定额等。

⑦ 计算造价相关的法规和政策：包含在工程造价内的税种、税率，与产业政策、能源政策、环境政策、技术政策和土地等资源利用政策有关的取费标准，利率和汇率，其他计价依据。

（2）按使用对象分类。

① 规范承包商计价行为的依据：施工组织设计、施工方案、企业定额。

② 规范建设单位（业主）和承包商双方计价行为的依据包括：《建设工程工程量清单计价规范》（GB 50500—2013）；初步设计、扩大初步设计、施工图设计图纸和资料；工程变更及施工现场签证；概算指标、概算定额、预算定额；人工单价；材料预算单价机械台班单价；工程造价信息；间接费定额；设备价格、运杂费率等；包含在工程造价内的税种、税率；利率和汇率；其他计价依据。

【项目夯基训练】

【项目任务评价】

项目2 工程建设定额

【项目引入】

工程建设定额是指在正常的施工条件下和合理的劳动组织、合理使用材料及机械的条件下，完成单位合格建设产品所必需的人工、材料、机械台班的数量标准。工程建设定额反映了在一定的社会生产力水平下建设产品生产与生产消耗的数量关系。工程建设定额是建设工程计价的重要依据。工程建设定额项目目标如表2-1所示。

表 2-1 工程建设定额项目目标

知识目标	技能目标	思政目标
（1）了解定额的概念、分类与特点。 （2）掌握施工定额的概念及劳动定额、材料消耗定额、机械台班消耗定额的确定方法。 （3）了解预算定额的概念、构成，掌握预算定额人工、材料、机械台班消耗指标的确定方法。 （4）掌握预算定额的应用方法	（1）能正确说明施工定额、预算定额、概算定额、概算指标及投资估算指标的区别和联系。 （2）能够编制确定劳动定额、材料消耗定额、机械台班消耗定额。 （3）能够编制确定预算定额人工、材料、机械台班消耗指标。 （4）具有预算定额的应用能力	（1）具有精益求精的工匠精神。 （2）具有节约资源、保护环境的意识。 （3）具有家国情怀。 （4）具有廉洁品质、自律能力

任务 2.1 认识建筑工程定额

定额的起源

【任务目标】

1. 了解定额、定额水平的概念，掌握定额的分类及特点。

2. 能正确说明施工定额、预算定额、概算定额、概算指标及投资估算指标的区别和联系。

3. 具有精益求精的工匠精神，具有查找资料、利用资料的能力。

【任务单】

认识建筑工程定额的任务单如表2-2所示。

表 2-2 建筑工程定额的任务单

任务一 理解定额的起源和发展		
任务内容	查阅资料，说明定额的起源和我国不同时期定额的发展情况	
任务要求	每三人为一个小组（一人为编制人，一人为校核人，一人为审核人）	
定额的起源		
我国不同时期定额的发展		
任务二 根据定额的分类说明各种定额的用途		
任务内容	按定额编制程序和用途来分，工程建设定额可分为施工定额、预算定额、概算定额、概算指标及投资估算指标	
任务要求	每三人为一个小组（一人为编制人，一人为校核人，一人为审核人）	
定额分类	编制对象	用途
施工定额		
预算定额		
概算定额		
概算指标		
投资估算指标		

【知识链接】

2.1.1 定额的概念

"定"就是规定，"额"就是额度，定额即规定在生产中各种社会必要劳动的消耗量（包括活劳动和物化劳动）的标准尺度。生产任何一种合格产品都必须消耗一定数量的人工、材料、机械台班，而生产同一产品所消耗的劳动量常随着生产因素和生产条件的变化而不同。一般来说，在生产同一产品时，所消耗的劳动量越大，产品的成本越高，企业盈利就会降低，对社会的贡献就会降低；反之，所消耗的劳动量越小，产品的成本越低，企业盈利就会增加，对社会的贡献就会增加。但这时消耗的劳动量不可能无限地降低或增加，它在一定的生产因素和生产条件下，在相同的质量与安全要求下，必有一个合理的数额。作为衡量标准，这种数额标准还受到不同社会的制约。

定额的概念

在工程建设定额中，产品是一个广义的概念，可以指工程建设的最终产品——建设项目，也可以是独立发挥功能和作用的某些完整产品——单项工程，又可以是完整产品中能单独组织施工的部分——单位工程，还可以是单位工程中的基本组成部分——分部工程或分项工程。工程建设定额中产品概念的范围之所以广泛，是因为工程建设产品具有构造复杂、产品形体庞大、种类繁多、生产周期长等技术特点。

2.1.2 定额水平

定额水平是指完成单位产品所需的人工、材料、机械台班消耗标准的高低程度，是在一定施工组织条件和生产技术条件下规定的施工生产中活劳动和物化劳动的消耗水平。

定额水平的高低，反映了一定时期社会生产力水平的高低，与操作人员的技术水平、机械化程度、新材料、新工艺、新技术的发展和应用有关，与企业的管理水平和社会成员的劳动积极性有关。所谓定额水平高是指单位总产量提高，活劳动和物化劳动的消耗降低，反映为单位新产品造价低；反之，定额水平低是指单位产量降低，消耗提高，反映为单位新产品造价高。

产品的价值量取决于消耗于产品中的必要劳动消耗量，定额作为单位产品经济的基础，必须反映价值规律的客观要求。它的水平根据社会必要劳动时间来确定。所谓社会必要劳动时间是指在现有的社会正常生产条件下，在社会平均劳动熟练程度和劳动强度下，完成产品所需的劳动量。社会正常生产条件是指大多数施工企业所能达到的生产条件。

2.1.3 工程建设定额的分类

1. 按生产要素分类

根据生产要素，工程建设定额可分为劳动消耗定额、材料消耗定额和机械台班消耗定额三种。

（1）劳动消耗定额。

定额的分类和特点

劳动消耗定额简称劳动定额（也称人工定额），是指完成一定数量的合格产品（工程实体或劳务）规定活劳动消耗的数量标准。为了便于综合和核算，劳动定额大多采用工作时间消耗量来计算劳动消耗的数量。

（2）材料消耗定额。

材料消耗定额简称材料定额，是指完成一定数量的合格产品（工程实体或劳务）所需消耗材料的数量标准。

材料是指工程建设中使用的原材料、成品、半成品、构配件、燃料及水、电等动力资源的统称。材料作为劳动对象构成工程的实体，需用数量很大，种类很多。因此，材料消耗量的多少，消耗是否合理，不仅关系到资源的有效利用，影响市场供求状况，而且对建设工程的项目投资和建筑产品的成本控制都产生决定性的影响。

（3）机械台班消耗定额。

机械台班消耗定额是以一台机械一个工作班为计量单位，又称机械台班定额。机械消耗定额是指为完成一定数量的合格产品（工程实体或劳务）所规定的施工机械消耗的数量标准。

以上三种定额是制定其他各种定额的基础，故又称为基础定额。

2．按定额编制程序和用途分类

根据定额编制程序和用途，工程建设定额可分为施工定额、预算定额、概算定额、概算指标及投资估算指标五种。

（1）施工定额。

施工定额是以同一性质的施工过程——工序作为研究对象编制的定额，表示生产产品数量与生产要素消耗的综合关系。施工定额是施工企业（建筑安装企业）为组织生产和加强管理在企业内部使用的一种定额，属于企业定额的性质。为了适应组织生产和管理的需要，施工定额的项目划分很

施工作业研究

细，是工程建设定额中分项最细、定额子目最多的一种定额，也是工程建设定额中的基础定额。

施工定额主要用于工程的直接施工管理，并作为编制工程施工设计、施工预算、施工作业计划、签发施工任务单、限额领料卡及结算计件工资或计量奖励工资的依据，同时也是编制预算定额的基础。

（2）预算定额。

预算定额是以分项工程和结构构件为对象编制的定额，是一种计价性定额。从编制程序上看，预算定额是以施工定额为基础综合扩大编制的，同时也是编制概算定额的基础。

预算定额是在编制施工图预算阶段，计算工程造价和计算工程中的劳动、材料和机械台班需要量时使用的定额，是调整工程预算和工程造价的重要基础，也可以作为编制施工组织设计、施工技术财务计划的参考。

（3）概算定额。

概算定额是以扩大分项工程或扩大结构构件为对象编制的，计算和确定劳动、材料及机械台班消耗量所使用的定额，是一种计价性定额。

概算定额是编制扩大初步设计概算、确定建设项目投资额的依据。概算定额项目的划分粗细，与扩大初步设计的深度相适应，一般是在预算定额的基础上综合扩大而成的，每一综合分项概算定额都包括了数项预算定额。

（4）概算指标。

概算指标是概算定额的扩大和合并，是以整个建筑物和构筑物为对象，以更为扩大的计量单位编制的定额，是一种计价性定额。

概算指标一般是在概算定额和预算定额的基础上编制的，比概算定额更加综合扩大，是设计单位编制工程概算或建设单位编制年度任务计划、施工准备期间编制材料和机械设

备供应计划的依据，也可作为国家编制年度建设计划的参考。

（5）投资估算指标。

投资估算指标是项目建议书和可行性研究阶段编制投资估算、计算投资需要量时使用的一种定额。投资估算定额非常概略，往往以独立的单项工程或完整的工程项目为设计对象，编制内容是所有项目费用之和。投资估算定额的概略程度与可行性研究阶段相适应。投资估算指标往往根据历史的预、决算资料和价格变动等资料编制，但其编制基础仍然离不开预算定额和概算定额。

3. 按编制单位和执行范围分类

（1）全国统一定额。

全国统一定额是由国家建设行政主管部门综合我国工程建设中技术和施工组织条件的情况编制的，在全国范围内执行的定额，如全国统一的劳动定额、全国统一的建筑工程基础定额等。

（2）行业统一定额。

行业统一定额是由各行业行政主管部门充分考虑本行业专业特点、施工生产和管理水平而编制的，一般只在本行业和相同专业性质的范围内使用的定额，这种定额往往是为专业性较强的工业建筑安装工程制定的。例如，铁路建设工程定额、水利建筑工程定额、矿井建设工程定额等。

（3）地区统一定额。

地区统一定额是由各省、市、自治区在考虑地区特点和统一定额水平的条件下编制的，只在规定的地区范围内使用的定额。例如，一般地区适用的建筑工程预算定额、概算定额、园林定额等。

（4）企业定额。

企业定额是由施工企业根据本企业具体情况，参照国家、部门和地区定额编制方法制定的定额。企业定额只在本企业内部执行，是衡量企业生产力水平的一个标志。企业定额水平只有高于国家现行定额，才能满足生产技术发展、企业管理和市场竞争的需要。

（5）补充定额。

它是指随着设计、施工技术的发展，在现行定额不能满足需要的情况下，为补充现行定额中漏项或缺项而制定的定额。补充定额是只能在指定的范围内使用的指标。

4. 按照专业分类

根据专业，工程建设定额可分为建筑工程定额、装饰工程定额、安装工程定额、仿古建筑及园林工程定额、公路工程定额、铁路工程定额、水利工程定额等。

5. 按照投资费用分类

按照投资费用分类，工程建设定额可分为直接工程费定额、措施费定额、利润和税金定额、间接费定额、设备及工器具定额、工程建设其他费定额。

任务2.2 施工定额的编制和应用

【任务目标】

1. 了解劳动定额的概念和表现形式，掌握工作时间的分类及劳动定额的确定方法；掌握材料消耗定额、机械时间消耗的分类及机械台班消耗定额的确定方法。

2. 具有劳动定额、材料消耗定额、机械台班消耗定额的确定能力。

3. 具有精益求精的工匠精神，具有良好的沟通能力及团结协作能力。

【任务单】

施工定额的编制和应用的任务单如表 2-3 所示。

表 2-3　施工定额的编制和应用的任务单

任务	实测确定人工、材料消耗定额
任务内容	选择 3 块长 3m、高 2.4m 已用混合砂浆或水泥砂浆找平且干燥的墙体，分 3 个小组分别对墙体采用 106 涂料以人工滚涂法滚涂 3 遍，要求前一次滚涂涂料干燥后才能开始后一次滚涂。试使用现场技术测定法确定抹灰面墙面滚花项目人工、材料消耗定额。 （1）材料准备：106 涂料 12kg、177 胶 2kg、工作日写实记录表格纸 10 张、笔记本 1 个。 （2）工具准备：秒表 3 个、手套 9 副、安全帽 9 个、滚刷 9 个、塑料桶 6 个。 （3）人员组织：三人一组，一人滚涂，一人记录，一人辅助
任务要求	每三人为一个小组（一人为编制人，一人为校核人，一人为审核人）

【知识链接】

2.2.1　施工定额的概念

施工定额是以同一性质的施工过程——工序作为研究对象，表示生产产品数量与生产要素消耗综合关系编制的定额。施工定额是施工企业（建筑安装企业）为组织生产和加强管理在企业内部使用的一种定额，属于企业定额的性质。为了适应组织生产和管理的需要，施工定额的项目划分很细，是工程建设定额中分项最细、定额子目最多的一种定额，也是工程建设定额中的基础定额。施工定额包括劳动定额、材料消耗定额、机械台班消耗定额。

2.2.2　劳动定额的确定

劳动定额也称劳动消耗定额，即人工定额，是在一定生产技术组织条件下，完成单位合格产品所必需的劳动消耗量的标准。这个标准是国家和企业对工人在单位时间内完成的产品数量、质量的综合要求，是表示建筑安装工人劳动生产率的一个先进合理指标。

1. 劳动定额的表现形式

劳动定额的表现形式有时间定额和产量定额两种。

（1）时间定额。

时间定额是指在一定的生产技术和生产组织条件下，某工种、某技术等级的工人小组或个人，完成单位合格产品所必须消耗的工作时间。

时间定额以单位产品的消耗时间为计量单位，如工日 / m^3、工日 / m^2、工日/m、工日/t 等，每一个工日工作时间按 8h 计算。

时间定额的计算公式为：

$$单位产品的时间定额 = \frac{1}{每工产量}$$

以小组为单位计算时，则为：

$$单位产品的时间定额=\frac{小组成员工日数总和}{小组每班产量}$$

【例2-1】某工程人工挖地槽，挖土深度1.5m，槽底宽0.8m，一工日挖土方量0.42m³，则时间定额＝1/0.42＝2.381（工日/m³）。

【例2-2】某工程基础挖土方，由6名工人组成施工小组，一工日挖土方19.02m³，则时间定额＝6/19.02＝0.315（工日/m³）。

（2）产量定额。

产量定额是指在一定的生产技术和生产组织条件下，某工种、某技术等级的工人小组或个人，在单位时间（工日）内完成合格产品的数量，也称为每工产量。

产量定额的计量单位以单位时间的产品计量单位表示，如m³/工日、m²/工日、m/工日、t/工日等。

产量定额的计算公式为：

$$每工日的产量定额=\frac{1}{单位产品的时间定额（工日）}$$

以小组为单位计算时，则为：

$$小组台班产量=\frac{小组成员工日数总和}{单位产品的时间定额（工日）}$$

【例2-3】某工程人工挖地槽，挖土深度3m，槽底宽1.2m，土壤类别为一类土，人工挖土时间定额为0.292工日/m³，则每工日的产量定额＝1/0.292＝3.425（m³/工日）。

（3）时间定额和产量定额的关系。

时间定额与产量定额互为倒数。

即 时间定额×产量定额＝1

或：时间定额＝1/产量定额　　　　产量定额＝1/时间定额

【例2-4】水泥砂浆抹预制板天棚的时间定额为1.15工日/10m²，则产量定额＝1/时间定额＝1/1.15＝0.87（10m²/工日）＝8.70（m²/工日）。

2. 工作时间消耗的分类

研究施工中的工作时间最主要的目的是确定施工的时间定额和产量定额，其前提是对工作时间按其消耗性质进行分类，以便研究工时消耗的数量及其特点。

工作时间分类

工作时间，指的是工作班延续时间。例如8h工作制的工作时间就是8h，午休时间不包括在内。对工作时间消耗的研究，可以分为两个系统进行，即工人工作时间消耗和工人所使用的机器工作时间消耗。

工人工作时间消耗的分类。工人在工作班内消耗的工作时间，按其消耗的性质，基本可以分为两大类：必须消耗的时间（定额时间）和损失时间（非定额时间）。工人工作时间的分类一般如图2-1所示。

（1）必须消耗的工作时间是工人在正常施工条件下，为完成一定合格产品（工作任务）所消耗的时间，是制定定额的主要依据，包括有效工作时间、休息时间和不可避免的中断时间的消耗。

① 有效工作时间是从生产效果来看与产品生产直接有关的时间消耗。其中，包括基本工作时间、辅助工作时间、准备与结束工作时间的消耗。

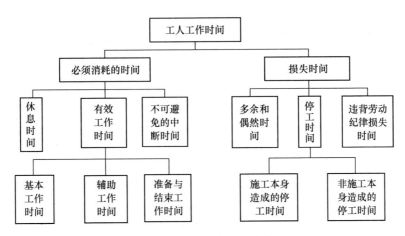

图 2-1 工人工作时间分类

a. 基本工作时间是工人完成能生产一定产品的施工工艺过程所消耗的时间。通过这些工艺过程可以使材料改变外形，如钢筋撇弯等；可以改变材料的结构与性质，如混凝土制品的养护干燥等；可以使预制构配件安装组合成型；也可以改变产品外部及表面的性质，如粉刷、刷油漆等。基本工作时间所包括的内容因工作性质而各不相同。基本工作时间的长短和工作量大小成正比。

b. 辅助工作时间是为保证基本工作能顺利完成所消耗的时间。在辅助工作时间里，不能使产品的形状大小、性质或位置发生变化。辅助工作时间的结束，往往就是基本工作时间的开始。辅助工作一般是手工操作。但在机手并动的情况下，辅助工作是在机械运转过程中进行的，为避免重复，则不应再计算辅助工作时间的消耗。辅助工作时间的长短与工作量大小有关。

c. 准备与结束工作时间是执行任务前和任务完成后所消耗的工作时间。例如，工作地点、劳动工具和劳动对象的准备工作时间，工作结束后的整理工作时间等。准备与结束工作时间的长短与所担负的工作量大小无关，但往往和工作内容有关。这项时间消耗可以分为班内的准备与结束工作时间和任务的准备与结束工作时间。其中，任务的准备与结束工作时间是在一批任务的开始与结束时产生的，如熟悉图纸、准备相应的工具、事后清理场地等，通常不反映在每一个工作班里。

② 休息时间是工人在工作过程中为恢复体力所必需的短暂休息和解决生理需要的时间消耗。这种时间是为了保证工人精力充沛地进行工作，所以在定额时间中必须进行计算。休息时间的长短和劳动条件、劳动强度有关，劳动越繁重紧张、劳动条件越差（如高温），休息时间需越长。

③ 不可避免的中断时间是由施工工艺特点引起的工作中断所必需的时间。与施工工艺特点有关的工作中断时间，应包括在定额时间内，但应尽量缩短此项时间消耗。

（2）损失时间是与产品生产无关，而与施工组织和技术上的缺点有关，与工人在施工过程中的个人过失或某些偶然因素有关的时间消耗，损失时间中包括多余和偶然工作、停工、违背劳动纪律所引起的工时损失。

① 多余工作，就是工人进行了任务以外而又不能增加产品数量的工作，如重砌质量不合格的墙体。多余工作的工时损失，一般都是由工程技术人员和工人的差错引起的，因

此，不应计入定额时间中。偶然工作也是工人在任务外进行的工作，但能够获得一定产品，如抹灰工不得不补上偶然遗留的墙洞等。由于偶然工作能获得一定产品，拟定定额时要适当考虑其影响。

② 停工时间，是工作班内停止工作造成的工时损失。停工时间按其性质可分为施工本身造成的停工时间和非施工本身造成的停工时间两种。施工本身造成的停工时间，是由施工组织不善、材料供应不及时、工作面准备工作做得不好、工作地点组织不良等情况引起的停工时间。非施工本身造成的停工时间，是由水源、电源中断引起的停工时间。前一种情况在拟定定额时不应该计算，后一种情况在拟定定额时则应给予合理的考虑。

③ 违背劳动纪律损失时间，是指工人在工作班开始和午休后的迟到、午饭前和工作班结束前的早退、擅自离开工作岗位、工作时间内聊天或办私事等造成的工时损失。由于个别工人违背劳动纪律而影响其他工人无法工作的时间损失，也包括在内。

3. 劳动定额的确定方法

劳动定额的确定方法包括技术测定法、比较类推法、统计分析法、经验估计法，这里只介绍技术测定法。

人工消耗定额的确定

技术测定法是指应用测时法、写实记录法、工作日写实法等几种计时观测法获得工作时间的消耗数据，进而制定人工消耗定额。劳动定额的表现形式有时间定额和产量定额两种，它们之间互为倒数，拟定出时间定额，即可以计算出产量定额。

时间定额是在确定工序作业时间、规范时间的基础上制定的。

（1）确定工序作业时间。

根据计时观测资料的分析和选择，我们可以获得各种产品的基本工作时间和辅助工作时间，将这两种时间合并称为工序作业时间。工序工作时间是产品主要的必须消耗的工作时间，是各种因素的集中反映，决定着整个产品的定额时间。

劳动定额的确定方法

① 拟定基本工作时间。

基本工作时间在必须消耗的工作时间中占的比重最大。在确定基本工作时间时，必须细致、精确。基本工作时间消耗一般应根据计时观察资料来确定。其做法是，首先确定工作过程每一组成部分的工时消耗，然后再综合出工作过程的工时消耗。如果组成部分的产品计量单位和工作过程的产品计量单位不

计时观测法

符，就需要先求出不同计量单位的换算系数，进行产品计量单位的换算，然后再相加，求得工作过程的工时消耗。

a. 各组成部分与最终产品单位一致时的基本工作时间计算。此时，单位产品基本工作时间就是施工过程各个组成部分作业时间的总和，计算公式为：

$$T_1 = \sum_{i=1}^{n} t_i$$

式中　T_1——单位产品基本工作时间；

　　t_i——各组成部分的基本工作时间；

　　n——各组成部分的个数。

b. 各组成部分单位与最终产品单位不一致时的基本工作时间计算。此时，各组成部

分基本工作时间应分别乘以相应的换算系数。计算公式为：

$$T_1 = \sum_{i=1}^{n} k_i \times t_i$$

式中 k_i——对应于 t_i 的换算系数。

【例 2-5】砌砖墙勾缝的计量单位是 m^2，但若将勾缝作为砌砖墙施工过程的一个组成部分，即将勾缝时间按砌墙厚度、砌体体积计算，设 $1m^2$ 墙面所需的勾缝时间为 10min，试求各种不同墙厚 $1m^3$ 砌体所需的勾缝时间。

【解】1 砖厚的砖墙，其 $1m^3$ 砌体墙面面积的换算系数为 $1/0.24＝4.17$（m^2）

则 $1m^3$ 砌体所需的勾缝时间是：$4.17×10＝41.7$（min）

标准砖规格为 240mm×115mm×53mm，灰缝宽 10mm，

故 $1\frac{1}{2}$ 墙的厚度＝0.24＋0.115＋0.01＝0.365（m）

$1\frac{1}{2}$ 厚的砖墙，其 $1m^3$ 砌体墙面面积的换算系数为 $1/0.365＝2.74$（m^2），则 $1m^3$ 砌体所需的勾缝时间是：$2.74×10＝27.4$（min）

② 拟定辅助工作时间。

辅助工作时间的确定方法与基本工作时间相同。如果在计时观测时不能取得足够的资料，则可采用工时规范或经验数据来确定。若具有现行的工时规范，则可以直接利用工时规范中规定的辅助工作时间的百分比来计算。举例如表 2-4 所示。

表 2-4 木作工程各类辅助工作时间的百分率参考表

工作项目	占工序作业时间的比例（%）	工作项目	占工序作业时间的比例（%）
磨跑刀	12.3	磨线刨	8.3
磨槽刨	5.9	锉锯	8.2
磨凿子	3.4	—	—

（2）确定规范时间。

规范时间包括工序作业时间以外的准备与结束工作时间、不可避免的中断时间以及休息时间。

① 确定准备与结束工作时间。

准备与结束工作时间分为工作日的准备与结束工作时间和任务的准备与结束工作时间两种。任务的准备与结束工作时间通常不能集中在某一个工作日中，而要采取分摊计算的方法，分摊在单位产品的时间定额里。

如果在计时观测资料中不能取得足够的准备与结束工作时间的资料，则可根据工时规范或经验数据来确定。

② 确定不可避免的中断时间。

在确定不可避免的中断时间的定额时，必须注意只有由工艺特点所引起的不可避免的中断时间才可列入工作过程的时间定额。

不可避免的中断时间需要根据测时资料通过整理分析获得，也可以根据经验数据或工时规范，以占工作日的百分比表示此项工时消耗的时间定额。

③ 拟定休息时间。

休息时间应根据工作班作息制度、经验资料、计时观测资料，以及对工作的疲劳程度做出的全面分析来确定。同时，应考虑尽可能利用不可避免的中断时间作为休息时间。

规范时间均可利用工时规范或经验数据确定，常用的参考数据如表2-5所示。

表2-5　准备与结束工作时间、休息时间、不可避免的中断时间占工作班时间的百分率参考表

序号	工种	准备与结束工作时间占工作时间的比例（%）	休息时间占工作时间的比例（%）	不可避免的中断时间占工作时间的比例（%）
1	材料运输及材料加工	2	13～16	2
2	人力土方工程	3	13～16	2
3	架子工程	4	12～15	2
4	砖石工程	6	10～13	4
5	抹灰工程	6	10～13	3
6	手工木作工程	4	7～10	3
7	机械木作工程	3	4～7	3
8	模板工程	5	7～10	3
9	钢筋工程	4	7～10	4
10	现浇混凝土工程	6	10～13	3
11	预制混凝土工程	4	10～13	2
12	防水工程	5	25	3
13	油漆玻璃工程	3	4～7	2
14	钢制品制作及安装工程	4	4～7	2
15	机械土方工程	2	4～7	2
16	石方工程	4	13～16	2
17	机械打桩工程	6	10～13	3
18	构件运输及吊装工程	6	10～13	3
19	水暖电气工程	5	7～10	3

（3）拟定定额时间。

确定的基本工作时间、辅助工作时间、准备与结束工作时间、不可避免的中断时间与休息时间之和，就是劳动定额的时间定额。根据时间定额可计算出产量定额，时间定额和产量定额互为倒数。利用工时规范，可以计算劳动定额的时间定额。计算公式如下：

工序作业时间＝基本工作时间＋辅助工作时间

规范时间＝准备与结束工作时间＋不可避免的中断时间＋休息时间

工序作业时间＝基本工作时间＋辅助工作时间＝基本工作时间／（1－辅助时间百分率）

$$定额时间 = \frac{工序作业时间}{1 - 规范时间百分率}$$

【例2-6】通过计时观测资料得知：人工挖二类土1m³的基本工作时间为6h，辅助工作时间占工序作业时间的2%。准备与结束工作时间、不可避免的中断时间、休息时间分别占工作日的3%、2%、18%。则该人工挖二类土的时间定额是多少？

【解】基本工作时间＝6h＝0.75（工日／m³）

工序作业时间＝0.75/（1－2％）＝0.765（工日/m³）

时间定额＝0.765/（1－3％－2％－18％）＝0.994（工日/m³）

2.2.3　材料消耗定额的确定

1. 施工中的材料消耗

施工中的材料消耗，可分为必需的材料消耗和损失的材料消耗两类。

必需的消耗材料，是指在合理使用材料的条件下，生产单位合格产品所需消耗的材料数量。必需的材料消耗包括直接用于建筑和工程的材料、不可避免的施工废料和不可避免的材料损耗。其中，直接构成建筑安装工程实体的材料用量称为材料净用量；不可避免的施工废料和材料损耗数量，称为材料损耗量。

材料消耗定额

材料消耗量由材料净用量和材料损耗量组成。其公式如下：

材料消耗量＝材料净用量＋材料损耗量

材料损耗量用材料损耗率（％）来表示，材料损耗率即材料的损耗量与材料净用量的比值。可用下式表示：

材料消耗定额
的确定方法

材料损耗率＝材料损耗量/材料净用量×100％

材料损耗率确定后，材料消耗定额亦可用下式表示：

材料消耗量＝材料净用量×（1＋材料损耗率）

2. 材料消耗定额的确定方法

实体材料的净用量定额和材料损耗定额的计算数据，是通过现场技术测定法、实验室试验法、现场统计法和理论计算法等方法获得的。

1）现场技术测定法，又称为观测法，是根据对材料消耗过程的测定与观察，通过完成产品数量和材料消耗量的计算，而确定各种材料消耗定额的一种方法。现场技术测定法主要适用于确定材料损耗量，因为该部分数值用现场统计法或其他方法较难得到。通过现场观察，还可以区别出哪些是可以避免的损耗，哪些属于难以避免的损耗，定额中明确不应列入可以避免的损耗。

2）实验室试验法，主要用于编制材料净用量定额。通过试验，能够对材料的结构、化学成分和物理性能以及按强度等级控制的混凝土、砂浆、沥青、油漆等配比做出科学的判断，给编制材料消耗定额提供有技术根据的、比较精确的计算数据。但其缺点在于，无法估计施工现场某些因素对材料消耗量的影响。

3）现场统计法，是以施工现场积累的分部分项工程使用材料数量、完成产品数量、完成工作原材料的剩余数量等统计资料为基础，经过整理分析，获得材料消耗的数据。这种方法由于不能分清材料消耗的性质，不能作为确定材料净用量定额和材料损耗定额的方法，只能作为编制定额的辅助性方法使用。

上述三种方法的选择必须符合国家有关标准规范，即材料要符合产品标准，计量要使用标准容器和称量设备，质量要符合施工验收规范要求，以保证获得可靠的定额编制依据。

4）理论计算法，是运用一定的数学公式计算材料消耗定额的方法。

（1）砌体材料用量的计算。

例如，1m³ 砖墙的用砖数量和砌筑砂浆的用量，可用下列理论计算公

周转性材料
消耗量的确定

式计算各自的净用量。

用砖数：

$$A = \frac{1}{墙厚 \times (砖长 + 灰缝) \times (砖厚 + 灰缝)} \times k$$

式中 k——墙厚的砖数×2（分母体积中砌块的数量）

砂浆净用量：

$$B = 1 - 砖数 \times 砌块体积$$

【例 2-7】计算 1m³ 标准砖 1 砖厚外墙砌体砖数和砂浆的净用量。已知灰缝 10mm，砖损耗率为 1％，砂浆损耗率为 1％。

【解】①标准砖的净用量。

$$每 1m³ 砖墙标准砖净用量 = \frac{1}{0.24 \times (0.24 + 0.01) \times (0.053 + 0.01)} \times 1 \times 2$$
$$= 529.1（块）$$

② 标准砖消耗量。

每 1m³ 砖墙标准砖消耗量＝529.1×(1＋1％)＝534.4≈535(块)

③ 砂浆净用量。

每 1m³ 砖墙砂浆净用量＝1－529.1×(0.24×0.115×0.053)＝0.226(m³)

④ 砂浆消耗量。

每 1m³ 砖墙砂浆消耗量＝0.226×(1＋1％)＝0.228(m³)

【例 2-8】计算尺寸为 390mm×190mm×190mm 的 1m³ 190mm 厚混凝土空心砌块墙的砌块和砂浆总消耗量，灰缝 10mm，砌块损耗率为 1.8％，砂浆损耗率为 1.8％。

【解】① 每 1m³ 砌体空心砌块净用量 $= \dfrac{1}{0.19 \times (0.39 + 0.01) \times (0.19 + 0.01)} \times 1$

$$= \frac{1}{0.19 \times 0.40 \times 0.20} = 65.8（块）$$

② 每 1m³ 砌体空心砌块消耗量＝65.8×(1＋1.8％)＝67.0(块)

③ 每 1m³ 砌体砂浆净用量＝1－65.8×0.19×0.19×0.39＝1－0.926＝0.074(m³)

④ 每 1m³ 砌体砂浆消耗量＝0.074×(1＋1.8％)＝0.075(m³)

（2）块料面层的材料用量的计算。

每 100m² 面层块料数量、灰缝及结合层材料用量公式如下：

$$100m² 块料净用量 = \frac{100}{(块料长 + 灰缝宽) \times (块料宽 + 灰缝宽)}（块）$$

$$100m² 灰缝材料净用量 = （100 - 块料长 \times 块料宽 \times 100m² 块料用量）\times 灰缝深$$
$$结合层材料用量 = 100m² \times 结合层厚度$$

【例 2-9】用 1:1 水泥砂浆贴 150mm×150mm×5mm 瓷砖墙面，结合层厚度为 10mm，试计算每 100m² 瓷砖墙面中瓷砖和砂浆的消耗量（灰缝宽度为 2mm）。假设瓷砖损耗率为 1.5％，砂浆损耗率为 1％。

【解】① 每 100m² 瓷砖墙面中瓷砖的净用量 $= \dfrac{100}{(0.15 + 0.002) \times (0.15 + 0.002)} =$

4328.25(块)

② 每 100m² 瓷砖墙面中瓷砖的消耗量＝4328.25×(1+1.5%)＝4393.17(块)

③ 每 100m² 瓷砖墙面中结合层砂浆净用量＝100×0.01＝1(m³)

④ 每 100m² 瓷砖墙面中灰缝砂浆净用量＝(100−4328.25×0.15×0.15)×0.005＝0.013(m³)

⑤ 每 100m² 瓷砖墙面中水泥砂浆总消耗量＝(1+0.013)×(1+1%)＝1.02(m³)

2.2.4　机械台班消耗定额的确定

1. 机械台班消耗定额的表现形式

施工机具台班
消耗定额

机械台班消耗定额，简称机械台班定额，是指施工机械在正常的施工条件下，合理、均衡地组织劳动和使用机械时，该机械在单位时间内的生产效率。机械台班消耗定额按其表现形式不同，可以分为机械台班时间定额和机械台班产量定额两种。

(1) 机械台班时间定额。

机械台班时间定额是指在合理的劳动组织与合理使用机械的条件下，生产某一单位合格产品所必须消耗的机械台班数量，计算单位用"台班"或"台时"来表示。工人使用一台机械，工作一个工作班称为一个台班，台班既包括机械本身的工作，又包括使用该机械的工人的工作。

所谓"台班"就是一台机械工作一个工作班，即 8h。

(2) 机械台班产量定额。

机械台班产量定额是指在合理的劳动组织与合理使用机械的条件下，规定某种机械设备在单位时间内必须完成合格产品的数量，其计量单位是以产品的计量单位来表示的。

机械台班时间定额与机械台班产量定额互为倒数关系，即

$$机械台班时间定额＝\frac{1}{机械台班产量定额}$$

(3) 机械台班人工配合定额。

使用机械必须由工人小组配合，机械台班人工配合定额是指机械台班配合用工部分，即机械和人工共同工作时的人工定额。用公式表示如下：

$$时间定额＝\frac{机械台班内工人的总工日数}{机械的台班产量}$$

$$机械台班产量定额＝\frac{机械台班内工人的总工日数}{机械台班时间定额}$$

【例 2-10】用塔式起重机安装某混凝土构件，由 1 名吊车司机、6 名安装起重工、3 名电焊工组成的小组共同完成。已知机械台班产量定额为 50 根。试计算吊装每一根构件的机械时间定额、人工时间定额和台班产量定额（人工配合）。

【解】① 吊装装配每一根混凝土构件的机械时间定额＝$\frac{1}{机械台班产量定额}＝\frac{1}{50}＝0.02$(台班/根)

② 吊装每一根构件的人工时间定额＝$\frac{(1+6+3)}{50}＝0.2$(工日/根)

③ 台班产量定额(人工配合)$=\dfrac{1}{0.2}=5$(根/工日)

2. 机械工作时间消耗的分类

在机械化施工过程中,对工作时间消耗的分析和研究,除了要对工人工作时间的消耗进行分类研究之外,还需要分类研究机械工作时间的消耗。

机械工作时间的消耗,按其性质分为必须消耗的时间和损失时间两大类。如图 2-2 所示。

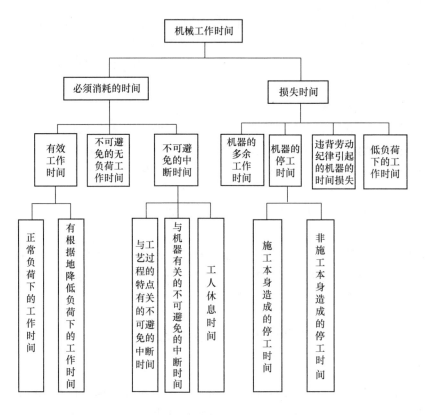

图 2-2　机械工作时间分类

1) 必须消耗的工作时间包括有效工作时间、不可避免的无负荷工作时间和不可避免的中断三项时间消耗。而有效工作时间又包括正常负荷下、有根据地降低负荷下的工作时间消耗。

(1) 正常负荷下的工作时间,是机器在与机器说明书规定的额定负荷相符的情况下进行工作的时间。

(2) 有根据地降低负荷下的工作时间,是在个别情况下由于技术上的原因,机器在低于其计算负荷的情况下工作的时间。例如,汽车运输质量轻而体积大的货物时,因不能充分利用汽车的载重吨位而不得不降低其计算负荷。

(3) 不可避免的无负荷工作时间,是由施工过程的特点和机械结构的特点造成的机械无负荷工作时间。例如,筑路机在工作区末端调头等,就属于此项工作时间的消耗。

(4) 不可避免的中断时间是与工艺过程的特点、机器的使用和保养、工人休息有关的中断时间。

① 与工艺过程的特点有关的不可避免的中断时间，有循环的和定期的两种。循环的不可避免中断，是在机器工作的每一个循环中重复一次，如汽车装货和卸货时的停车。定期的不可避免中断，是经过一定时期重复一次，如把灰浆泵由一个工作地点转移到另一个工作地点时的工作中断。

② 与机器有关的不可避免的中断时间，是由于工人进行准备与结束工作或辅助工作时，机器停止工作而引起的中断时间，与机器的使用与保养有关。

③ 工人休息时间，前文已经做了说明。这里要注意的是，应尽量利用与工艺过程有关的和与机器有关的不可避免的中断时间休息，以充分利用工作时间。

2）损失时间包括机器的多余工作时间、机器的停工时间、违背劳动纪律引起的机器的时间损失和低负荷下的工作时间。

（1）机器的多余工作时间，一是机器进行任务内和工艺过程内未包括的工作而延续的时间，如工人没有及时供料而使机器空运转的时间；二是机器在负荷下所做的多余工作，如混凝土搅拌机搅拌混凝土时超过规定搅拌时间，即属于多余工作时间。

（2）机器的停工时间。按性质机器的停工可分为施工本身造成的和非施工本身造成的停工。前者是由施工组织得不好而引起的停工现象，如由于未及时供给机器燃料而引起的停工。后者是由气候条件所引起的停工现象，如暴雨时压路机的停工。上述停工中延续的时间，均为机器的停工时间。

（3）违反劳动纪律引起的机器的时间损失，是指由工人迟到早退或擅离岗位等原因引起的机器停工时间。

（4）低负荷下的工作时间，是由工人或技术人员的过错所造成的施工机械在降低负荷的情况下工作的时间。例如，工人装车的砂石数量不足引起的汽车在降低负荷的情况下工作所延续的时间。此项工作时间不能作为计算时间定额的基础。

3.机械台班消耗定额的确定方法

（1）确定机械纯工作 1h 正常生产率。

机械纯工作时间，就是指机械的必需消耗时间。机械纯工作 1h 正常生产率，就是在正常施工组织条件下，具有必需的知识和技能的技术工人操纵机械 1h 的生产率。

根据机械工作特点的不同，机械纯工作 1h 正常生产率的确定方法也有所不同。

① 对于循环动作机械，确定机械纯工作 1h 正常生产率的计算公式如下：

机械一次循环的正常延续时间＝Σ循环各组成部分正常延续时间－交叠时间

$$机械纯工作 1h 循环次数＝\frac{60×60（s）}{一次循环的正常延续时间}$$

机械纯工作 1h 正常生产率＝机械纯工作 1h 正常循环次数×一次循环生产的产品数量

② 对于连续动作机械，要根据机械的类型和结构特征，以及工作过程的特点来确定机械纯工作 1h 正常生产率。计算公式如下：

$$连续动作机械纯工作 1h 正常生产率＝\frac{工作时间内生产的产品数量}{工作时间（h）}$$

工作时间内的产品数量和工作时间的消耗，要通过多次现场观察和机械说明书来取得数据。

（2）确定施工机械的正常利用系数。

确定施工机械的正常利用系数，是指机械在工作班内对工作时间的利用率。机械的利用系数和机械在工作班内的工作状况有着密切的关系。所以，要确定机械的正常利用系数，首先要拟定机械工作班的正常工作状况，保证合理利用工时。机械正常利用系数的计算公式如下：

$$机械正常利用系数 = \frac{机械在一个工作班内纯工作时间}{一个工作班延续时间（8h）}$$

（3）计算施工机械台班产量定额。

计算施工机械台班产量定额是编制机械定额工作的最后一步。在确定了机械工作正常条件、机械 1h 纯工作正常生产率和机械正常利用系数之后，采用下列公式计算施工机械的产量定额：

施工机械台班产量定额＝机械纯工作 1h 正常生产率×工作班纯工作时间

施工机械台班产量定额＝机械纯工作 1h 正常生产率×工作班延续时间×机械正常利用系数

$$施工机械时间定额 = \frac{1}{机械台班产量定额指标}$$

【例 2-11】某工厂现场采用出料容量 500L 的混凝土搅拌机，每一次循环中，装料、搅拌、卸料、中断需要的时间分别为 1min、3min、1min、1min，机械正常利用系数为 0.9，求该机械的台班产量定额。

【解】该搅拌机一次循环的正常延续时间＝1＋3＋1＋1＝6(min)＝0.1(h)

该搅拌机纯工作 1h 循环次数＝10(次)

该搅拌机纯工作 1h 正常生产率＝10×500＝5000(L)＝5(m³)

该搅拌机台班产量定额＝5×8×0.9＝36(m³/台班)

任务 2.3 预算定额的编制与应用

预算定额概述

【任务目标】

1. 了解预算定额的概念，了解预算定额人工、材料和机械台班消耗量指标的确定方法，掌握预算定额直接套用、换算方法。

2. 能编制预算定额人工、材料和机械台班消耗量指标，能直接套用、换算、补充预算定额。

3. 具有精益求精的工匠精神，具有查找资料、应用资料的能力，具有节约资源、保护环境的意识，具有家国情怀。

【任务单】

预算定额的编制与应用的任务单如表 2-6 所示。

表 2-6　预算定额的编制与应用的任务单

任务一　预算定额消耗量指标的确定	
任务内容	砌筑 $1\frac{1}{2}$ 标准砖墙的技术测定资料如下： （1）完成 1m³ 的砖砌体需基本工作时间 7.2h，辅助工作时间占工作班延续时间的 3%，准备与结束工作时间占 3%，不可避免的中断时间占 2%，休息时间占 10%，人工幅度差系数为 10%，超距离运砖每千块需耗时 2.5h。 （2）砖墙采用 M5 水泥砂浆，梁头、板头和窗台虎头砖占墙体积的 0.52%、2.29%、1.13%，砖和砂浆的损耗率为 1%，完成 1m³ 砌体需消耗水 0.8m³，其他材料占上述材料费的 3%。 （3）砂浆采用 400L 搅拌机现场搅拌，装料 50s，搅拌 80s，卸料 30s，不可避免地中断 10s，机械利用系数 0.8，机械幅度差系数为 15%。 根据上述资料计算确定砌筑 10m³ 砖墙的预算定额人工、材料、机械台班消耗量指标。
任务要求	每三人为一个小组（一人为编制人，一人为校核人，一人为审核人）
计算项目	计算过程
（1）人工消耗量	
（2）材料消耗量	
（3）机械台班消耗量	
任务二　预算定额的应用	
任务内容	已知有关生产要素的市场价格如下：人工价格指数 0.45，标准砖 462 元/m³，42.5 级水泥 0.425 元/kg，中净砂 156.45 元/m³，石灰膏 150 元/m³，水 5.2 元/m³，电 1.02 元/kW·h。根据本省（区、市）预算（消耗量）定额完成以下计算： （1）计算 200m³ 混水砖墙（1 砖厚，现拌 M5 水泥混合砂浆砌筑）的综合人工、材料、机械台班的消耗量。 （2）计算 150m³ 混水砖墙（1 砖厚，现拌 M7.5 水泥混合砂浆砌筑）的综合人工费、材料费、机械费
任务要求	每三人为一个小组（一人为编制人，一人为校核人，一人为审核人）
计算项目	计算过程
1.1　人工消耗量	
1.2　材料消耗量	
1.3　机械台班消耗量	
2.1　人工费	
2.2　材料费	
2.3　机械费	

【知识链接】

2.3.1　预算定额的编制

1. 预算定额的概念

预算定额是以分项工程和结构构件为对象编制的定额，是一种计价性定额。从编制程序上看，预算定额是以施工定额为基础综合扩大编制的，同时也是编制概算定额的基础。

2. 预算定额的编制方法

（1）确定预算定额的项目名称和工程内容。

预算定额的编制

预算定额项目是根据各个分项工程项目的人工、材料、机械消耗水平的不同和工种、材料品种以及使用的施工机械类型的不同而划分的，按施工顺序排列，一般有以下几种划分方法：

① 按施工现场自然条件划分，如挖土方按土壤的等级划分。

② 按施工方法不同划分，如混凝土灌注桩分钻孔桩、打孔桩、打孔夯扩桩、人工挖孔桩等。

③ 按照具体尺寸划分，如钢筋混凝土矩形柱定额项目划分为柱断面周长在1.8m以内和2.6m以内。

（2）确定预算定额项目计量单位。

① 计量单位确定原则。

预算定额项目计量单位的确定，应与定额项目相适应，由于工作内容综合，预算定额的计量单位也具有综合的性质。工程量计算规则的规定应确切反映定额项目所包含的综合工作内容。预算定额计量单位的选择主要是根据分项工程或结构构件的形体特征和变化规律，按公制或自然计量单位确定。预算定额计量单位的选择如表2-7所示。

② 计量单位的选择及消耗量小数位数取定。

预算定额的计量单位关系到预算工作的繁简和准确性，因此要根据分项工程或结构构件的形体特征和变化规律正确地确定各分部、分项工程的计量单位。预算定额中各项目人工、材料和施工机械台班的计量单位的选择相对比较固定，取定要求如表2-8所示。

表2-7 预算定额计量单位的选择

序号	构件形体特征及变化规律	计量单位	实例
1	长、宽、高（厚）三个度量均变化	m³	土方、砌体、钢筋混凝土构件等
2	长、宽两个度量变化，高（厚）一定	m²	楼地面、门窗、抹灰、油漆等
3	截面形状、大小固定，长度变化	m	楼梯、扶手、装饰线等
4	设备和材料质量变化大	t 或 kg	金属构件、设备制作安装
5	形状没有规律且难以度量	套、台、座、件（个或组）	铸铁头子、弯头、卫生洁具、栓类、阀门等

表2-8 预算定额消耗数量小数位数取定表

序号	项目	计量单位	小数取定	序号	项目	计量单位	小数取定
1	人工	工日	两位小数	4	木材	m³	三位小数
2	机械	台班	两位小数	5	水泥	kg	取整数
3	钢材	t	三位小数	6	其他材料	与产品计量单位保持一致	两位小数

3. 预算定额人工、材料和机械台班消耗量指标的确定

1）人工消耗量指标的确定。

预算定额人工消耗量指标，是指在正常的施工技术、合理的劳动组织和合理使用材料

的条件下，完成单位合格的分项工程或结构构件的制作安装必须消耗的各种用工量的总和。预算定额中的人工消耗指标的确定有两种方法：一种是以劳动定额为基础确定，另一种是以现场观察测定数据为依据来确定。

预算定额人材机
消耗量指标的确定

（1）以劳动定额为基础确定。

以劳动定额为基础的人工工日消耗量的确定包括基本用工和其他用工。

① 基本用工。基本用工是指完成一定计量单位的分项工程或结构构件制作安装必须消耗的技术工种用工，以综合取定的工程量和现行全国建筑安装工程统一劳动定额中的时间定额为基础计算，缺项部分可参考地区现行定额及实际的调查资料计算，包括：

a. 完成定额计量单位的主要用工，由于该工时消耗所对应的工作均发生在分项工程的工序作业过程中，各工作过程的生产率受施工组织的影响大，其工时消耗的大小应根据具体的施工组织方案进行综合计算。

例如，工程实际中的砖基础，有 1 砖厚、$1\frac{1}{2}$ 厚、2 砖厚等之分，不同厚度的砖基础有不同的人工消耗。在编制基础定额时，如果不区分厚度，统一按 $1m^3$ 砌体计算，则需要按统计的比例，加权平均得出综合的人工消耗。

b. 按施工定额规定应增（减）计算的人工消耗量，例如，在砖墙项目中，分项工程的工作内容包括附墙烟囱孔、垃圾道、壁橱等零星组合部分的内容，其人工消耗量相应增加附加人工消耗。由于基础定额是在施工定额子目的基础上综合扩大的，包括的工作内容较多，施工的工效视具体部位而不一样，所以需要另外增加人工消耗，而这种人工消耗也可以列入基本用工内。例如，砌砖墙中的砌砖、调制砂浆、运砖等的用工。采用劳动定额综合预算定额项目时，还要增加附墙烟囱、垃圾道砌筑等的用工。

计算公式为：

基本用工数量 ＝ Σ（综合取定的工程量 × 相应的劳动定额）

② 其他用工。其他用工是指劳动定额中没包括而在预算定额内又必须考虑的工时消耗。其内容包括超运距用工、辅助用工和人工幅度差。

a. 超运距用工。超运距用工是指预算定额项目中考虑的现场材料及成品、半成品堆放地点到操作地点的水平运输距离超过劳动定额规定的运输距离时所需增加的用工量。计算时，先求每种材料的超运距，然后在此基础上根据劳动定额计算超运距用工。其一般计算公式为：

超运距 ＝ 预算定额规定的运距 － 劳动定额规定的运距

超运距用工数量 ＝ Σ（超运距材料数量 × 相应的劳动定额）

b. 辅助用工。辅助用工是指技术工种劳动定额内未包括而在预算定额中又必须考虑的各种辅助工序用工。例如，筛沙子、洗石子、淋石灰膏等的用工。这类用工在劳动定额中是单独的项目，但在编制预算定额时要综合进去。计算公式为：

辅助用工数量 ＝ Σ（材料加工数量 × 相应的劳动定额）

c. 人工幅度差。人工幅度差是指在劳动定额作业时间中未包括，而在一般正常施工条件下又不可避免的一些零星用工因素。这些因素不能单独列项计算，一般是综合定出一个人工幅度差系数，即增加一定比例的用工量，纳入预算定额。一般包括以下几方面的内容：

　　a）工序搭接和工种交叉配合的停歇时间。

　　b）机械的临时维护、小修、移动而发生的不可避免的损失时间。

　　c）工程质量检查与隐蔽工程验收而影响工人操作时间。

　　d）工种交叉作业，难免造成已完工程局部损坏而增加修理用工时间。

　　e）施工中不可避免的少数零星用工所需要的时间。

　　预算定额的人工幅度差系数一般在 $10\%\sim15\%$。具体系数取值如表 2-9 所示：

　　人工幅度差计算公式为：

　　　　人工幅度差（工日）＝（基本用工＋超运距用工＋辅助用工）×人工幅度差系数

表 2-9　《全国统一建筑安装工程基础定额》（1995 年）人工幅度差系数表

序号	项目	人工幅度差系数（%）	序号	项目	人工幅度差系数（%）
1	土方	10	7	模板（预制）	10
2	砌筑	15	8	木门窗制作	8
3	脚手架	12		木门窗安装	10
4	混凝土（含现浇、预制）	10	9	楼地面	10
5	钢筋（含现浇、预制）	10	10	装饰	15
6	模板（现浇）	15		装饰（油漆）	10

　　预算定额分项工程人工消耗量指标（工日）＝基本用工＋其他用工

　　　　　　　　　　　　　　　　＝基本用工＋超运距用工＋辅助用工

　　　　　　　　　　　　　　　　　＋人工幅度差用工

或：

　　预算定额分项工程人工消耗量指标（工日）＝（基本用工＋超运距用工＋辅助用工）

　　　　　　　　　　　　　　　　　　　　　　×（1＋人工幅度差系数）

　　（2）以现场观察测定数据为依据确定。

　　当遇到施工定额缺项时，应首先采用这种方法，即运用时间研究的技术，通过对施工作业过程进行观察测定作业地区的数据，并在此基础上编制施工定额，从而确定相应的人工消耗量标准。在此基础上，再用第一种方法来确定预算定额的人工消耗指标。

　　这种方法是通过对施工作业过程进行观察测定工时消耗数值，再加一定人工幅度差来计算预算定额的人工消耗量。它适用于劳动定额缺项的预算定额项目编制。

　　2）材料消耗量指标的确定。

　　预算定额中的材料消耗量指标是指完成一定计量单位的分项工程或结构构件必须消耗的各种实体性材料和各种措施性材料的数量。

　　（1）材料消耗量指标的分类。

　　按用途划分为以下四种：

　　① 主要材料。主要材料是指工程中使用量大能直接构成工程实体的材料，包括成品、半成品等，如砖、水泥、砂子等。

　　② 辅助材料。辅助材料也直接构成工程实体，是除主要材料外的其他材料，如铁钉、

铅丝等。

③ 周转材料。周转材料是指在施工中能反复周转使用，但不构成工程实体的工具性材料，如脚手架、模板等。

④ 其他材料。其他材料是指在工程中用量较少，难以计量的零星材料，如线绳、棉纱等。

（2）材料消耗指标的作用。

在建筑安装工程成本中，材料费占 70% 左右。用科学的方法，正确规定材料消耗指标，对于合理使用材料、减少浪费、降低工程成本，以及保证正常施工等具有十分重要的意义。材料消耗指标是施工企业组织管理、加强经济核算的重要依据，其具体作用主要有：

① 材料消耗指标是施工企业确定工程材料需要量和储备量的依据。

② 材料消耗指标是施工企业编制材料需要量计划的基础。

③ 材料消耗指标是施工项目经理部对工人班组签发限额领料单、考核和分析材料利用情况的依据。

④ 材料消耗指标是实行材料核算，推行经济责任制，促进材料合理使用的重要手段。

（3）施工定额与预算定额中材料消耗指标的差异。

预算定额材料消耗指标的确定方法与施工定额相应内容基本相同，但由于预算定额中分项子目内容已经在施工定额基础上做了某些综合，有些工程量计算规则也做了调整，因此材料消耗指标也有了变化。两种定额材料消耗指标在定额编制形式上的差异主要有以下两个方面：

① 施工定额中材料消耗反映的是平均先进水平，预算定额中材料消耗量指标反映的是平均水平，二者水平差对主要材料通过不同的损耗率来体现，对周转材料可通过周转补损率和周转次数来体现，即编制预算定额时应采用比施工定额较大的损耗率，周转材料周转次数应按平均水平确定。

② 预算定额的某些分项内容比施工定额的内容具有较大的综合性。例如，某些地区预算定额 1 砖墙砌体就综合了施工定额中的双面清水墙、单面清水墙和混水墙的用料，以及附属于内墙中的烟囱、孔洞等结构的加工材料。因此，编制预算定额材料消耗量指标时应根据定额分项子目内容进行相应综合。

预算定额的材料消耗指标一般由材料净用量和损耗量构成。材料净用量、损耗量以及周转材料的摊销量具体确定方法已在前面章节中详细介绍，在此不再重述。

3）机械台班消耗指标的确定。

机械台班消耗指标的确定是指完成一定计量单位的分项工程或结构构件所必需的各种机械台班的消耗数量。基础定额施工机械台班消耗指标的计算具体分为以下两种情况：

（1）配合劳动班组使用的机械台班消耗数量的确定。

配合使用机械，是指以人工操作为主，配备给施工班组使用的机械为辅的机械。中、小型施工机械按小组配备，其台班产量受小组产量制约，故应以小组产量计算台班产量，不另增加机械幅度差。例如，垂直运输用塔吊、卷扬机，以及砂浆、混凝土搅拌机等。其计算公式为：

$$分项定额机械台班使用量 = \frac{分项定额计算单位值（或加工量）}{小组总产量}$$

式中：

$$小组总产量 = 产量定额 \times 小组人数$$

或：

$$分项定额机械台班使用量 = \frac{分项定额计量单位}{台班总产量}$$

（2）以劳动定额为基础的机械台班消耗量的确定。

该种方法适用于独立使用机械台班消耗量的确定。独立使用机械，就是指在施工过程中，以机械作业为主、人工为辅的大型机械（如土石方工程施工中的推土机、挖掘机，桩基工程施工中的打桩机，安装工程施工中构件吊装用起重机等）或专用机械（如地基夯实施工过程中的蛙式打夯机、楼地面水磨石施工过程中的水磨石机械等）。独立使用机械在预算定额的台班消耗指标应在劳动定额相应的机械台班定额基础上增加机械幅度差计算，其计算公式为：

预算定额机械台班消耗量 = 劳动定额中机械台班用量 + 机械幅度差

= 劳动定额中机械台班用量 × (1 + 机械幅度差系数)

机械幅度差是指劳动定额规定范围内没有包括，但实际施工中又发生，必须增加的机械台班用量。主要考虑以下内容：

① 正常施工条件下不可避免的机械空转时间。

② 施工技术原因导致的中断及合理停置时间。

③ 因供电供水故障及水电线路移动检修而发生的运转中断时间。

④ 因气候变化或机械本身故障影响工时利用的时间。

⑤ 施工机械转移及配套机械相互影响损失的时间。

⑥ 配合机械施工的工人因与其他工种交叉造成的间歇时间。

⑦ 工程质量检查造成的机械停歇的时间。

⑧ 工程收尾和工作量不饱满造成的机械间歇时间。

占比不大的零星小型机械按劳动定额小组成员计算出机械台班使用量，以"机械费"或"其他机械费"表示，不再列台班数量。大型机械的幅度差系数规定如表 2-10 所示。

表 2-10　大型机械的幅度差系数规定

序号	机械名称	幅度差系数（%）	序号	机械名称	幅度差系数（%）
1	土石方机械	25	4	钢筋加工机械	10
2	吊装机械	30	5	木作、小磨石、打夯机械	10
3	打桩机械	33	6	塔式起重机、卷扬机、砂浆、混凝土搅拌机	0

2.3.2　预算定额的应用

1. 预算定额的组成

建筑工程预算定额是在实际应用过程中发挥作用的。要正确应用预算定额，必须全面了解预算定额的组成。为了快速、准确地确定各分项工程（或配件）的人工、材料和机械台班等的消耗指标及金额标准，需要将建筑装饰工程预算定额按一定的顺序，分章、节、项和子目汇编成册。预算定额（手册）由消耗量定额和单位估价表及工程量计算规则组成。消耗量定额主要由总说明、分部说明、定额项目表和定额附录（附表）四部分组成。

（1）总说明。

总说明一般包括定额的编制原则、编制依据、指导思想、适用范围及定额的作用，同时说明了编制定额时已经考虑和没有考虑的因素，使用方法和有关规定，对名词符号的解释等。因此，使用定额前应仔细阅读总说明的内容。

（2）建筑面积计算规则。

建筑面积是核算工程造价的基础，是分析建筑工程技术指标的重要数据，是编制计划和统计工作的指标依据。因此，必须根据国家有关规定，对建筑面积的计算规则做出统一的规定。

（3）分部工程定额。

分部工程定额由分部工程说明、工程量计算规则和定额项目表三部分组成，是预算定额手册的主要组成部分，是执行定额的基准，必须全面掌握。

① 分部工程说明。

分部工程说明主要说明使用本分部工程定额时应注意的有关问题，包括对编制中有关问题的解释、执行中的一些规定、特殊情况的处理等的说明，是预算定额的重要组成部分，必须全面掌握。

② 工程量计算规则。

工程量计算规则是对本分部工程中各分项工程工程量的计算方法所做的规定，是编制预算时计算分项工程工程量的重要依据。

③ 定额项目表。

定额项目表是预算定额的主要构成部分，由工作内容、定额单位、项目表和附注组成。定额项目表示例如表 2-11 所示。

a. 工作内容。列在定额项目表的表头左上方，列出表中分项工程定额项目的主要工作过程。

b. 定额单位。列在表头右上方，一般为扩大计量单位，如 10m^3、100m^3、100m^3 等。

c. 定额项目表。这是预算定额的核心部分，是定额最基本的表现形式，每一定额表均列有项目名称、定额编号、计量单位、定额消耗量等。在某些地方性的预算定额中，还包含了基价的内容。在表中，横向由若干个项目和子项目组成；竖向由"三个量"即人工、材料、机械台班消耗量和"三个价"即人工费、材料费、机械费及基价（地方定额）组成。

d. 附注。对项目表中的子项目进行进一步说明和补充。

（4）附录。

附录列在预算定额的最后，各省、市、自治区编入的内容不同，一般包括：每 $10m^3$ 混凝土模板含量参考表、混凝土及砂浆配合比表和主要材料、成品、半成品损耗率表，建筑材料预算价格表等，主要用于定额的换算，材料消耗量的计算、调整和制定补充定额的参考依据等。

2. 预算定额项目表及附录示例

预算定额项目表示例如表 2-11 所示。

表 2-12、2-13 为《湖南省房屋建筑与装饰工程消耗量标准（基价表）》（2020 年）附录（摘录）。

表 2-11　梁混凝土定额项目表示例

工作内容：浇前准备，浇筑，振捣，养护。　　　　　　　　　　　　　计量单位：$10m^3$

编号			A5-95	A5-96	A5-97	A5-98
项目			基础梁	单梁、连续梁	异形梁	拱形梁
基价			6418.65	6426.74	6461.16	6728.19
人工费			365.45	378.76	404.12	641.39
材料费			6053.20	6047.98	6057.04	6086.80
机械费			—	—	—	—
	名称	单位	单价	数量		
材料	商品混凝土（砾石）C30	m^3	571.81	10.150	10.150	10.150	10.150
	单层养护膜	m^2	1.10	31.765	29.750	36.150	49.899
	土工布	m^2	6.86	3.168	2.720	3.610	4.556
	水	t	4.39	3.040	3.090	2.100	3.759
	电	$kW·h$	0.80	3.750	3.750	3.750	3.750
	其他材料费	元	1.00	176.307	176.155	176.419	177.286

表 2-12　附录一：湖南省施工机械台班费用构成（混凝土及砂浆机械部分）

编码	机械名称	规格型号	机型	台班单价	费用组成								
					折旧费	检修费	维护费	安拆费及场外运输	其他费用	人工费	汽油	柴油	电
											8.72	7.16	0.80
					元	元	元	元	元	元			
J6-8	混凝土输送泵	输送量（m^3/h）	45	大	890.49	325.850	54.230	75.380	80.260		160.000			243.460
J6-9			60	大	1018.19	357.485	59.500	82.705	80.260		160.000			347.800
J6-10	混凝土布料机			小	169.39	74.080	12.760	33.600	4.210					55.920
J6-11	混凝土湿喷机	生产率（m^3/h）	5	小	388.79	24.700	4.380	17.827	9.560		320.000			15.400
J6-12	灰浆搅拌机	拌桶容量（L）	200	小	182.80	3.101	0.438	1.750	10.622		160.000			8.610
J6-13			400	小	189.97	4.222	0.597	2.389	10.622		160.000			15.170
J6-14	干混砂浆罐式搅拌机	200（L）		小	236.27	27.906	5.063	9.872	10.622		160.000		28.510	

表 2-13　附录二：混凝土及砂浆配合比（部分）

编号			H1-1	H1-2	H1-3	H1-4	H1-5	H1-6
项目			现场现拌普通混凝土					
			坍落度 45 以下					
			砾 40					
			C10	C15	C20	C25	C30	C35
			水泥 42.5					
基价（元）			453.88	472.71	483.68	484.74	503.05	535.24
其中	人工费		—	—	—	—	—	—
	材料费		453.88	472.71	483.68	484.74	503.05	535.24
	机械费		—	—	—	—	—	—
名称		单位	单价	数量				
材料	普通硅酸盐水泥（P·O）42.5 级	kg	0.51	206.710	281.010	293.250	333.200	393.720	434.750
	中净砂（过筛）	m³	272.03	0.688	0.614	0.659	0.588	0.523	0.543
	砾石最大粒径 40mm	m³	203.85	0.788	0.793	0.756	0.796	0.781	0.810
	水	t	4.39	0.152	0.164	0.169	0.172	0.177	0.157

3. 预算定额的应用

应用预算定额之前，首先要认真学习预算定额的有关说明、规定，熟悉基础定额。在预算定额的应用中，一般分为定额的直接套用、定额的换算和编制补充定额三种情况。

（1）预算定额的直接套用。

当施工图的设计要求、项目内容与预算定额的项目内容完全一致时，可直接套用预算定额计算直接工程费。

直接套用定额时可按分部工程—额定节—定额项目表—子项目的顺序找出所需项目。在编制单位工程施工图预算的过程中，大多数项目可以直接套用预算定额，套用时应注意以下几点选用规则：

① 项目名称的确定。在工程量计算过程中，应确定每一个工程项目的名称。其确定原则是：设计规定的做法和要求只有与定额的做法和工作内容相符时才能直接套用，否则必须根据有关规定进行换算或者补充。

② 定额项目的划分。预算定额的项目是根据各个工程项目的人工、材料、机械消耗水平的不同和工具、材料品种以及使用的机械类型不同而划分的。选择定额时，要从工程内容、技术特征和施工方法方面仔细核对，才能准确地确定相对应的定额项目。

③ 计量单位的变化。预算定额在编制时，为了保证预算价值的精确性，对某些价值较低的工程项目采用了扩大计量单位的办法。例如，抹灰工程的计量单位，一般采用 100m²；在使用时，一定要注意分项工程的名称和计量单位要与预算定额相一致。预算定额项目基本上是扩大的计量单位，要注意把分项工程量转变成定额计量单位的数量。

④ 定额项目的工作内容。选择定额时要注意定额项目表上的工作内容，工作内容中所列出的施工过程已包括在定额基价内，编制预算时不能重复列项。

⑤ 附注说明。查阅定额时应注意定额项目表下面的附注，附注作为定额项目表的补充与完善，套用时必须严格执行。

【例2-12】试求120m³ 基础梁（采用C30、砾石40 商品混凝土）所需要的人工、材料和机械台班消耗量。

【解】根据表2-11 中定额 A5-95：人工费：120m³×365.45 元/10m³＝4385.4 元

材料：商品混凝土(砾石)C30：120m³×10.15m³/10m³＝121.8m³

单层养护膜：120m³×31.765m²/10m³＝381.18m²

土工布：120m³×3.168mm²/10m³＝38.016m²

水： 120m³×3.040m³/10m³＝36.48m³

电：120×0.80kW·h/10m³＝9.6kW·h

其他材料费：120×176.307 元/10m³＝2115.684 元

机械台班：无

（2）预算定额的换算。

当套用预算定额时，如果工程项目内容与套用相应定额项目的要求不相符，则不能直接使用定额中的数据。当定额规定允许换算时，可在定额规定的范围内进行换算，从而使施工图纸的内容与定额中的要求相一致，这个过程称为定额的换算。经过换算后的项目，要在其定额编号后加注"换"字，以示区别。

① 预算定额的换算原则。

为了保持定额的水平，在预算定额的说明中规定了有关的换算原则，一般包括：

a. 定额的砂浆、混凝土强度等级。当设计与定额不同时，允许按定额附录的砂浆、混凝土配合比表换算，但配合比中的各种材料用量不得调整。

b. 定额中抹灰项目已考虑了常用厚度，各层砂浆的厚度一般不做调整。当设计有特殊要求时，定额中人工、材料可以按厚度比例换算或者按照定额中相应说明进行调整。

c. 必须按预算定额中的各项规定换算定额。

② 预算定额的换算方法。

a. 乘系数换算法。

在定额允许换算的项目中，有许多项目都是利用乘系数换算的方法进行换算的。

乘系数换算法是按定额规定，将原基础定额中人工、材料、机械中的一项或多项乘以规定系数的换算方法。其换算公式为：

换算定额人工综合工日数＝原定额人工综合工日数×系数

换算定额某种材料消耗量＝原定额某种材料消耗量×系数

换算定额某种机械台班量＝原定额某种机械台班量×系数

湖南省预算定额规定允许乘系数换算的工程项目举例如下。

土石方工程中允许换算的项目：

挡土板支撑下挖土方，按相应项目乘以系数1.35，支撑搭设前所挖土方不乘系数。

机械土（石）方按自然地面以下5.0m深编制；深度超过5.0m且在15.0m以内的部分，可按相应项目的人工、机械乘以系数1.20。

房心土回填按槽坑回填土子目执行，且人工乘以系数0.90。

【例2-13】人工挖基槽土方200m³，槽深2m，普通土，施工时需两面支挡土板，其中

挡土板支撑下挖土 $80m^3$。计算需要消耗的人工费。

【解】根据湖南省建筑工程消耗量标准，挡土板支撑下挖土需要换算。根据表 2-14（定额摘录）套用定额子目：A1-3，A1-4。

表 2-14　人工挖槽、坑土方　　　　　计量单位：100m³

	编号	A1-3	A1-4
	项目	深度小于或等于 2m	
		普通土	坚土
	基价（元）	3407.36	8567.68
其中	人工费	3407.36	8567.68
	材料费	—	—
	机械费	—	—

调整后定额人工费＝3407.36×1.35＝4599.94（元/100m³）

需要消耗的人工费＝120/100×3407.36＋80/100×4599.94＝7768.78（元）

【课外作业】将本省定额中需要进行系数换算的内容进行分类列表。

b. 材料变化的消耗量定额换算。

在预算定额允许换算的项目中，有许多项目是由于材料的种类、规格、数量、配合比等发生变化而引起的定额换算。

预算定额换算的方法：

（a）混凝土、砂浆强度等级及砂浆配合比不同时的换算：当预算定额中混凝土或砂浆的强度等级与施工图的设计要求不一致时，按下列公式换算定额基价：

换算后定额基价＝换算前定额基价＋换入材料的费用－换出材料的费用

　　　　　　　＝换算前定额基价＋应换算材料的定额用量

　　　　　　　×（换入材料单价－换出材料单价）

其换算的步骤如下：

从混凝土、砂浆配合比表中找出该分项工程项目与其相应定额规定不相符并需要进行换算的不同强度等级混凝土、砂浆 1m³ 的价格。

计算两种不同强度等级混凝土或砂浆单价的价差。

从定额项目表中找出该分项工程需要进行换算的混凝土或砂浆定额消耗量及该分项工程的定额基价。

计算该分项工程由于混凝土或砂浆强度等级（配合比）的不同而影响定额原基价的差值。

计算该分项工程换算后的定额基价。

【例 2-14】某工程中混凝土异形梁采用 C40 商品混凝土（42.5 级，砾 40）浇筑，已知 C40 商品混凝土（42.5 级，砾 40）定额单价为 616.59 元/m³，确定该异形梁定额基价。

【解】根据表 2-11 中定额 A5-95 可知，原定额中混凝土为 C30 商品混凝土，根据施工要求需换成 C40 商品混凝土。

换算后定额基价＝换算前定额基价＋应换算材料的定额用量×（换入材料单价－换出

材料单价）

＝6461.16＋10.15×（616.59－571.81）

＝6915.68（元）

【例2-15】某工程采用预拌干混砌筑砂浆DM M5.0砌筑单面清水1砖墙，根据砖墙定额项目表（见表2-15），确定定额基价。已知预拌干混砌筑砂浆DM M5.0定额单价为562.15元/m³。

表2-15　砖墙定额项目表

工作内容：1. 砖墙：调、运、铺砂浆，运砖。

2. 砖砌：窗台虎头砖、腰线、门窗套，安放木砖、铁件等。

编号			A4-7	A4-8	A4-9	A4-10
项目			单面清水墙			
			1/4砖	1/2砖	3/4砖	1砖
基价（元）			8910.71	7768.68	7721.18	7145.72
其中	人工费		4489.81	3169.81	3086.95	2501.46
	材料费		4393.02	4552.80	4583.90	4591.10
	机械费		27.88	46.07	50.33	53.16
	名称	单位	单价	数量		
材料	标准砖240×115×53	m³	395.54	9.008	8.252	8.060	7.899
	预拌干混砌筑砂浆DM M10.0	m³	590.38	1.180	1.950	2.130	2.250
	水	t	4.39	1.230	1.130	1.100	1.060
	其他材料费	元	1.00	127.952	132.606	133.512	133.721
机械	干混砂浆罐式搅拌机200L	台班	236.27	0.118	0.195	0.213	0.225

【解】根据表2-15中定额A4-10可知，原定额中采用预拌干混砌筑砂浆DM M10.0，需换算成预拌干混砌筑砂浆DM M5.0。

换算后定额基价＝7145.72＋2.250×（562.15－590.38）

＝7145.72－63.52

＝7082.20元

【例2-16】已知某工程采用1：2水泥砂浆抹砖墙面（底13厚，面7厚），1：2水泥砂浆预算价为230.02元/m³。试根据表2-16、表2-17确定其基价和材料用量。

【解】根据表2-16，表2-17，设计要求的配合比与定额中配合比不同，但设计厚度相同，砂浆用量不变，所以换算后定额基价＝1273.44＋2.10×（230.02－210.72）

＝1273.44＋2.10×19.30

＝1313.97（元/100m²）

换算后的材料用量（每100m²）：

32.5级水泥：2.10×635＝1333.50（kg）

中砂：2.10×1.04＝2.184（m³）

表 2-16 建筑工程预算定额（摘录）

工作内容：略

表-1

定额编号			定-5	定-6
定额单位			100m²	100m²
项目	单位	单价（元）	C15 混凝土地面面层（60 厚）	1：2.5 水泥砂浆抹砖墙面（底 13 厚、面 7 厚）
基价	元	—	1523.78	1273.44
其中	人工费	元	—	665.00	770.00
	材料费	元	—	833.51	451.21
	机械费	元	—	25.27	52.23
人工	基本工	工日	50.00	9.20	13.40
	其他工	工日	50.00	4.10	2.00
	合计	工日	50.00	13.30	15.40
材料	C15 混凝土（0.5～4）	m³	136.02	6.06	
	1：2.5 水泥砂浆	m³	210.72	—	2.10（底：1.39 面：0.71）
	其他材料费	元	—	—	—
	水	m³	0.60	15.38	6.99
机械	200L 砂浆搅拌机	台班	15.92	—	0.28
	400L 混凝土搅拌机	台班	81.52	0.31	—
	塔式起重机	台班	170.61	—	0.28

表 2-17 抹灰砂浆配合比表（摘录） 单位：m³

定额编号			附-5	附-6	附-7	附-8
项目	单位	单价（元）	水 泥 砂 浆			
			1：1.5	1：2	1：2.5	1：3
基价	元	—	254.40	230.02	210.72	182.82
材料	32.5 级水泥	kg	0.30	734	635	558	465
	中砂	m³	38.00	0.90	1.04	1.14	1.14

（b）材料用量发生变化。

此类换算常见于抹灰项目以及楼地面厚度与定额厚度不同时，材料用量发生改变，使得人工和机械的消耗量发生改变，因而人工费、材料费和机械费均要换算，换算公式为：

换算后定额基价＝ 原定额基价＋（定额人工费＋定额机械费）×（K－1）＋Σ（各层换入砂浆用量×换入砂浆基价－各层换出砂浆用量×换出砂浆基价）

式中：K——人工、机械费换算系数，且

$$K=\frac{设计抹灰砂浆总厚}{定额抹灰砂浆总厚}$$

$$各层换入砂浆用量=\frac{设计砂浆厚度}{定额砂浆厚度}×定额砂浆用量$$

各层换出砂浆用量＝定额砂浆用量

【例2-17】某砖墙面抹水泥砂浆，其中1：3水泥砂浆底15厚，1：2.5水泥砂浆面7厚。试根据表2-16、表2-17确定其定额基价和材料用量（每100m²）。

【解】设计抹灰厚度发生了变化，故用公式换算。根据表2-16、表2-17可得：

人工、机械费换算系数$K=(15+7)/(13+7)=22/20=1.10$

1：3水泥砂浆用量$=(1.39/13)\times15=1.604(m^3)$

1：2.5水泥砂浆用量不变。

换算后定额基价$=1273.44+(770.00+52.23)\times(1.10-1)$
$$+1.604\times182.82-1.39\times210.72$$
$$=1273.44+822.23\times0.10+293.24-292.90$$
$$=1356.00(元/100m^2)$$

换算后材料用量（每100m²）：

32.5级水泥：$1.604\times465+0.71\times558=1142.04(kg)$

中砂：$1.604\times1.14+0.71\times1.14=2.638(m^3)$

c. 其他换算。

其他换算是指不属于上述几种换算情况的定额基价换算。这类换算通常是由于实际施工中采用的施工方法或者材料与定额中规定的施工方法及材料不同而对定额的消耗量或者费用进行调整的换算方式。

【例题2-18】根据《湖南省房屋建筑与装饰工程消耗量标准》（2020年），计算混水砖墙1砖墙（现拌砂浆强度M10）的定额基价。

【解】根据《湖南省房屋建筑与装饰工程消耗量标准》（2020年）中总说明规定：

（1）使用现拌砂浆的，除将本标准子目中的干混砂浆调换为现拌砂浆外，砌筑子目按$1m^3$砂浆增加人工费42.75元，其余子目按$1m^3$砂浆增加人工费117.5元，其他不变。

（2）使用湿拌砂浆的，除将原子目中的干混预拌砂浆调换为湿拌砂浆，另按相应子目中$1m^3$砂浆扣除人工费25元，并扣除干混砂浆罐式搅拌机台班数量。

根据表2-15中的定额A4-10可得：

人工费$=2501.46+42.75\times10=2928.96(元/10m^3)$

换算后定额基价$=7145.72+2928.96-2501.46=7573.22(元/10m^3)$

（3）预算定额的补充。

当工程项目在定额中缺项，又不属于调整换算范围之内而不可套用时，可编制补充定额，经批准备案，一次性使用。

① 基础定额出现缺项的原因。

由于工程建设日益发展，新技术、新材料不断被采用，在一定时间范围内编制的预算定额，不可能包括施工中可能遇到的所有项目。所以，在编制施工图预算过程中，经常遇到预算定额中没有的项目，这样的项目被称为缺项。当遇到缺项时，应按现行预算定额的编制原则和方法编制补充定额。

定额中出现缺项，一般有以下几种原因：

a. 设计中采用了定额中没有选用的新材料。

b. 设计中选用了定额中未编列的砂浆配合比或混凝土配合比。

c. 设计中采用了定额中没有的新的结构做法。

d. 施工中采用了定额中未包括的施工工艺等。

② 编制补充定额的原则。

a. 定额的组成内容应与现行定额中同类分项工程相一致。

b. 人工、材料、机械消耗量计算口径应与现行定额相统一。

c. 工程主要材料的损耗率应符合现行定额规定，施工中用的周转性材料计算应与现行定额保持一致。

d. 施工中可能发生的互相关联的可变性因素，要考虑周全，数据统计必须真实。

e. 各项数据必须是试验结果或实际施工情况的统计，数据的计算必须实事求是。

③ 编制补充定额的要求。

a. 编制补充定额，特别要注重收集和积累原始资料，原始资料的取定要有代表性，必须深入施工现场进行全过程测定，测定数据要准确。因此，应从施工操作、技工普工配备、材料质量、供应渠道、使用机械诸多方面进行。

b. 注意做好有关补充定额使用的信息反馈工作，并在此基础上加以修改、补充、完善。

c. 经验指导与广泛听取意见相结合。为了使编制的补充定额切实可行，应注重多方面征求意见；应多请有实际经验的工人、管理人员、专家参与讨论研究。

d. 借鉴其他城市、企业、项目编制的有关补充定额，作为参考依据。

④ 有关预算定额消耗量的计算方法。

补充定额有关的人工、材料和机械台班消耗量依据相关的计算方法进行。

【项目夯基训练】

【项目任务评价】

模块 2　工程量清单编制

项目 3　工程量清单编制基础

【项目引入】

我国从 20 世纪 80 年代开始逐步实行工程建设招投标制度，经历了从试行、推行到逐步完善的发展过程。2000 年 1 月 1 日，《中华人民共和国招标投标法》在我国正式实行，标志着我国工程建设项目招投标步入法制化轨道。《中华人民共和国招标投标法》第十九条规定："招标人应当根据招标项目的特点和需要编制招标文件。招标文件应当包括招标项目的技术要求、对投标人资格审查的标准、投标报价要求和评标标准等所有实质性要求和条件以及拟签订合同的主要条款。"工程量清单是招标文件的组成部分。招标工程量清单是工程量清单计价的基础，是编制招标控制价、投标报价、工程索赔等的主要依据之一。

工程量清单编制基础项目目标如表 3-1 所示。

表 3-1　工程量清单编制基础项目目标

知识目标	技能目标	思政目标
（1）了解工程量清单的组成、格式、作用、编制原则。 （2）掌握建筑面积计算方法。 （3）建筑工程清单列项、计量方法。 （4）掌握装饰工程清单列项、计量方法。 （5）掌握建筑工程、装饰工程的工程量清单文件编制方法	（1）能进行建筑工程清单列项、计量及工程量清单文件编制。 （2）能进行装饰工程清单列项、计量及工程量清单文件编制	（1）具有精益求精的工匠精神。 （2）具有节约资源、保护环境的意识。 （3）具有家国情怀。 （4）具有廉洁品质、自律能力

任务 3.1　工程量清单认知

【任务目标】

（1）了解工程量清单的概念、组成、格式，熟悉工程量清单的编制方法。

（2）能正确说明工程量清单的编制方法。

（3）具有精益求精的工匠精神，具有查找资料、应用资料的能力，具有较强的表达沟通能力，具有较强的团队协作能力。

【任务单】

工程量清单认知的任务单如表 3-2 所示。

表 3-2　工程量清单认知的任务单

任务内容	查看并审核"长沙市天心区某教育培训中心招标工程量清单"（见二维码），说明其工程量清单的构成，指出存在项目编码、计量单位、工程量的有效位数不符合规范要求的清单项目。
任务要求	每三人为一个小组（一人为编制人，一人为校核人，一人为审核人）

长沙市天心区某教育培训中心招标工程量清单

长沙市天心区某
教育培训中心
招标工程量清单

【知识链接】

3.1.1　工程量清单的概念

工程量清单是指建设工程文件中载明项目编码、项目名称、计量单位、项目特征和工程量等的明细清单。招标工程量清单是招标人结合项目实际情况，依据招标有关约定编制的，随招标文件发布供投标报价的工程量清单，包括其说明和表格；招标工程量清单必须作为招标文件的组成部分。

3.1.2　工程量清单的组成

根据《建设工程工程量清单计价规范》（GB 50500—2013），工程量清单主要包括以下几个部分：封面、扉页、编制说明、分部分项工程量清单、措施项目清单、其他项目清单、规费和税金项目清单。

根据《湖南省建设工程计价办法》，工程量清单包括封面、扉页、编制说明、分部分项工程量清单、单价措施项目清单、总价措施项目清单、绿色施工安全防护措施项目、其他项目清单。

3.1.3　工程量清单的格式

工程量清单应采用统一格式，应由招标单位填写。其核心内容主要包括工程量清单编制说明和工程量清单表两部分。工程量清单编制说明主要解释招标人拟招标工程的清单编制依据以及重要作用等，提示投标申请人重视清单。工程量清单表作为清单项目和工程量的载体，是工程量清单的重要组成部分。合理的清单项目设置和准确的工程量，是清单计价的前提和基础。对招标人来讲，工程量清单是进行投资控制的前提和基础，工程量清单表编制的质量直接影响工程建设的最终结果。

根据《建设工程工程量清单计价规范》（GB 50500—2013）并参照《湖南省建设工程计价办法》（2020 年）工程量清单格式如下：

1. 封面（见图 3-1）

2. 扉页（见图 3-2）

3. 编制说明（见图 3-3）

4. 分部分项工程项目清单与措施项目清单计价表（见表 3-3）。

　　　　　　　　　　_____工程

招标工程量清单

　　　招　标　人：_____

　　　　　　　　　　　　（单位盖章）

　　　造价咨询人：_____

　　　　　　　　　　　　（单位盖章）

　　　时间：　　年　月　日

图 3-1　封面

　　　　　　　　　　　　　_____工程

招标工程量清单

招标人：_____　　　　　工程造价咨询人：_____
　　（单位盖章）　　　　　　　　　　　　（单位盖章）
法定代表：_____　　　　　法定代表：_____
人或其授权人（签字或盖章）　　　　人或其授权人（签字或盖章）

编制人：_____　　　　复核人：_____
（造价人员签字盖专用章）　　　　　　（造价工程师签字盖专用章）

编制时间：　　年　月　日　　　　复核时间：　　年　月　日

图 3-2　招标工程量清单扉页

工程名称：　　　　　　　　　　　　　　　　　　第　页　共　页

图 3-3　编制说明

表 3-3　分部分项工程项目清单与措施项目清单计价表

工程名称：　　　　　　　　　　　　　标段：　　　　　　　　　　第　页　共　页

序号	项目编码	项目名称	项目特征描述	计量单位	工程量	金额（元）		
						综合单价	合价	其中：暂估价

5. 总价措施项目清单计费表（见表 3-4）。

表 3-4　总价措施项目清单计费表

工程名称：　　　　　　　　　　　　　标段：　　　　　　　　　　第　页　共　页

序号	项目编码	项目名称	计算基础	费率（%）	金额（元）	备注

6. 绿色施工安全防护措施项目费计价表（见表 3-5）。

表 3-5　绿色施工安全防护措施项目费计价表

序号	工程内容	计算基数	费率（%）	金额（元）	备注

7. 其他项目清单与计价汇总表（见表 3-6）

表 3-6　其他项目清单与计价汇总表

工程名称：　　　　　　　　　　　　　标段：　　　　　　　　　　第　页　共　页

序号	项目名称	金额（元）	结算金额（元）	备注
1	暂列金额			
2	暂估价			
2.1	材料（工程设备）暂估价			
2.2	专业工程暂估价			
3	计日工			
4	总承包服务费			
5	优质工程增加费			
6	安全责任险、环境保护税			
7	提前竣工措施增加费			
8	索赔签证			
9	其他项目费合计			

注：材料暂估单价进入清单项目综合单价，此处不汇总。

3.1.4　分部分项工程量清单

分部分项工程量清单是工程量清单的主体，是指按"2013 计价规范"的要求根据拟建工程施工图计算出来的工程实物数量。分部分项工程量清单必须包括项目编码、项目名称、项目特征、计量单位和工程量，五个要件缺一不可，如表 3-7 所示。分部分项工程量清单为不可调整的闭口清单，投标人对招标文件提供的分部分项工程量清单必须逐一计价，对清单所列内容不允许做任何更改变动，投标人如果认为清单内容有不妥或遗漏，只能通过质疑的方式由清单编制人做统一的修改更正，并将修正后的工程量清单发往所有投标人。

分部分项工程量
清单编制

表 3-7　分部分项工程工程量清单

工程名称：　　　　　　　　　　　标段：　　　　　　　　第　页　共　页

序号	项目编码	项目名称	项目特征	计量单位	工程量

分项工程项目编码由 12 位阿拉伯数字组成，前 9 位在规范中统一规定，后 3 位为结合实际情况自行拟定顺序码，工程量计量单位按"2013 计价规定"各专业规范中统一规定，项目编码读法如图 3-4 所示。

图 3-4　项目编码读法

当同一标段（或合同段）的一份工程量清单中含有多个单位工程且工程量清单以单位工程为编制对象时，在编制工程量清单时应特别注意对项目编码十至十二位的设置不得有重码的规定。例如，一个标段（或合同段）的工程量清单中含有三个单位工程，每一单位工程中都有项目特征相同的实心砖墙砌体，在工程量清单中又需反映三个不同单位工程的实心砖墙砌体工程量，则第一个单位工程的实心砖墙的项目编码应为 010401003001，第二个单位工程的实心砖墙的项目编码应为 010401003002，第三个单位工程的实心砖墙的项目编码应为 010401003003，并分别列出各单位工程实心砖墙的工程量。

随着工程建设中新材料、新技术、新工艺等的不断涌现，各专业计算规范附录所列的工程量清单项目不可能包含所有项目。在编制工程量清单时，当出现各专业计算规范附录中未包括的清单项目时，编制人应做补充。在编制补充项目时应注意以下三个方面。

（1）补充项目的编码应按各专业计算规范的规定确定。具体做法如下：补充项目的编码由《房屋建筑与装饰工程工程量计算规范》（GB 50854—2013）的代码 01 与 B 和三位阿拉伯数字组成，并应从 01B001 起顺序编制，同一招标工程的项目不得重码。

（2）在工程量清单中应附补充项目的项目名称、项目特征、计量单位、工程量计算规则和工作内容。

（3）将编制的补充项目报省级或行业工程造价管理机构备案。

各专业计算规范中有两个或两个以上计量单位的项目，在工程计量时，应结合拟建工程项目的实际情况，选择其中一个作为计量单位，在同一个建设项目（或标段、合同段）中，有多个单位工程的相同项目计量单位必须保持一致。

每一项目汇总工程量的有效位数应遵守下列规定：以"t"为单位，应保留三位小数，第四位小数四舍五入；以"m^3""m^2""m""kg"为单位，应保留两位小数，第三位小数四舍五入；以"个""项"等为单位，应取整数。

3.1.5　措施项目清单

措施项目是指为完成工程项目施工，发生于工程施工准备和施工过程中的技术、生活、安全、绿色施工（节能、节地、节水、节材、环境保护）等方面的项目，如脚手架工程、模板工程、垂直运输、超高增加、绿色施工安全防护、夜间施工、二次搬运、冬雨季施工、大型机械设备进出场及安拆、施工排水、施工降水、地上地下设施、建筑物的临时保护设施、已完工程及设备保护等项目。如图 3-5 所示，施工现场布置的围墙、临时设施（办公室、员工宿舍、材料堆场、洗车槽、临时供水管道、临时道路等）、塔吊、脚手架等，都不构成拟建建筑本身，均是为完成工程项目施工而采取的技术、生活、安全、绿色施工（节能、节地、节水、节材、环境保护）等方面的项目，都属于措施项目的内容。

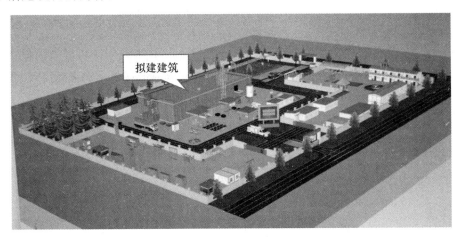

图 3-5　施工现场模拟图
资料来源：广联达公司

措施项目分为单价措施项目和总价措施项目。单价措施项目是指有具体的工程量计算规则，可以计量的措施项目，如脚手架工程、模板工程、垂直运输。总价措施项目是指没有具体的工程计算规则，不可以计量的措施项目，以项为计量单位，如绿色施工、夜间施工、二次搬运、冬雨季施工增加费。

单价措施项目清单的格式及编制要求同分部分项工程量清单。总价措施项目清单格式如表 3-4 所示。

3.1.6   其他项目清单

其他项目清单格式如表 3-6 所示，主要包括以下内容：

1. 暂列金额

暂列金额是发包人在工程量清单或预算中暂定并包括在合同价款中的一笔款项，用于工程合同签订时尚未确定或者不可预见的所需材料、服务的采购，施工中可能发生的工程变更、合同约定调整因素出现时的合同价款调整以及发生的索赔、现场签证确认等的费用。

2. 暂估价

暂估价是发包人在工程量清单或预算中提供的，用于支付在施工过程中必然发生，但在工程合同签订时暂不能确定价格的材料以及专业工程的金额，包括材料暂估价、专业工程暂估价、分部分项工程暂估价。

3. 计日工

计日工是在施工过程中，承包人完成发包人提出的零星项目、零星工作或需要采用计日工计价的变更工作时，依据经发包人确认的实际消耗的人工、材料、施工机械台班的数量，按合同中约定的综合单价计价的一种方式。

4. 总承包服务费

总承包服务费是总承包人为配合协调发包人进行的施工图纸会审交底，相关单位及周边环境的协调管理，相关施工项目的衔接协调，隐蔽工程及疑难问题的研究处理，分部分项工程质量的相关竣工验收，技术经济资料的归口管理等一系列由施工到竣工验收过程中招标人与分包人的工作都应有总包单位参与协调管理的支出费用。

5. 索赔

索赔是在工程承包合同履行过程中，合同当事人一方因非己方的原因而遭受经济损失或工期延误，按合同约定或法律法规规定，应由对方承担责任，从而向对方提出工期和（或）费用补偿要求的行为。

6. 现场签证

现场签证是发包人代表（或其授权的监理人、工程造价咨询人）与承包人现场代表就施工过程中涉及的责任事件所做的签认证明。

7. 提前竣工措施增加费

提前竣工措施增加费是工程承包合同签订后在履约过程中，承包人应发包人的要求而采取加快工程进度措施，使合同工程工期缩短所发生的费用，其计算方式和标准应由发承包双方在合同中具体约定或根据实际实施情况协商确定。

3.1.7   工程量清单编制方法

1. 工程量清单编制一般规定

（1）招标工程量清单应由具有编制能力的招标人或受其委托具有相应资质的工程造价咨询人编制和复核。

（2）工程量清单应根据相关工程现行国家计量规范的规定编制和复核。根据工程项目特点进行补充完善的，应在招标文件和合同文件中予以说明。

（3）招标工程量清单应以合同标的为单位编制，并作为招标文件的组成部分，招标工程量清单的准确性和完整性由招标人负责。

（4）招标工程量清单是工程量清单计价的基础，应作为编制招标控制价、投标报价、计算或调整工程量、索赔等的依据之一。

（5）工程量清单的项目特征应依据设计图纸并结合工程要求进行编制和复核。

2. 编制

（1）编制招标工程量清单的依据。

①地区建设工程计价办法和相关工程的国家计量规范。

②省级、行业建设主管部门颁发的工程量清单计量、计价规定。

③建设工程设计文件及相关资料。

a. 与建设工程有关的标准、规范、技术资料。

b. 拟定的招标文件。

c. 施工现场情况、地勘水文资料、工程特点及常规施工方案。

d. 其他相关资料。

（2）分部分项工程项目清单应载明项目编码、项目名称、项目特征、计量单位和工程量。

（3）分部分项工程项目清单应按相关工程现行国家计量规范规定的项目编码、项目名称、项目特征、计量单位和工程量计算规则进行编制和复核。

（4）措施项目清单应根据拟建工程的实际情况列项。

① 单价措施项目清单应结合施工方案列出项目编码、项目名称、项目特征、计量单位和工程量。

② 总价措施项目清单应结合施工方案明确其包含的内容、要求及计算公式。

③ 绿色施工安全防护施工措施项目清单应根据省、市、自治区行业主管部门的管理要求和拟建工程的实际情况单独列项，其组成的单价措施项目清单和总价措施项目清单按上述规定列项编制。

（5）其他项目清单应按照下列内容列项：

① 暂列金额应根据工程特点按招标文件的要求列项并估算；

② 暂估价项目应分不同材料、专业工程和分部分项工程估算，列出明细表及其包括的内容、单价、数量等；

③ 计日工应列出项目名称、计量单位和暂估数量；

④ 总承包服务费应列出服务项目及其内容、要求、计算公式等；

⑤ 优质工程增加费按招标文件要求列项；

⑥ 安全责任险、环境保护税应按国家或省级、行业建设主管部门的规定列项。

（6）出现计价办法第（5）条未列的其他项目，应根据招标文件要求结合工程实际情况补充列项。

（7）增值税应根据政府主管部门的有关规定和计税方法列项。

任务 3.2　基数计算和统筹法算量

【任务目标】

（1）了解基数的概念，掌握基数的计算方法。

（2）能画出统筹法计算单位工程中各分部分项工程项目的工程量的流程图。

（3）具有精益求精的工匠精神，具有查找资料、应用资料的能力，具有较强的表达沟通能力，具有较强的团队协作能力。

【任务单】

基数计算和统筹法算量的任务单如表 3-8 所示。

表 3-8　基数计算和统筹法算量的任务单

任务内容	识读某供水智能泵房成套设备生产基地项目 2♯ 配件仓库工程施工图（见附图），计算一层平面图中 $L_中$、$L_外$、$L_内$		
任务要求	每三人为一个小组（一人为编制人，一人为校核人，一人为审核人）		
1. 识读一层平面图，回答以下问题 （1）指出一层平面图中外墙（用墙体轴线编号表示，如①⑥轴墙体）。 （2）指出一层平面图中内墙［用墙体轴线编号表示，如②×（C）～（E）墙体］。 2. 计算以下基数			
基数类别	计算过程	单位	计算结果
$L_中$			
$L_外$			
$L_内$			

【知识链接】

3.2.1　基数计算

1. 基数的概念

基数是指在房屋建筑与装饰工程算量中常用的基本参数。通常有"三线两面"，即 $L_中$（外墙中心线）、$L_外$（外墙外边线）、$L_内$（内墙净长线）、$S_底$（底层建筑面积）、$S_净$（室内净面积），如图 3-6 所示。

2. 基数的计算

（1）$L_中$。

由图 3-6 可知，墙厚均为 370mm，轴线到外墙外侧的距离为 120mm、到外墙内侧的距离为 250mm，外墙轴线不居中，①轴到②轴的轴线距离为 3600mm，②轴到③轴的轴线距离为 6000mm，①轴到③轴的轴线距离为 $L_轴 = 9600mm = 9.6m$；而①轴墙体中心线

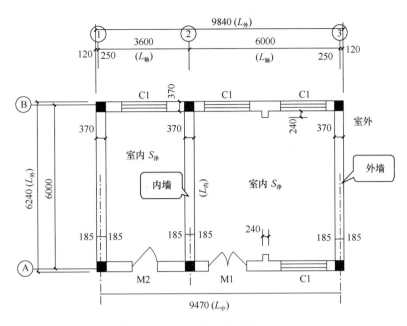

图 3-6   底层平面图

$L_{中}$—外墙中心线之间的长度之和；$L_{外}$—外墙外边线的长度之和；$L_{内}$—内墙净长度；

$S_{底}$—建筑物的底层建筑面积；$S_{净}$—建筑物的室内地面净面积之和

到③轴墙体中心线距离为 $L_{中}=9840\text{mm}-370\text{mm}=9470\text{mm}=9.47\text{m}$；Ⓐ轴到Ⓑ轴的轴线距离 $L_{轴}=6000\text{mm}=6\text{m}$；Ⓐ轴墙体中心线到Ⓑ轴墙体的中心线 $L_{中}=6240\text{mm}-370\text{mm}=5870\text{mm}=5.87\text{m}$。

$$L_{中}=(9.47\text{m}+5.87\text{m})\times2=30.68\text{m}。$$

提示： ①在进行 $L_{中}$ 的计算时，内墙的长度不能计算；②当外墙轴线与中心线重合时，轴线间距离即中心线间距离；③当外墙轴线与中心线不重合时，轴线间距离不等于中心线间距离；④工程量计算时必须以 m 为单位，因此基数计算时也必须以 m 为单位。

(2) $L_{外}=(9.84\text{m}+6.24\text{m})\times2=32.16\text{m}$

(3) $L_{内}=6.24\text{m}-0.37\text{m}\times2=5.5\text{m}$

(4) $S_{底}=9.84\text{m}\times6.24\text{m}=61.4\text{m}^2$

(5) $S_{净}=S_{底}-[(L_{中}+L_{内})\times0.37+S_{墙垛}]=61.4-[(30.68+5.5)\times0.37+0.24\times0.24\times2(墙垛)]=47.90\text{m}^2$

3. 基数运用

【例 3-1】 某建筑底层平面图如图 3-6 所示，该建筑的三维图如图 3-7 所示，墙体采用 MU10 标准页岩砖 M5 混合砂浆砌筑，地面贴 800mm×800mm 瓷质地砖（门洞装饰做法同地面）。已知墙高为 3.6m，M1、M2 的宽高尺寸分别为 1200mm×2100mm、1000mm×2100mm，现浇钢筋构造柱（GZ）、门窗过梁（GL）的混凝土工程量（体积）分别为 2.5m³、1.5m³，门窗所占面积 15m²。试计算该建筑墙体砌砖、块料地面的清单工程量。

【解】 (1) 计算墙体砌砖的工程量。《房屋建筑与装饰工程工程量计算规范》（GB 50854—2013）规定：墙体砌砖的清单工程量按设计图示尺寸以体积计算。扣除门窗、洞口、嵌入墙内的钢筋混凝土柱、梁、圈梁、挑梁、过梁及凹进墙内的壁龛、管槽、暖气

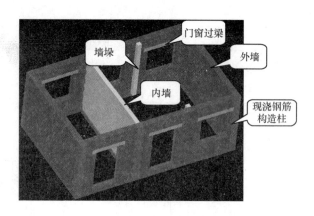

图3-7　建筑的三维图

槽、消火栓箱所占体积。

工程量 $V = [(L_{中} + L_{内}) \times H(墙高) - S_{门窗}] \times h(墙厚) + V_{墙垛} - (V_{GZ} + V_{GL})$

$\quad = [(30.68 + 5.5) \times 3.6 - 15] \times 0.365 + 0.24 \times 0.24 \times 3.6 \times 2 - (2.5 + 1.5)$

$\quad = 38.480(m^3)$

(2)计算块料地面的清单工程量。《房屋建筑与装饰工程工程量计算规范》(GB 50854—2013)规定：块料地面的清单工程量按设计图示尺寸以面积计算。门洞、空圈、暖气包槽、壁龛的开口部分并入相应的工程量内。

工程量 $S = S_{净} + S_{门洞}$

$\quad = 47.89 + (1 + 1.2) \times 0.37 = 48.70(m^2)$

3.2.2　应用统筹法计算工程量

1. 统筹法计算工程量的原理

一个单位工程是由几十个甚至上百个分项工程组成的。在计算工程量时，无论按哪种计算顺序，都难以充分利用项目之间数据的内在联系，及时地编出预算，而且还会出现重算、漏算和错算现象。

运用统筹法计算工程量，就是分析工程量计算中各分项工程量计算之间的固有规律和相互之间的依赖关系，运用统筹法原理和统筹图图解来合理安排工程量的计算程序，以达到节约时间、简化计算、提高工效、为及时准确地编制工程预算提供科学数据的目的。

统筹法计算的核心是基数（"三线两面"）。基本原理是：通过"三线两面"中具有共性的五个基数，分别连续用于多个相关分部分项工程量的计算，从而达到工程量快速、准确计算的目的。"三线两面"中的五个基数是十分重要的，任何一个基数的计算出错都会引起一连串相关分部分项工程量的计算错误，而且错误比较隐蔽，不易被发现，最后导致不得不重新计算相关部分的工程量。例如，在这五个基数中如果 $L_{中}$ 和 $L_{内}$ 计算错误的话，就会影响圈梁钢筋、混凝土、墙体和内墙装饰工程量的计算；如果 $L_{外}$ 出现错误的话，就会影响外墙裙和外墙装饰工程量的计算；如果 $S_{净}$ 计算错误的话，则会影响楼地面工程量的计算。因此，准确、灵活地运用"三线两面"是统筹法计算原理的关键。由于各个工程中，建筑物的形体和结构不同，在整个工程量计算的过程中，运用"三线两面"某个基数时，也要根据具体情况做出相应调整，不可以将一个基数一用到底。比如，某建筑物中，一层墙体为370mm厚墙，二层墙体为240mm厚墙，两层的 $L_{中}$ 与 $L_{内}$ 的数值肯定是不相同的，要对基数做相应的调整，方可使用。在计算 $L_内$ 时必须注意，内墙墙体净长度并不等于内墙圈梁的净长度，其原因是砖混房屋室内过道圈梁下是没有墙的，但是为了便于在计算墙体工程量时扣除嵌墙圈梁体积，$L_内$ 必须统一按结构平面的圈梁净长度计算，而室内过道圈梁下没有墙的部分则按空圈洞口计算。所以，在工程量计算之前，务必准确计算"三线两面"，在真正计算分部分项工程或构件时，要懂得灵活运用"三线两面"，这样才能确保工程量的快速、准确计算。

2. 统筹法计算工程量基本要点

（1）统筹程序，合理安排。除分项工程量计算中应统筹计算程序、合理安排计算顺序外，在分部工程量计算顺序的安排上也应如此。例如，在砌筑工程量计算中，应扣除门窗洞口和嵌入墙内的钢筋混凝土构件所占体积，因此，从数学逻辑关系出发，应先计算出门窗工程量和混凝土及钢筋混凝土工程量，再计算砌筑分部工程的工程量。

（2）利用基数，连续计算。在计算出"三线两面"五种基数后，分别以它们为主线，将与各基数相关的分项工程量分别算出，一气呵成，连续计算完毕。

（3）一次算出，多次使用。将那些不能利用基数进行连续计算的分项工程，事先组织力量计算出（平时积累），并汇编成手册，以备后用。一般手册包含的内容有本地区常用门窗表、钢筋混凝土预制构件体积和钢筋质量表、大放脚折加高度表、屋面坡度系数表、常用材料质量和体积等。

（4）结合实际，灵活机动。由于建筑设计和场地地质的可变性，不可能利用"三线两面"计算出所有分项工程量，必须联系施工图实际，灵活机动地计算工程量。

① 分段计算法：条基因埋深和断面尺寸不同，有不同的剖面，工程量计算应按不同剖面分段计算。

② 分层计算法：多层建筑物，当各楼层建筑面积、砂浆种类、墙厚等不同时，应分层计算。

③ 增减计算法：同一单位工程中，如果仅局部楼层的外形尺寸或结构不同，则可先将其视为与其他楼层一样进行计算，再增减局部不同部分的工程量。

3. 分部工程量计算顺序

利用统筹法的原理，一个单位工程中，各分部工程工程量计算可按以下顺序进行，如图 3-8 所示。

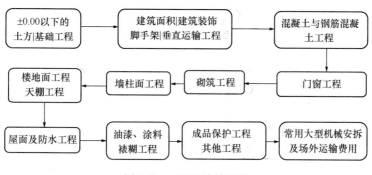

图 3-8　工程量计算顺序

【BIM 虚拟现实任务辅导】

任务 3.3 建筑面积的计算

【任务目标】

（1）了解建筑面积的概念和作用，掌握建筑面积的计算规则和方法。

（2）能正确运用建筑面积的计算规则计算实际建筑工程项目的建筑面积。

（3）具有精益求精的工匠精神，具有查找资料、应用资料的能力，具有较强的表达沟通能力，具有较强的团队协作能力。

【任务单】

建筑面积的计算的任务单如表 3-9 所示。

表 3-9　建筑面积的计算的任务单

任务内容	识读某供水智能泵房成套设备生产基地项目施工图（见附图），根据《建筑工程建筑面积计算规范》（GB/T 50353—2013），计算 2♯ 配件仓库的建筑面积。			
任务要求	每三人为一个小组（一人为编制人，一人为校核人，一人为审核人）			
（1）识读施工图，回答以下问题。 该建筑的结构类型为＿＿＿＿＿＿，共有＿＿层，第一、二、三层的结构层高为＿＿ m，第四层的结构层高为＿＿ m，有＿＿座楼梯，楼梯＿＿（出、不出）屋面。 （2）计算 2♯ 配件仓库的建筑面积				
工程名称	计算过程		单位	计算结果
2♯ 配件仓库				

【知识链接】

3.3.1 建筑面积的概念和作用

1. 建筑面积的概念

建筑面积是指建筑物（包括墙体）所形成的楼地面面积，包括附属于建筑物的室外阳台、雨篷、檐廊、室外走廊、室外楼梯等。

建筑面积的概念、组成和作用

建筑面积包括使用面积、辅助面积和结构面积三部分。

（1）使用面积。使用面积是指建筑物各层平面中直接为生产或生活使用的净面积之和。例如，住宅建筑中的居室、客厅、书房等。

（2）辅助面积。辅助面积是指建筑物各层平面中为辅助生产或辅助生活所占的净面积之和。例如，住宅建筑中的楼梯、走道、卫生间、厨房等。使用面积和辅助面积称为有效面积。

（3）结构面积。结构面积是指建筑各层平面中的墙、柱等结构所占的面积之和。

2. 建筑面积的作用

（1）重要管理指标。建筑面积是建设投资可行性研究、建筑项目勘察设计、建设项目评估、建设项目招标投标、建筑工程施工和竣工验收、建设工程造价管理、建设工程造价控制等一系列管理工作中的重要指标。

（2）重要技术指标。建筑面积是计算开工面积、竣工面积、优良工程率、建筑装饰规模等的重要技术指标。

（3）重要经济指标。建筑面积是计算建筑、装饰等单位工程或单项工程的单位面积工程造价、人工消耗、台班消耗、工程量消耗的重要经济指标。

（4）重要计算依据。建筑面积是计算有关工程量的重要依据。例如，装饰用满堂脚手架、综合脚手架、垂直运输等项目的工程量等。

综上所述，建筑面积是重要的技术经济指标，在全面控制建筑、装饰工程造价和建设过程中起着重要的作用。

3.3.2 建筑面积的计算规则

住房城乡建设部于 2013 年 7 月正式实施的《建筑工程建筑面积计算规范》（GB/T 50353—2013），对建筑面积的计算规则做了统一规定。主要规定了以下两方面的内容：

建筑面积计算
（第 1~2 条）

1. 应计算建筑面积的范围

（1）建筑物的建筑面积应按自然层外墙结构外围水平面积之和计算。结构层高在 2.20m 及以上的，应计算全面积；结构层高在 2.20m 以下的，应计算 1/2 面积。

提示：①结构层高，是指楼面或地面结构层上表面至上部结构层上表面之间的垂直距离。②建筑面积计算，在主体结构内形成的建筑空间，满足计算面积结构层高要求的均应按该条规定计算建筑面积。主体结构外的室外阳台、雨篷、檐廊、室外走廊、室外楼梯等按相应条款计算建筑面积。当外墙结构本身在一个层高范围内不等厚时，以楼地面结构标高处的外围水平面积计算。③外墙结构外围水平面积主要强调建筑面积计算应计算墙体结构的面积，按建筑平面图结构外轮廓尺寸计算，而不应包括墙体构造所增加的抹灰厚度、材料厚度及勒脚厚度等。

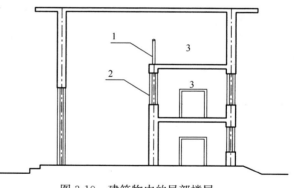

图 3-10 建筑物内的局部楼层
1—围护设施；2—围护结构；3—局部楼层

（2）建筑物内设有局部楼层时，对于局部楼层的二层及以上楼层，有围护结构的应按其围护结构外围水平面积计算，无围护结构的应按其结构底板水平面积计算，且结构层高在 2.20m 及以上的，应计算全面积，结构层高在 2.20m 以下的，应计算 1/2 面积。建筑物内的局部楼层如图 3-10 所示。

提示：①围护结构指围合建筑空间的墙体、门、窗。②围护设施指为保障安全而设置的栏杆、栏板等围挡。

【例 3-2】已知某单层房屋平面图和剖面图（见图 3-11），计算该房屋的建筑面积。

【解】一层建筑面积＝(27＋0.24)×(15＋0.24)＝415.14(m²)

因局部楼层的第二层层高 $H＝6m－3m＝3m>2.2m$，计算全面积；因局部楼层的第三层层高 $H＝8m－6m＝2m<2.2m$，计算 1/2 面积。

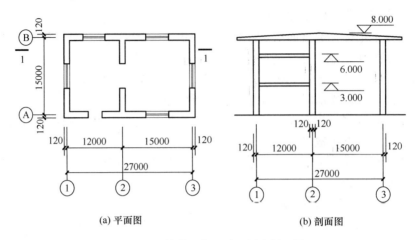

(a) 平面图　　　　　　　　(b) 剖面图

图 3-11　某单层房屋平面图和剖面图

局部楼层建筑面积 $=(12+0.24)\times(15+0.24)\times(1+1/2)=279.81(\mathrm{m}^2)$

该房屋建筑面积 $=415.14+279.81=694.95(\mathrm{m}^2)$

【例 3-3】 已知某二层房屋平面图和剖面图（见图 3-12），试计算该房屋的建筑面积。

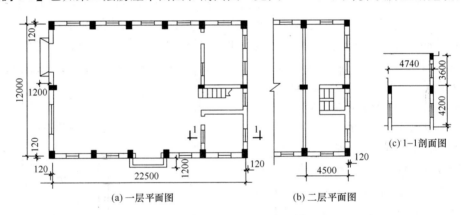

(a) 一层平面图　　　　　　(b) 二层平面图　　　　　(c) 1—1剖面图

图 3-12　某二层房屋平面图和剖面图

【解】 一层建筑面积：$S_1=(22.50+0.24)\times(12.00+0.24)=278.34(\mathrm{m}^2)$

局部楼层第二层有围护设施且层高 $H=3.6\mathrm{m}>2.2\mathrm{m}$，$S_2=4.74\times12.24=58.02(\mathrm{m}^2)$

合计建筑面积 $=278.34+58.02=283.36(\mathrm{m}^2)$

（3）对于形成建筑空间的坡屋顶，结构净高在 2.10m 及以上的部位应计算全面积；结构净高在 1.20m 及以上至 2.10m 以下的部位应计算 1/2 面积；结构净高在 1.20m 以下的部位不应计算建筑面积。具体如图 3-13（a）所示。

（4）对于场馆看台下的建筑空间，结构净高在 2.10m 及以上的部位应计算全面积；结构净高在 1.20m 及以上至 2.10m 以下的部位应计算 1/2 面积；结构净高在 1.20m 以下的部位不应计算建筑面积。室内单独设置的有

坡屋顶建筑
面积计算

围护设施的悬挑看台，应按看台结构底板水平投影面积计算建筑面积。有顶盖无围护结构的场馆看台应按其顶盖水平投影面积的 1/2 计算面积。具体如图 3-13（b）所示。

① 结构净高，是指楼面或地面结构层上表面至上部结构层下表面之间的垂直距离。

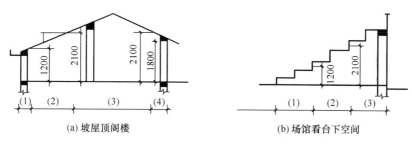

图 3-13　坡屋顶与场馆看台下空间

② 场馆看台下的建筑空间因其上部结构多为斜板，所以采用净高的尺寸划定建筑面积的计算范围和对应规则。室内单独设置的有围护设施的悬挑看台，因其看台上部设有顶盖且可供人使用，所以按看台板的结构底板水平投影计算建筑面积。"有顶盖无围护结构的场馆看台"所称的"场馆"为专业术语，指各种场类建筑，如体育场、足球场、网球场、带看台的风雨操场等。

（5）地下室、半地下室应按其结构外围水平面积计算。结构层高在 2.20m 及以上的，应计算全面积；结构层高在 2.20m 以下的，应计算 1/2 面积。

建筑面积计算
（第3~4条）

① 地下室：室内地平面低于室外地平面的高度超过室内净高的 1/2 的房间。

② 半地下室：室内地平面低于室外地平面的高度超过室内净高的 1/3，且不超过 1/2 的房间。

③ 上一层建筑外墙与地下室墙的中心线不一定完全重叠，多数情况是凸出或凹进地下室外墙中心线，如图 3-14 所示，地下室、半地下室应以其外墙（地下室的外墙）上口外边线所围水平面积计算。

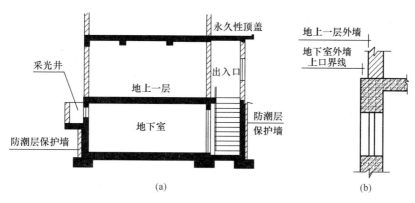

图 3-14　地下室、半地下室

（6）出入口外墙外侧坡道有顶盖的部位，应按其外墙结构外围水平面积的 1/2 计算面积。

出入口坡道分有顶盖出入口坡道和无顶盖出入口坡道，出入口坡道顶盖的挑出长度，为顶盖结构外边线至外墙结构外边线的长度；顶盖以设计图纸为准，对后增加及建设单位自行增加的顶盖等，不计算建筑面积。顶盖不分材料种类（如钢筋混凝土顶盖、彩钢板顶盖、阳光板顶盖等）。地下室出入口如图 3-15 所示。

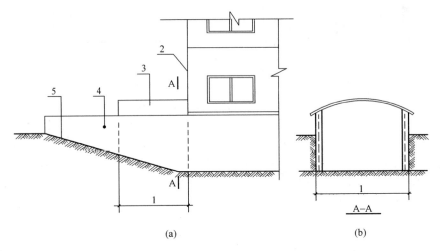

(a)   (b)

图 3-15　地下室出入口

1—计算 1/2 投影面积部位；2—主体建筑；3—出入口顶盖；

4—封闭出入口侧墙；5—出入口坡道

（7）建筑物架空层及坡地建筑物吊脚架空层，应按其顶板水平投影计算建筑面积。结构层高在 2.20m 及以上的，应计算全面积；结构层高在 2.20m 以下的，应计算 1/2 面积。

① 架空层：仅有结构支撑而无外围护结构的开敞空间层。

② 该条既适用于建筑物吊脚架空层、深基础架空层建筑面积的计算，也适用于目前部分住宅、学校教学楼等工程在底层架空或在二层或以上某个甚至多个楼层架空，作为公共活动、停车、绿化等空间的建筑面积的计算。架空层中有围护结构的建筑空间按相关规定计算。建筑物吊脚架空层如图 3-16 所示。

（8）建筑物的门厅、大厅应按一层计算建筑面积，门厅、大厅内设置的走廊应按走廊结构底板水平投影面积计算建筑面积。结构层高在 2.20m 及以上的，应计算全面积；结构层高在 2.20m 以下的，应计算 1/2 面积。

提示：门厅、大厅内设有回廊是指建筑物大厅、门厅的上部（一般该大厅、门厅占两个或两个以上建筑物层高）四周向大厅、门厅、中间挑出的走廊称为回廊，如图 3-17 所示。

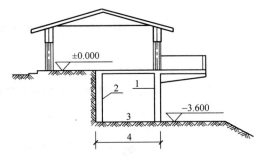

图 3-16　建筑物吊脚架空层

1—柱；2—墙；3—吊脚架空层；

4—计算建筑面积部位

（9）对于建筑物间的架空走廊，有顶盖和围护设施的，应按其围护结构外围水平面积计算全面积；无围护结构、有围护设施的，应按其结构底板水平投影面积计算 1/2 面积。

无围护结构的架空走廊如图 3-18 所示；有围护结构的架空走廊如图 3-19 所示。

建筑面积计算
（第5~8条）

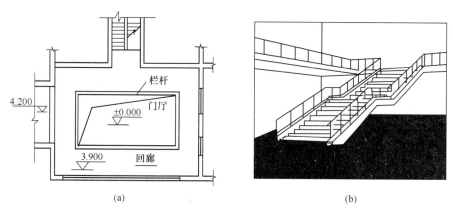

图 3-17 建筑物回廊

图 3-18 无围护结构的架空走廊
1—栏杆；2—架空走廊

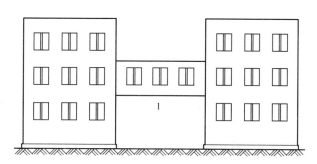

图 3-19 有围护结构的架空走廊
1—架空走廊

（10）对于立体书库、立体仓库、立体车库，有围护结构的，应按其围护结构外围水平面积计算建筑面积；无围护结构、有围护设施的，应按其结构底板水平投影面积计算建筑面积。无结构层的应按一层计算，有结构层的应按其结构层面积分别计算。结构层高在2.20m 及以上的，应计算全面积；结构层高在 2.20m 以下的，应计算 1/2 面积。书架层如图 3-20 所示。

① 结构层：整体结构体系中承重的楼板层。

② 起局部分隔、存储等作用的书架层、货架层或可升降的立体钢结构停车层均不属于结构层，该部分分层不计算建筑面积。

（11）有围护结构的舞台灯光控制室，应按其围护结构外围水平面积计算。结构层高

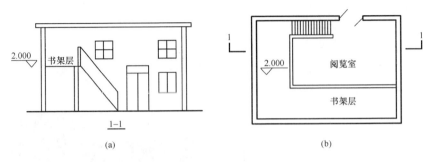

图 3-20　书架层

在 2.20m 及以上的，应计算全面积；结构层高在 2.20m 以下的，应计算 1/2 面积。

（12）附属在建筑物外墙的落地橱窗，应按其围护结构外围水平面积计算。结构层高在 2.20m 及以上的，应计算全面积；结构层高在 2.20m 以下的，应计算 1/2 面积。

（13）窗台与室内楼地面高差在 0.45m 以下且结构净高在 2.10m 及以上的凸（飘）窗，应按其围护结构外围水平面积计算 1/2 面积。凸（飘）窗如图 3-21 所示。

（14）有围护设施的室外走廊（挑廊），应按其结构底板水平投影面积计算 1/2 面积；有围护设施（或柱）的檐廊，应按其围护设施（或柱）外围水平面积计算 1/2 面积。檐廊如图 3-22 所示。

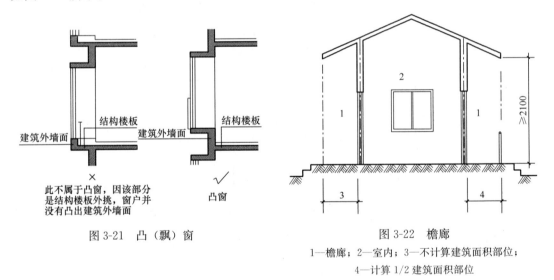

图 3-21　凸（飘）窗

图 3-22　檐廊

1—檐廊；2—室内；3—不计算建筑面积部位；

4—计算 1/2 建筑面积部位

（15）门斗应按其围护结构外围水平面积计算建筑面积，且结构层高在 2.20m 及以上的，应计算全面积；结构层高在 2.20m 以下的，应计算 1/2 面积。

提示：门斗是指在建筑物出入口设置的起分隔、挡风、御寒等作用的建筑过渡空间。保温门斗一般有围护结构。门斗、无柱檐廊、走廊、挑廊如图 3-23 所示。

（16）门廊应按其顶板的水平投影面积的 1/2 计算建筑面积；有柱雨篷应按其结构板水平投影面积的 1/2 计算建筑面积；无柱雨篷的结构外边线至外墙结构外边线的宽度在 2.10m 及以上的，应按雨篷结构板的水平投影面积的 1/2 计算建筑面积。

挑廊是指挑出建筑物外墙的水平交通空间；走廊是指建筑物的水平交通空间；檐廊是

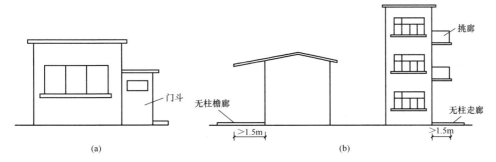

图 3-23　门斗、无柱檐廊、走廊、挑廊

指设置在建筑底层檐下的水平交通空间。有柱雨篷如图 3-24 所示。

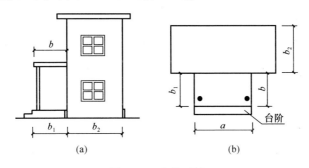

图 3-24　有柱雨篷

（17）设在建筑物顶部、有围护结构的楼梯间、水箱间、电梯机房等，结构层高在 2.20m 及以上的应计算全面积；结构层高在 2.20m 以下的，应计算 1/2 面积。

（18）围护结构不垂直于水平面的楼层，应按其底板面的外墙外围水平面积计算。结构净高在 2.10m 及以上的部位，应计算全面积；结构净高在 1.20m 及以上至 2.10m 以下的部位，应计算 1/2 面积；结构净高在 1.20m 以下的部位，不应计算建筑面积。

建筑面积计算
（第9~17条）

设有围护结构不垂直于水平面而超出底板外沿的建筑物是指向建筑物外倾斜的墙体 ［见图 3-25 (a) (b)］。若遇有向建筑内倾斜的墙体 ［见图 3-25 (c) (d)］，应视为坡屋面，

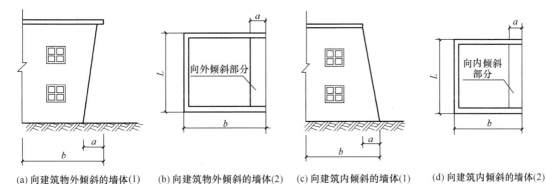

(a) 向建筑物外倾斜的墙体(1)　(b) 向建筑物外倾斜的墙体(2)　(c) 向建筑内倾斜的墙体(1)　(d) 向建筑内倾斜的墙体(2)

图 3-25　围护结构不垂直于水平面的建筑物

应按坡屋顶的有关规定计算建筑面积。

（19）建筑物的室内楼梯、电梯井、提物井、管道井、通风排气竖井、烟道，应并入建筑物的自然层计算建筑面积。有顶盖的采光井应按一层计算面积，且结构净高在 2.10m 及以上的，应计算全面积；结构净高在 2.10m 以下的，应计算 1/2 面积。地下室采光井如图 3-26 所示。

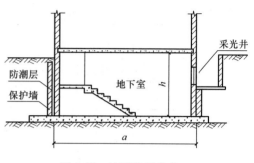

图 3-26 地下室采光井

（20）室外楼梯应并入所依附建筑物自然层，并应按其水平投影面积的 1/2 计算建筑面积。室外楼梯如图 3-27 所示。

提示：室外楼梯作为连接该建筑物层与层之间交通不可缺少的基本部件，无论从其功能还是工程计价的要求来说，均需计算建筑面积。层数为室外楼梯所依附的楼层数，即梯段部分投影到建筑物范围的层数。利用室外楼梯下部的建筑空间不得重复计算建筑面积；利用地势砌筑的为室外踏步，不计算建筑面积。

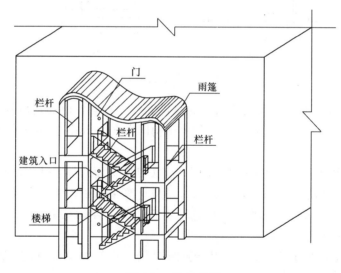

图 3-27 室外楼梯

（21）在主体结构内的阳台，应按其结构外围水平面积计算全面积；在主体结构外的阳台，应按其结构底板水平投影面积计算 1/2 面积。二层平面图如图 3-28 所示。

提示：①阳台是指附设于建筑物外墙，设有栏杆或栏板，可供人活动的室外空间。②建筑物的阳台，不论其形式如何，均以建筑物主体结构为界分别计算建筑面积。

（22）有顶盖无围护结构的车棚、货棚、站台、加油站、收费站等，应按其顶盖水平投影面积的 1/2 计算建筑面积。

（23）以幕墙作为围护结构的建筑物，应按幕墙外边线计算建筑面积。

（24）建筑物的外墙外保温层，应按其保温材料的水平截面积计算，并计入自然层建筑面积。

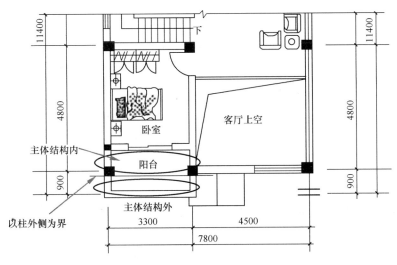

图 3-28　二层平面图

提示：建筑物外墙外侧有保温隔热层的，保温隔热层以保温材料的净厚度乘以外墙结构外边线长度按建筑物的自然层计算建筑面积，其外墙外边线长度不扣除门窗和建筑物外已计算建筑面积构件（如阳台、室外走廊、门斗、落地橱窗等部件）所占长度。当建筑物外已计算建筑面积的构件（如阳台、室外走廊、门斗、落地橱窗等部件）有保温隔热层时，其保温隔热层也不再计算建筑面积。外墙是斜面者按楼面楼板处的外墙外边线长度乘以保温材料的净厚度计算。外墙外保温以沿高度方向满铺为准，某层外墙外保温铺设高度未达到全部高度时（不包括阳台、室外走廊、门斗、落地橱窗、雨篷、飘窗等），不计算建筑面积。保温隔热层的建筑面积是以保温隔热材料的厚度来计算的，不包含抹灰层、防潮层、保护层（墙）的厚度。

（25）与室内相通的变形缝，应按其自然层合并在建筑物建筑面积内计算。对于高低联跨的建筑物，当高低跨内部连通时，其变形缝应计算在低跨面积内。

提示：①变形缝是指防止建筑物在某些因素作用下引起开裂甚至破坏而预留的构造缝。②与室内相通的变形缝，是指暴露在建筑物内，在建筑物内可以看见的变形缝。

【例3-4】如图 3-29 所示，假设建筑物纵向长度 $L=20\text{m}$（含墙厚），墙厚 240mm，轴线居中。试分别计算各跨的建筑面积。

【解】高跨、低跨层高大于 2.2m，建筑面积按全面积计算。

$S_{高跨}=(9+0.24)\times20=184.8(\text{m}^2)$

$S_{左低跨}=(4.5+0.24+0.405-0.24)\times20=98.1(\text{m}^2)$

$S_{右低跨}=(4.5+0.24+0.405-0.24)\times20=98.1(\text{m}^2)$

（26）对于建筑物内的设备层、管道层、避难层等有结构层的楼层，结构层高在 2.20m 及以上的，应计算全面积；结构层高在 2.20m 以下的，应计算 1/2 面积。

提示：设备层、管道层虽然其具体功能与普通楼层不同，但在结构上及施工消耗上并无本质区别，且该规范定义自然层为"按楼地面结构分层的楼层"，因此设备、管道楼层归为自然层，其计算规则与普通楼层相同。在吊顶空间内设置管道的，吊顶空间部分不能被视为设备层、管道层。

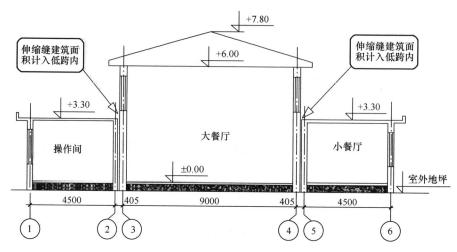

图 3-29　高低连跨建筑物剖面图

2. 不计算建筑面积的范围

（1）与建筑物内不相连通的建筑部件。

（2）骑楼、过街楼底层的开放公共空间和建筑物通道。

① 骑楼指建筑底层沿街面后退且留出公共人行空间的建筑物，如图 3-30 所示。

② 过街楼指跨越道路上空并与两边建筑相连接的建筑物，如图 3-31 所示。

建筑面积计算
（第18~26条）

图 3-30　骑楼示意图

1—骑楼；2—人行道；3—街道

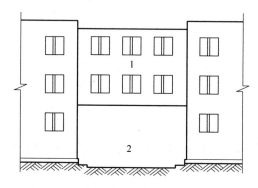

图 3-31　过街楼示意图

1—过街楼；2—建筑物通道

（3）舞台及后台悬挂幕布和布景的天桥、挑台等。

（4）露台、露天游泳池、花架、屋顶的水箱及装饰性结构构件。

（5）建筑物内的操作平台、上料平台、安装箱和罐体的平台。

（6）勒脚、附墙柱、垛、台阶、墙面抹灰、装饰面、镶贴块料面层、装饰性幕墙，主体结构外的空调室外机搁板（箱）、构件、配件，挑出宽度在 2.10m 以下的无柱雨篷和顶盖高度达到或超过两个楼层的无柱雨篷。

（7）窗台与室内地面高差在 0.45m 以下且结构净高在 2.10m 以下的凸（飘）窗，窗台与室内地面高差在 0.45m 及以上的凸（飘）窗。

（8）室外爬梯、室外专用消防钢楼梯。

（9）无围护结构的观光电梯。

（10）建筑物以外的地下人防通道，独立的烟囱、烟道、地沟、油（水）罐、气柜、水塔、贮油（水）池、贮仓、栈桥等构筑物。

建筑面积计算
案例题

【BIM 虚拟现实任务辅导】

【项目夯基训练】

【项目任务评价】

项目 4　建筑工程工程量清单编制

【项目引入】建筑工程清单项目设置

根据《房屋建筑与装饰工程工程量计算规范》（GB 50854—2013）及《湖南省建设工程计价办法》（2020 年），建筑分部工程包括土石方工程、地基处理与边坡支护工程、桩基工程、砌筑工程、混凝土及钢筋混凝土工程、金属结构工程、木结构工程、屋面及防水工程、保温隔热防腐工程。分部分项工程量清单由项目编码、项目名称、项目特征、计量单位、工程量五部分组成，正确列出分部分项清单项目并计算出其相应工程量是编制分部分项工程量清单的重要工作。建筑工程工程量清单编制如表 4-1 所示。

建筑工程清单
项目设置

表 4-1　建筑工程工程量清单编制项目目标

知识目标	技能目标	思政目标
（1）掌握房屋建筑与装饰工程列项与算量的概念与方法。 （2）掌握建筑工程分部分项工程量清单分项工程的工程量计算方法。 （3）掌握建筑工程分部分项工程量清单编制方法	（1）能进行建筑工程分部分项工程清单列项与算量。 （2）能正确计算建筑工程分部分项清单分项工程的工程量。 （3）能正确编制建筑工程分部分项工程量清单	（1）具有精益求精的工匠精神。 （2）具有节约资源、保护环境的意识。 （3）具有家国情怀。 （4）具有廉洁品质、自律能力

任务 4.1　建筑工程列项与计量认知

【任务目标】

（1）了解建筑工程列项与计量的概念、依据，掌握建筑工程列项与计量的基本思路与方法。

（2）能正确理解建筑工程列项与计量的基本思路与方法。

（3）具有精益求精的工匠精神，具有查找资料、应用资料的能力，具有较强的表达沟通能力，具有较强的团队协作能力。

【任务单】

建筑工程列项与计量认知的任务单如表 4-2 所示。

表 4-2　建筑工程列项与计量认知的任务单

任务内容	识读某供水智能泵房成套设备生产基地项目 2♯ 配件仓库基础施工图（见附图），试根据《房屋建筑与装饰工程工程量计算规范》（GB 50854—2013）列出该工程的基础土石方工程的清单项目		
任务要求	每三人为一个小组（一人为编制人，一人为校核人，一人为审核人）		
	（1）该工程基础为_____基础，室外地坪标高为_____m，桩基础由_____和_____构成。基础梁顶标高为_____m，①轴承台 CT01 的顶面标高为_____m，①轴承台 CT01 下预应力管桩桩顶标高为_____m。 （2）写出基础土方工程的施工工艺。 （3）列出该工程基础土石方工程的清单项目		
序号	项目编码	项目名称	计量单位

【知识链接】

4.1.1 建筑工程列项

1. 建筑工程列项的概念

建筑工程列项是指列出房屋建筑与装饰工程的分部分项工程量清单、措施项目清单、其他项目清单的清单项目以及列出各清单项目组价（综合单价分析）时的定额项目，以确定建筑工程的计算内容。

2. 建筑工程列项的依据

（1）清单列项的依据。

①《房屋建筑与装饰工程工程量计算规范》（GB 50854—2013）。②工程招标文件。③工程设计文件。④工程施工方案。⑤工程施工组织设计。⑥工程施工合同。

（2）组价时定额列项的依据。

①地区房屋建筑与装饰工程消耗量标准/企业定额。②工程设计文件。③工程招标文件。④工程施工方案。⑤工程施工组织设计。⑥招标工程量清单。⑦工程施工合同。

3.建筑工程列项的方法

（1）清单列项的方法。

首先要看懂施工图，了解建筑构造；其次要了解施工工艺、施工方案、施工组织设计；最后要熟悉《房屋建筑与装饰工程工程量计算规范》（GB 50854—2013）。

【例 4-1】 某建筑独立柱基 ZJ1 的施工图如图 4-1 所示，室外地坪标高为 −0.5m，土壤为：二类土，施工时采用反铲挖土机挖土，回填时采用机械碾压夯实，土方就地堆放在基坑左侧 1m 以外，混凝土采用 C20 商品混凝土，塔吊垂直运输，竹胶合板模板钢支撑。试列出该基础工程的清单项目及组价时的定额项目。

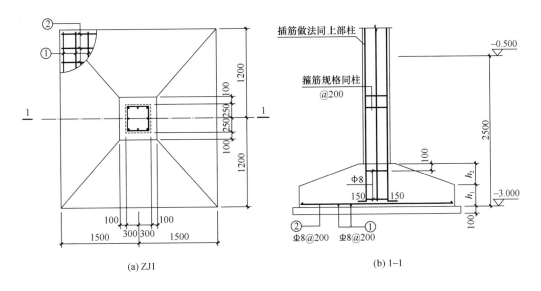

(a) ZJ1   (b) 1—1

图 4-1   某建筑独立柱基 ZJ1 施工图

【解】（1）清单项目列项。

① 看懂施工图，了解建筑构造。根据基础施工图可知，该基础为独立基础，由基础

垫层、基础底板、柱三部分组成。

② 了解施工工艺、施工方案、施工组织设计。要完成该基础工程的施工，首先要进行土方工程的施工，土方工程的施工内容包括挖土方、回填土；其次要进行基础底板钢筋、柱钢筋的绑扎与安装，模板制作与安装，混凝土的浇筑。

③ 依据《房屋建筑与装饰工程工程量计算规范》（GB 50854—2013）进行清单列项。根据《建筑工程清单计价规范》附录 A 土石方工程、附录 E 混凝土及钢筋混凝土工程、附录 S 措施项目，列项如表 4-3 和表 4-4 所示。

表 4-3 分部分项工程量清单

序号	项目编码	项目名称	项目特征	计量单位	工程量
1	010101004001	挖基坑土方	（1）土壤类别：二类土。 （2）挖土深度：2.6m	m³	
2	010103001001	回填方	密实度要求：满足设计和规范要求	m³	
3	010501001001	基础垫层	（1）混凝土种类：商品混凝土。 （2）混凝土强度等级：C20	m³	
4	010501003001	独立基础	（1）混凝土种类：商品混凝土。 （2）混凝土强度等级：C20	m³	
5	010502001001	矩形柱	（1）混凝土种类：商品混凝土。 （2）混凝土强度等级：C20	m³	
6	010515001001	现浇构件钢筋	钢筋种类、规格	t	

表 4-4 措施项目清单

序号	项目编码	项目名称	项目特征	计量单位	工程量
1	011702001001	基础垫层模板	模板材质：竹胶合板模板木支撑	m²	
2	011702001002	独立基础模板	模板材质：竹胶合板模板木支撑	m²	
3	011702002001	矩形柱模板	模板材质：竹胶合板模板木支撑	m²	

（2）组价定额项目列项。

此时由于清单项目已经列出，列项时主要根据清单项目的项目特征、地区房屋建筑与装饰工程消耗量标准中的分项工程项目表、分项工程工作内容、人材机消耗确定各清单项目组价时的定额项目。清单项目组价时对应的定额项目至少有一项，也可能有多项。

以表 4-3 和表 4-4 为例，依据《湖南省房屋建筑与装饰工程消耗量标准》（2020 年）第一章土石方工程、第五章钢筋、混凝土工程、第十三章模板工程，列出表 4-3 和表 4-4 所示各清单项目对应的定额项目，如表 4-5 和表 4-6 所示。

表 4-5　分部分项工程量清单（带定额）

序号	项目编码	项目名称	项目特征	计量单位	工程量
1	010101004001	挖基坑土方	（1）土壤类别：二类土。 （2）挖土深度：2.6m	m^3	
1.1	A1-3	人工挖基坑土方、普通土、深度 2m 以内	—	$100m^3$	
1.2	A1-7	人工运土方、每增运 20m	—	$100m^3$	
2	010103001001	回填方	密实度要求：满足设计和规范要求	m^3	
2.1	A1-89	机械碾压、填土碾压	—	$100m^3$	
3	010501001001	混凝土垫层	（1）混凝土种类：商品混凝土。 （2）混凝土强度等级：C20	m^3	
3.1	A2-10 换	混凝土垫层	—	$10m^3$	
3.2	A5-133	浇筑增加费	—	$10m^3$	
4	010501003001	独立基础	（1）混凝土种类：商品混凝土。 （2）混凝土强度等级：C20	m^3	
4.1	A5-84 换	独立基础	—	$10m^3$	
4.2	A5-133	浇筑增加费	—	$10m^3$	
5	010502001001	矩形柱	（1）混凝土种类：商品混凝土。 （2）混凝土强度等级：C20	m^3	
5.1	A5-91 换	独立矩形柱	—	$10m^3$	
5.2	A5-133	浇筑增加费	—	$10m^3$	
6	010515001001	现浇构件钢筋	钢筋种类、规格	t	
6.1	A5-2	圆钢	直径 8mm	t	
6.2	……	……	……	t	

表 4-6　措施项目清单（带定额）

序　号	项目编码	项目名称	项目特征	计量单位	工程量
1	011702001001	基础垫层模板	模板材质：木模板木支撑	m^2	
1.1	A19-6	基础垫层	木模板木支撑	$100m^2$	
2	011702001002	独立基础模板	模板材质：木模板木支撑	m^2	
2.1	A13-3	独立基础	模板材质：木模板木支撑	$100m^2$	
3	011702002001	矩形柱模板	模板材质：木模板钢支撑	m^2	
3.1	A19-18	矩形柱	模板材质：木模板钢支撑	$100m^2$	

4.1.2　建筑工程计量

1. 工程量概念

工程量是指以物理计量单位或自然计量单位所表示各清单分项工程项目、定额分项工程项目（包括实体项目和非实体项目）的数量。

物理计量单位，即需经量度的单位，如"m^3""m^2""m""t"等常用的计量单位。

自然计量单位，即不需量度而按自然个体数量计量的单位，如"樘""个""台""组""套"等常用的计量单位。

2. 建筑工程计量的概念

建筑工程计量是指依据工程量计算规则计算出建筑工程各清单项目、定额项目的工程量。

3. 建筑工程计量的依据

（1）清单计量的依据：《房屋建筑与装饰工程工程量计算规范》（GB 50854—2013）、工程招标文件、工程设计文件、工程施工方案、工程施工组织设计、工程施工合同。

（2）组价时定额计量的依据：地区建筑装饰工程消耗量标准、企业定额、工程招标文件、工程施工方案、工程施工组织设计、工程量清单、工程施工合同。

【BIM 虚拟现实任务辅导】

任务 4.2　土石方工程工程量清单编制

【任务目标】

（1）了解《房屋建筑与装饰工程工程量计算规范》（GB 50854—2013）中土石方工程清单项目设置及相关规定，掌握土石方工程清单项目工程量计算方法；掌握《湖南省房屋建筑与装饰工程消耗量标准》（2020 年）中土石方工程项目设置及相关规定，掌握土石方工程项目工程量计算方法。

（2）能根据《房屋建筑与装饰工程工程量计算规范》（GB 50854—2013）列项并计算土石方工程量；能根据《湖南省房屋建筑与装饰工程消耗量标准》（2020 年）列项并计算土石方工程量。

（3）具有精益求精的工匠精神，具有查找资料、应用资料的能力，具有较强的表达沟通能力，具有较强的团队协作能力。

【任务单】

土石方工程工程量清单编制的任务单如表 4-7 所示。

表 4-7　土石方工程工程量清单编制的任务单

任务一　土石方工程工程量清单编制	
任务内容	识读某供水智能泵房成套设备生产基地项目 2♯配件仓库工程施工图（见附图），已知场地土为三类土，根据《房屋建筑与装饰工程工程量计算规范》（GB 50854—2013），计算平整场地、①～②×（C）～（E）区域挖沟槽土方、挖基坑土方清单工程量并编制其分部分项工程量清单。
任务要求	每三人为一个小组（一人为编制人，一人为校核人，一人为审核人）

（1）JL1、JL2、JL9、JL10 的截面尺寸分别为多少？假定基础梁底混凝土垫层厚度为 100mm，JL1、JL2、JL9、JL10 的垫层底标高为多少？挖沟槽土方深度为多少？

（2）承台 CT01、CT02、CT03 的高度分别为多少？承台 CT01、CT02、CT03 下的垫层底标高为多少？挖基坑土方深度为多少？

（3）计算平整场地、①～②×（C）～（E）区域挖沟槽土方、挖基坑土方清单工程量并编制其分部分项工程量清单。

土石方工程分部分项工程量清单

项目编码	项目名称及特征	计算过程	单位	工程量

任务二　土石方工程工程量清单编制	
任务内容	识读某供水智能泵房成套设备生产基地项目 2♯配件仓库工程施工图，已知场地土为三类土，施工时采用机械开挖、坑上开挖。试根据《湖南省房屋建筑与装饰工程消耗量标准》（2020 年）计算平整场地、①～②×（C）～（E）区域挖沟槽土方、挖基坑土方清单工程量并编制其分部分项工程量清单
任务要求	每三人为一个小组（一人为编制人，一人为校核人，一人为审核人）

（1）该项目土方开挖的放坡起点深度 $H=$＿＿＿＿m，计算时＿＿＿＿（需要、不需要）放坡，工作面宽度 $C=$＿＿＿＿m，一层管阀仓库室内外高差为＿＿＿＿m，一层管阀仓库室内回填土厚度为＿＿＿＿m，管阀仓库室内回填土工程量为＿＿＿＿m^3。

（2）计算平整场地、挖沟槽土方、挖基坑土方清单工程量并编制其分部分项工程量清单。

土石方工程分部分项工程量清单

项目编码	项目名称及特征	计算过程	单位	工程量

【知识链接】

4.2.1　土方工程工程量清单编制

1. 土方工程清单项目设置及相关规定

（1）土方工程清单项目设置。

根据《房屋建筑与装饰工程工程量计算规范》（GB 50854—2013），土方工程包括 7 个清单项目，分别为平整场地，挖一般土方，挖沟槽土方，挖基坑土方，冻土开挖，挖淤泥、流砂，管沟土方，见 P68 二维码"建筑工程清单项目设置"中表 2-10。

（2）土方工程相关规定。

① 挖土方平均厚度应按自然地面测量标高至设计地坪标高的平均厚度确定。基础土方开挖深度应按基础垫层底表面标高至交付施工场地标高确定，无交付施工场地标高时，应按自然地面标高确定。

② 建筑物场地厚度≤±300mm 的挖、填、运、找平，应按"建筑工程清单项目设置"中表 2-10 中平整场地项目编码列项。厚度>±300mm 的竖向布置挖土或山坡切土应按"建筑工程清单项目设置"中表 2-10 中挖一般土方项目编码列项。

③ 沟槽、基坑、一般土方的划分为：底宽≤7m 且底长>3 倍底宽为沟槽；底长≤3 倍底宽且底面积≤150m² 为基坑；超出上述范围则为一般土方。

④ 挖土方如需截桩头时，应按桩基工程相关项目编码列项。

⑤ 桩间挖土不扣除桩的体积，并在项目特征中加以描述。

⑥ 弃、取土运距可以不描述，但应注明由投标人根据施工现场实际情况自行考虑，决定报价。

⑦ 土壤的分类应按表 4-8 确定，前土壤类别不能准确划分时，招标人可注明为综合，由投标人根据地勘报告决定报价。

表 4-8　土壤分类表

土壤分类	土壤名称	开挖方法
一、二类土	粉土、砂土（粉砂、细砂、中砂、粗砂、砾砂）、粉质黏土、弱中盐渍土、软土（淤泥质土、泥炭、泥炭质土）、软塑红黏土、冲填土	用锹开挖，少许用镐、条锄开挖。机械能全部直接铲挖满载者
三类土	黏土、碎石土（圆砾、角砾）混合土、可塑红黏土、硬塑红黏土、强盐渍土、素填土、压实填土	主要用镐、条锄开挖，少许用锹开挖。机械需部分刨松方能铲挖满载者或可直接铲挖但不能满载者
四类土	碎石土（卵石、碎石、漂石、块石）、坚硬红黏土、超盐渍土、杂填土	全部用镐、条锄挖掘，少许用撬棍挖掘。机械须普遍刨松方能铲挖满载者

注：土的名称及其含义按国家标准《岩土工程勘察规范》（GB 50021—2001）定义。

⑧ 土方体积应按挖掘前的天然密实体积计算。非天然密实土方应按表 4-9 折算。

表 4-9　土方体积折算系数表

天然密实度体积	虚方体积	夯实后体积	松填体积
0.77	1.00	0.67	0.83
1.00	1.30	0.87	1.08
1.15	1.50	1.00	1.25
0.92	1.20	0.80	1.00

注：① 虚方指未经碾压、堆积时间小于或等于 1 年的土壤。
　　② 该表按《全国统一建筑工程预算工程量计算规则》（GJDGZ-101-95）整理。
　　③ 设计密实度超过规定的，填方体积按工程设计要求执行；无设计要求按各省、自治区、直辖市或行业建设行政主管部门规定的系数执行。

⑨ 挖沟槽、基坑、一般土方因工作面和放坡增加的工程量（管沟工作面增加的工程

量）是否并入各土方工程量中，应按各省、自治区、直辖市或行业建设主管部门的规定实施，若并入各土方工程量中，则办理工程结算时，按经发包人认可的施工组织设计规定计算，编制工程量清单时，可按相关规定计算。

2. 土方工程清单工程量计算

（1）平整场地（编码：010101001）。

① 适用对象。平整场地是指开工前为了便于房屋的定位放线，对建筑物场地厚度在 ±300mm 以内的挖、填、运、找平，如图 4-2 所示。

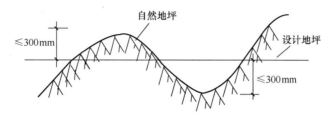

图 4-2 平整场地示意图

② 工程量计算规则。按设计图示尺寸以建筑物一层建筑面积计算。

③ 注意事项。当施工组织设计规定超面积平整场地时，投标人在报价时，应按超面积平整场地计算工程量，且超出部分包含在报价中。

【例 4-2】某建筑物底层平面图如图 4-3 所示，已知场地土壤为三类土，墙厚均为 240mm，轴线居中。试计算平整场地的清单工程量并编制其工程量清单。

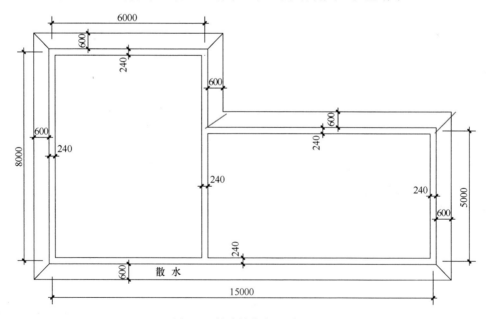

图 4-3 某建筑物底层平面图

【解】依据计算规则，平整场地的清单工程量为：

$$S = S_{底} = (15 + 0.24) \times (8 + 0.24) - (15 - 6) \times (8 - 5) = 98.58 (\text{m}^2)$$

平整场地工程项目清单如表 4-10 所示。

表 4-10　平整场地工程项目清单

序　号	项目编码	项目名称	项目特征	计量单位	工程量
1	010101001001	平整场地	土壤类别：三类土	m²	98.58

（2）挖一般土方（编码：010101002）。

① 适用于建筑场地厚度大于±300mm 的竖向布置挖土或山坡切土。

② 工程量计算规则。按设计图示尺寸以体积计算。

③ 注意事项。

a. 挖土方平均厚度应按自然地面测量标高至设计地面标高间的平均厚度确定。

b. 挖一般土方因工作面和放坡增加的工程量（管沟工作面增加的工程量），是合并入各土方工程量中，按各省、自治区、直辖市或行业建设主管部门的规定实施。

（3）挖沟槽土方（编码：010101003）。

① 适用于室外设计地坪以下底宽小于或等于 7m 且底长大于 3 倍底宽的沟槽的土方开挖，如图 4-4 所示。

② 工程量计算规则。按设计图示尺寸以基础垫层底面积乘以挖土深度计算。

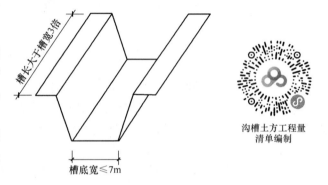

沟槽土方工程量清单编制

图 4-4　沟槽示意图

③ 注意事项。

a. 挖沟槽土方应按不同底宽和深度分别编码列项。

b. 挖沟槽因工作面和放坡增加的工程量（管沟工作面增加的工程量），是否并入各土方工程量中，按各省、自治区、直辖市或行业建设主管部门的规定实施。

c. 挖沟槽土方，应描述弃土运距，施工增加的弃土运输费用应包括在报价内。

【例 4-3】 某建筑基础施工图如图 4-5 所示，基础土壤为二类土，试计算该工程基础挖土的清单工程量并编制其工程量清单。

【解】 该工程沟槽底宽 $B=1\text{m}<7\text{m}$，底长 $L=L_{中}=(5\text{m}+4\text{m})\times 2=18\text{m}>3B=3\text{m}$，故为挖沟槽土方。

挖土深度 $H=1.8\text{m}$（垫层底标高）-0.3m（室外地坪标高）$=1.5\text{m}$。

依据工程量计算规则，$V=S_底 \times H=[1\times(5+4)\times 2]\times 1.5=18\times 1.5=27(\text{m}^3)$。

挖沟槽土方工程项目清单如表 4-11 所示。

表 4-11　挖沟槽土方工程项目

序号	项目编码	项目名称	项目特征	计量单位	工程量
1	010101003001	挖沟槽土方	（1）土壤类别：二类土。 （2）挖土深度：1.5m	m³	27

（4）挖基坑土方（编码：010101004）。

① 适用对象，挖基坑土方是指室外设计地坪以下底长 $L\leqslant 3$ 倍底宽 B 且底面积 $S_底\leqslant$

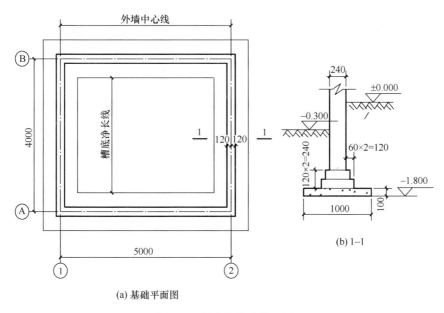

(a) 基础平面图

图 4-5　某建筑基础施工图

$150m^2$ 的基坑的土方开挖，如图 4-6 所示。

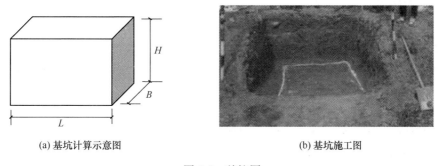

(a) 基坑计算示意图　　　　　　　　(b) 基坑施工图

图 4-6　基坑图

② 工程量计算规则。按设计图示尺寸以基础垫层底面积乘以挖土深度计算。

③ 注意事项。

a. 挖基坑土方应按不同底宽和深度分别编码列项。

b. 挖基坑因工作面和放坡增加的工程量（管沟工作面增加的工程量），是否并入各土方工程量中，按各省、自治区、直辖市或行业建设主管部门的规定实施。

c. 挖基坑土方，应描述弃土运距，施工增加的弃土运输费用应包括在报价内。

【例 4-4】 某建筑独立柱基 ZJ1 的施工图如图 4-7 所示，室外地坪标高为 $-0.5m$，土壤为二类土，试计算该基础挖土的清单工程量并编制其工程量清单。

【解】 基础挖土深度 $H=2.5m+0.1m=2.6m$，基坑底长 $=1.5m\times2+0.1m\times2=3.2m<$ 3 倍底宽 $=3\times(1.2m\times2+0.1m\times2)=7.8m$，基坑底面积 $S_底=3.2m\times2.6m=8.32m^2<150m^2$，故为挖基坑土方。

依据工程量计算规则，$V=S_底\times H=8.32\times2.6=21.63（m^3）$

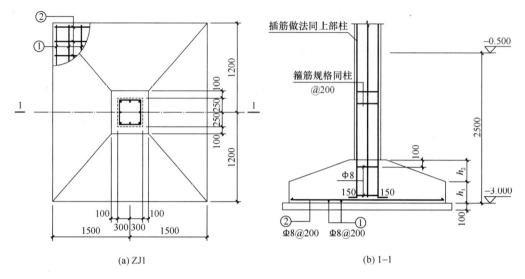

图 4-7　某建筑独立柱基 ZJ1 施工图

挖基坑土方工程项目工程量清单如表 4-12 所示。

表 4-12　挖基坑土方工程项目工程量清单

序　号	项目编码	项目名称	项目特征	计量单位	工程量
1	010101004001	挖基坑土方	(1) 土壤类别：二类土。 (2) 挖土深度：2.6m	m³	21.63

（5）冻土开挖。冻土开挖是指永久性的冻土和季节性冻土的开挖，其工程量按设计图示尺寸开挖面积乘以厚度计算。

（6）挖淤泥、流砂。

① 适用对象。淤泥是一种稀软状、不易成形的灰黑色、有臭味，含有半腐朽的植物遗体，置于水中有动植物残体渣滓浮于水面，并常有气泡由水中冒出的泥土。

流砂是在坑内抽水时，会形成流动状态，随地下水涌出，无承载力，边挖边冒的泥土，流砂坑无法挖深，强挖会掏空临近地基。

② 工程量计算规则。按设计图示位置、界限以体积计算。

③ 注意事项。挖方出现淤泥、流砂时，如设计未明确，在编制工程量清单时，其工程量数量可以为暂估量。结算时，应根据实际情况由发包人与承包人双方现场签证，确认工程量。

（7）管沟土方。

① 适用对象。适用于管道（给排水、工业、电力、通信）、光（电）缆沟［包括人（手）孔、接口坑］及连接井（检查井）等的开挖、回填。

②工程量计算规则。

a. 以 m 计量，按设计图示以管道中心线长度计算。

b. 以 m³ 计量，按设计图示管底垫层面积乘以挖土深度计算；无管底垫层按管外径的水平投影面积乘以挖土深度计算，不扣除各类井的长度，井的土方并入。

③ 注意事项。管沟土方开挖加宽的工作面、放坡和接口处加宽的工作面，均应包括在管沟土方的报价中。

3.《湖南省建设工程计价办法》（2020 年）规定下土石方工程工程量清单编制

《湖南省建设工程计价办法》（2020 年）附录 D 第三条规定：招投标时，土石方清单工程量宜按照消耗量标准中土石方的工程量计算规则计算。《湖南省房屋建筑与装饰工程消耗量标准》（2020 年）中土石方工程项目设置与工程量计算规则如下：

（1）平整场地。

工程量计算规则：按建筑物外墙外边线每边增加 2m 以 m² 计算。

【例 4-5】某建筑物底层平面图如图 4-3 所示，已知场地土壤为三类土，墙厚均为 240mm，轴线居中。试计算平整场地的清单工程量并编制分部分项工程量清单（按省标）。

【解】依据平整场地计算规则（省标），平整场地工程量计算简图如图 4-8 所示。其工程量计算有 2 种方法。

方法一：公式法。

$$
\begin{aligned}
S_{场} &= S_{底} + L_{外} \times 2 + 16 \\
&= [(15 + 0.12 \times 2) \times (8 + 0.12 \times 2) - 9 \times 3] + [(15 + 0.12 \times 2) \\
&\quad + (8 + 0.12 \times 2)] \times 2 \times 2 + 16 \\
&= 98.58 + 93.92 + 16 \\
&= 208.5 (\text{m}^2)
\end{aligned}
$$

方法二：定义法。

$$
\begin{aligned}
S_{场} &= [(15 + 0.12 \times 2 + 2 \times 2) \times (8 + 0.12 \times 2 + 2 \times 2)] - 3 \times 9 \\
&= 208.5 (\text{m}^2)
\end{aligned}
$$

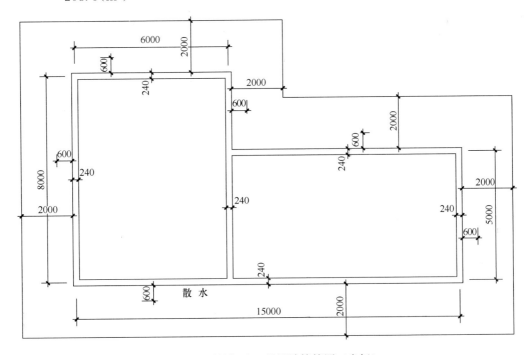

图 4-8　平整场地工程量计算简图（省标）

平整场地工程项目工程量清单如表 4-13 所示。

表 4-13　平整场地工程项目工程量清单（省标）

序号	项目编码	项目名称	项目特征	计量单位	工程量
1	010101001001	平整场地	土壤类别：三类土	m²	208.5

（2）挖沟槽、挖基坑及挖一般土方工程量计算一般规定。

① 土石方开挖、运输体积均以天然密实体积（自然方）计算，回填土石方按碾压后的体积（实方）计算。不同状态的土石方体积按湖南省消耗标量标准规定的土石方体积折算系数计算。

② 挖沟槽土方、挖基坑土方及挖一般土方的具体划分标准。

a. 底宽（设计图示垫层或基础宽度，下同）小于或等于 3m，且底长大于 3 倍底宽为沟槽。

b. 底长小于或等于 3 倍底宽，且底面积 $S \leqslant 20m^2$ 的为基坑。

c. 厚度小于或等于 $\pm 0.30m$ 的就地挖、填土及平整为平整场地。

d. 超出上述范围以外的为一般土石方。

e. 上述槽底宽度、坑底面积划分均不包括按规定应增加的工作面。

③ 土方放坡规定。土方放坡的起点深度和放坡宽度，按施工组织设计计算；施工组织设计无规定者，按表 4-14 规定计算。

表 4-14　土方放坡起点深度和放坡坡度表

土壤类别	起点深度（m）	放坡坡度			
		人工挖土	机械挖土		
			坑内作业	坑上作业	沟槽上作业
普通土	>1.20	1 : 0.5	1 : 0.33	1 : 0.75	1 : 0.5
坚土	>1.50	1 : 0.33	1 : 0.25	1 : 0.67	1 : 0.33

提示：a. 土方开挖的方式如图 4-9 所示，分别有垂直开挖、放坡开挖、支挡土板开挖。

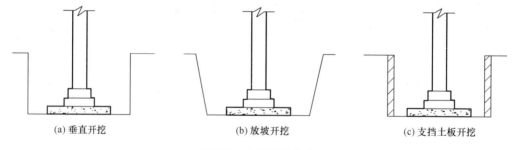

(a) 垂直开挖　　　　　(b) 放坡开挖　　　　　(c) 支挡土板开挖

图 4-9　土方开挖方式

b. 基础土方坡度，自基础（含垫层）底标高算起。

c. 有不同土层的基础土方，其放坡的起点深度和放坡坡度，按不同土类厚度加权平均计算。

d. 计算放坡时，在交接处的重复工程量不予扣除，原槽坑做基础垫层时，放坡自垫层上表面开始计算，如图 4-10（b）所示。

e. 放坡起点是指挖土时各类土超过表 4-14 中的放坡起点深时，才能按表 4-14 中的系数计算放坡工程量。例如坚土，只有当挖土深度 $H>1.5m$ 时才能计算放坡。

f. 放坡系数为 1∶0.33，其含义是每挖深 1m，放坡上口宽度 b 就增加 0.33m。

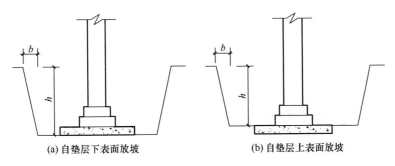

(a) 自垫层下表面放坡　　　　(b) 自垫层上表面放坡

图 4-10　自垫层表面放坡

④ 支挡土板后，不得再计算放坡。如图 4-11（c）所示。

⑤ 基础施工所需工作面按表 4-15 规定计算，如图 4-11 所示，名种开挖情况下的工作面宽为 C。

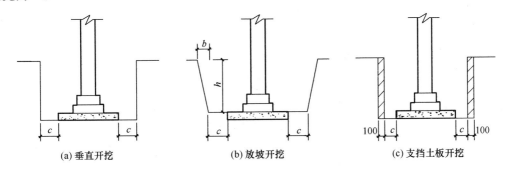

(a) 垂直开挖　　　　(b) 放坡开挖　　　　(c) 支挡土板开挖

图 4-11　各种开挖情况下的工作面

表 4-15　基础施工所需工作面宽度

基础材料	每面增加工作面宽度（mm）
砖基础	200
毛石、方整石基础	250
混凝土基础（支模板）	400
混凝土基础垫层（支模板）	300
基础垂直面做砂浆防潮层	400（自防潮层面）
基础垂直面做防水层或防潮层	1000（自防水层或防潮层面）
支挡土板	100（另加）

⑥ 基础施工需要搭设脚手架时，基础施工的工作面宽度，条形基础按 1.5m 计算（只计算一面）；独立基础按 0.45m 计算（四面均计算）。

⑦ 基坑土方大开挖需做边坡支护时，基础施工的工作面宽度按 2m 计算。

⑧ 基坑内施工各种桩时,基础施工的工作面宽度按 2m 计算。

⑨ 沟槽、基坑需要支挡土板时,基础施工的工作面单面按 0.1m 计算,双面按 0.2m 计算。

⑩ 管道施工的工作面宽度,按表 4-16 计算。

表 4-16　管道施工单面工作面宽度计算表

管道材质	管道基础外沿宽度(无基础时管道外径)(mm)		
	≤500	≤1000	≤1500
混凝土管、水泥管	400	500	600
其他管道	300	400	500

(3)挖沟槽、挖基坑及挖一般土方工程量计算。

① 挖一般土方。挖一般土方工程量按设计图示基础(含垫层)尺寸,另加工作面宽度、土石方放坡宽度,以体积计算。机械施工坡道的土石方工程量,并入相应工程量内计算。

② 挖沟槽土石方。挖沟槽土石方按设计图示沟槽长度乘以沟槽断面面积,以体积计算。

a. 挖沟槽长度,外墙按图示中心线长度计算,内墙按图示沟槽底面之间净长线长度计算,内外凸出部分(垛、附墙烟囱等)体积并入沟槽土方工程量内计算(见图 4-12)。

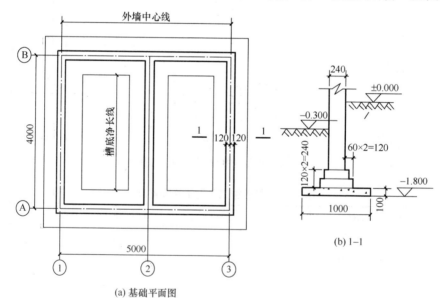

图 4-12　基础施工图

b. 管道的沟槽长度,按设计规定计算;设计无规定时,以设计图示管道中心线长度(不扣除下口直径或边长小于或等于 1.5m 的井池)计算。

c. 沟槽的断面面积,应包括工作面宽度、放坡宽度或石方允许超挖量的面积。

d. 管道接口作业坑和沿线各种井室所需增加开挖的土石方工程量按管沟槽全部土石方量的 2.5% 计算。

③ 挖基坑土石方。挖基坑土石方按设计图示基础（含垫层）尺寸，另加工作面宽度、土方放坡坡度，以体积计算。

（4）挖淤泥、流砂。挖淤泥、流砂工程量以实际挖方体积计算。

（5）独立基础、条基、管沟土方工程量在300m³以内的，按人工挖槽、坑土方子目执行；工程量在300m³以上的，70％工程量按挖掘机挖槽坑子目执行，30％工程量按人工挖槽坑子目执行。

【例 4-6】 如图 4-12 所示，试计算该工程外墙下挖沟槽长度。

【解】 外墙下挖沟槽长度 $L=L_{中}=(5+4)\times 2=18(m)$

【例 4-7】 如图 4-12 所示，试计算该工程②轴内墙下沟槽长度（考虑工作面宽）。

【解】 内墙沟槽长度（考虑工作面）$L=L_{净}=4-(0.5+0.3)\times 2=2.4(m)$。

（6）沟槽、基坑深度按图示槽、坑底面至室外地坪深度计算，如图 4-13、图 4-14 所示；地沟按图示沟底至室外地坪深度计算，如图 4-13 所示。

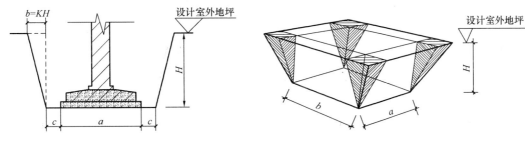

图 4-13　沟槽、基坑挖土深度示意图　　　　图 4-14　基坑示意图

【例 4-8】 如图 4-12 所示，试计算该工程挖沟槽土方的深度。

【解】 挖沟槽土方的深度 $H=1.8$（垫层底标高）-0.3（室外地坪标高）$=1.5$（m）

【例 4-9】 如图 4-12 所示，墙厚为 240mm，轴线居中，土壤为普通土，人工挖土。试计算该工程挖沟槽土方的清单工程量并编制分部分项工程量清单（按省标）。

【解】（1）计算挖沟槽土方的清单工程量（按国标）

$L=L_{中}+L_{内}=(4+5)\times 2+(4-0.5\times 2)=18+3=21(m)$

$V=L\times B\times H=21\times 1\times 1.5=31.5(m^3)$

（2）计算挖沟槽土方的清单工程量（按省标）。根据省标定额规定：因挖沟槽土方的深度 $H=1.5m>1.2m$（普通土放坡起点深度），故应放坡开挖。

沟槽长度 $L=L_{中}+L_{内}=18+2.4=20.4$（m）

根据土壤为普通土，人工挖土，查表 4-14，取 $K=0.5$；

根据混凝土基础垫层支模板，查表 4-15，取 $C=0.3m$

$V=L\times(B+2C+KH)\times H=20.4\times(1+2\times 0.3+0.5\times 1.5)\times 1.5=71.91(m^3)$

挖沟槽土方工程项目清单（按省标）如表 4-17 所示。

表 4-17　挖沟槽土方工程项目清单（按省标）

序　号	项目编码	项目名称	项目特征	计量单位	工程量
1	010101003001	挖沟槽土方	（1）土壤类别：普通土 （2）挖土深度：1.5m	m³	71.91

【例 4-10】某建筑独立柱基 ZJ1 的施工图如图 4-15 所示,室外地坪标高为－0.5m,土壤为普通土,人工挖土,试计算该基础挖土的清单工程量并编制其工程量清单(按省标)。

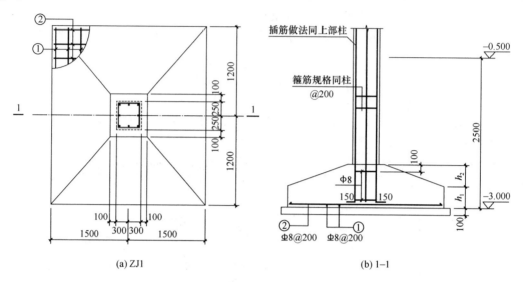

(a) ZJ1   (b) 1—1

图 4-15 某建筑独立柱基 ZJ1 施工图

【解】基础挖土深度 $H=2.5m+0.1m=2.6m$,基坑底长$=1.5m\times2+0.1m\times2=3.2m<3$ 倍底宽$=3\times(1.2m\times2+0.1m\times2)=7.8m$,基坑底面积 $S_底=3.2m\times2.6m=8.32m^2<20m^2$,故为挖基坑土方。

因挖土深度 $H=2.6m$,大于普通土放坡起点深度 1.2m,故应放坡开挖。

依据定额工程量计算规则,挖基坑土方工程量:

$$V=(A+2C+KH)\times(B+2C+KH)\times H+1/3K^2H^3$$

根据土壤为普通土,人工挖土,查表 4-14,取 $K=0.5$;

根据混凝土基础垫层支模板,查表 4-15,取 $C=0.3m$

$$V=(A+2C+KH)\times(B+2C+KH)\times H+1/3K^2H^3$$
$$=(3.2+2\times0.3+0.5\times2.6)\times(2.6+2\times0.3+0.5\times2.6)$$
$$\times2.6+1/3\times0.5^2\times2.6^3$$
$$=5.1\times4.5\times2.6+1.465=61.14(m^3)$$

挖基坑土方工程项目清单如表 4-18 所示。

表 4-18 控基坑土方工程项目清单(按省标)

序号	项目编码	项目名称	项目特征	计量单位	工程量
1	010101004001	挖基坑土方	(1) 土壤类别:普通土。 (2) 挖土深度:2.6m	m³	61.14

4.2.2 石方工程工程量清单编制

1. 石方工程清单项目设置及相关规定

(1) 石方工程清单项目设置。

　　根据《房屋建筑与装饰工程工程量计算规范》（GB 50854—2013），石方工程包括 5 个清单项目，分别为挖一般石方、挖沟槽石方、挖基坑石方、基底摊座、管沟石方，见"建筑工程清单项目设置"中表 2-22。

　　（2）石方工程相关规定。

　　① 挖石应按自然地面测量标高至设计地坪标高的平均厚度确定。基础石方开挖深度应按基础垫层底表面标高至交付施工现场地标高确定，无交付施工场地标高时，应按自然地面标高确定。

　　② 厚度＞±300mm 的竖向布置挖石或山坡凿石应按挖一般石方项目编码列项。

　　③ 沟槽、基坑、一般石方的划分为：底宽≤7m 且底长＞3 倍底宽为沟槽；底长≤3 倍底宽且底面积≤150m² 为基坑；超出上述范围则为一般石方。

　　④ 弃碴运距可以不描述，但应注明由投标人根据施工现场实际情况自行考虑，决定报价。

　　⑤ 岩石坚硬程度分类应按表 4-19 确定。

表 4-19　岩石坚硬程度分类表

岩石分类		代表性岩石	岩石饱和单轴抗压强度 R_c(MPa)	定性鉴定
极软岩		各种半成岩	$R_c \leqslant 5$	锤击声哑，无回弹，有较深凹痕，手可捏碎；浸水后，可捏成团
软质岩	软岩	泥岩、泥质砂岩、绿泥石片岩、绢云母片岩等	$5 < R_c \leqslant 15$	锤击声哑，无回弹，有凹痕，易击碎；浸水后，手可掰开
	较软岩	凝灰岩、千枚岩、砂质泥岩、泥灰岩、泥质砂岩、粉砂岩、砂质页岩等	$15 < R_c \leqslant 30$	锤击声不清脆，无回弹，易击碎；浸水后，指甲可刻出印痕
硬质岩	较硬岩	熔结凝灰岩、大理石、板岩、白云岩、石灰岩、钙质砂岩、粗晶大理岩等	$30 < R_c \leqslant 60$	锤击声较清脆，有轻微回弹，稍震手，较难击碎；浸水后，有轻微吸水反应
	坚硬岩	花岗岩、正长岩、闪长岩、辉绿岩、玄武岩、安山岩、片麻岩、硅质板岩、石英岩、硅质胶结的砾岩、石英砂岩、硅质石灰岩等	$R_c > 60$	锤击声脆，有回弹，震手，难击碎；浸水后，大多无吸水反应

　　注：该表依据国家标准《工程岩体分级标准》(GB/T 50218—2014)，和《岩土工程勘察规范》(GB 50021—2001)整理。

　　⑥ 石方体积应按挖掘前的天然密实体积计算。非天然密实石方应按表 4-20 中的系数计算。

表 4-20　石方体积折算系数表

石方类别	天然密实度体积	虚方体积	松填体积	码方
石方	1.0	1.54	1.31	—
块石	1.0	1.75	1.43	1.67
砂夹石	1.0	1.07	0.94	—

　　注：该表按建设部颁发《爆破工程消耗量定额》(GYD-102-2008)整理。

⑦ 管沟石方项目适用于管道(给排水、工业、电力、通信)、光(电)缆沟[包括人(手)孔、接口坑]及连接井(检查井)等。

2. 石方工程计量

(1)石方工程清单工程量计算。

① 挖一般石方。

a. 适用对象。适用于人工凿石、人工打眼爆破、机械打眼爆破等,并包括指定范围内的石方清除运输。

b. 工程量计算规则。按设计图示尺寸以体积计算。

c. 注意事项。挖石应按自然地坪测量标高至设计地坪标高的平均厚度计算。弃碴运距可以不描述,但应注明由投标人根据施工现场实际情况自行考虑,决定报价。

② 挖沟槽石方。

a. 适用对象。适用于沟槽底宽≤7m且底长>3倍底宽的沟槽石方开挖。

b. 工程量计算规则。按设计图示尺寸沟槽底面积乘以挖石深度以体积计算。

③ 挖基坑石方。

a. 适用对象。适用于基坑底长≤3倍底宽且底面积≤150m² 的基坑石方开挖。

b. 工程量计算规则。按设计图示尺寸基坑底面积乘以挖石深度以体积计算。

④挖管沟石方。

a. 适用对象。适用于管道(给排水、工业、电力、通信)、光(电)缆沟[包括人(手)孔、接口坑]及连接井(检查井)等。

b. 工程量计算规则。

以 m 计量,按设计图示以管道中心线长度计算。

以 m³ 计量,按设计图示截面积乘以长度计算。

c. 注意事项。管沟石方开挖加宽的工作面、放坡和接口处加宽的工作面,均应包括在挖管沟石方的报价中。

(2)石方工程定额工程量计算。

某地区定额规定,岩石开凿及爆破的定额工程量,区别石质按下列规定计算:

① 人工凿岩石,按图示尺寸以 m³ 计算;

② 爆破岩石按图示尺寸以 m³ 计算,其沟槽、基坑宽允许超挖量(基底不计),按被开挖坡面面积乘以如下数值以 m³ 计算:

a. Ⅲ级岩体:200mm。

b. Ⅰ、Ⅱ级岩体:150mm;超挖部分岩石并入岩石挖方量内计算。

4.2.3　回填工程工程量清单编制

1. 回填工程清单项目设置及相关规定

(1)回填工程清单项目设置。

根据《房屋建筑与装饰工程工程量计算规范》(GB 50854—2013),回填工程包括 2 个清单项目,分别为回填方、余方弃置。回填工程清单项目及工程量计算规则见"建筑工程清单项目设置"中表 2-25。

(2)回填工程相关规定。

① 填方密实度要求,在无特殊要求情况下,项目特征可描述为满足设计和规范的要求。

② 填方材料品种可以不描述，但应注明由投标人根据设计要求验方后方可填入，并符合相关工程的质量规范要求。

③ 填方粒径要求，在无特殊要求情况下，项目特征可以不描述。

④ 如需买土回填应在项目特征填方来源中描述，并注明买土方数量。

2. 回填工程清单工程量计算

（1）回填方（编码：010103001）。

① 回填方包括场地回填、室内回填、基础回填，为三者之和，即 $V_{回填方}=V_{场地回填}+V_{室内回填}+V_{基础回填}$，如图 4-16 所示。

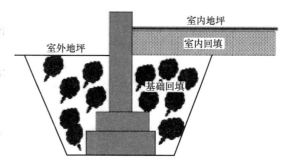

图 4-16　土（石）方回填示意图

② 工程量计算规则。

a. 场地回填：按回填面积乘以平均回填厚度计算。

b. 室内回填：按主墙间面积乘以回填厚度计算，不扣除间隔墙。

c. 基础回填：按挖方项目清单工程量减去自然地坪以下埋设的基础体积（包括基础垫层及其他构筑物）。

【例 4-11】见图 4-15，若已知设计室外地坪以下埋设物：混凝土垫层、混凝土基础的体积为 10m³，试计算基础回填土的清单工程量并编制其工程量清单。

【解】$V_{基础回填土}=V_{挖基坑土方}-V_{埋设物}=62.46-10=52.46$（m³）

回填方工程量清单如表 4-23 所示。

表 4-23　回填方工程量清单

序号	项目编码	项目名称	项目特征	计量单位	工程量
1	01010300001	回填方	（1）密实度要求：夯填。 （2）填方材料品种：普通土。 （3）填方来源、运距：基础挖土就地回填、运距 5m 以内	m³	52.46

（2）余方弃置（编码：010103002）。

工程量计算规则：按挖方清单项目工程量减利用回填方体积（正数）计算。即 $V_{余方弃置}=V_{挖基坑土方}-V_{回填方}$。

4.2.4　回填工程工程量清单编制（按省标）

《湖南省房屋建筑与装饰工程消耗量标准》（2020 年）规定：

（1）回填，按以下规定，以体积计算。

① 沟槽、基坑回填：回填工程量按挖方体积减去设计室外地坪以下埋设的构件（包括基础垫层、基础等）体积计算；

② 管道、沟槽回填：回填工程量按挖方体积扣除管道、基础的体积计算。公称直径 500mm 以内管道不予扣除，超过 500mm 管道按表 2-24 扣除。

室内回填工程量清单编制

表 4-24 管道折合回填体积表 单位：m^3/m

管道	公称直径（mm 以内）				
	600	800	1000	1200	1500
混凝土管及钢筋混凝土管道	0.33	0.6	0.92	1.15	1.45
其他材质管道	0.22	0.44	0.74	—	—

③ 房心（含地下室内）回填，回填工程量按主墙间净面积（扣除连续底面积 $2m^2$ 以上的设备基础等面积）乘以回填厚度以体积计算。

④ 场区（含地下室顶板以上）回填，回填工程量按回填面积乘以平均回填厚度以体积计算。

（2）原土夯实与碾压，按施工组织设计规定的尺寸，以面积计算。填土碾压按图示填土厚度以 m^3 计算。

（3）土方运输，以天然密实体积计算。

① 挖土总体积减回填土（折合天然密实体积），若总体积为正，则为余土外运；若总体积为负，则为取土内运。

② 土石方运距，按挖土区重心至填方区（或堆放区）重心间的最短距离计算。

【例 4-12】某基础施工图如图 4-12 所示，已知室内外高差为 0.3m，一层地面的做法为：素土回填并夯实，100mm 厚 C20 混凝土垫层，20mm 厚 1：3 水泥砂浆找平层，面贴 10mm 厚 800mm×800mm 防滑地砖。试计算一层房心回填土清单工程量（按省标），并编制房心回填土工程量清单。

【解】房心回填土厚度 H ＝室内外高差(h)－室内各构造厚度之和
$$＝0.3－(0.1＋0.02＋0.01)＝0.17(m)$$

房心回填土 $V＝S_净×H_{回填土厚度}$
$$＝(2.5－0.24)×(4－0.24)×2×0.17$$
$$＝2.26×3.76×0.34＝2.89(m^3)$$

房心回填土工程量清单如表 4-25 所示。

表 4-25 房心回填土工程量清单

序号	项目编码	项目名称	项目特征	计量单位	工程量
1	01010300001	回填方	（1）密实度要求：夯填。 （2）填方材料品种：普通土。 （3）填方来源、运距：场地土、运距 20m 以内	m^3	2.89

【BIM 虚拟现实任务辅导】

任务 4.3 地基处理与边坡支护工程工程量清单编制

【任务目标】

（1）了解地基处理工程、边坡支护工程的清单项目设置与相关规定，掌握地基处理工程、边坡支护工程工程量计算规则。

（2）能列项并计算实际地基处理工程、边坡支护工程工程量。

（3）具有精益求精的工匠精神，具有查找资料、应用资料的能力，具有较强的表达沟通能力，具有较强的团队协作能力。

【任务单】

地基处理与边坡支护工程工程量清单编制的任务单如表 4-26 所示。

表 4-26　地基处理与边坡支护工程工程量清单编制的任务单

任务内容	某边坡工程采用土钉支护，已知坡长 100m，坡高 5m（已考虑倾角因素），根据岩土工程勘察报告，地层为带块石的碎石土，土钉成孔直径 80mm，采用 1 根 HRB335 级直径为 20mm 的钢筋作为杆体，成孔深度 8m，土钉倾角 15°，杆筋送入钻孔后，灌注 M30 水泥砂浆，混凝土面板采用 C20 喷射混凝土，厚度 100mm。试编制该边坡支护工程的分部分项工程量清单。			
任务要求	每三人为一个小组（一人为编制人，一人为校核人，一人为审核人）。			
边坡支护工程工程量清单				
项目编码	项目名称及特征	计算过程	单位	工程量

【知识链接】

4.3.1　地基处理工程工程量清单编制

1. 地基处理工程清单项目设置

地基处理工程包括 17 个清单项目，分别为换填垫层、铺设土工合成材料、预压地基、强夯地基等项目，见建筑工程清单项目设置中表 2-29。

规范说明：

（1）地层情况按土石方工程中的土壤分类表和岩石分类表的规定，并根据岩土工程勘察报告按单位工程各地层所占比例（包括范围值）进行描述。对无法准确描述的地层情况，可注明由投标人根据岩土工程勘察报告自行决定报价。

（2）项目特征中的桩长应包括桩尖，空桩长度＝孔深－桩长，孔深为自然地面至设计桩底的深度。

（3）高压喷射注浆类型包括旋喷、摆喷、定喷，高压喷射注浆方法包括单管法、双重管法、三重管法。

（4）如采用泥浆护壁成孔，工作内容包括土方、废泥浆外运，如采用沉管灌注成孔，工作内容包括桩尖制作、安装。

2. 地基处理工程工程量计算

（1）换填垫层（编码：010201001）、铺设土工合成材料（编码：010201002）：按设计图示尺寸以体积计算。

（2）预压地基（编码：010201003）、强夯地基（编码：010201004）、振冲密实（不填料，编码：010201005）：按设计图示尺寸以加固面积计算。

（3）振冲桩（填料，编码：010201006）：①以 m 计量，按设计图示尺寸以桩长计算。

②以 m^3 计量，按设计桩截面乘以桩长以体积计算。

（4）砂石桩（编码：010201007）：①以 m 计量，按设计图示尺寸以桩长（包括桩尖）计算。②以 m^3 计量，按设计桩截面乘以桩长（包括桩尖）以体积计算。

（5）水泥粉煤灰碎石桩（编码：010201008）：按设计图示尺寸以桩长（包括桩尖）计算。

（6）深层搅拌桩（编码：010201009）、粉喷桩（编码：010201010）、高压喷射注浆桩（编码：010201012）、柱锤冲扩桩（编码：010201015）：按设计图示尺寸以桩长计算。

（7）石灰桩（编码：010201013）：按设计图示尺寸以桩长（包括桩尖）计算。

（8）注浆地基（编码：010201016）：①以 m 计量，按设计图示尺寸以钻孔深度计算。②以 m^3 计量，按设计图示尺寸以加固体积计算。

（9）褥垫层（编码：010201017）：①以 m^2 计量，按设计图示尺寸以敷设面积计算。②以 m^3 计量，按设计图示尺寸以体积计算。

3. 地基处理工程工程量清单编制

【例 4-13】建筑基础施工图如图 4-17 所示，基础垫层采用 100mm 厚人工级配碎石换填垫层，试计算其清单工程量，并编制分部分项工程量清单。

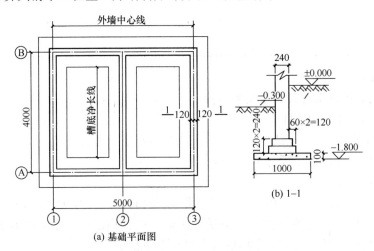

图 4-17　建筑基础施工图

【解】（1）计算清单工程量。根据垫层清单工程量计算规则：换填垫层按设计图示尺寸以体积计算。

$$V = S(\text{垫层底面积}) \times H(\text{垫层厚})$$
$$= L(\text{垫层长}) \times B(\text{垫层宽}) \times H(\text{垫层厚})$$
$$= [(5+4) \times 2 + (4 - 0.5 \times 2)] \times 1 \times 0.1 = 2.1(m^3)$$

（2）编制垫层分部分项工程量清单，如表 4-27 所示。

表 4-27　垫层分部分项工程量清单

序号	项目编码	项目名称	项目特征	计量单位	工程量
1	010201001001	垫层	垫层材料及配比：100 厚人工级配碎石换填垫层	m^3	2.1

【例 4-14】某工程地基，设计要求采用强夯地基，强夯面积为 3600m²。要求强夯能为 1000kN·m，每坑 12 击。试计算该工程强夯地基的清单工程量，并编制其分部分项工程量清单。

【解】（1）工程量计算。

根据强夯地基清单工程量计算规则：强夯地基按设计图示尺寸以加固面积计算。故：

$$S_{强夯地基}＝3600（m^2）$$

（2）编制强夯地基分部分项工程量清单，如表 4-28 所示。

表 4-28　强夯地基分部分项工程量清单

序号	项目编码	项目名称	项目特征	计量单位	工程量
1	010201004001	强夯地基	（1）强夯能：1000kN·m （2）每坑夯击次数：12 击	m²	3600

4.3.2　基坑与边坡支护工程工程量清单编制

1. 基坑与边坡支护工程清单项目设置

基坑与边坡支护工程包括 11 个清单项目，分别为地下连续墙、咬合灌注桩、圆木桩、预制钢筋混凝土板桩等项目，见建筑工程清单项目设置中表 2-31。

规范说明：

（1）地层情况按土石方工程中的土壤分类表和岩石分类表的规定，并根据岩土工程勘察报告按单位工程各地层所占比例（包括范围值）进行描述。对无法准确描述的地层情况，可注明由投标人根据岩土工程勘察报告自行决定报价。

（2）土钉置入方法包括钻孔置入、打入或射入等。

（3）现浇混凝土种类，指清水混凝土、彩色混凝土等，如在同一地区既使用预拌（商品）混凝土，又允许现场搅拌混凝土时，也应注明（下同）。

（4）地下连续墙和喷射混凝土（砂浆）的钢筋网、咬合灌注桩的钢筋笼及钢筋混凝土支撑的钢筋制作、安装，按《房屋建筑与装饰工程工程量计算规范》（GB 50854—2013）附录 E 混凝土及钢筋混凝土工程中相关项目编码列项。该分部未列的基坑与边坡支护的排桩按附录 C 桩基工程中相关项目编码列项。水泥土墙、坑内加固按规范表 B.1 地基处理中相关项目编码列项。砖、石挡土墙、护坡按附录 D 砌筑工程中相关项目编码列项。混凝土挡土墙按附录 E 混凝土及钢筋混凝土工程中相关项目编码列项。弃土（不含泥浆）清理、运输按土石方工程中相关项目编码列项。

2. 基坑与边坡支护工程工程量计算

（1）地下连续墙（编码：010202001）：按设计图示墙中心线长乘以厚度乘以槽深以体积计算。

（2）咬合灌注桩（编码：010202002）：①以 m 计量，按设计图示尺寸以桩长计算。②以根计量，按设计图示数量计算。

（3）圆木桩（编码：010202003）、预制钢筋混凝土板桩（编码：010202004）：①以 m 计量，按设计图示尺寸以桩长（包括桩尖）计算。②以根计量，按设计图示数量计算。

（4）型钢桩（编码：010202005）：①以吨计量，按设计图示尺寸以质量计算。②以根计量，按设计图示数量计算。

（5）钢板桩（编码：010202006）：①以吨计量，按设计图示尺寸以质量计算。②以

m² 计量，按设计图示墙中心线长乘以桩长以面积计算。

（6）锚杆（锚索）（编码：010202007）、土钉（编码：010202008）：①以 m 计量，按设计图示尺寸以钻孔深度计算。②以根计量，按设计图示数量计算。

（7）喷射混凝土、水泥砂浆（编码：010202009）：按设计图示尺寸以面积计算。

（8）钢筋混凝土支撑（编码：010202010）：按设计图示尺寸以体积计算。

（9）钢支撑（编码：010202010）：按设计图示尺寸以质量计算。不扣除孔眼质量，焊条、铆钉、螺栓等不另增加质量。

3. 基坑与边坡支护工程工程量清单编制

【例 4-15】某边坡采用土钉支护，立剖面示意图如图 4-18 所示，根据岩土工程勘察报告，地层为带块石的碎石土，土钉成孔直径为 90mm，采用 1 根 HRB335，直径 25 的钢筋作为杆体，成孔深度均为 10.0m，土钉入射倾角为 15°，杆筋送入钻孔，灌注 M30 水泥砂浆，混凝土面板采用 C20 喷射混凝土，厚度为 120mm。

试根据以上背景资料及现行国家标准《建设工程工程量清单计价规范》（GB 50500—2013）、《房屋建筑与装饰工程工程量计算规范》（GB 50854—2013），列项并编制该边坡分部分项工程量清单。

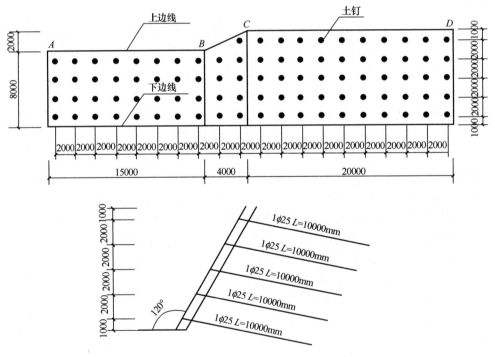

图 4-18　边坡支护立剖面示意图

【解】（1）列项：根据以上背景资料及现行国家标准《建设工程工程量清单计价规范》（GB 50500—2013）、《房屋建筑与装饰工程工程量计算规范》（GB 50854—2013），可以列 2 个清单项目，分别为土钉（编码：010202008001）、喷射混凝土（编码：010202009001）。

（2）计算清单工程量。

① 土钉：以 m 计量，按设计图示尺寸以钻孔深度计算，$L = 10 \times 91 = 910$（m）。

或：以根计量，按设计图示尺寸以数量计算，$N=91$（根）。

② 喷射混凝土：按设计图示尺寸以面积计算。

$$工程量：S=15\times8/\cos30°+[(8+10)/2]\times4/\cos30°+20\times10/\cos30°$$
$$=356/\cos30°=411.07(m^2)$$

（3）编制分部分项工程量清单，见表 4-29。

表 4-29　分部分项工程量清单

序号	项目编码	项目名称	项目特征	计量单位	工程量
1	010202008001	土钉	（1）地层情况：见地质勘察报告。 （2）钻孔深度：10m。 （3）钻孔直径：90mm。 （4）置入方法：钻孔置入。	m	910
			（5）杆体材料品种、规格、数量：1 根 HRB335，直径 25 的钢筋 （6）浆液种类、强度等级：M30 水泥砂浆	根	91
2	010202009001	喷射混凝土	（1）部位：坡面。 （2）厚度：120mm。 （3）材料种类：混凝土。 （4）混凝土类别、强度等级：清水混凝土、C20	m²	411.07

任务 4.4　桩基工程工程量清单编制

【任务目标】

（1）了解打桩工程、灌注桩工程的清单项目设置与相关规定，掌握打桩工程、灌注桩工程的工程量计算规则。

（2）能列项、计算桩基工程的清单工程量并编制其分部分项工程量清单。

（3）具有精益求精的工匠精神，具有查找资料、应用资料的能力，具有较强的表达沟通能力，具有较强的团队协作能力树立节约资源、保护环境意识。

【任务单】

桩基工程工程量清单编制的任务单如表 4-30 所示。

表 4-30　桩基工程工程量清单编制的任务单

任务内容	识读某供水智能泵房成套设备生产基地项目 2♯配件仓库工程施工图，根据《房屋建筑与装饰工程工程量计算规范》（GB 50854—2013），列项、计算其桩基工程清单工程量并编制其分部分项工程量清单。			
任务要求	每三人为一个小组（一人为编制人，一人为校核人，一人为审核人）。 （1）桩按施工方法分为_____和_____，该工程采用_____桩，桩顶标高为____m。 （2）预制桩的施工工艺是什么？该工程桩顶与承台是如何连接的，是否需要送桩？ （3）假设该工程不截桩，列项、计算其桩基工程清单工程量并编制其分部分项工程量清单。			
	桩基工程工程量清单			
项目编码	项目名称及特征	计算过程	单位	工程量

【知识链接】

4.4.1 打桩工程工程量清单编制

1. 打桩工程清单项目设置

打桩工程包括 4 个清单项目，分别为预制钢筋混凝土方桩、预制钢筋混凝土管桩、钢管桩、截（凿）桩头项目，见建筑工程清单项目设置中表 2-33。

规范说明：

（1）地层情况按土石方工程中的土壤分类表和岩石分类表的规定，并根据岩土工程勘察报告按单位工程各地层所占比例（包括范围值）进行描述。对无法准确描述的地层情况，可注明由投标人根据岩土工程勘察报告自行决定报价。

（2）项目特征中的桩截面、混凝土强度等级、桩类型等可直接用标准图代号或设计桩型进行描述。

（3）预制钢筋混凝土方桩、预制钢筋混凝土管桩项目以成品桩编制，应包括成品桩购置费，如果用现场预制，应包括现场预制桩的所有费用。

（4）打试验桩和打斜桩应按相应项目单独列项，并应在项目特征中注明试验桩或斜桩（斜率）。

（5）截（凿）桩头项目适用于《房屋建筑与装饰工程工程量计算规范》（GB 50854—2013）附录 B 地基处理与边坡支护工程、附录 C 桩基工程所列桩的桩头截（凿）。

（6）预制钢筋混凝土管桩桩顶与承台的连接构造按附录 E 混凝土与钢筋混凝土工程相关项目列项。

2. 打桩工程工程量计算

（1）预制钢筋混凝土方桩（编码：010301001）、预制钢筋混凝土管桩（编码：010301002）：①以 m 计量，按设计图示尺寸以桩长（包括桩尖）计算。②以 m^3 计量，按设计图示截面积乘以桩长（包括桩尖）以实体体积计算。③以根计量，按设计图示数量计算。

（2）钢管桩（编码：010301003）：①以吨计量，按设计图示尺寸以质量计算。②以根计量，按设计图示数量计算。

（3）截（凿）桩头（编码：010301003）：①以 m^3 计量，按设计桩截面乘以桩头长度以体积计算。②以根计量，按设计图示数量计算。

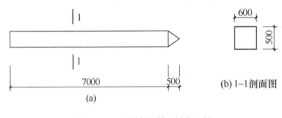

图 4-19 预制钢筋混凝土桩

3. 打桩工程工程量清单编制

【例 4-16】有预制钢筋混凝土方桩 5 根，桩混凝土强度等级为 C30，如图 4-19 所示，已知地基土为普通土，室外地坪标高为 −0.45m，桩顶设计标高为 −1m，打桩时使用走管式柴油打桩机打预制桩，试计算打预制桩的清单工程量，并编制分部分项工程量清单。

【解】（1）工程量计算。根据清单工程量计算规则：预制钢筋混凝土方桩按设计图示尺寸以桩长（包括桩尖）按 m 计算或按体积以 m^3 计算或按设计图示数量以根计算。

故打预制钢筋混凝土方桩的工程量为：

$$L=(7+0.5)\times5=37.5(m)$$

或 $V=l\times S\times N=7.5\times0.6\times0.5\times5=11.25(m^3)$

或 $N=5(根)$

（2）打桩工程分部分项工程量清单如表 4-31 所示。

表 4-31   打桩分部分项工程量清单

序号	项目编码	项目名称	项目特征	计量单位	工程量
1	010301002001	预制钢筋混凝土方桩	（1）地层情况：普通土。 （2）桩长：7.5m。 （3）桩截面：600mm×500mm。 （4）混凝土强度等级：C30	m	37.5
				m³	11.25
				根	5

【例 4-17】 已知某工程基础施工图如图 4-20 所示。采用预制钢筋混凝土管桩，走管式柴油打桩机打桩，已知桩长 8m，桩径 0.6m，壁厚 0.02m。自然地坪标高为 −0.45m，桩顶距自然地坪 0.9m，试计算打预制桩的清单工程量，并编制分部分项工程量清单。

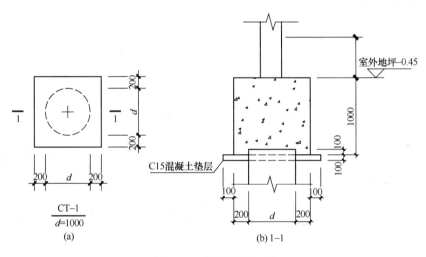

图 4-20   桩基础施工图

【解】（1）工程量计算。根据清单工程量计算规则：预制钢筋混凝土管桩按设计图示尺寸以桩长（包括桩尖）按 m 计算或按设计图示截面积乘以桩长（包括桩尖）以实体体积计算或按设计图示数量以根计算。

故打预制钢筋混凝土管桩的工程量为：

$L=8$（m）或 $N=1$（根）

或：

$$V=\pi(R_1^2-R_2^2)\times L\times N$$

$$=3.14\times(0.3^2-0.28^2)\times8\times1$$

$$=0.29(m^3)$$

（2）打桩工程分部分项工程量清单如表 4-32 所示。

表 4-32　打桩工程分部分项工程量清单

序号	项目编码	项目名称	项目特征	计量单位	工程量
1	010301002001	预制钢筋混凝土管桩	（1）地层情况：见地质勘察报告。 （2）送桩深度、桩长：0.9m、8m。	m	8
			（3）桩外径、壁厚：0.6m、0.02m。 （4）沉桩方法：走管式柴油打桩机打桩。 （5）桩尖类型：钢筋混凝土桩尖。	根	1
			（6）混凝土强度等级：C30 混凝土。 （7）填充材料类型：C30 混凝土	m³	0.29

4.4.2　灌注桩工程工程量清单编制

1. 灌注桩工程清单项目设置

灌注桩工程包括 7 个清单项目，分别为泥浆护壁成孔灌注桩、沉管灌注桩、干作业成孔灌注桩、挖孔桩土（石）方、人工挖孔灌注桩钻孔压浆桩、灌注桩后压浆等项目，见建筑工程清单项目设置中表 2-36。

规范说明：

（1）地层情况按土石方工程中的土壤分类表和岩石分类表的规定，并根据岩土工程勘察报告按单位工程各地层所占比例（包括范围值）进行描述。对无法准确描述的地层情况，可注明由投标人根据岩土工程勘察报告自行决定报价。

（2）项目特征中的桩长应包括桩尖，空桩长度＝孔深－桩长，孔深为自然地面至设计桩底的深度。

（3）项目特征中的桩截面（桩径）、混凝土强度等级、桩类型等可直接用标准图代号或设计桩型进行描述。

（4）泥浆护壁成孔灌注桩是指在泥浆护壁条件下成孔，采用水下灌注混凝土的桩。其成孔方法包括冲击钻成孔、冲抓锥成孔、回旋钻成孔、潜水钻成孔、泥浆护壁的旋挖成孔等。

（5）沉管灌注桩的沉管方法包括捶击沉管法、振动沉管法、振动冲击沉管法、内夯沉管法等。

（6）干作业成孔灌注桩是指不用泥浆护壁和套管护壁的情况下，用钻机成孔后，下钢筋笼，灌注混凝土的桩，适用于地下水位以上的土层使用。其成孔方法包括螺旋钻成孔、螺旋钻成孔扩底、干作业的旋挖成孔等。

（7）混凝土种类，指清水混凝土、彩色混凝土、水下混凝土等。例如，当同一地区既使用预拌（商品）混凝土，又允许现场搅拌混凝土时，也应注明（下同）。

（8）混凝土灌注桩的钢筋笼制作、安装，按《房屋建筑与装饰工程工程量计算规范》（GB 50854—2013）附录 E 混凝土及钢筋混凝土工程中相关项目编码列项。

2. 灌注桩工程工程量计算

（1）泥浆护壁成孔灌注桩（编码：010302001）、沉管灌注桩（编码：010302002）、干作业成孔灌注桩（编码：010302003）：①以 m 计量，按设计图示尺寸以桩长（包括桩尖）计算。②以 m³ 计量，按不同截面在桩上范围内以体积计算。③以根计量，按设计图示数量计算。

（2）挖孔桩土（石）方（编码：010302004）：按设计图示尺寸截面积乘以挖孔深度以m^3计算。

（3）人工挖灌注桩（编码：010302005）：①以m^3计量，按桩芯混凝土体积计算。②以根计量，按设计图示数量计算。

（4）钻孔压浆桩（编码：010302006）：①以m计量，按设计图示尺寸以桩长计算。②以根计量，按设计图示数量计算。

（5）灌注桩后压浆（编码：010302007）：按设计图示以注浆孔数计算。

3. 灌注桩工程工程量清单编制

【例4-18】已知某人工挖孔灌注桩如图4-21所示，自然地坪标高为-0.5m；地基土质：自然地坪标高至-4.5m为二类土。-4.5m至桩底为四类土；桩身直径1000mm（含护壁厚），采用100mm厚C20现浇钢筋混凝土护壁，桩身为C40现浇钢筋混凝土，扩底部分直径1200m。试计算挖孔桩土方、人工挖孔灌注桩的清单工程量，并编制其分部分项工程量清单。

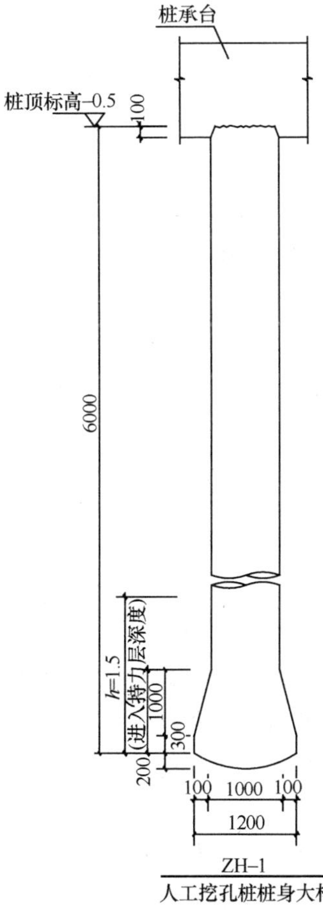

【解】（1）工程量计算。

① 计算挖孔桩土方的工程量（自然地坪标高至-4.5m、二类土）。

$$V_{圆柱体}=H_1 \times \pi r^2 = 4.5 \times 3.14 \times 0.5^2$$
$$=3.53（m^3）$$

2）计算挖孔桩土方的工程量（-4.5m至桩底、四类土）。

① -4.5m至-4.7m。

$$V_{圆柱体}=H_2 \times \pi r^2 = 0.2 \times 3.14 \times 0.5^2 = 0.16（m^3）$$

② -4.7m至-6m。

$$V_{圆台}=1/3H^3[\pi(r^2+R^2+rR)]$$
$$=1/3 \times 1 \times 3.14 \times (0.5^2+0.6^2+0.5 \times 0.6)$$
$$=0.95(m^3)$$

$$V_{圆柱体2}=H_4 \times \pi r^2 = 0.3 \times 3.14 \times 0.6^2 = 0.34(m^3)$$

$$V_{球缺}=\pi h^2(R_{球缺}-h/3)=3.14 \times 0.2^2 \times (4-0.2/3)=0.49(m^3)$$

挖孔桩土方（四类土）工程量：

$$V=0.16+0.95+0.34+0.49=1.94（m^3）$$

③ 护壁混凝土工程量。

$$V=H \times \pi \times (0.5^2-0.4^2)=(6-1.3) \times 3.14 \times 0.09=1.33(m^3)$$

④ 桩芯混凝土工程量。

$$V=挖孔桩土方-护壁混凝土=3.53+1.94-1.33=4.14（m^3）$$

图4-21 人工挖孔桩施工图

（2）人工挖孔灌注桩分部分项工程量清单如表 4-33 所示。

表 4-33 人工挖孔灌注桩分部分项工程量清单

序号	项目编码	项目名称	项目特征	计量单位	工程量
1	010302004001	挖孔桩土（石）方	（1）土层情况：二类土 （2）挖孔深度：4m （3）弃土运距：100m	m³	3.53
2	010302004002	挖孔桩土（石）方	（1）土层情况：四类土 （2）挖孔深度：2.2m （3）弃土运距：100m	m³	1.94
3	010302005001	人工挖孔灌注桩	（1）桩芯长度：4.7m （2）桩芯直径、扩底直径、扩底高度：见图 4-21 （3）护壁厚度、高度：见图 4-21 （4）护壁混凝土类别、强度等级：现拌混凝土、C20 （5）桩芯混凝土类别、强度等级：现拌混凝土、C40	m³	4.14

【BIM 虚拟现实任务辅导】

任务 4.5　砌筑工程工程量清单编制

【任务目标】

（1）了解砖砌体、砌块砌体、石砌体的清单项目设置与相关规定，掌握砖砌体、砌块砌体、石砌体的工程量计算规则。

（2）能列项、计算砌筑工程清单工程量并编制其分部分项工程量清单。

（3）具有精益求精的工匠精神，具有查找资料、应用资料的能力，具有较强的表达沟通能力，具有较强的团队协作能力，树立节约资源、保护环境的意识。

【任务单】

砌筑工程工程量清单编制的任务单如表 4-34 所示。

表 4-34　砌筑工程工程量清单编制的任务单

任务内容	识读某供水智能泵房成套设备生产基地项目 2♯ 配件仓库工程施工图（见附图），根据《房屋建筑与装饰工程工程量计算规范》（GB 50854—2013），计算其①～③×（D）～（E）处基础及一层墙体砌筑工程清单工程量并编制其分部分项工程量清单。			
任务要求	每三人为一个小组（一人为编制人，一人为校核人，一人为审核人）。 （1）基础采用什么材料砌筑？一层墙体采用什么材料砌筑？门窗顶是否应设置钢筋混凝土过梁？ （2）基础墙厚 $h=$ _____ m，基础的底标高＝_____ m，基础高度 $H=$ _____ m；一层墙厚 $h=$ _____ m，墙体底标高＝_____ m，墙体高度 $H_1=$ _____ m。 （3）列项、算量、清单编制。			
砌筑工程工程量清单				
项目编码	项目名称及特征	计算过程	单位	工程量

【知识链接】

4.5.1　砖砌体工程工程量清单编制

1. 砖砌体工程清单项目设置

砖砌体工程包括 14 个清单项目，分别为砖基础、砖砌挖孔桩护壁、实心砖墙、多孔砖墙等项目，见建筑工程清单项目设置中表 2-38。

规范说明：

① "砖基础"项目适用于各种类型砖基础：柱基础、墙基础、管道基础等。

② 基础与墙（柱）身使用同一种材料时，以设计室内地面为界（有地下室者，以地下室室内设计地面为界），以下为基础，以上为墙（柱）身。基础与墙身使用不同材料时，位于设计室内地面高度≤±300m 时，以不同材料为分界线，高度＞±300mm 时，以设计室内地面为分界线。

③ 砖围墙以设计室外地坪为界，以下为基础，以上为墙身。

④ 框架外表面的镶贴砖部分按零星项目编码列项。

⑤ 附墙烟囱、通风道、垃圾道应按设计图示尺寸以体积（扣除孔洞所占体积）计算并入所依附的墙体体积内。当设计规定孔洞内需抹灰时，应按《房屋建筑与装饰工程工程量计算规范》（GB 50854—2013）附录 M 中零星抹灰项目编码列项。

⑥ 空斗墙的窗间墙、窗台下、楼板下、梁头下等的实砌部分，按零星砌砖项目编码列项。

⑦ "空花墙"项目适用于各种类型的空花墙，使用混凝土花格砌筑的空花墙，实砌墙体与混凝土花格应分别计算，混凝土花格按混凝土及钢筋混凝土中预制构件相关项目编码列项。

⑧ 台阶、台阶挡墙、梯带、锅台、炉灶、蹲台、池槽、池槽腿、砖胎模、花台、花池、楼梯栏板、阳台栏板、地垄墙、≤0.3m 的孔洞填塞等，应按零星砌砖项目编码列项。砖砌锅台与炉灶可按外形尺寸以个计算，砖砌台阶可按水平投影面积以 m² 计算，小便槽、地垄墙可按长度计算，其他工程按 m³ 计算。

⑨ 砖砌体内钢筋加固，应按《房屋建筑与装饰工程工程量计算规范》（GB 50854—2013）混凝土及钢筋混凝土工程中相关项目编码列项。

⑩ 砖砌体勾缝按《房屋建筑与装饰工程工程量计算规范》（GB 50854—2013）墙、柱面装饰工程中相关项目编码列项。

⑪ 检查井内的爬梯按《房屋建筑与装饰工程工程量计算规范》（GB 50854—2013）混凝土及钢筋混凝土工程中相关项目编码列项；井、池内的混凝土构件按《建设工程工程量清单计价规范》（GB 50500—2013）混凝土及钢筋混凝土预制构件编码列项。

⑫ 当施工图设计标注做法见标准图集时，应注明标注图集的编码、页号及节点大样。

⑬ 标准砖尺寸应为 240mm×115mm×53mm。标准砖墙的厚度应按表 4-35 计算。

表 4-35　标准砖墙计算厚度表

砖数（厚度）	1/4	1/2	3/4	1	$1\frac{1}{2}$	2	$2\frac{1}{2}$	3
计算厚度（mm）	53	115	180	240	365	490	615	740

⑭ 板头如图 4-22、图 4-23 所示；门窗走头如图 4-24、图 4-25 所示；窗台虎头砖如图 4-26 所示；压顶如图 4-27 所示；泛水如图 4-28 所示；砖砌烟囱跟如图 4-29 所示；腰线

如图 4-30 所示；砖挑檐如图 4-31 所示；斜（坡）屋面无檐口天棚如图 4-32 所示；斜地
（坡）屋面有檐口天棚如图 4-33 所示；山墙的计算如图 4-33 所示；空花墙如图 4-34 所示。

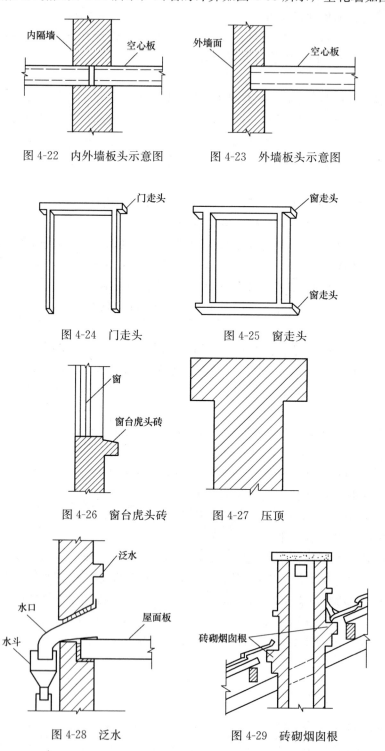

图 4-22　内外墙板头示意图　　　　图 4-23　外墙板头示意图

图 4-24　门走头　　　　　　　　图 4-25　窗走头

图 4-26　窗台虎头砖　　　　　　图 4-27　压顶

图 4-28　泛水　　　　　　　　　图 4-29　砖砌烟囱根

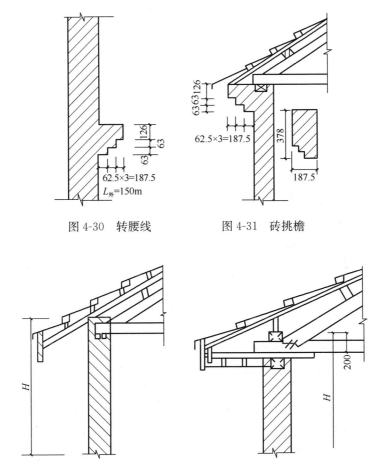

图 4-30　转腰线　　　　图 4-31　砖挑檐

图 4-32　斜（坡）屋面无檐口天棚　图 4-33　斜（坡）屋面有檐口天棚

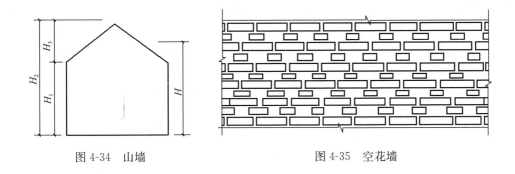

图 4-34　山墙　　　　　　　　图 4-35　空花墙

2. 砖砌体工程工程量计算

（1）砖基础（编码：010401001）：按设计图示尺寸以体积计算。包括附墙垛基础宽出部分体积，扣除地梁（圈梁）、构造柱所占体积，不扣除基础大放脚 T 形接头处的重叠部分及嵌入基础内的钢筋、铁件、管道、基础砂浆防潮层和单个面积≤0.3m² 的孔洞所占体积，靠墙暖气沟的挑檐不增加。

基础长度：外墙按外墙中心线、内墙按内墙净长线计算。

（2）砖砌挖孔桩护壁（编码：010401002）：按设计图示尺寸以 m^3 计算。

（3）实心砖墙（编码：010401003）、多孔砖墙（编码：010401004）、空心砖墙（编码：010401005）：按设计图示尺寸以体积计算。扣除门窗洞口、过人洞、空圈、嵌入墙内的钢筋混凝土柱、梁、圈梁、挑梁、过梁及凹进墙内的壁龛、管槽、暖气槽、消火栓箱所占体积，不扣除梁头、板头、檩头、垫木、木楞头、沿缘木、走头、砖墙内加固钢筋、木筋、铁件、钢管及单个面积 $\leqslant 0.3 m^2$ 的孔洞所占的体积。凸出墙面的腰线、挑檐、压顶、窗台线、虎头砖、门窗套的体积亦不增加。凸出墙面的砖垛并入墙体体积内计算。

① 墙长度：外墙按中心线、内墙按净长计算。

② 墙高度。

外墙：斜（坡）屋面无檐口天棚的算至屋面板底；有屋架且室内外均有天棚的算至屋架下弦底另加 200mm；无天棚者算至屋架下弦底另加 300mm，出檐宽度超过 600mm 时按实砌高度计算；有钢筋混凝土楼板隔层者算至板顶。平屋顶算至钢筋混凝土板底。

内墙：位于屋架下弦的，算至屋架下弦底；无屋架的算至天棚底另加 100mm；有钢筋混凝土楼板隔层的算至楼板顶；有框架梁时算至梁底。

女儿墙：从屋面板上表面算至女儿墙顶面（如有混凝土压顶时算至压顶下表面）。

内、外山墙：按其平均高度计算。

框架间墙：不分内外墙按墙体净尺寸以体积计算。

围墙：高度算至压顶上表面（如有混凝土压顶时算至压顶下表面），围墙柱并入围墙体积内。

（4）空斗墙（编码：010401006）：按设计图示尺寸以空斗墙外形体积计算。墙角、内外墙交接处、门窗洞口立边、窗台砖、屋檐处的实砌部分体积并入空斗墙体积内。

（5）空花墙（编码：010401007）：按设计图示尺寸以空花部分外形体积计算，不扣除空洞部分体积。

（6）填充墙（编码：010401008）：按设计图示尺寸以填充墙外形体积计算。

（7）实心砖柱（编码：010401009）、多孔砖柱（编码：010401010）：按设计图示尺寸以体积计算。扣除混凝土及钢筋混凝土梁垫、梁头、板头所占体积。

（8）砖检查井（编码：010401011）：按设计图示数量计算。

（9）零星砌砖（编码：010401012）：①以 m^3 计量，按设计图示尺寸截面积乘以长度计算。②以 m^2 计量，按设计图示尺寸水平投影面积计算。③以 m 计量，按设计图示尺寸长度计算。④以个计量，按设计图示数量计算。

（10）砖散水、地坪（编码：010401013）：按设计图示尺寸以面积计算。

（11）砖地沟、明沟（编码：010401014）：以 m 计量，按设计图示以中心线长度计算。

3. 砖砌体工程工程量清单编制

【例 4-19】某砖混结构建筑二层平面图如图 4-36 所示，试计算外墙中心线长度 $L_{中}$ 及内墙净长线长 $L_{内}$。

【解】由于墙体轴线居中，外墙轴线长即外墙中心线长度 $L_{中}$。

$$L_{中}=(3+3+3.3)\times 2=18.6(m)$$
$$L_{内}=3.3-0.12\times 2=3.06(m)$$

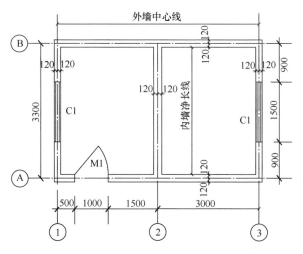

图 4-36　某砖混结构建筑二层平面图

【例 4-20】 某建筑物基础施工图如图 4-37 所示，用 M5 水泥砂浆砌筑砖基础，等高式大放脚，基础与墙身使用同一种材料。试计算该砖基础的清单工程量，并编制其分部分项工程量清单。

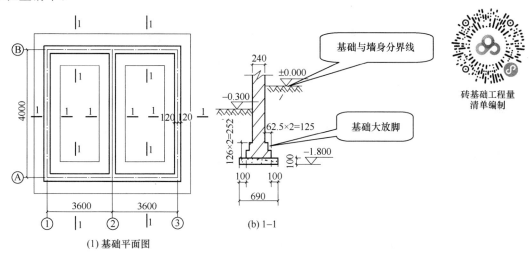

砖基础工程量清单编制

图 4-37　某建筑物基础施工图

【解】（1）计算清单工程量。

基础长度 $L=L_{中}+L_{内}=(4+3.6\times2)\times2+(4-0.12\times2)=22.4+3.76=26.16(m)$

基础与墙身使用同一种材料，基础与墙身的分界线位于 ±0.000 m 处，故基础高度 $H=1.8-0.1=1.7(m)$

基础断面积 $S=$ 基础墙面积 $+$ 大放脚面积

$$=1.7\times0.24+0.0625\times0.126\times6=0.408+0.047=0.455(m^2)$$

砖基础工程量 $V=26.16\times0.455=11.90(m^3)$

（2）编制砖基础分部分项工程量清单。砖基础分部分项工程量清单如表 4-36 所示。

表 4-36 砖基础分部分项工程量清单

序号	项目编码	项目名称	项目特征	计量单位	工程量
1	010401002001	砖基础	（1）砖品种、规格、强度等级：MU10 标准页岩砖。 （2）基础类型：条形基础。 （3）砂浆强度等级：M5 水泥砂浆	m³	11. 90

【例 4-21】某框架结构建筑二层平面图如图 4-38 所示，二层层高为 3.6m，三层框架梁高为 600mm，KZ1 截面尺寸为 400mm×400mm，墙体为 M5 混合砂浆砌筑。试计算二层①～②×Ⓑ轴墙体砌砖的工程量。

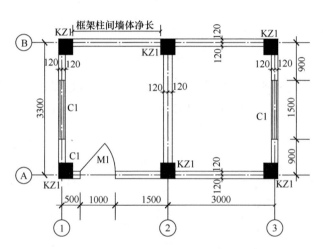

框架间墙工程量清单编制

图 4-38 某框架结构建筑二层平面图

【解】二层①～②×Ⓑ轴墙长 $L=3-(0.4-0.12)-0.2=2.52$（m）

二层①～②×Ⓑ轴墙墙高 $H=3.6-0.6$（三层框架梁高）$=3$（m），墙厚 $h=0.24$（m）

二层①～②×Ⓑ轴墙体砌砖的工程量 $V=L×H×h=2.52×3×0.24=1.81$（m³）

【例 4-22】某砖混结构建筑二层平面图如图 4-38 所示，已知层高为 3.6m，墙体采用 MU10 标准页岩砖、M5 混合砂浆砌筑，C1 为三扇铝合金平开窗、带亮带纱，窗台标高为 0.9m，M1 为平开镶板木门，C1、M1 的洞口尺寸分别为 1500mm×1800mm、1000mm×2100mm。门窗过梁均采用预制过梁，M1 上过梁高为 120mm，C1 上过梁高为 240mm，过梁厚同墙厚，过梁长为洞口宽加 500mm。试计算该砖混结构二层墙体砌砖的清单工程量并编制其分部分项工程量清单。

【解】（1）计算清单工程量。

墙高 $H=3.6$（m），墙长 $L=L_{中}+L_{内}=18.6+3.06=21.66$（m）

$S_{门窗}=1.5×1.8×2+1×2.1=7.5$（m²）

$V_{过梁}=[(1.5+0.5)×0.24×2+(1+0.5)×0.12]×0.24=0.27$（m³）

$V_{实心砖墙}=(H×L-S_{门窗})×0.24-V_{过梁}=(3.6×21.66-7.5)×0.24-0.27=16.64$（m³）

（2）编制其分部分项工程量清单，如表 4-37 所示。

表 4-37　砖墙分部分项工程量清单

序号	项目编码	项目名称	项目特征	计量单位	工程量
1	010401003001	实心砖墙	（1）砖品种、规格、强度等级：MU10 标准页岩砖。 （2）墙体类型：混水砖墙。 （3）砂浆强度等级：M5 水泥砂浆	m³	16.64

4.5.2　砌块砌体工程量清单编制

砌块砌体工程包括 2 个清单项目，其清单项目设置及工程量计算规则如表 4-38 所示。

表 4-38　砌块砌体清单项目设置及工程量计算规则

项目编码	项目名称	项目特征	计量单位	工程量计算规则	工作内容
010402001	砌块墙	（1）砌块品种、规格、强度等级。 （2）砌体类型。 （3）砂浆强度等级	m³	按设计图示尺寸以体积计算。 扣除门窗洞口、过人洞、空圈、嵌入墙内的钢筋混凝土柱、梁、圈梁、挑梁、过梁及凹进墙内的壁龛、管槽、暖气槽、消火栓箱所占体积，不扣除梁头、板头、檩头、垫木、木楞头、沿缘木、木砖、门窗走头、砌块墙内加固钢筋、木筋、铁件、钢管及单个面积≤0.3m² 的孔洞所占的体积。凸出墙面的腰线、挑檐、压顶、窗台线、虎头砖、门窗套的体积亦不增加。凸出墙面的砖垛并入墙体体积内计算。 （1）墙长度：外墙按中心线、内墙按净长计算。 （2）墙高度。 ①外墙：斜（坡）屋面无檐口天棚者算至屋面板底；有屋架且室内外均有天棚者算至屋架下弦底另加 200mm；无天棚者算至屋架下弦底另加 300mm；出檐宽度超过 600mm 时按实砌高度计算；有钢筋混凝土楼板隔层者算至板顶；平屋面算至钢筋混凝土板底。 ②内墙：位于屋架下弦者，算至屋架下弦底；无屋架者算至天棚底另加 100mm；有钢筋混凝土楼板隔层者算至楼板顶；有框架梁时算至梁底。 ③女儿墙：从屋面板上表面算至女儿墙顶面（如有混凝土压顶时算至压顶下表面）。 ④内、外山墙：按其平均高度计算。 （3）框架间墙：不分内外墙按墙体净尺寸以体积计算。 （4）围墙：高度算至压顶上表面（如有混凝土压顶时算至压顶下表面），围墙柱并入围墙体积内	（1）砂浆制作、运输。 （2）砌砖、砌块。 （3）勾缝。 （4）材料运输
010402002	砌块柱			按设计图示尺寸以体积计算。扣除混凝土及钢筋混凝土梁垫、梁头、板头所占体积	

规范说明：

①砌体内加筋、墙体拉结的制作、安装，应按《房屋建筑与装饰工程工程量计算规范》（GB 50854—2013）附录 E 混凝土及钢筋混凝土工程相关项目编码列项。②砌块排列应上、下错缝搭砌，如果搭错缝长度满足不了规定的压搭要求，应采取压砌钢筋网片的措施，具体构造要求按设计规定。若设计无规定时，应注明由投标人根据工程实际情况自行考虑。钢筋网片按《房屋建筑与装饰工程工程量计算规范》（GB 50854—2013）附录 F 金属结构工程相应编码列项③砌体垂直灰缝宽＞30mm 时，采用 C20 细石混凝土灌实。灌注的混凝土应按《房屋建筑与装饰工程工程量计算规范》（GB 50854—2013）附录 E 混凝土及钢筋混凝土工程相关项目编码列项。

4.5.3　石砌体工程工程量清单编制

1. 石砌体工程清单项目设置

石砌体工程包括石基础、石勒脚、石墙等 10 个清单项目，其清单项目设置见建筑工程清单项目设置中表 2-43。

规范说明：

① 石基础、石勒脚、石墙的划分：基础与勒脚应以设计室外地坪为界。勒脚与墙身应以设计室内地坪为界。石围墙内外地坪标高不同时，应以较低地坪标高为界，以下为基础；内外标高之差为挡土墙时，挡土墙以上为墙身。②石基础项目适用于各种规格（粗料石、细料石等）、各种材质（砂石、青石等）、各种类型（柱基、墙基、直形、弧形等）基础。③石勒脚、石墙项目适用于各种规格（粗料石、细料石等）、各种材质（砂石、青石、大理石、花岗石等）、各种类型（直形、弧形等）勒脚和墙体。

2. 石砌体工程量计算

（1）石基础（编码：010403001）：按设计图示尺寸以体积计算。包括附墙垛基础宽出部分体积，不扣除基础砂浆防潮层及单个面积≤0.3m² 的孔洞所占体积，靠墙暖气沟的挑檐不增加体积。基础长度：外墙按中心线、内墙按净长计算。

（2）石勒脚（编码：010403002）：按设计图示尺寸以体积计算，扣除单个面积＞0.3m² 的孔洞所占的体积。

（3）石墙（编码：010403003）：按设计图示尺寸以体积计算。扣除门窗、洞口、过人洞、空圈、嵌入墙内的钢筋混凝土柱、梁、圈梁、挑梁、过梁及凹进墙内的壁龛、管槽、暖气槽、消火栓箱所占体积，不扣除梁头、板头、檩头、垫木、木楞头、沿缘木、木砖、门窗走头、石墙内加固钢筋、木筋、铁件、钢管及单个面积≤0.3m² 的孔洞所占体积。凸出墙面的腰线、挑檐、压顶、窗台线、虎头砖、门窗套的体积亦不增加。凸出墙面的砖垛并入墙体体积内计算。

① 墙长度：外墙按中心线、内墙按净长计算。

② 墙高度

外墙：斜（坡）屋面无檐口天棚者算至屋面板底；有屋架且室内外均有天棚者算至屋架下弦底另加 200mm；无天棚者算至屋架下弦底另加 300mm，出檐宽度超过 600mm 时按实砌高度计算；有钢筋混凝土楼板隔层者算至板顶。平屋顶算至钢筋混凝土板底。

内墙：位于屋架下弦者，算至屋架下弦底；无屋架者算至天棚底另加 100mm；有钢筋混凝土楼板隔层者算至楼板顶；有框架梁时算至梁底。

女儿墙：从屋面板上表面算至女儿墙顶面（如有混凝土压顶时算至压顶下表面）。

内、外山墙：按其平均高度计算。

③ 围墙：高度算至压顶上表面（如有混凝土压顶时算至压顶下表面），围墙柱并入围墙体积内。

（4）石挡土墙（编码：010403004）、石柱（编码：010403005）、石护坡（编码：010403007）、石台阶（编码：010403008）：按设计图示尺寸以体积计算。

（5）石栏杆（编码：010403006）：按设计图示以长度计算。

（6）石坡道（编码：010403009）：按设计图示以水平投影面积计算。

（7）石地沟、明沟（编码：010403010）：按设计图示以中心线长度计算。

4.5.4　垫层工程量清单编制

垫层包括 1 个清单项目，其清单项目设置及工程量计算规则如表 4-39 所示。

表 4-39　垫层清单项目设置及工程量计算规则

项目编码	项目名称	项目特征	计量单位	工程量计算规则	工作内容
010404001	垫层	垫层材料种类、配合比、厚度	m³	按设计图示尺寸以 m³ 计算	(1) 垫层材料的拌制。 (2) 垫层敷设。 (3) 材料运输

规范说明：除混凝土垫层应按《房屋建筑与装饰工程工程量计算规范》（GB 50854—2013）附录 E 混凝土及钢筋混凝土工程相关项目编码列项外，没有包括垫层要求的清单项目应按本表垫层项目编码列项。

【BIM 虚拟现实任务辅导】

任务 4.6　混凝土及钢筋混凝土工程工程量清单编制

【任务目标】

（1）了解现浇混凝土工程和预制混凝土工程的清单项目设置与相关规定，掌握现浇混凝土工程、预制混凝土工程及钢筋工程的工程量计算规则。

（2）能列项、计算混凝土及钢筋混凝土工程的清单工程量并编制其分部分项工程量清单。

（3）具有精益求精、追求卓越的工匠精神，树立节约资源、保护环境的意识。

【任务单】

混凝土及钢筋混凝土工程工程量清单编制的任务单如表 4-40 所示。

表 4-40　混凝土及钢筋混凝土工程工程量清单编制的任务单

任务内容	识读某供水智能泵房成套设备生产基地项目 2♯配件仓库工程施工图，根据《房屋建筑与装饰工程工程量计算规范》（GB 50854—2013），计算其①～③×（C）～（E）处桩承台基础垫层、桩承台基础、基础梁、柱、二层有梁板、楼梯、过梁及一层整个室外散水、坡道、台阶的现浇混凝土工程清单工程量并编制其分部分项工程量清单。				
任务要求	每三人为一个小组（一人为编制人，一人为校核人，一人为审核人）				

（1）识读施工图完成以下填空题。

①～③×（C）～（E）处桩承台基础垫层厚度为_____mm，桩承台基础的类型有：_____，基础梁的类型有_____，柱的类型有_____，二层有梁板的梁类型有：_____，板厚为_____mm，楼梯为_____（梁式楼梯、板式楼梯），二层窗顶上（是、否）有过梁，二层门顶上（是、否）有过梁，室外散水宽度为_____mm，坡道长、宽尺寸分别为_____mm，台阶_____级。

（2）计算桩承台基础垫层、桩承台基础、基础梁、柱、二层有梁板、楼梯、过梁及一层整个室外散水、坡道、台阶的现浇混凝土工程清单工程量并编制其分部分项工程量清单。

混凝土及钢筋混凝土工程工程量清单				
项目编码	项目名称及特征	计算过程	单位	工程量

【知识链接】

4.6.1　现浇混凝土工程工程量清单编制

1. 现浇混凝土基础

(1) 现浇混凝土柱基础清单项目设置。

现浇混凝土基础包括 6 个清单项目，分别为垫层（编码：010501001）、带形基础（编码：010501002）、独立基础（编码：010501003）、满堂基础（编码：010501004）、桩承台基础（编码：010501005）、设备基础（编码：010501006）等项目，见建筑工程清单项目设置中表 2-45。

规范说明：

① 有肋带形基础、无肋带形基础（见图 4-39）应按现浇混凝土基础中相关项目列项，并注明肋高。

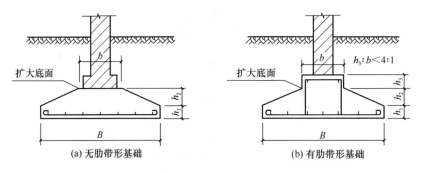

图 4-39　带形基础示意图

② 箱式满堂基础（见图 4-40）中柱、梁、墙、板按现浇混凝土柱、现浇混凝土梁、现浇混凝土墙、现浇混凝土板相关项目分别编码列项；箱式满堂基础底板按现浇混凝土基础的满堂基础（见图 4-41）项目列项。

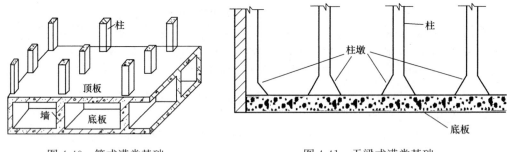

图 4-40　箱式满堂基础　　　　　图 4-41　无梁式满堂基础

③ 框架式设备基础中柱、梁、墙、板分别按现浇混凝土柱、现浇混凝土梁、现浇混凝土墙、现浇混凝土板相关项目编码列项；基础部分按现浇混凝土基础相关项目编码列项。

④ 如为毛石混凝土基础，项目特征应描述毛石所占比例。

(2) 现浇混凝土基础工程量计算。

垫层（编码：010501001）、带形基础（编码：010501002）、独立基础（编码：

010501003)、满堂基础（编码：010501004）、桩承台基础（编码：010501005）、设备基础（编码：010501006）：均按设计图示尺寸以体积计算。不扣除伸入承台基础的桩头所占体积。

（3）现浇混凝土基础工程量清单编制。

【例 4-23】某现浇 C30 钢筋混凝土带形基础，长 $L = 50\text{m}$，其断面如图 4-42 所示，基础垫层为 C10 现浇混凝土，均使用现拌混凝土。试列项并计算其垫层、基础的清单工程量，并编制其分部分项工程量清单。

混凝土条形基础
工程量清单编制

图 4-42　基础断面图

【解】（1）列项。根据《房屋建筑与装饰工程工程量计算规范》（GB 50854—2013），列项如下：

① 垫层（编码：010501001001）。

② 带形基础（编码：010501002001）。

（2）工程量计算。

① 垫层（编码：010501001001）

计算规则：基础垫层按设计图示尺寸以体积计算。

$$V = L(\text{垫层长}) \times B(\text{垫层宽}) \times h(\text{垫层厚})$$
$$= 50 \times 1.8 \times 0.1 = 9(\text{m}^3)$$

② 带形基础（编码：010501002001）。

计算规则：带形基础的工程量按设计图示尺寸以体积计算。不扣除伸入承台基础的桩头所占体积。

工程量 $V = V_{底板} + V_{肋}$。

断面 $S = (0.6 \times 2 + 0.4) \times 0.3 + (0.3 \times 2 + 0.4) \times 0.3 + 0.4 \times 1.2 = 1.26(\text{m}^2)$

带形基础工程量 $V = 1.26 \times 50 = 63(\text{m}^3)$

（3）编制分部分项工程量清单。根据清单计价规范，垫层及带形基础的分部分项工程量清单如表 4-41 所示。

表 4-41　垫层及带形基础分部分项工程量清单

序号	项目编码	项目名称	项目特征	计量单位	工程量
1	010501001001	垫层	（1）混凝土种类：现拌混凝土。 （2）混凝土强度等级：C10	m³	9
2	010501002001	带形基础	（1）混凝土种类：现拌混凝土。 （2）混凝土强度等级：C30。 （3）肋高：1.2m	m³	63

【例 4-24】某建筑基础施工图如图 4-43 所示，C30 现浇钢筋混凝土独立基础 JC1 数量为 5 个，基础垫层为 C10 现浇混凝土，采用现拌混凝土。试列项并计算独立基础 JC1 的垫层、基础清单工程量，并编制其分部分项工程量清单。

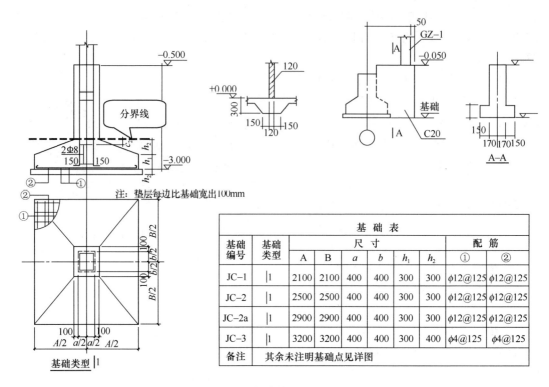

图 4-43　某建筑基础施工图

【解】（1）列项。根据《房屋建筑与装饰工程工程量计算规范》（GB 50854—2013），列项如下：

① 垫层（编码：010501001001）。

② 独立基础（编码：010501003001）。

（2）工程量计算。

① 垫层工程量计算。基础垫层的清单工程量按设计图示尺寸以体积计算。

$$V = L(垫层长) \times B(垫层宽) \times h(垫层厚) \times N(数量)$$
$$= (2.1 + 0.1 \times 2) \times (2.1 + 0.1 \times 2) \times 0.1 \times 5 = 2.65 (m^3)$$

② 独立基础工程量计算。独立基础的清单工程量按设计图示尺寸以体积计算。不扣除构件内钢筋、预埋铁件和伸入承台基础的桩头所占体积。

因独立基础与柱相连，基础与柱的分界以基础扩大面为分界线，以下为基础，以上为柱。

独立基础现浇混凝土工程量：

$$V = [V(底板) + V(四棱台)] \times N(数量)$$
$$= [2.1 \times 2.1 \times 0.3 + 1/3 \times 0.3 \times (2.1 \times 2.1 + 0.6$$
$$\times 0.6 + \sqrt{2.1 \times 2.1 \times 0.6 \times 0.6})] \times 5$$
$$= (1.323 + 0.603) \times 5 = 9.63 (m^3)$$

（3）编制分部分项工程量清单。根据清单计价规范，垫层及独立基础的分部分项工程量清单如表 4-42 所示。

表 4-42 垫层及独立基础的分部分项工程量清单

序号	项目编码	项目名称	项目特征	计量单位	工程量
1	010501001001	垫层	(1) 混凝土种类：现拌混凝土。 (2) 混凝土强度等级：C10	m³	2.65
2	010501003001	独立基础	(1) 混凝土种类：现拌混凝土。 (2) 混凝土强度等级：C30	m³	9.63

2. 现浇混凝土柱

（1）现浇混凝土柱清单项目设置。

现浇混凝土柱包括矩形柱（编码：010502001）、构造柱（编码：010502002）、异形柱（编码：010502003）3 个清单项目，见"建筑工程清单项目设置中表 2-48。

规范说明：

① 混凝土种类指清水混凝土、彩色混凝土等，如在同一地区既使用预拌（商品）混凝土，又允许现场搅拌混凝土时，也应注明。

② 柱高的确定与现浇混凝土板的类型及柱的类型有关。现浇混凝土板分为有梁板、无梁板及平板，如图 4-44 所示。有梁板是指梁（包括主、次梁）与板整浇构成一体并至少有三边是以承重梁支承的板；无梁板是指不带梁而直接用柱头支承的板；平板是指无柱、梁支撑，而直接由墙（包括钢筋混凝土墙）承重的板。

图 4-44 有梁板、无梁板、平板示意图

（2）现浇混凝土柱工程量计算。

矩形柱（编码：010502001）、构造柱（编码：010502002）、异形柱（编码：010502003）：均按设计图示尺寸以体积计算。

柱高：①有梁板的柱高，应以自柱基上表面（或楼板上表面）至上一层楼板上表面之间的高度计算。②无梁板的柱高，应以自柱基上表面（或楼板上表面）至柱帽下表面之间的高度计算。③框架梁的柱高，应以自柱基上表面至柱顶高度计算，如图 4-45 所示。④构造柱按全高计算，嵌接墙体部分（马牙槎）并入柱身体积，如图 4-46 所示。⑤依附柱上的牛腿和升板的柱帽，并入柱身体积计算。

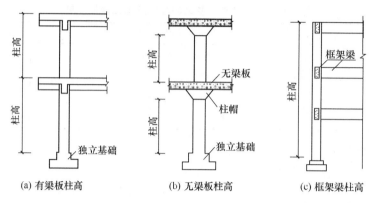

图 4-45　柱高计算示意图

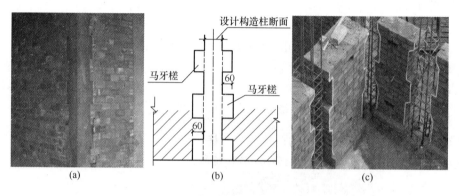

图 4-46　构造柱的马牙槎示意图

（3）现浇混凝土柱工程量清单编制。

【例 4-25】某建筑基础施工图如图 4-43 所示，现浇钢筋混凝土柱数量为 5 个，采用 C30 砾 40 商品混凝土。试计算－0.5m 以下现浇钢筋混凝土柱清单工程量，并编制其分部分项工程量清单。

【解】（1）工程量计算。

柱高 $H=3-0.5-0.3\times2=1.9(\mathrm{m})$

$V=S\times H\times N(\text{个数})=0.6\times0.6\times1.9\times5=3.42(\mathrm{m}^2)$

（2）编制分部分项工程量清单。根据清单计价规范，矩形现浇混凝土分部分项工程量清单如表 4-43 所示。

表 4-43　现浇混凝土柱分部分项工程量清单

序号	项目编码	项目名称	项目特征	计量单位	工程量
1	010502001001	矩形柱	（1）混凝土种类：商品混凝土。 （2）混凝土强度等级：C30	m³	3.42

【例 4-26】某砖混结构建筑二层平面图及构造柱 GZ1 设置如图 4-47 所示，层高为 3.6m，墙厚均为 240mm。GZ1 的截面尺寸为 240mm×240mm，采用 C30 砾 40 商品混凝土。试计算现浇钢筋混凝土构造柱 GZ1 的清单工程量，并编制其分部分项工程量清单。

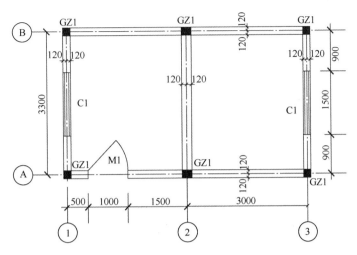

图 4-47　某砖混结构建筑构造柱平面布置图

【解】（1）工程量计算。

现浇混凝土构造柱工程量＝构造柱混凝土体积＋马牙槎混凝土体积

马牙槎混凝土体积＝墙厚×0.03×马牙槎个数×高度

如图 4-48 所示，转角处每个构造柱的马牙槎个数为 2，丁字相交处每个构造柱的马牙槎个数为 3，该工程马牙槎总数 $N＝2×4＋3×2＝14$（个）。

$$构造柱工程量 V＝(0.24×0.24×6＋0.24×0.03×14)×3.6$$

$$＝(0.3456＋0.1008)×3.6＝1.61(\text{m}^3)$$

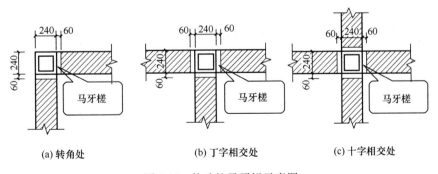

| (a) 转角处 | (b) 丁字相交处 | (c) 十字相交处 |

图 4-48　构造柱马牙槎示意图

（2）编制分部分项工程量清单。根据清单计价规范，现浇混凝土构造柱分部分项工程量清单如表 4-44 所示。

表 4-44　现浇混凝土构造柱分部分项工程量清单

序号	项目编码	项目名称	项目特征	计量单位	工程量
1	010502002001	构造柱	（1）混凝土种类：商品混凝土。 （2）混凝土强度等级：C30	m³	1.61

3. 现浇混凝土梁

(1) 现浇混凝土梁清单项目设置与计量。

现浇混凝土梁包括 6 个清单项目，分别为基础梁、矩形梁、异形梁等。现浇混凝土梁清单项目设置及工程量计算规则如表 4-45 所示。

表 4-45　现浇混凝土梁清单项目设置及工程量计算规则

项目编码	项目名称	项目特征	计量单位	工程量计算规则	工作内容
010503001	基础梁	(1) 混凝土种类。 (2) 混凝土强度等级	m³	按设计图示尺寸以体积计算。伸入墙内的梁头、梁垫并入梁体积内。 梁长（见图 4-49）： (1) 梁与柱连接时，梁长算至柱侧面。 (2) 主梁与次梁连接时，次梁长算至主梁侧面	(1) 模板及支架。（撑）制作、安装、拆除、堆放、运输及清理模内杂物、刷隔离剂等。 (2) 混凝土制作、运输、浇筑、振捣、养护
010503002	矩形梁				
010503003	异形梁				
010503004	圈梁				
010503005	过梁				
010503006	弧形、拱形梁	(1) 混凝土种类。 (2) 混凝土强度等级	m³	按设计图示尺寸以体积计算。伸入墙内的梁头、梁垫并入梁体积内。 梁长（见图 4-49）： (1) 梁与柱连接时，梁长算至柱侧面。 (2) 主梁与次梁连接时，次梁长算至主梁侧面	(1) 模板及支架（撑）制作、安装、拆除、堆放、运输及清理模内杂物、刷隔离剂等。 (2) 混凝土制作、运输、浇筑、振捣、养护

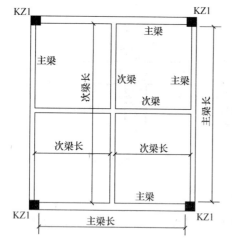

图 4-49　梁长计算示意图

(2) 现浇混凝土梁工程量清单编制。

【例 4-27】某建筑基础梁平面配筋图如图 4-50 所示，已知 KZ1 的截面尺寸为 400mm×400mm，基础梁采用 C30 砾 40 商品混凝土，试计算Ⓑ轴×①～④轴基础梁 JL3 的现浇混凝土的清单工程量，并编制其分部分项工程量清单。

【解】(1) 工程量计算。

分析：Ⓑ轴×①～④轴基础梁 JL3 的梁高 h_1 = 0.4m，小于与之相交的基础梁 JL2 的梁高 h_2 = 0.8（m），基础梁 JL3 为次梁，其梁长算至主梁 JL2 的侧面。

基础梁 JL2 的梁长 L = 4.5×2＋3＋0.12×4－0.3×4（JL2 宽）＝11.04（m）

Ⓑ轴×①～④轴基础梁 JL3 的现浇混凝土工程量：

$$V = L(梁长) \times S(梁截面积) = 11.04 \times 0.25 \times 0.4 = 1.10 (m^3)$$

(2) 编制分部分项工程量清单。根据清单计价规范，现浇混凝土基础梁分部分项工程量清单如表 4-46 所示。

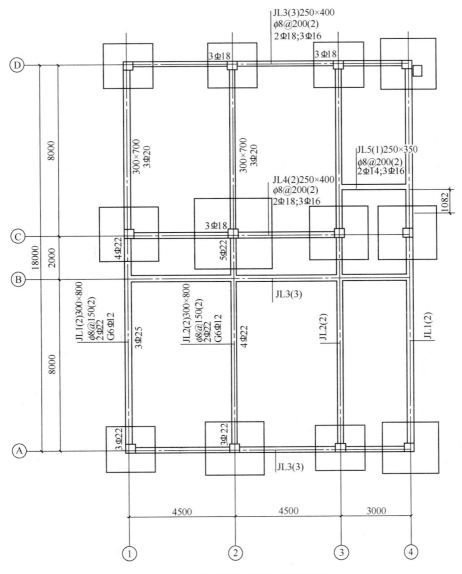

图 4-50　某建筑基础梁平面配筋图

表 4-46　现浇混凝土基础梁分部分项工程量清单

序号	项目编码	项目名称	项目特征	计量单位	工程量
1	010503001001	基础梁	(1) 混凝土种类：清水混凝土。 (2) 混凝土强度等级：C30	m³	1.10

4. 现浇混凝土墙

(1) 现浇混凝土墙清单项目设置与计量。

现浇混凝土墙包括 4 个清单项目，分别为直形墙、弧形墙、短肢剪力墙、挡土墙。现浇混凝土墙清单项目设置及工程量计算规则如表 4-57 所示。

表 4-47　现浇混凝土墙清单项目设置及工程量计算规则

项目编码	项目名称	项目特征	计量单位	工程量计算规则	工作内容
010504001	直形墙	（1）混凝土类别。 （2）混凝土强度等级	m³	按设计图示尺寸以体积计算。 扣除门窗洞口及单个面积＞0.3m² 的孔洞所占体积，墙垛及凸出墙面部分并入墙体体积计算	（1）模板及支架（撑）制作、安装、拆除、堆放、运输及清理模内杂物、刷隔离剂等。 （2）混凝土制作、运输、浇筑、振捣、养护
010504002	弧形墙				
010504003	短肢剪力墙				
010504004	挡土墙				

规范说明：短肢剪力墙是指截面厚度不大于 300mm、各肢截面高度与厚度之比的最大值大于 4 但不大于 8 的剪力墙；各肢截面高度与厚度之比的最大值不大于 4 的剪力墙按柱项目编码列项。

（2）现浇混凝土墙工程量清单编制。

【例 4-28】某建筑地下室及基础结构施工图如图 4-51 所示，已知地下室外墙采用现浇钢筋混凝土墙，墙厚为 240mm，轴线居中，混凝土为 C30 砾 40 现浇商品混凝土。试计算地下室现浇混凝土外墙（±0.000mm 以下）清单工程量，并编制其分部分项工程量清单。

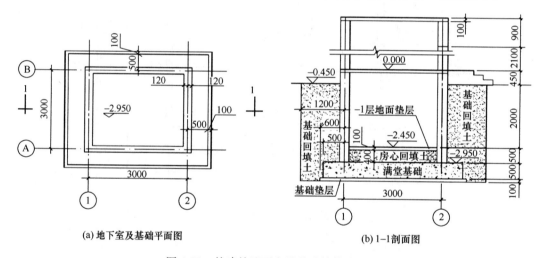

(a) 地下室及基础平面图　　　　　(b) 1-1剖面图

图 4-51　某建筑地下室及基础结构施工图

【解】（1）工程量计算。

地下室外墙长 $L=(3+3)\times2=12$（m），地下室外墙高 $H=0.5+2+0.45=2.95$（m）

地下室外墙的现浇混凝土工程量 $V=12\times2.95\times0.24=8.50$（m³）

（2）编制分部分项工程量清单。根据清单计价规范，现浇混凝土直形墙分部分项工程量清单如表 4-48 所示。

表 4-48　现浇混凝土直形墙分部分项工程量清单

序号	项目编码	项目名称	项目特征	计量单位	工程量
1	010504001001	直形墙	（1）混凝土种类：商品混凝土。 （2）混凝土强度等级：C30	m³	8.50

5. 现浇混凝土板

（1）现浇混凝土板清单项目设置。

现浇混凝土板包括 10 个清单项目，分别为有梁板、无梁板、平板、拱板等，见建筑工程清单项目设置中表 2-54。

规范说明：现浇挑檐、天沟板、雨篷、阳台与板（包括屋面板、楼板）连接时，以外墙外边线为分界线；与圈梁（包括其他梁）连接时，以梁外边线为分界线。外边线以外为挑檐、天沟、雨篷或阳台。

（2）现浇混凝土板工程量计算。

① 有梁板（编码：010505001）、无梁板（编码：010505002）、平板（编码：010505003）、拱板（编码：010505004）、薄壳板（编码：010505005）、栏板（编码：010505006）：按设计图示尺寸以体积计算，不扣除单个面积≤0.3m² 的柱、垛以及孔洞所占体积。压形钢板混凝土楼板扣除构件内压形钢板所占体积。有梁板（包括主、次梁与板）按梁、板体积之和计算，无梁板按板和柱帽体积之和计算，各类板伸入墙内的板头并入板体积内，薄壳板的肋、基梁并入薄壳体积内计算。

② 天沟（檐沟）、挑檐板（编码：010505007）、其他板（编码：010505010）：按设计图示尺寸以体积计算。

③ 雨篷、悬挑板、阳台板（编码：010505008）：按设计图示尺寸以墙外部分体积计算。包括伸出墙外的牛腿和雨篷反挑檐的体积。

④ 空心板（编码：010505009）：按设计图示尺寸以体积计算。空心板（GBF 高强薄壁蜂巢芯板等）应扣除空心部分体积。

（3）现浇混凝土板工程量清单编制。

【例 4-29】某建筑设备平台结构施工图如图 4-52 所示，已知②～③×Ⓐ～Ⓑ轴现浇板板厚为 100mm，柱截面尺寸为 400mm×400mm，KZ1 高为 3m，KL1、KL2 的截面尺寸如图 4-52 所示，梁、柱、板混凝土采用 C30 砾 40 现浇商品混凝土。试分别计算梁、板的清单工程量，并编制其分部分项工程量清单。

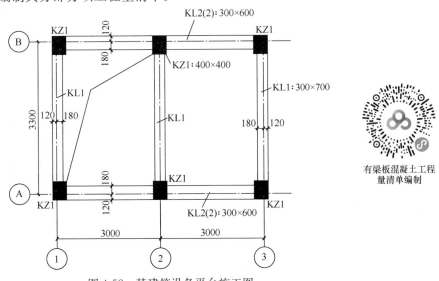

图 4-52　某建筑设备平台施工图

【解】（1）工程量计算。

因①～②×Ⓐ～Ⓑ轴间无现浇板，①～②×Ⓐ轴及①～②×Ⓑ轴 KL2 及①轴上的 KL1 应按矩形梁列项，而②～③×Ⓐ～Ⓑ轴间有现浇板，梁板整体现浇，故②～③×Ⓐ轴 KL2 及②～③×Ⓑ轴 KL2、②轴、③轴上的 KL1 应按有梁板列项。

① 矩形梁工程量计算。

$$V = 0.3 \times 0.6 \times [3 - (0.4 - 0.12) - 0.2] \times 2 + 0.3 \times 0.7 \times [3.3 - (0.4 - 0.12) \times 2]$$
$$= 0.9072 + 0.5754 = 1.48 (\text{m}^3)$$

② 梁板工程量计算。

方法一：梁按全高计算，板面积算至梁内侧边。

$$V_{有梁板} = V_梁 + V_板$$

因单个柱的面积 $S_柱 = 0.4\text{m} \times 0.4\text{m} = 0.16\text{m}^2 < 0.3\text{m}^2$，柱在现浇板中的占位面积（柱凸出板内部分面积）$< 0.3\text{m}^2$，故计算板的体积时不扣柱占位体积。

$$V_板 = (3 - 0.15 - 0.18) \times (3.3 - 0.18 \times 2) \times 0.1 = 0.785 (\text{m}^3)$$

$$V_梁 = 0.3 \times 0.6 \times [3 - (0.4 - 0.12) - 0.2] \times 2$$
$$+ 0.3 \times 0.7 \times [3.3 - (0.4 - 0.12) \times 2] \times 2$$
$$= 0.9072 + 1.1508 = 2.058 (\text{m}^3)$$

$$V_{有梁板} = V_梁 + V_板 = 0.785 + 2.058 = 2.84 (\text{m}^3)$$

方法二：梁高算至板底，板面积算至梁外侧边。

$$V_板 = [(3 + 0.15 + 0.12) \times (3.3 + 0.12 \times 2) - (0.4 \times 0.4 \times 2 + 0.4 \times 0.35 \times 2)] \times 0.1$$
$$= (11.5758 - 0.6) \times 0.1 = 1.10 (\text{m}^3)$$

$$V_梁 = 0.3 \times (0.6 - 0.1) \times [3 - (0.4 - 0.12) - 0.2] \times 2$$
$$+ 0.3 \times (0.7 - 0.1) \times [3.3 - (0.4 - 0.12) \times 2] \times 2$$
$$= 0.756 + 0.9864 = 1.74 (\text{m}^3)$$

$$V_{有梁板} = V_梁 + V_板 = 1.74 + 1.10 = 2.84 (\text{m}^3)$$

（2）编制分部分项工程量清单。根据清单计价规范及相应地区定额，现浇混凝土梁、板分部分项工程量清单如表 4-49 所示。

表 4-49　现浇混凝土梁、板分部分项工程量清单

序号	项目编码	项目名称	项目特征	计量单位	工程量
1	010503002001	矩形梁	（1）混凝土种类：商品混凝土。 （2）混凝土强度等级：C30	m³	1.48
2	010505001001	有梁板	（1）混凝土种类：商品混凝土。 （2）混凝土强度等级：C30	m³	2.84

【例 4-30】 某现浇雨篷（YP）的平面图及剖面图如图 4-53 所示，混凝土采用 C35 砾 40 现浇商品混凝土。试计算该雨篷的现浇混凝土清单工程量，并编制其分部分项工程量清单。

【解】（1）工程量计算。雨篷的清单工程量按设计图示尺寸以墙外部分体积计算。包括伸出墙外的牛腿和雨篷反挑檐的体积。

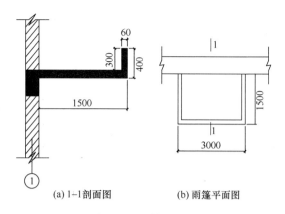

(a) 1—1剖面图　　　　(b) 雨篷平面图

图 4-53　雨篷施工图

$V = 3 \times 1.5 \times (0.4 - 0.3) + [(3 - 0.06) + (1.5 - 0.03) \times 2] \times 0.3 \times 0.06 = 0.56(\text{m}^3)$

（2）编制分部分项工程量清单。根据清单计价规范，现浇混凝土雨篷分部分项工程量清单如表 4-50 所示。

表 4-50　现浇混凝土雨篷分部分项工程量清单

序号	项目编码	项目名称	项目特征	计量单位	工程量
1	010505008001	雨篷	（1）混凝土种类：清水混凝土。 （2）混凝土强度等级：C35	m³	0.56

6. 现浇混凝土楼梯

（1）现浇混凝土楼梯清单项目设置与计量。

现浇混凝土楼梯包括 2 个清单项目，分别为直形楼梯、弧形楼梯等。现浇混凝土楼梯清单项目设置及工程量计算规则如表 4-51 所示。

表 4-51　现浇混凝土楼梯清单项目设置及工程量计算规则

项目编码	项目名称	项目特征	计量单位	工程量计算规则	工作内容
010506001	直形楼梯	（1）混凝土种类。 （2）混凝土强度等级	（1）m²。 （2）m³	（1）以 m² 计量，按设计图示尺寸以水平投影面积计算。不扣除宽度≤500mm 的楼梯井，伸入墙内部分不计算。 （2）以 m³ 计量，按设计图示尺寸以体积计算	（1）模板及支架（撑）制作、安装、拆除、堆放、运输及清理模内杂物、刷隔离剂等。 （2）混凝土制作、运输、浇筑、振捣、养护
010506002	弧形楼梯				

规范说明：整体楼梯（包括直形楼梯、弧形楼梯）水平投影面积包括休息平台、平台梁、斜梁和楼梯的连接梁。当整体楼梯与现浇楼板无梯梁连接时，以楼梯的最后一个踏步边缘加 300mm 为界。

（2）现浇混凝土楼梯工程量清单编制。

【例 4-31】某现浇混凝土楼梯的施工图如图 4-54 所示，混凝土采用 C35 砾 40 现浇商品混凝土，楼梯间墙厚均为 240mm，轴线居中。试计算该现浇混凝土楼梯的混凝土清单工程量，并编制其分部分项工程量清单。

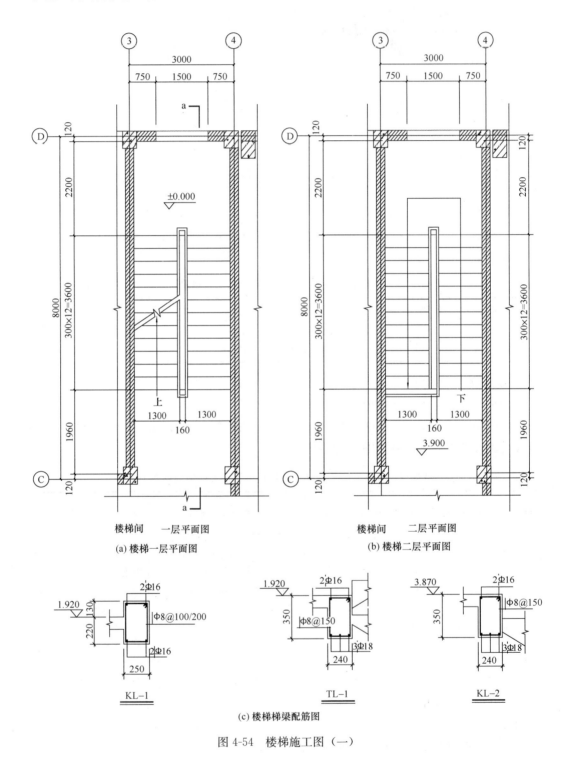

(a) 楼梯一层平面图　　(b) 楼梯二层平面图

(c) 楼梯梯梁配筋图

图 4-54　楼梯施工图（一）

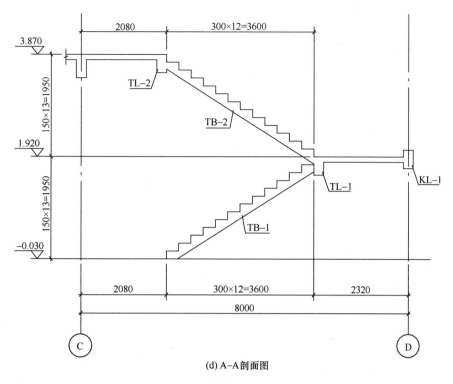

(d) A—A剖面图

图 4-54　楼梯施工图（二）

【解】（1）工程量计算。直形楼梯的清单工程量按设计图示尺寸以水平投影面积计算。不扣除宽度小于或等于500mm 的楼梯井，伸入墙内部分不计算。整体楼梯水平投影面积包括休息平台、平台梁、斜梁和楼梯的连接梁。

该楼梯楼梯井宽 $B=160mm<500mm$，计算时不扣除。

工程量 $S=(3-0.12×2)×[2.2+3.6+0.24($楼梯的连接梁 TL-2 的宽$)]=16.67(m^2)$

（2）编制分部分项工程量清单。根据清单计价规范，现浇混凝土楼梯分部分项工程量清单如表 4-52 所示。

表 4-52　现浇混凝土楼梯分部分项工程量清单

序号	项目编码	项目名称	项目特征	计量单位	工程量
1	010506001001	直形楼梯	（1）混凝土种类：商品混凝土。 （2）混凝土强度等级：C35	m²	16.67

7. 现浇混凝土其他构件

（1）现浇混凝土其他构件清单项目设置。

现浇混凝土其他构件包括 7 个清单项目，分别为散水、坡道，室外地坪，台阶等 7 个项目，见建筑工程清单项目设置中表 2-59。

规范说明：①现浇混凝土小型池槽、垫块、门框等应按该节中其他构件项目编码列项。②架空式混凝土台阶按现浇混凝土楼梯计算。

（2）现浇混凝土其他构件工程量计算。

①　散水、坡道（编码：010507001）、室外地坪（编码：010507002）：按设计图示尺寸以水平投影面积计算。不扣除单个≤0.3m² 的孔洞所占面积。

②　电缆沟、地沟（编码：010507003）：以 m 计量，按设计图示尺寸以中心线长度计算。

③　台阶（编码：010507004）：以 m² 计量，按设计图示尺寸以水平投影面积计算。或以 m³ 计量，按设计图示尺寸以体积计算。

④　扶手、压顶（编码：010507005）：以 m 计量，按设计图示的中心线延长米计算。或以 m³ 计量，按设计图示尺寸以体积计算。

⑤　化粪池、检查井（编码：010507006）、其他构件（编码：010507007）：按设计图示尺寸以体积计算。或以座计量，按设计图示数量计算。

（3）现浇混凝土其他构件工程量清单编制。

【例 4-32】某建筑一层平面图如图 4-55 所示。已知散水做法：素土夯实，100 厚 C10 现拌混凝土垫层，20mm 厚 1:3 水泥砂浆面层，变形缝填塞材料为石油沥青油膏。试计算该现浇混凝土散水混凝土的清单工程量，并编制其分部分项工程量清单。

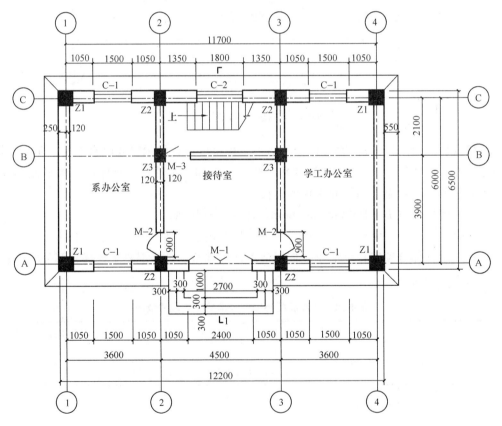

图 4-55　某建筑一层平面图

【解】（1）工程量计算。

工程量 $S = [L_外 - L(台阶长)] \times B(散水宽) + 4B^2$

$$= [(12.2 + 6.5) \times 2 - (2.7 + 0.3 \times 4)] \times 0.55 + 4 \times 0.55^2 = 19.64(\text{m}^2)$$

（2）编制分部分项工程量清单。根据清单计价规范，现浇混凝土散水分部分项工程量清单如表 4-53 所示。

表 4-53　现浇混凝土散水分部分项工程量清单

序号	项目编码	项目名称	项目特征	计量单位	工程量
1	010507001001	散水	（1）垫层材料种类、厚度：100mm 厚 C10 现拌混凝土。 （2）面层厚度：20mm。 （3）混凝土种类：现拌混凝土。 （4）混凝土强度等级：C20。 （5）变形缝填塞材料：石油沥青油膏	m²	19.64

8. 现浇混凝土后浇带

现浇混凝土后浇带（见图 4-56）包括 1 个清单项目。现浇混凝土后浇带清单项目设置及工程量计算规则如表 4-54 所示。

(a) 后浇带效果图

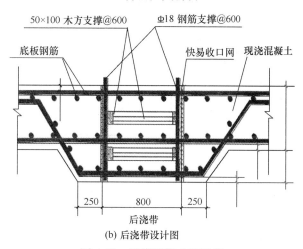

(b) 后浇带设计图

图 4-56　现浇混凝土后浇带

表 4-54 现浇混凝土后浇带清单项目设置及工程量计算规则

项目编码	项目名称	项目特征	计量单位	工程量计算规则	工作内容
010508001	后浇带	（1）混凝土种类。 （2）混凝土强度等级	m³	按设计图示尺寸以体积计算	（1）模板及支架（撑）制作、安装、拆除、堆放、运输及清理模内杂物、刷隔离剂等。 （2）混凝土制作、运输、浇筑、振捣、养护及混凝土交接面、钢筋等的清理

【例 4-33】某建筑基础底板后浇带长 100m，设计宽为 0.8m，板厚为 100mm，采用 C35 砾 40 商品混凝土。试计算该现浇混凝土后浇带清单工程量并编制其分部分项工程量清单。

【解】（1）工程量计算。

工程量 $V = 100 \times 0.8 \times 0.1 = 8$（m³）

（2）编制分部分项工程量清单。根据清单计价规范，现浇混凝土后浇带分部分项工程量清单如表 4-55 所示。

表 4-55 现浇混凝土后浇带分部分项工程量清单

序号	项目编码	项目名称	项目特征	计量单位	工程量
1	010508001001	后浇带	（1）混凝土种类：清水混凝土。 （2）混凝土强度等级：C35	m³	8

4.6.2 预制混凝土构件工程量清单编制

1. 预制混凝土构件清单项目设置与计量

（1）预制混凝土柱。

预制混凝土柱包括 2 个清单项目，分别为矩形柱、异形柱。预制混凝土柱清单项目设置及工程量计算规则如表 4-56 所示。

表 4-56 预制混凝土柱清单项目设置及工程量计算规则

项目编码	项目名称	项目特征	计量单位	工程量计算规则	工作内容
010509001	矩形柱	（1）图代号。 （2）单件体积。 （3）安装高度。 （4）混凝土强度等级。 （5）砂浆强度等级、配合比	（1）m³。 （2）根	（1）以 m³ 计量，按设计图示尺寸以体积计算。 （2）以根计量，按设计图示尺寸以数量计算	（1）模板制作、安装、拆除、堆放、运输及清理模内杂物、刷隔离剂等。 （2）混凝土制作、运输、浇筑、振捣、养护。 （3）构件运输、安装。 （4）砂浆制作、运输。 （5）接头灌缝、养护
010509002	异形柱				

注：以根计量，必须描述单件体积。

（2）预制混凝土梁。

预制混凝土梁包括矩形梁（编码：010510001）、异形梁（编码：010510002）、过梁（编码：010510003）、拱形梁（编码：010510004）、鱼腹式吊车梁（编码：010510005）、其他梁（编码：010510006）共 6 个项目，见建筑工程清单项目设置中表 2-63。

预制混凝土梁工程量计算：①以 m³ 计量，按设计图示尺寸以体积计算。不扣除构件内钢筋、预埋铁件所占体积。②以根计量，按设计图示尺寸以数量计算。

规范说明：以根计量，必须描述单件体积。

（3）预制混凝土屋架。

预制混凝土屋架包括折线型（编码：010511001）、组合（编码：010511002）、薄腹（编码：010511003）、门式刚架（编码：010511004）、天窗架（编码：010511005）共 5 个清单项，见建筑工程清单项目设置中表 2-64。

预制混凝土屋架工程量计算：①以 m³ 计量，按设计图示尺寸以体积计算。②以榀计量，按设计图示尺寸以数量计算。

规范说明：①以榀计量，必须描述单件体积。②三角形屋架应按折线型屋架项目编码列项。

（4）预制混凝土板。

预制混凝土板包括平板（编码：010512001），空心板（编码：010512002），槽形板（编码：010512003），网架板（编码：010512004），折线板（编码：010512005），带肋板（编码：010512006），大型板（编码：010512007），沟盖板、井盖板、井圈（编码：010512008）共 8 个清单项，见建筑工程清单项目设置中表 2-65。

预制混凝土板工程量计算：

① 预制混凝土板包括平板（编码：010512001）、空心板（编码：010512002）、槽形板（编码：010512003）、网架板（编码：010512004）、折线板（编码：010512005）、带肋板（编码：010512006）、大型板（编码：010512007）：以 m³ 计量，按设计图示尺寸以体积计算。不扣除单个面积≤300mm×300mm 的孔洞所占体积，扣除空心板空洞体积。或以块计量，按设计图示尺寸以数量计算。

② 沟盖板、井盖板、井圈（编码：010512008）：以 m³ 计量，按设计图示尺寸以体积计算。或以块计量，按设计图示尺寸以数量计算。

规范说明：①以块、套计量，必须描述单件体积。②不带肋的预制遮阳板、雨篷板、挑檐板、拦板等，应按平板项目编码列项。③预制 F 形板、双 T 形板、单肋板和带反挑檐的雨篷板、挑檐板、遮阳板等，应按带肋板项目编码列项。④预制大型墙板、大型楼板、大型屋面板等，应按大型板项目编码列项。

（5）预制混凝土楼梯。

预制混凝土楼梯包括楼梯 1 个清单项目。预制混凝土楼梯清单项目设置及工程量计算规则见建筑工程清单项目设置中表 4-57。

表 4-57　预制混凝土楼梯清单项目设置及工程量计算规则

项目编码	项目名称	项目特征	计量单位	工程量计算规则	工作内容
010513001	楼梯	（1）楼梯类型。 （2）单件体积。 （3）混凝土强度等级。 （4）砂浆（细石混凝土）强度等级	（1）m³。 （2）段	（1）以 m³ 计量，按设计图示尺寸以体积计算。扣除空心踏步板空洞体积。 （2）以段计量，按设计图示数量计算	（1）模板制作、安装、拆除、堆放、运输及清理模内杂物、刷隔离剂等。 （2）混凝土制作、运输、浇筑、振捣、养护。 （3）构件运输、安装。 （4）砂浆制作、运输。 （5）接头灌缝、养护

规范说明：以块计量，必须描述单件体积。

（6）预制混凝土其他构件。

预制混凝土其他构件包括垃圾道、通风道、烟道，其他构件 2 个清单项目。预制混凝土其他构件清单项目设置及工程量计算规则见建筑工程清单项目设置中表 4-58。

表 4-58　预制混凝土其他构件清单项目设置及工程量计算规则

项目编码	项目名称	项目特征	计量单位	工程量计算规则	工作内容
010514001	垃圾道、通风道、烟道	（1）单件体积。 （2）混凝土强度等级。 （3）砂浆强度等级、配合比	（1）m^3。 （2）m^2。 （3）根（块、套）	（1）以 m^3 计量，按设计图示尺寸以体积计算。不扣除单个面积 ≤ 300mm×300mm 的孔洞所占体积，扣除垃圾道、通风道、烟道的孔洞所占体积。	（1）模板制作、安装、拆除、堆放、运输及清理模内杂物、刷隔离剂等。 （2）混凝土制作、运输、浇筑、振捣、养护。
010514002	其他构件	（1）单件体积。 （2）构件类型。 （3）混凝土强度等级。 （4）砂浆强度等级		（2）以 m^2 计量，按设计图示尺寸以面积计算。不扣除单个面积 ≤ 300mm×300mm 的孔洞所占面积。 （3）以根计量，按设计图示尺寸以数量计算	（3）构件运输、安装。 （4）砂浆制作、运输。 （5）接头灌缝、养护

规范说明：①以块、根计量，必须描述单件体积。②预制钢筋混凝土小型池槽、压顶、扶手、垫块、隔热板、花格等，按该表中其他构件项目编码列项。

2. 预制混凝土构件工程量清单编制

【例 4-34】某工程采用预制钢筋混凝土矩形梁共计 20 根，混凝土为 C30 砾 40 混凝土，每根长为 8m，梁截面尺寸为 300mm×800mm，长度 6m。安装时采用 M7.5 水泥砂浆，从预制场运入，运距为 2km。试计算此工程预应力钢筋混凝土梁的清单工程量，并编制其分部分项工程量清单。

【解】（1）工程量计算。

工程量 $N=20$ 根或 $V=0.3×0.8×6×20=28.8$（m^3）

（2）编制分部分项工程量清单。根据清单计价规范，预制钢筋混凝土梁分部分项工程量清单如表 4-59 所示。

表 4-59　预制混凝土梁分部分项工程量清单

序号	项目编码	项目名称	项目特征	计量单位	工程量
1	010510001001	矩形梁	（1）截面尺寸：300mm×800mm。 （2）单件体积：1.44m^3。 （3）安装高度：4.2m。 （4）混凝土强度等级：C30。 （5）砂浆强度等级、配合比：M7.5 水泥砂浆。 （6）运距：2km	根	20
				m^3	28.8

4.6.3　钢筋工程工程量清单编制

1. 钢筋工程清单项目设置

钢筋工程包括现浇构件钢筋（编码：010515001）、预制构件钢筋（编码：010515002）、钢筋网片（编码：010515003）、钢筋笼（编码：010515004）、先张法预应力钢筋（编码：010515005）、后张法预应力钢筋（编码：010515006）、预应力钢丝（编码：010515007）、预应力钢绞线（编码：010515008）、支撑钢筋（铁马）（编码：010515009）、声测管（编码：010515010）10 个清单项目，见建筑工程清单项目设置中表 2-69。

规范说明：①现浇构件中伸出构件的锚固钢筋应并入钢筋工程量内。除设计（包括规范规定）标明的搭接外，其他施工搭接不计算工程量，在综合单价中综合考虑。②现浇构件中固定位置的支撑钢筋、双层钢筋用的"铁马"在编制工程量清单时，其工程量可为暂估量，结算时按现场签证数量计算。

2. 钢筋工程工程量计算

（1）现浇构件钢筋、钢筋网片、钢筋笼工程量计算：按设计图示钢筋（网）长度（面积）乘以单位理论质量计算。

①常用混凝土构件中的钢筋种类。

a. 受力钢筋：配置在构件中主要承受拉应力的钢筋。

b. 架立钢筋：用以固定箍筋以形成钢筋骨架，一般配在梁的上部。

c. 箍筋：用以固定纵筋并承担剪应力的钢筋，垂直于主筋设置。

d. 分布筋：在板中垂直于受力筋，以固定受力筋并传递内力。

e. 附加箍筋：因构件几何形状或受力情况变化而增加的附加筋。

②钢筋的混凝土保护层。《混凝土结构施工图平面整体表示方法制图规则和构造详图（现浇混凝土框架、剪力墙、梁板)》（22G101-1）指出"钢筋的混凝土保护层厚度指最外层钢筋外边缘至混凝土表面的距离"。设计使用年限为 50 年的混凝土结构的保护层厚度如表 4-60 所示。

表 4-60　混凝土保护层最小厚度　　　　　单位：mm

环境类别	板、墙	梁、柱
一	15	20
二 a	20	25
二 b	25	35
三 a	30	40
三 b	40	50

规范说明：a. 构件中受力钢筋的保护层厚度不应小于钢筋的公称直径。b. 设计使用年限为 100 年的混凝土结构，一类环境中，最外钢筋的保护层厚度不应小于表中数值的 1.4 倍；二、三类环境中，应采取专门的有效措施。混凝土结构的环境类别如表 4-61 所示。c. 混凝土强度等级不大于 C25 时，表中保护层厚度应增加 5mm。d. 基础底面钢筋的保护层厚度，有混凝土垫层时应从垫层顶面算起，且不应小于 40mm。

表 4-61　混凝土结构的环境类别

环境类别	条件
一	室内干燥环境； 无侵蚀性静水浸没环境
二 a	室内潮湿环境； 非严寒和非寒冷地区的露天环境； 非严寒和非寒冷地区与无侵蚀性的水或土壤直接接触的环境； 严寒和寒冷地区的冰冻线以下与无侵蚀性的水或土壤直接接触的环境
二 b	干湿交替环境； 水位频繁变动环境； 严寒和非寒冷地区的露天环境； 严寒和寒冷地区的冰冻线以上与无侵蚀性的水或土壤直接接触的环境
三 a	严寒和寒冷地区冬季水位变动区环境； 受除冰盐影响的环境； 海风环境
三 b	盐渍土环境； 受除冰盐作用的环境； 海岸环境
四	海水环境
五	受人为或自然的侵蚀性物质影响的环境

③ 钢筋的弯钩长度。HPB300 级钢筋末端需要做 180°、135°、90°弯钩时，其圆弧弯曲直径 D 不应小于钢筋直径 d 的 2.5 倍，平直部分长度不宜小于钢筋直径 d 的 3 倍，如图 4-57 所示。HRB335 级、HRB400 级钢筋的弯弧内直径不应小于钢筋直径的 4 倍，弯钩的弯后平直部分应符合设计要求。180°弯钩每个长度为 $6.25d$，135°弯钩每个长度为 $4.9d$，90°弯钩每个长度为 $3.5d$。

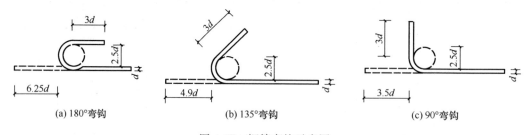

(a) 180°弯钩　　　　　　　(b) 135°弯钩　　　　　　　(c) 90°弯钩

图 4-57　钢筋弯钩示意图

④ 弯起钢筋的增加长度。弯起钢筋的弯起角度一般有 30°、45°、60°三种，其弯起增加值是指斜长 S 与水平投影长度 L 之间的差值 Δ，如图 4-58 所示。弯起钢筋的增加长度计算如表 4-62 所示。

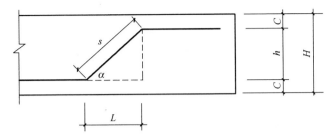

图 4-58 钢筋弯起示意图

H—构件高（厚）度；C—混凝土保护层厚度；S—钢筋斜段长度；

L—斜段水平投影长度；h＝H－2C；α—弯起角度

表 4-62 弯起钢筋的增加长度

弯起角度 α	斜段长度 S	水平段长度 L	斜段增加长度 △
30°	2.000h	1.732h	0.268h
45°	1.414h	1.000h	0.414h
60°	1.155h	0.577h	0.578h

⑤ 受拉钢筋的基本锚固长度。受拉钢筋的基本锚固长度 L_{ab}、L_{abE} 取值如表 4-63 所示，其主要与钢筋种类、抗震等级、混凝土强度有关。

表 4-63 受拉钢筋的基本锚固长度

钢筋种类	抗震等级	混凝土强度等级								
		C20	C25	C30	C35	C40	C45	C50	C55	≥C60
HPB300	一、二级（L_{abE}）	45d	39d	35d	32d	29d	28d	26d	25d	24d
	三级（L_{abE}）	41d	36d	32d	29d	26d	25d	24d	23d	22d
	四级（L_{abE}）非抗震（L_{ab}）	39d	34d	30d	28d	25d	24d	23d	22d	21d
HRB335 HRBF335	一、二级（L_{abE}）	44d	38d	33d	31d	29d	26d	25d	24d	24d
	三级（L_{abE}）	40d	35d	31d	28d	26d	24d	23d	22d	22d
	四级（L_{abE}）非抗震（L_{ab}）	38d	33d	29d	27d	25d	23d	22d	21d	21d
HRB400 HRBF400 RRB400	一、二级（L_{abE}）		46d	40d	37d	33d	32d	31d	30d	29d
	三级（L_{abE}）		42d	37d	34d	30d	29d	28d	27d	26d
	四级（L_{abE}）非抗震（L_{ab}）		40d	35d	32d	29d	28d	27d	26d	25d
HRB500 HRBF500	一、二级（L_{abE}）		55d	49d	45d	41d	39d	37d	36d	35d
	三级（L_{abE}）		50d	45d	41d	38d	36d	34d	33d	32d
	四级（L_{abE}）非抗震（L_{ab}）		48d	43d	39d	36d	34d	32d	31d	30d

⑥ 纵向受拉钢筋的绑扎搭接长度。纵向受拉钢筋的绑扎搭接长度 L_l、L_{lE} 取值如

表 4-64 所示。

表 4-64 纵向受拉钢筋的绑扎搭接长度

纵向受拉钢筋的绑扎搭接长度 L_l、L_{lE}			备注
抗震	非抗震		
$L_{lE}=\xi_l L_{aE}$	$L_l=\xi_l L_a$		（1）当直径不同的钢筋搭接时，L_l、L_{lE} 按直径较小的钢筋计算。
纵向受拉钢筋的搭接长度修正系数			（2）L_l、L_{lE} 在任何情况下不小于 300mm。
纵向受拉钢筋搭接接头面积百分率	≤25	50	100 |（3）式中 ξ_l 为纵向受拉钢筋的搭接长度修正系数，当纵向受拉钢筋的搭接面积百分率为中间值时，可按内插取值
ξ_l	1.2	1.4	1.6	

⑦ 钢筋每 1m 的理论质量。钢筋每 1m 的理论质量可按表 4-75 确定。当无此表时，可按下式计算。

$$钢筋每 1m 的理论质量 = 0.006165d^2$$

应用上式时应注意钢筋直径 d 的单位为 mm，而计算结果的单位为 kg/m。

表 4-65 钢筋每 1m 理论质量表

直径（mm）	光圆钢筋		带肋钢筋	
	断面面积（cm²）	理论质量（kg/m）	断面面积（cm²）	理论质量（kg/m）
5	0.196	0.154	—	—
6	0.283	0.222	—	—
6.5	0.332	0.260	—	—
8	0.503	0.395	—	—
10	0.785	0.617	0.785	0.620
12	1.131	0.888	1.131	0.888
14	1.539	1.210	1.540	1.210
16	2.011	1.580	2.000	1.580
18	2.545	2.000	2.540	2.000
20	3.142	2.470	3.140	2.470
22	3.801	2.980	3.800	2.980
25	4.909	3.850	4.910	3.850
28	6.158	4.830	6.160	4.830
30	7.069	5.550	7.069	5.550
32	8.042	6.310	8.040	6.310
36	10.180	7.990	10.180	7.990
38	11.340	8.900	11.340	8.900
40	12.570	9.860	12.570	9.860

（2）柱钢筋工程量计算。

计算柱钢筋工程量时，将柱划分为基础层、一层、中间层、顶层四个部分，分别计算纵筋与箍筋。

① 基础层钢筋计算。

a. 插筋长度计算。插筋是指在基础施工时预先插入基础内柱筋，如图 4-59 所示。

识读独立基础
平法施工图

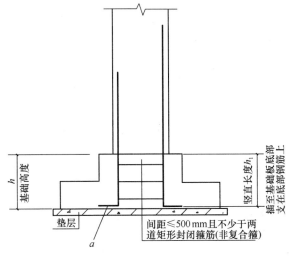

图 4-59　柱插筋示意图

插筋长度＝基础高度(h)－保护层(C)－基础钢筋直径(d)＋弯折长度(a)＋一层柱非连接区长度

柱纵向钢筋在基础中的构造及弯折长度 a 的取值如图 4-60 和图 4-61 所示。

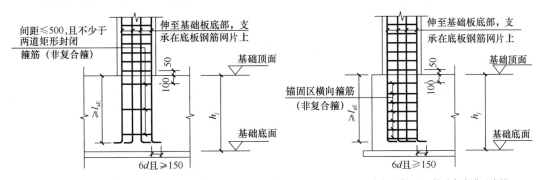

(a) 保护层厚度＞5d;基础高度满足直锚　　　(b) 保护层厚度≤5d;基础高度满足直锚

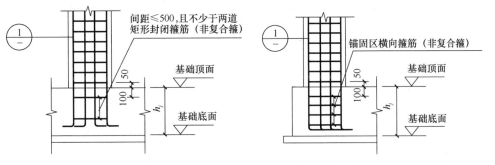

(c) 保护层厚度＞5d;基础高度不满足直锚　　　(d) 保护层厚度≤5d;基础高度不满足直锚

图 4-60　柱纵向钢筋在基础中的构造

b. 箍筋个数计算。基础层箍筋个数为在基础内布置间距不大于 500mm，且不少于 2 道矩形封闭非复合箍的个数。柱子常见部分复合箍的形式如图 4-62 所示。

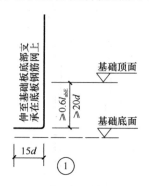

图 4-61　柱纵向钢筋弯折长度要求

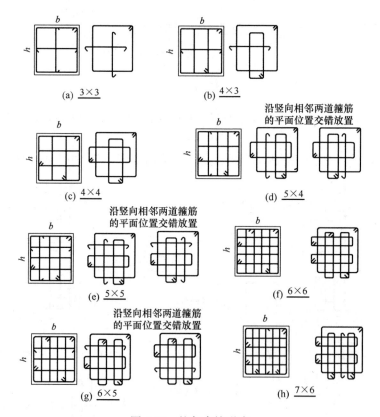

图 4-62　柱复合箍形式

② 一层柱钢筋计算。

a. 一层柱纵筋长度计算。

一层柱纵筋长度＝一层层高－基础插筋上露长度＋一层柱上露长度＋搭接长度

式中，基础插筋上露长度＝一层柱净高的 1/3；一层柱上露长度＝$\max(h_{上}/6，500，h_c)$，如图 4-63 所示；搭接长度与面积百分率有关，采用焊接、机械连接时，搭接长度 ＝0。

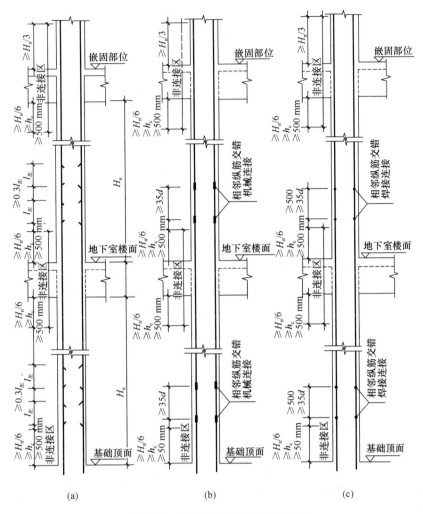

图 4-63　框架柱纵向钢筋连接构造

注：在绑扎搭接中，当某层连接区的高度小于纵筋分两批搭接所需的高度时，应改用机械连接或焊接连接。

b. 一层柱箍筋计算如图 4-63 所示。

一层柱箍筋的个数＝（柱下部加密区长度/加密区间距＋1）＋（柱中部非加密区长度/
非加密区间距－1）＋
（柱上部加密区长度/加密区间距＋1）

③ 中间层柱钢筋计算。

中间层柱纵筋长度＝本层层高－下层柱纵筋上露长度＋本层柱上露长度＋搭接长度

式中，下层柱纵筋上露长度＝max（$H_{n本}/6$，500，h_c）；本层柱上露长度＝max
（$H_{n上}/6$，500，h_c）。

中间层柱箍筋的个数＝（柱下部加密区长度/加密区间距＋1）
＋（柱中部非加密区长度/非加密区间距－1）
＋（柱上部加密区长度/加密区间距＋1）

④ 顶层柱钢筋计算。

顶层柱纵筋长度＝顶层层高－下层柱纵筋上露长度－屋顶梁高＋锚固长度

式中，下层柱纵筋上露长度＝max（$H_{h本}/6$、500，h_c）。

柱顶锚固长度分中柱、边（角）柱两种情况：

a. 中柱柱顶锚固长度。中柱柱顶锚固长度与顶层梁高有关，主要有以下四种情况，如图 4-64 所示。

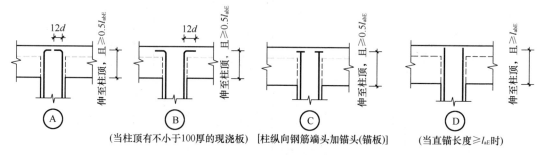

（当柱顶有不小于100厚的现浇板） ［柱纵向钢筋端头加锚头(锚板)］ （当直锚长度≥l_{aE}时）

中柱柱顶纵向钢筋构造①~④

（中柱柱顶纵向钢筋构造分四种构造做法，
施工人员应根据各种做法所要求的条件正确选用）

图 4-64 顶层框架柱锚固示意

若梁高（h_b）－保护层（C）≥l_{aE}，则直锚，锚固长度＝l_{aE}。

若梁高（h_b）－保护层（C）＜l_{aE}，则弯锚，锚固长度＝max（$0.5l_{aE}$，h_b-C）＋12d。

b. 边（角）柱锚固长度。平法 22G101-1 中 P70~P71 分别按柱外侧纵筋和梁上部纵向钢筋在节点外侧弯折搭接构造、柱外侧纵筋和梁上部钢筋在柱外侧直线搭接构造及梁宽范围内柱外侧纵向钢筋弯入梁内作梁筋构造三种情形进行了介绍，边（角）柱锚固长度应分别按此三种情形进行计算。

对于图 4-65，可以解释为：柱顶第一层钢筋伸至柱内后向下弯折 8d，柱顶第二层钢筋伸至柱内边，柱内侧纵筋同中柱柱顶纵向钢筋构造。

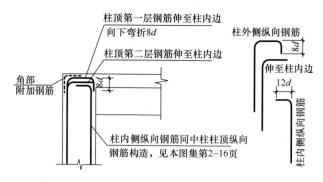

图 4-65 边（角）柱梁宽范围外钢筋在节点内锚固

（3）先张预应力钢筋按设计图示钢筋长度乘以单位理论质量计算。

（4）后张预应力钢筋、预应力钢丝、预应力钢绞线按设计图示钢筋（钢丝束、钢绞线）长度乘以单位理论质量计算。

① 低合金钢筋两端均采用螺杆锚具时，钢筋长度按孔道长度减 0.35m 计算，螺杆另行计算。

② 低合金钢筋一端采用镦头插片、另一端采用螺杆锚具时，钢筋长度按孔道长度计算，螺杆另行计算。

③ 低合金钢筋一端采用镦头插片、另一端采用帮条锚具时，钢筋长度按孔道增加 0.15m 计算；两端均采用帮条锚具时，钢筋长度按孔道长度增加 0.3m 计算。

④ 低合金钢筋采用后张混凝土自锚时，钢筋长度按孔道长度增加 0.35m 计算。

⑤ 低合金钢筋（钢铰线）采用 JM、XM、QM 型锚具，孔道长度 ≤20m 时，钢筋长度按孔道长度增加 1m 计算；孔道长度 ＞20m 时，钢筋长度按孔道长度增加 1.8m 计算。

⑥ 碳素钢丝采用锥形锚具，孔道长度 ≤20m 时，钢丝束长度按孔道长度增加 1m 计算；孔道长度 ＞20m 时，钢丝束长度按孔道长度增加 1.8m 计算。

⑦ 碳素钢丝采用镦头锚具时，钢丝束长度按孔道长度增加 0.35m 计算。

（5）支撑钢筋（铁马）按设计图示钢筋长度乘以单位理论质量计算。

（6）声测管按设计图示尺寸质量计算。

3. 钢筋工程工程量清单编制

【例 4-35】已知某建筑采用现浇钢筋混凝土条形基础，基础底板配筋如图 4-66 所示，保护层厚度为 40mm。试计算此条形基础的钢筋工程量并编制其分部分项工程量清单。

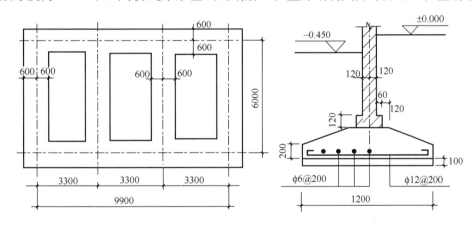

图 4-66　条形基础配筋示意图

分析：条形基础底板一般在短向配置受力主筋，而在长向配置分布筋。在外墙四角及内外墙交接处，由于受力主筋已双向配置，则不再配置分布筋。也就是说，分布筋布至外墙四角及内外墙交接处，只要与受力筋搭接即可。分布筋的长度为 $L=L_净+2×40d$。

【解】（1）主筋（Φ 12@200）。

单根长度：$1.2-0.04×2+2×6.25×0.012=1.27(m)$

纵向根数：$[(9.9+0.6×2-0.04×2)/0.2+1]×2=112.2=113(根)$

横向根数：$[(6+0.6×2-0.042)/0.2+1]×4=147.16=148(根)$

质量：$(148+113)×1.27×0.888=294(kg)=0.294(t)$

(2) 分布筋($\Phi 6@200$)。

横向：$6-0.6\times2+40\times0.006\times2=5.28(\mathrm{m})$

根数：$[(1.2-0.04\times2)/0.2+1]\times4=26.4=27(根)$

纵向：$3.3-0.6\times2+40\times0.006\times2=2.58(\mathrm{m})$

根数：$[(1.2-0.04\times2)/0.2+1]\times6=39.6=40(根)$

质量：$(27\times5.28+40\times2.58)\times0.222=54.6(\mathrm{kg})=0.055(\mathrm{t})$

编制分部分项工程量清单，钢筋工程分部分项工程量清单如表4-76所示。

表 4-66　钢筋工程分部分项工程量清单

序号	项目编码	项目名称	项目特征	计量单位	工程量
1	010515001001	现浇构件钢筋	钢筋种类、规格：HPB300级钢筋、直径6mm	t	0.055
2	010515001002	现浇构件钢筋	钢筋种类、规格：HPB300级钢筋、直径6mm	t	0.294

【例4-36】 某框架结构建筑二层板底钢筋布置图如图4-67所示，X方向的板底钢筋为 $\Phi 8@150$，Y方向的板底钢筋为 $\Phi 10@100$，梁、板的混凝土强度等级为C30，梁、板的混凝土保护层厚度分别为25mm、15mm，钢筋的定尺长度为9000mm，连接方式为绑扎，查表得锚固长度 $L_{\mathrm{ab}}=24d$，绑扎搭接长度 $L_{\mathrm{l}}=33.6d$。试计算板底钢筋的长度并编制其钢筋工程分部分项工程量清单。

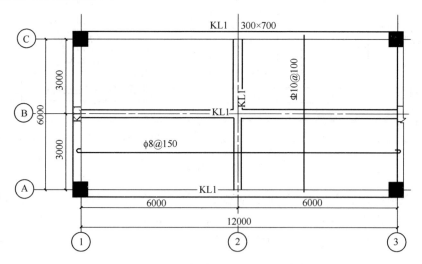

图 4-67　某框架结构建筑二层板底钢筋布置图

分析：

(1) 板底钢筋长度计算分析。

① 当板底钢筋以梁、剪力墙为支座时，伸入支座内的构造如图4-68所示。

a. 当板底钢筋以梁为支座时：

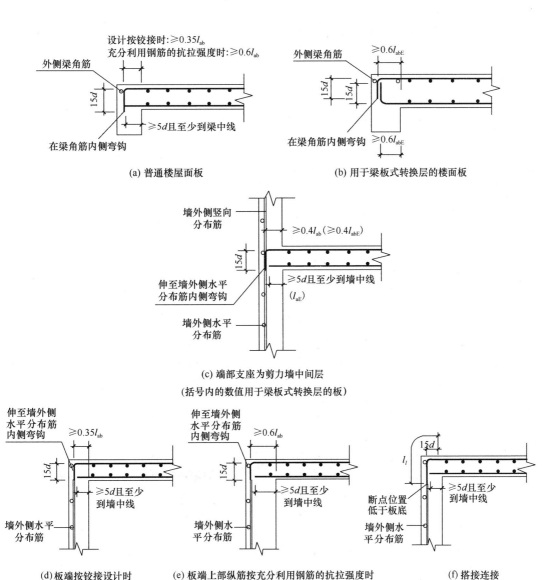

图 4-68　板底钢筋在端部支座的锚固构造

板底钢筋长度 L＝板净跨 l_n＋伸入左右支座内长度 $\max$（$h_c/2$，$5d$）＋弯钩增加长度

b. 当板底钢筋以剪力墙为支座时：

板底钢筋长度 L＝板净跨 l_n＋伸入左右支座内长度 $\max$（墙厚$/2$，$5d$）＋弯钩增加长度

② 该例中板底钢筋以梁为支座。

板底钢筋长度 L＝板净跨 l_n＋伸入左右支座内长度 $\max$（$h_c/2$，$5d$）＋弯钩增加长度

（2）板底钢筋根数计算分析。板底钢筋根数计算与板筋间距及首末根钢筋距离支座边的距离有关。首末根钢筋距离支座边的距离分为 $1/2$ 板筋间距，如图 4-69 所示。

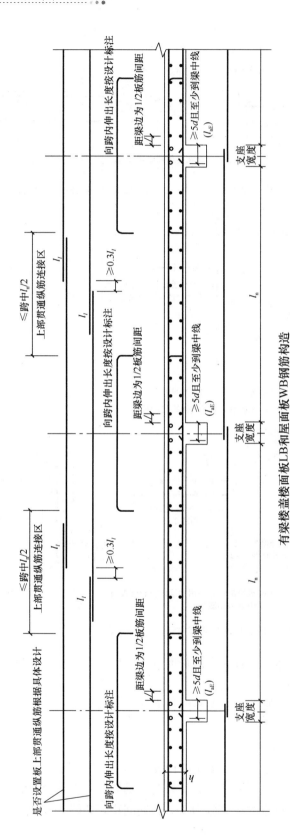

图 4-69　有梁楼盖面板 LB 和屋面板 WB 钢筋构造首末根钢筋距离支座边的距离示意图

首末根钢筋距离支座边距离为 1/2 板筋间距：

底筋根数为 $N=$（板净跨 l_n－板筋间距）/板筋间距＋1

（3）板底钢筋排列分析如图 4-70 所示。

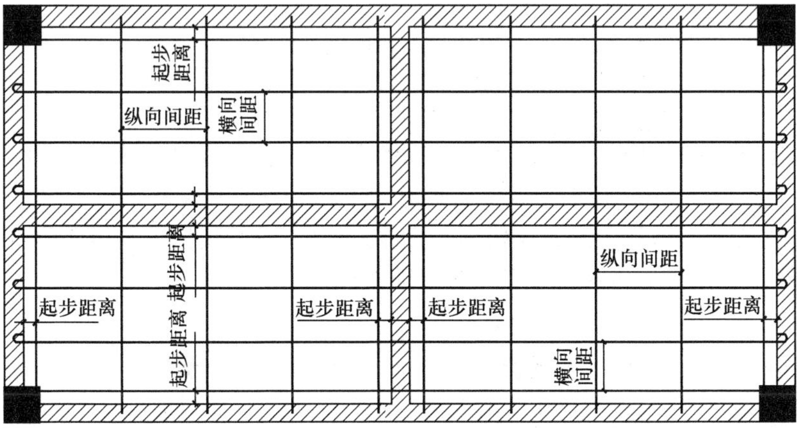

图 4-70　板底钢筋排列分析

【解】（1）X 向 $\phi8@150$。

单根钢筋长度 $L=$ 板净跨 l_n＋伸入左右支座内长度＋弯钩增加长度

$$=12000+2\times\max\ (h_c/2,\ 5d)+2\times6.25d$$

$$=12000+2\times\max\ (300/2,\ 5d)\ +2\times6.25d=12400\ (\text{mm})$$

长度超出定尺长，需要绑扎搭接，搭接长度 $L_1=33.6d=33.6\times8=268.8$（mm），取 300mm。

Ⓐ轴到Ⓑ轴间根数 $N=$（板净跨 l_n－板筋间距）/板筋间距＋1

$=$（2850－150）/150＋1＝19（根）

Ⓑ轴到Ⓒ轴间、Ⓐ轴到Ⓑ轴间的总根数为 38 根。

X 向钢筋总长度：（12.4＋0.3）×38＝482.6(m)

X 向钢筋质量：482.6×0.395＝190.63(kg)≈0.191(t)

（2）Y 向 $\oplus10@100$。

长度 $L=$ 板净跨 l_n＋伸入左右支座内长度＋弯钩增加长度

$=6000+2\times\max\ (300/2,\ 5d)\ +0=6300\ (\text{mm})$

①轴到②轴间根数 $N=$（板净跨 l_n－板筋间距）/板筋间距＋1

$=$（5850－100）/100＋1＝58.5（根），取 $N=59$ 根

②轴到③轴间根数同①轴到②轴间，故总根数为 118 根。

Y 向钢筋总长度：6.3×118＝743.4（m）

Y 向钢筋质量：743.4×0.62＝460.91（kg）≈0.461（t）

（3）编制钢筋工程分部分项工程量清单，钢筋工程分部分项工程量清单如表 4-67 所示。

表 4-67　钢筋工程分部分项工程量清单

序号	项目编码	项目名称	项目特征	计量单位	工程量
1	010515001001	现浇构件钢筋	钢筋种类、规格：HPB300 级钢筋、直径 8mm	t	0.191
2	010515001002	现浇构件钢筋	钢筋种类、规格：HRB335 级钢筋、直径 10mm	t	0.461

【例 4-37】某框架结构建筑二层楼面板筋图图如图 4-71 所示，梁、板的混凝土强度等级为 C30，梁、板的混凝土保护层厚度分别为 25mm、15mm，钢筋的定尺长度为 9000mm，连接方式为绑扎，经查表锚固长度 $L_{ab}=24d$，绑扎搭接长度 $L_l=33.6d$。试计算板面钢筋的长度并编制其钢筋工程分部分项工程量清单。

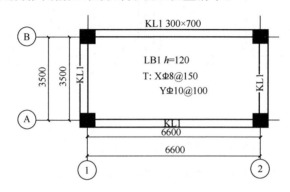

图 4-71　二层楼面板配筋图

分析：根据平法图集《混凝土结构施工图平面整体表示方法制图规则和构造详图（现浇混凝土框架、剪力墙、梁、板）》（22G101-1），板顶钢筋以梁为支座时，伸入支座内的构造如图 4-72 所示。当板底钢筋以梁为支座时：

若 $h_c-C \geq L_{ab}$ 时，板顶钢筋可以不弯折，此时长度 $L=$ 板净跨 $l_n+2 \times L_{ab}$。

若 $h_c-C < L_{ab}$ 时，板顶钢筋应弯折，此时长度 $L=$ 板净跨 l_n+ 伸入左右支座内水平长度＋弯折长度（$15d$）

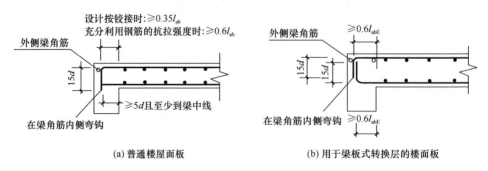

图 4-72　板顶钢筋在端部支座的锚固构造

图中纵筋在端支座应伸至梁支座外侧纵筋内侧后弯折 $15d$，当平直段长度不低于 l_a、l_{aB} 时可不弯折。

【解】

(1) X 方向（$\Phi 8@150$）：

$h_c - C = 300 - 25 = 275\text{mm} > L_{ab} = 24d = 24 \times 8 = 192$（mm），板顶钢筋不需弯折。

板面钢筋长度 $L =$ 板净跨 $l_n + 2 \times L_{ab} = 6000 + 2 \times 192 = 6384$（mm）

根数 $N =$（板净跨 $l_n -$ 板筋间距）/板筋间距 $+ 1$

　　　　$=$（3500 - 150）/150 + 1 = 23.3（根），取 $N = 24$ 根

X 方向钢筋总长度：$6.384 \times 24 = 153.22$（m）

X 方向钢筋质量 $M = 153.22 \times 0.395 \div 1000 = 0.061$（t）

(2) Y 方向（$\Phi 10@100$）：

$h_c - C = 300 - 25 = 275$（mm）$> L_{ab} = 24d = 24 \times 10 = 240$（mm），板顶钢筋不需弯折。

板面钢筋长度 $L =$ 板净跨 $l_n + 2 \times L_{ab} = 3500 + 2 \times 240 = 3980$（mm）

根数 $N =$（板净跨 $l_n -$ 板筋间距）/板筋间距 $+ 1$

　　　　$=$（6600 - 100）/100 + 1 = 66（根）

Y 方向钢筋总长度：$3.98 \times 66 = 262.68$（m）

X 方向钢筋质量 $M = 262.68 \times 0.617 \div 1000 = 0.162$（t）

(3) 编制钢筋工程分部分项工程量清单，钢筋工程分部分项工程量清单如表 4-68 所示。

表 4-68　钢筋工程分部分项工程量清单

序号	项目编码	项目名称	项目特征	计量单位	工程量
1	010515001001	现浇构件钢筋	钢筋种类、规格：HPB300 级钢筋、直径 8mm	t	0.061
2	010515001002	现浇构件钢筋	钢筋种类、规格：HRB335 级钢筋、直径 10mm	t	0.162

【例 4-38】已知某框架梁平法施工图如图 4-73 所示，图中 a 表示 HPB300 级钢筋，b 表示 HRB335 级钢筋，二级抗震，梁、柱混凝土强度等级为 C30，KZ1 的截面尺寸为 300mm×300mm，梁、柱保护层厚 30mm，钢筋连接方式为焊接。试计算此框架梁的钢筋工程量并编制其分部分项工程量清单。

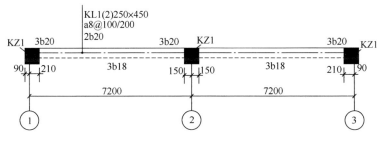

图 4-73　某框架梁平法施工图

分析：根据《混凝土结构施工图平面整体表示方法制图规则和构造详图（现浇混凝土框架、剪力墙、梁、板）》（22G101-1）（见图 4-74），KL1 的钢筋排列图如图 4-75 所示。①号筋为上部贯通筋；②号筋为左支座负筋；③号筋为右支座负筋；④号筋为中间支座负筋；⑤号筋为梁左跨下部受力筋；⑥号筋为梁右跨下部受力筋；⑦号筋为箍筋。

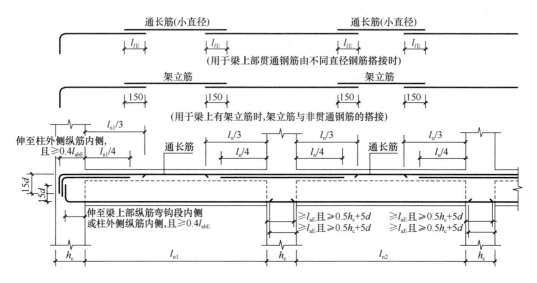

图 4-74　抗震楼层框架梁 KL 纵向配筋构造图

注：l_n 表示相邻两跨的最大值；h_c 为柱截面沿框架方向的高度。

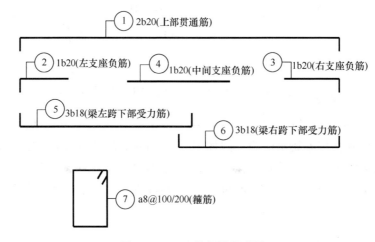

图 4-75　KL1 的钢筋排列图

【解】①号筋（2b20）的计算：

①号筋长度＝锚固长度×2＋（7200－210）×2

框架梁受力筋的锚固分直锚和弯锚 2 种，如图 4-76 所示。

当 h_c-C（保护层厚）≥L_{aE} 时，为直锚，此时锚固长度＝L_{aE}。

当 h_c-C（保护层厚）＜L_{aE} 时，为弯锚，此时锚固长度＝max（h_c-C，$0.4L_{aE}$）＋$15d$。

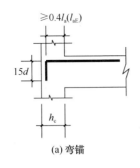
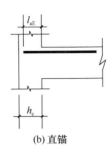

(a) 弯锚　　　　　　　　　　(b) 直锚

图 4-76　框架梁受力筋的锚固示意图

根据《混凝土结构施工图平面整体表示方法制图规则和构造详图（现浇混凝土框架、剪力墙、梁、板）》（22G101-1）查表得 $L_{aE}=33d=33\times20=660$ （mm）。

对于 KL1，$h_c-C=$ （90＋210）－30＝270$<L_{aE}$，应弯锚。

此时锚固长度＝max （h_c-C，$0.4L_{aE}$）＋15d＝300－30＋15×20＝570 （mm）

① 号筋长度＝[570×2＋（7200－210）×2]×2＝（1140＋13980）×2＝30240（mm）＝30.24（m），由于单根长度大于 9m，共需要设置 2 个对焊接头。

① 号筋质量＝30.24×2.47＝74.69 （kg）

② 号筋（1b20）的计算：

② 号筋的长度＝锚固长度＋1/3l_n＝570＋1/3l_n＝570＋（7200－210－150）/3＝2850（mm）＝2.85（m）

② 号筋的质量＝2.85×2×2.47＝14.08 （kg）

③ 号筋（1b20）的计算同②号筋。

④ 号筋（1b20）的计算（见图 4-77）。

④ 号筋的长度＝中间支座宽＋2×（7200－210－150）/3＝150×2＋2×2280＝4860 （mm）＝4.86 （m）

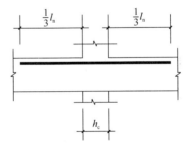

图 4-77　框架梁中间锚固示意图

④ 号筋的质量＝4.86×2.47＝12 （kg）

⑤ 号筋（3b18）的计算：

⑤ 号筋的长度＝左支座锚固＋右支座锚固＋l_n＝570×2＋（7200－210－150）＝7980（mm）＝7.98（m）

⑤ 号筋的质量＝7.98×2×3＝47.88 （kg）

⑥ 号筋（1b20）的计算同⑤号筋。

⑦ 号筋（a8@100/200）的计算。

⑦ 号筋的长度＝[（梁高－2C）＋（梁宽－2C）]×2＋2×[1.9d＋max（10d，75）]＝[（450－2×30）＋（250－2×30）]×2＋2×（15.2＋80）＝（390＋190）×2＋190.4＝1350（mm）

根据平法《混凝土结构施工图平面整体表示方法制图规则和构造详图（现浇混凝土框架、剪力墙、梁、板）》（22G101-1），KL1 箍筋加密区与非加密区的分布如图 4-78 所示。

⑦ 号筋的个数＝（加密区长度－50/加密区间距＋1）×4

$$+(非加密区长度/非加密区间距-1)\times 2$$
$$=[(\max(1.5\times 450,500)-50)/100+1]\times 4$$
$$+\{[7200-\max(1.5\times 450,500)]/200-1\}\times 2$$
$$=[(675-50)/100+1]\times 4+[(7200-675)/200-1]\times 2=92.25\approx 93(个)$$

⑦ 号筋的质量 $=93\times 1350/1000\times 0.395=49.60$ （kg）

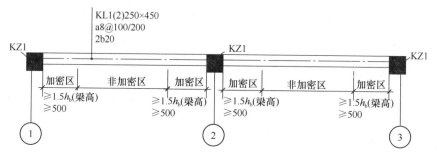

图 4-78　KL1 箍筋加密区与非加密区的分布

⑧ 编制钢筋分部分项工程量清单，编制的钢筋分部分项工程量清单如表 4-69 所示。

表 4-69　钢筋工程分部分项工程量清单

序号	项目编码	项目名称	项目特征	计量单位	工程量
1	010515001001	现浇构件钢筋	钢筋种类、规格：HPB300 级钢筋、直径 8mm	t	0.051
2	010515001002	现浇构件钢筋	钢筋种类、规格：HRB335 级钢筋、直径 20mm	t	0.115
3	010515001003	现浇构件钢筋	钢筋种类、规格：HRB335 级钢筋、直径 18mm	t	0.096
4	010516003001	机械连接	接头种类、规格：直螺纹套筒连接、HRB335 级钢筋、直径 20mm	个	2

4. 螺栓、铁件清单项目设置与计量

螺栓、铁件包括 3 个清单项目，分别为螺栓、预埋铁件、机械连接。螺栓、铁件清单项目设置及及工程量计算规则如表 4-70 所示。

表 4-70　螺栓、铁件清单项目设置及工程量计算规则

项目编码	项目名称	项目特征	计量单位	工程量计算规则	工作内容
010516001	螺栓	(1) 螺栓种类。 (2) 规格	t	按设计图示尺寸以质量计算	(1) 螺栓、铁件制作、运输。 (2) 螺栓、铁件安装
010516002	预埋铁件	(1) 钢材种类。 (2) 规格。 (3) 铁件尺寸	t		
010516003	机械连接	(1) 连接方式。 (2) 螺纹套筒种类。 (3) 规格	个	按数量计算	(1) 钢筋套丝。 (2) 套筒连接

注：编制工程量清单时，如果设计未明确，其工程量可为暂估量，实际工程量按现场签证数量计算。

5. 其他相关问题的处理

对于预制混凝土构件或预制钢筋混凝土构件，如施工图设计标注做法见标准图集，项目特征注明标准图集的编码、页号及节点大样即可。

【BIM 虚拟现实任务辅导】

任务 4.7　金属结构工程工程量清单编制

【任务目标】

（1）了解金属结构工程的清单项目设置与相关规定，掌握金属结构工程的工程量计算规则。

（2）能列项、计算金属结构工程清单工程量并编制其分部分项工程量清单。

（3）具有精益求精、追求卓越的工匠精神，树立节约资源、保护环境的意识，具有公正、廉洁精神。

【任务单】

金属结构工程工程量清单编制的任务单如表 4-71 所示。

表 4-71　金属结构工程工程量清单编制的任务单

任务内容	识读某供水智能泵房成套设备生产基地项目金属结构厂房工程施工图，施工时钢柱、钢支撑采用 20 t 汽车式起重机安装，根据《房屋建筑与装饰工程工程量计算规范》（GB 50854—2013），计算其①×①轴钢柱（GZ1）、①×②轴钢柱（KFZ）、①×①～⑤轴柱间钢支撑（ZC1）及屋面板的清单工程量并编制其分部分项工程量清单。
任务要求	每三人为一个小组（一人为编制人，一人为校核人，一人为审核人）

（1）识读施工图完成以下填空。

GZ1 钢柱的截面型号为_____，材质为_____，KFZ 钢柱的截面型号为_____，材质为_____，①轴钢柱（KFZ）数量为_____根；柱间钢支撑（ZC1）由_____通过节点板与钢柱和 XG 相连。

（2）计算工程量并编制工程量清单。

金属结构工程分部分项工程量清单				
项目编码	项目名称及特征	计算过程	单位	工程量

金属结构厂房
工程施工图

【知识链接】

4.7.1　金属结构工程概述

1. 钢网架

网架结构是由很多杆件通过节点，按照一定规律组成的空间杆系结构。网架结构根据外形可分为平面网架和曲面网架。通常情况下，平面网架又称网架，如图 4-79 所示；曲面网架又称网壳，如图 4-80 所示。网壳结构是曲面型的网格结构，兼有杆系结构和薄壳结构的特性，受力合理，覆盖跨度大，是一种颇受国内外关注、半个世纪以来发展最快、有着广阔发展前景的空间结构。

图 4-79　平面网架

图 4-80　曲面网架

2. 钢屋架

钢屋架是屋盖结构的一部分，是主要的承重构件。按结构形式不同，钢屋架可分为三角形屋架、梯形屋架、两铰拱屋架、三铰拱屋架、梭形屋架；按所用钢材规格不同，钢屋架可分为普通钢屋架、轻型钢屋架（杆件为圆钢和小角钢）、薄壁钢屋架。钢屋架的常用形式如图 4-81 所示。

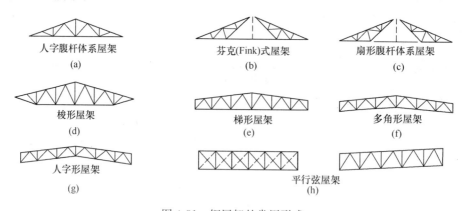

图 4-81　钢屋架的常用形式

3. 钢托架

在工业厂房中，由于工业或者交通需要，需要去掉某轴上的柱子，这样就要在大开间位置设置托架，以支托去掉柱子的屋架，如图 4-82 所示。托架安装在两端的柱子上。托架因起梁的作用也叫托架梁。

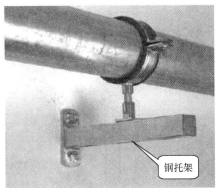

图 4-82　钢托架

4. 钢桁架

钢桁架是指由直杆在杆端相互连接而组成的以抗弯为主的格构式结构。工业与民用建筑的屋盖结构、吊车梁、桥梁和水工闸门等，常用钢桁架作为主要承重构件。各式塔架，如桅杆塔、电视塔和输电线路塔等，常用三面、四面或多面平面桁架组成的空间钢桁架，如图 4-83 所示。

图 4-83　钢桁架

5. 钢架桥

钢架桥是梁和柱（或竖墙）整体结合的桥梁结构，如图 4-84 所示。在竖向移动荷载作用下，梁部主要受弯，柱脚处有水平推力，受力状态介于梁式桥和拱桥之间。钢架桥一般分为 T 形钢架桥、连续钢架桥、斜腿钢架桥三种类型。

(a)　　　　　　　　　　　　　　　　(b)

图 4-84　钢架桥

6. 钢柱

钢柱按截面形式可分为实腹钢柱和空腹钢柱，如图 4-85 所示。实腹钢柱具有整体的截面，最常用的是工字形截面；空腹钢柱的截面分为双肢或多肢，各肢间用缀条或缀板联系。当荷载较大、柱身较宽时，空腹钢柱的钢材用量较省。

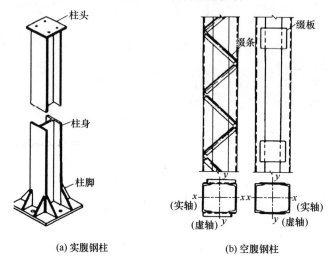

(a) 实腹钢柱　　　　　　　　(b) 空腹钢柱

图 4-85　钢柱

7. 钢板楼板

组合楼板是指由压型钢板、钢筋混凝土板通过抗剪连接措施共同作用形成的楼板，如图 4-86 所示。钢板楼板是指组合楼板中所用的压型钢板。

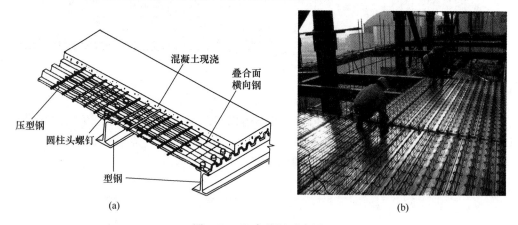

(a)　　　　　　　　　　　　(b)

图 4-86　组合楼板示意图

8. 钢板墙板

钢板墙板（见图 4-87）主要采用压型钢板。压型钢板是指用薄钢板经冷压或冷轧成型的钢材。钢板采用有机涂层薄钢板（或称彩色钢板）、镀锌薄钢板、防腐薄钢板（含石棉沥青层）或其他薄钢板等。压型钢板具有单位质量轻、强度高、抗震性能好、施工快速、外形美观等优点，是良好的建筑材料和构件，主要用于围护结构、楼板，也可用于其他构筑物。

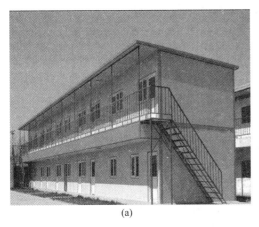 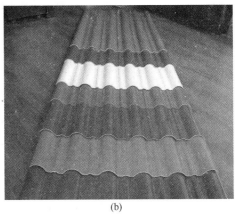

（a）　　　　　　　　　　　　（b）

图 4-87　压型钢板墙板

金属结构工程的施工工艺一般包括制作、运输、安装、刷油漆涂料等。

4.7.2　金属结构工程工程量清单编制

1. 金属结构工程清单项目设置与计量

（1）钢网架。

钢网架包括 1 个清单项目，其清单项目设置及工程量计算规则如表 4-72 所示。

表 4-72　钢网架清单项目设置及工程量计算规则

项目编码	项目名称	项目特征	计量单位	工程量计算规则	工作内容
010601001	钢网架	（1）钢材品种、规格。 （2）网架节点形式、连接方式。 （3）网架跨度、安装高度。 （4）探伤要求。 （5）防火要求	t	按设计图示尺寸以质量计算。不扣除孔眼的质量，焊条、铆钉等不另增加质量	（1）拼装。 （2）安装。 （3）探伤。 （4）补刷油漆

（2）钢屋架、钢托架、钢桁架、钢桥架。

钢屋架、钢托架、钢桁架、钢桥架包括 4 个清单项目，见建筑工程清单项目设置中表 2-82。

钢屋架、钢托架、钢桁架、钢桥架工程量计算：

① 钢屋架（编码：010602001）：以榀计量，按设计图示数量计算。或以吨计量，按设计图示尺寸以质量计算。不扣除孔眼的质量，焊条、铆钉、螺栓等不另增加质量。

② 钢托架（编码：010602002）、钢桁架（编码：010602003）、钢桥架（编码：010602004）：按设计图示尺寸以质量计算。不扣除孔眼的质量，焊条、铆钉、螺栓等不另增加质量。

（3）钢柱。

钢柱包括 3 个清单项目，其清单项目设置及工程量计算规则见建筑工程清单项目设置中表 2-73。

表 4-73 钢柱清单项目设置及工程量计算规则

项目编码	项目名称	项目特征	计量单位	工程量计算规则	工作内容
010603001	实腹钢柱	(1) 柱类型。 (2) 钢材品种、规格。 (3) 单根柱质量。 (4) 螺栓种类。 (5) 探伤要求。 (6) 防火要求。	t	按设计图示尺寸以质量计算。不扣除孔眼的质量，焊条、铆钉、螺栓等不另增加质量，依附在钢柱上的牛腿及悬臂梁等并入钢柱工程量内	(1) 拼装。 (2) 安装。 (3) 探伤。 (4) 补刷油漆
010603002	空腹钢柱				
010603003	钢管柱	(1) 钢材品种、规格。 (2) 单根柱质量。 (3) 螺栓种类。 (4) 探伤要求。 (5) 防火要求。		按设计图示尺寸以质量计算。不扣除孔眼的质量，焊条、铆钉、螺栓等不另增加质量，钢管柱上的节点板、加强环、内衬管、牛腿等并入钢管柱工程量内	

规范说明：①实腹钢柱类型指十字、T、L、H 形等。②空腹钢柱类型指箱形、格构等。③型钢混凝土柱浇筑钢筋混凝土，其混凝土和钢筋应按《房屋建筑与装饰工程工程量计算规范》（GB 50854—2013）附录 E 混凝土及钢筋混凝土工程中相关项目编码列项。

(4) 钢梁。

钢梁包括 2 个清单项目，见建筑工程清单项目设置中表 2-84。

钢梁工程量计算规则：

钢梁（编码：010604001）、钢吊车梁（编码：010604002）：按设计图示尺寸以质量计算。不扣除孔眼的质量，焊条、铆钉、螺栓等不另增加质量，制动梁、制动板、制动桁架、车挡并入钢吊车梁工程量内。

规范说明：①梁类型指 H、L、T、箱形、格构式等。②型钢混凝土梁浇筑钢筋混凝土，其混凝土和钢筋应按《房屋建筑与装饰工程工程量计算规范》（GB 50854—2013）附录 E 混凝土及钢筋混凝土工程中相关项目编码列项。

(5) 钢板楼板、钢板墙板。

钢板楼板、钢板墙板包括 2 个清单项目。其清单项目设置及工程量计算规则见建筑工程清单项目设置中表 4-74。

表 4-74 钢板楼板、墙板清单项目设置及工程量计算规则

项目编码	项目名称	项目特征	计量单位	工程量计算规则	工作内容
010605001	钢板楼板	(1) 钢材品种、规格。 (2) 钢板厚度。 (3) 螺栓种类。 (4) 防火要求	m²	按设计图示尺寸以铺设水平投影面积计算。不扣除单个面积≤0.3m²柱、垛及孔洞所占面积	(1) 拼装。 (2) 安装。 (3) 探伤。 (4) 补刷油漆
010605002	钢板墙板	(1) 钢材品种、规格。 (2) 钢板厚度、复合板厚度。 (3) 螺栓种类。 (4) 复合板夹芯材料种类、层数、型号、规格。 (5) 防火要求		按设计图示尺寸以铺挂展开面积计算。不扣除单个面积≤0.3m²的梁、孔洞所占面积，包角、包边、窗台泛水等不另加面积	

规范说明：①钢板楼板上浇筑钢筋混凝土，其混凝土和钢筋应按《房屋建筑与装饰工程工程量计算规范》（GB 50854—2013）附录 E 混凝土及钢筋混凝土工程中相关项目编码列项。②压型钢楼板按该表中钢板楼板项目编码列项。

（6）钢构件。

钢构件包括钢支撑、钢拉条等 13 个清单项目，见建筑工程清单项目设置中表 2-86。

钢构件工程量计算：

① 钢支撑、钢拉条（编码：010606001）、钢檩条（编码：010606002）、钢天窗架（编码：010606003）、钢挡风架（编码：010606004）、钢墙架（编码：010606005）、钢平台（编码：010606006）、钢走道（编码：010606007）、钢梯（编码：010606008）、钢护栏（编码：010606009）：按设计图示尺寸以质量计算。不扣除孔眼的质量，焊条、铆钉、螺栓等不另增加质量。

② 钢漏斗（编码：010606010）、钢板天沟（编码：010606011）：按设计图示尺寸以质量计算，不扣除孔眼的质量，焊条、铆钉、螺栓等不另增加质量，依附漏斗或天沟的型钢并入漏斗或天沟工程量内。

③ 钢支架（编码：010606012）、零星钢构件（编码：010606013）：按设计图示尺寸以质量计算，不扣除孔眼的质量，焊条、铆钉、螺栓等不另增加质量。

（7）金属制品。

金属制品包括成品空调金属百页护栏、成品栅栏等 6 个清单项目，见建筑工程清单项目设置中表 2-87。

规范说明：抹灰钢丝网加固按该表中砌块墙钢丝网加固项目编码列项。

金属制品工程量计算：

① 成品空调金属百页护栏（编码：010607001）、成品栅栏（编码：010607002）：按设计图示尺寸以框外围展开面积计算。

② 成品雨篷（编码：010607003）：以 m 计量，按设计图示接触边以 m 计算。或以 m² 计量，按设计图示尺寸以展开面积计算。

③ 金属网栏（编码：010607004）：按设计图示尺寸以框外围展开面积计算。

④ 砌块墙钢丝网加固（编码：010607005）、后浇带金属网（编码：010607006）：按设计图示尺寸以面积计算。

（8）其他相关问题的处理。

① 对于金属构件的切边，不规则及多边形钢板发生的损耗在综合单价中考虑。

② 防火要求指耐火极限。

2. 钢结构工程工程量清单编制

【例 4-39】某屋盖钢支撑示意图如图 4-88 所示，钢支撑运距为 2km，喷砂除锈，面刷薄型防火涂料，涂层厚为 2mm，采用 20t 汽车式起重机安装。已知角钢∟ 75×50×6 的理论质量为 5.68kg/m，钢板理论质量为 62.8kg/m²，钢支撑采用 Q235 钢制作，工程建设地点在长沙市。试分别计算该屋盖钢支撑的清单工程量，并编制其分部分项工程量清单。

【解】（1）工程量计算。

① 角钢∟ 75×50×6 质量计算。

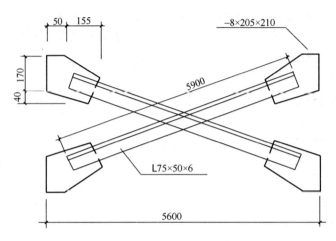

图 4-88　某屋盖钢支撑示意图

角钢∟ 75×50×6 的质量 = 5.9×2×5.68 = 67.02(kg) = 0.067(t)

② 钢板质量计算。

钢板面积(外接矩形面积)S = 0.205×0.21×4 = 0.1722(m^2)

钢板质量 = 0.1722×62.8 = 10.81(kg) ≈ 0.011(t)

钢支撑质量 = 0.067+0.011 = 0.078(t)

（2）编制钢支撑分部分项工程量清单。根据清单计价规范及相应地区定额，钢支撑的分部分项工程量清单如表 4-87 所示。

表 4-75　钢支撑分部分项工程量清单

序号	项目编码	项目名称	项目特征	计量单位	工程量
1	010606001001	钢支撑	（1）钢材品种、规格：Q235 钢，规格见示意图。 （2）构件类型：单式。 （3）安装高度：8.4m，20 t 汽车式起重机安装。 （4）螺栓种类：普通螺栓。 （5）探伤要求：红外线探伤。 （6）防火要求：面刷薄型防火涂料，涂层 2mm 厚。 （7）除锈要求：喷砂除锈	t	0.078

【例 4-40】某空腹钢柱示意图如图 4-89 所示，空腹钢柱运距为 1km，面刷薄型防火涂料，涂层厚为 2mm，采用 20t 汽车式起重机安装。型钢空腹柱采用 Q235 钢制作，工程建设地点在长沙市。试分别计算该空腹钢柱的清单工程量，并编制其分部分项工程量清单。

【解】（1）工程量计算。

① 板 ①-350 × 350 × 8 钢板的工程量。查表知，8mm 厚钢板的理论质量是 62.8kg/m^2。

板①的质量 = 62.8×0.35×0.35×2 = 15.386(kg) ≈ 0.015(t)

②板②-200×5 钢板的工程量。

查表知，5mm 厚钢板的理论质量是 39.2kg/m^2。

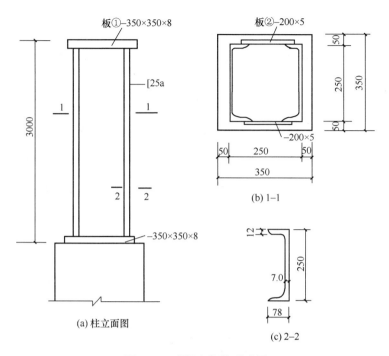

图 4-89   型钢空腹柱示意图

板②的质量＝39.2×0.2×(3－0.008×2)×2＝46.789(kg)≈0.047(t)

[25a 的工程量。查表知，[25a 的理论质量为 27.4kg/m。

27.4×(3－0.008×2)×2＝163.52(kg)≈0.164(t)

故空腹柱总的工程量＝0.015＋0.047＋0.164＝0.226(t)

（2）编制空腹钢柱分部分项工程量清单。根据清单计价规范，空腹钢柱的分部分项工程量清单如表 4-76 所示。

表 4-76   空腹钢柱的分部分项工程量清单

序号	项目编码	项目名称	项目特征	计量单位	工程量
1	010603002001	空腹钢柱	（1）钢材品种、规格：Q235 钢，规格见示意图。 （2）柱类型：格构式。 （3）螺栓种类：普通螺栓。 （4）探伤要求：红外线探伤。 （5）防火要求：面刷薄型防火涂料，涂层 2mm 厚。 （6）运距：1km	t	0.226

任务 4.8   木结构工程工程量清单编制

【任务目标】

（1）了解木结构工程的清单项目设置与相关规定，掌握木结构各清单项目的工程量计算规则。

（2）能列项、计算木结构工程的清单工程量并编制其分部分项工程量清单。

（3）具有精益求精的工匠精神，具有查找资料、应用资料的能力，具有较强的表达沟通能力，具有较强的团队协作能力，树立节约资源、保护环境的意识。

【任务单】

木结构工程工程量清单编制的任务单如表 4-77 所示。

表 4-77　木结构工程工程量清单编制的任务单

任务内容	识读某钢-方木屋架施工图（见图 4-90），共 1 榀，现场制作，不刨光，轮胎式起重机安装，安装高度 6m。试根据《房屋建筑与装饰工程工程量计算规范》（GB 50854—2013），计算其中钢-方木屋架工程清单工程量并编制其分部分项工程量清单（钢拉杆采用直径 25mm 热轧圆钢，质量 0.85 t）。			
任务要求	每三人为一个小组（一人为编制人，一人为校核人，一人为审核人）。 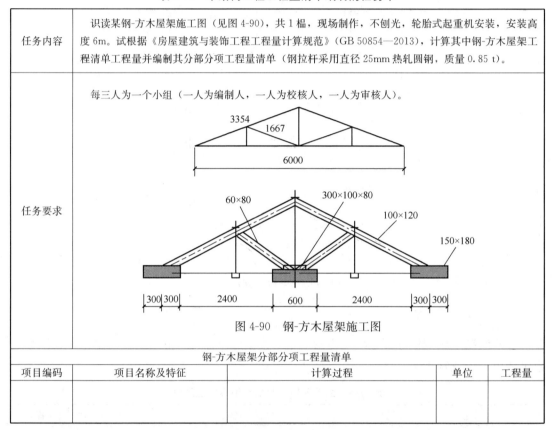 图 4-90　钢-方木屋架施工图			
钢-方木屋架分部分项工程量清单				
项目编码	项目名称及特征	计算过程	单位	工程量

【知识链接】

4.8.1　木结构工程概述

木结构在建筑工程中的应用历史悠久。其优点是可以就地取材，价格便宜，建造方便，缺点是防腐防火性能差、耐久性差，破坏生态环境。

木结构工程主要包括木屋架、钢木屋架、木构件、屋面木基层。

（1）木屋架。由木材制成的桁架式屋盖构件称为木屋架。常用的木屋架是方木或圆木连接的豪式木屋架，一般分为三角形和梯形两种。

（2）钢木屋架。钢木屋架是指受压杆件如上弦杆及斜杆均采用木材制作，受拉杆件如下弦杆及拉杆均采用钢材制作，拉杆一般用圆钢材料，下弦杆可以采用圆钢或型钢材料的屋架。

（3）木构件。木构件是指以木为材料，以榫卯为搭接方式的建筑、家具、工具上的结构部件，包括木柱、木梁、木檩、木楼梯等。

（4）屋面木基层。屋面木基层包括椽子、屋面板、挂瓦条、顺水条等。屋面系统的木结构由屋面木基层和木屋架（或钢木屋架）两部分组成。

木结构工程的施工工艺一般包括制作、运输、安装、刷油漆涂料等。

4.8.2 木结构工程工程量清单编制

1. 木结构工程清单项目设置与计量

（1）木屋架。

木屋架包括木屋架、钢木屋架 2 个清单项目，见建筑工程清单项目设置中表 2-89。

规范说明：①屋架的跨度应以上、下弦中心线两交点之间的距离计算。②带气楼的屋架和马尾、折角以及正交部分的半屋架，按相关屋架相目编码列项。③以榀计量，按标准图设计的应注明标准图代号，按非标准图设计的项目特征必须按该表要求予以描述。

木屋架工程量计算：

木屋架（编码：010701001）：①以榀计量，按设计图示数量计算。②以 m^3 计量，按设计图示的规格尺寸以体积计算。

钢木屋架（编码：010701002）：以榀计量，按设计图示计算。

（2）木构件。

木构件包括木柱、木梁等 5 个清单项目，见建筑工程清单项目设置中表 2-90。

规范说明：①木楼梯的栏杆（栏板）、扶手，应按《房屋建筑与装饰工程工程量计算规范》（GB 50854—2013）附录 Q 中其他装饰工程中的相关项目编码列项。②以 m 计量，项目特征必须描述构件规格尺寸。

木构件工程量计算：

① 木柱（编码：010702001）、木梁（编码：010702002）：按设计图示尺寸以体积计算。

② 木檩（编码：010702003）：以 m^3 计量，按设计图示尺寸以体积计算；以 m 计量，按设计图示尺寸以长度计算。

③ 木楼梯（编码：010702004）：按设计图示尺寸以水平投影面积计算。不扣除宽度 ≤300mm 的楼梯井，伸入墙内部分不计算。

④ 其他木构件（编码：010702005）：以 m^3 计量，按设计图示尺寸以体积计算；以 m 计量，按设计图示尺寸以长度计算。

（3）屋面木基层。

屋面木基层包括 1 个清单项目。屋面木基层清单项目设置及工程量计算规则如表 4-78 所示。

表 4-78　屋面木基层清单项目设置及工程量计算规则

项目编码	项目名称	项目特征	计量单位	工程量计算规则	工作内容
010703001	屋面木基层	（1）椽子断面尺寸及椽距。 （2）望板材料种类、厚度。 （3）防护材料种类	m^2	按设计图示尺寸以斜面积计算。 不扣除房上烟囱、风帽底座、风道、小气窗、斜沟等所占面积。小气窗的出檐部分不增加面积	（1）椽子制作、安装。 （2）望板制作、安装。 （3）顺水条和挂瓦条制作、安装。 （4）刷防护材料

2. 木结构工程工程量清单编制

【例 4-41】 某圆木屋架结构图如图 4-91 所示，木材采用杉木。试计算该圆木屋架的清单工程量，并编制其木结构工程分部分项工程量清单。

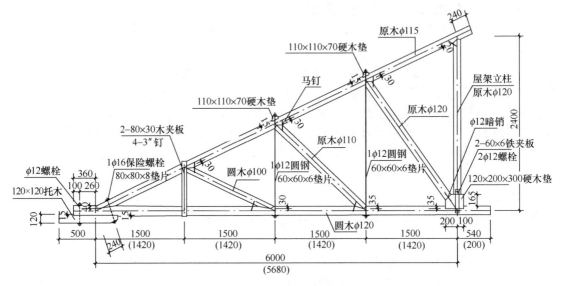

图 4-91　某圆木屋结构图

【解】（1）工程量计算。根据《房屋建筑与装饰工程工程量计算规范》（GB 50854—2013），圆木屋架的清单工程量计算如下：

① 以榀计量，按设计图示数量计算。工程量 $N=1$（榀）

② 以 m^3 计量，按设计图示的规格尺寸以体积计算。

圆木屋架圆木材积计算如表 4-79 所示（0.559 * 由杆件长度系数表查得）。

表 4-79　圆木屋架圆木材积计算

名称	尾径（cm）	数量	长度（m）	单根材积（m^3）	材积（m^3）
上弦	11.5	1	12×0.559 * +0.24=6.948	0.135	0.135
下弦	12	1	6+0.3+0.54=6.84	0.124	0.124
斜杆 1	10	1	0.14 * ×12=1.68	0.019	0.019
斜杆 2	11	1	0.18 * ×12=2.16	0.03	0.03
斜杆 3	12	1	0.225 * ×12=2.7	0.04	0.04
直杆	12	1	2.4−0.165=2.235	0.033	0.033
合计					0.381

③ 托木、垫木、夹木。

$V = (0.5+0.3)×0.12×0.12$（托木）$+0.06×0.006×0.3×2$（夹木）$+0.12×0.3$
$×0.2+0.08×0.03×0.8×2$（夹木）$+0.11×0.11×0.07×2$（垫木）

$=0.01152+0.000216+0.0072+0.00384+0.001694=0.02$（$m^3$）

（2）编制圆木屋架分部分项工程量清单。根据清单计价规范，圆木屋架分部分项工程量清单如表 4-80 所示。

表 4-80　圆木屋架分部分项工程量清单

序号	项目编码	项目名称	项目特征	计量单位	工程量
1	010701001001	木屋架	（1）跨度：6m。 （2）材料品种、规格：杉木，规格见施工图。 （3）拉杆及夹板种类：HPB300 级钢拉杆，直径 12mm，长度 3.58m；80mm×30mm 木夹板 2 块、60mm×6mm 木夹板 2 块	榀	1
				m³	0.40

【例 4-42】某四坡顶屋顶平面图如图 4-92 所示，屋面坡度为 30°，屋顶采用小青瓦屋面，屋面木基层采用檩木上密钉屋面板（杉木板规格：1000×30×8）。试计算该四坡顶屋顶屋面木基层的清单工程量，并编制其分部分项工程量清单。

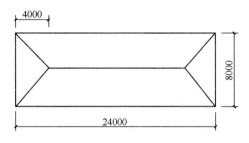

图 4-92　某四坡顶屋顶平面图

【解】（1）工程量计算。屋面木基层清单工程量按设计图示尺寸以斜面积计算。

$$S = S_{水平投影面积} \times C_{屋面延尺系数}$$

$$= (24 \times 8) \times 1.1547 = 221.70 (\text{m}^2)$$

（2）编制屋面木基层分部分项工程量清单。根据清单计价规范，屋面木基层的分部分项工程量清单如表 4-81 所示。

表 4-81　屋面木基层分部分项工程量清单

序号	项目编码	项目名称	项目特征	计量单位	工程量
1	010703001001	屋面木基层	密钉杉木板（规格 1000mm×30mm×8mm）	m²	221.70

任务 4.9　屋面及防水工程工程量清单编制

【任务目标】

（1）了解屋面及防水工程的清单项目设置与相关规定，掌握屋面及防水工程的工程量计算规则。

（2）能列项、计算屋面工程、防水工程等的清单工程量并编制其分部分项工程量清单。

（3）具有精益求精、追求卓越的工匠精神，树立节约资源、保护环境的意识，具有公正、廉洁精神。

【任务单】

屋面及防水工程清单编制的任务单如表4-82所示。

表4-82 屋面及防水工程清单编制的任务单

任务内容	识读某供水智能泵房成套设备生产基地项目2#配件仓库工程施工图，根据《房屋建筑与装饰工程工程量计算规范》（GB 50854—2013），列项、计算其屋面及防水工程清单工程量并编制其分部分项工程量清单。				
任务要求	每三人为一个小组（一人为编制人，一人为校核人，一人为审核人）				

（1）识读施工图，完成以下填空题。

该工程屋面构造包括_____功能层次，其中防水层做法为_____，女儿墙卷材上卷高度为_____mm，保温层做法为_____，_____屋面刚性层做法为_____，平面砂浆找平层做法为_____，屋面落水管的直径为_____mm，共有_____根。

（2）列项、计算其屋面及防水工程、一层卫生间地面、墙面防水工程的清单工程量并编制其分部分项工程量清单。

屋面及防水工程分部分项工程量清单				
项目编码	项目名称及特征	计算过程	单位	工程量

【知识链接】

4.9.1 瓦、型材及其他屋面工程量清单编制

（1）瓦、型材及其他屋面清单项目设置与计量。

瓦、型材及其他屋面包括瓦屋面、型材屋面、阳光板屋面等5个清单项目，见建筑工程清单项目设置中表2-95。

屋面工程量
清单编制

规范说明：①瓦屋面若是在木基层上铺瓦，项目特征不必描述黏结层砂浆的配合比，瓦屋面铺防水层，按《房屋建筑与装饰工程工程量计算规范》（GB 50854—2013）附录J屋面及防水工程中"屋面防水及其他"中相关项目编码列项。②型材屋面、阳光板屋面、玻璃钢屋面的柱、梁、屋架，按该规范附录F金属结构工程、附录G木结构工程中相关项目编码列项。

瓦、型材及其他屋面工程量计算：

① 瓦屋面（编码：010901001）、型材屋面（编码：010901002）：按设计图示尺寸以斜面积计算。不扣除房上烟囱、风帽底座、风道、小气窗、斜沟等所占面积，小气窗的出檐部分不增加面积。

② 阳光板屋面（编码：010901003）、玻璃钢屋面（编码：010901004）：按设计图示尺寸以斜面积计算。不扣除屋面面积≤0.3m²孔洞所占面积。

③ 膜结构屋面（编码：010901005）：按设计图示尺寸以需要覆盖的水平投影面积计算。

瓦屋面一般包括黏土瓦屋面、西班牙瓦屋面、琉璃瓦屋面、小青瓦屋面等，这些屋面适用于坡屋顶。坡屋顶根据屋面坡度大小分为等坡屋顶、不等坡屋顶、两等坡屋顶、四等坡屋顶、不等坡两坡顶、不等坡四坡顶，如图 4-93 所示。

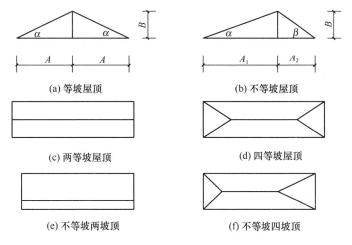

图 4-93 瓦屋面根据屋面坡度大小的分类

屋面坡度的表示方法分为角度表示法和坡度表示法，如图 4-94 所示。它们的关系是 $i = \tan\alpha = \dfrac{B}{A}$。

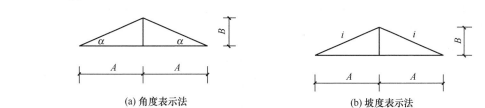

图 4-94 屋面坡度的表示方法

等坡瓦屋面的斜面积等于其水平投影面积乘以屋面延尺系数（见表 4-83），以 m^2 计算。非等坡瓦屋面的斜面积等于各坡面水平投影面积乘以各坡面对应的屋面延尺系数的和，以 m^2 计算。屋面延尺系数即屋面斜面积与水平投影面积的比值，如图 4-95 所示。

表 4-83　屋面延尺系数

坡度 B $(A=1)$	坡度 $B/2A$	坡度 角度（A）	延尺系数 C $(A=1)$	隅延尺系数 D $(A=1)$
1.00	1/2	45°	1.4142	1.7321
0.750	—	36°52′	1.2500	1.6008
0.700	—	35°	1.2207	1.5779
0.666	1/3	33°40′	1.2015	1.5622
0.650	—	33°01′	1.1926	1.5564
0.600	—	30°58′	1.1662	1.5362
0.577	—	30°	1.1547	1.5274

续表

坡度 $B (A=1)$	坡度 $B/2A$	坡度 角度 (A)	延尺系数 C $(A=1)$	隅延尺系数 D $(A=1)$
0.550	—	$28°49'$	1.1413	1.5174
0.500	1/4	$26°34'$	1.1180	1.5000
0.450	—	$24°14'$	1.0966	1.4839
0.400	1/5	$21°48'$	1.0770	1.4697
0.350	—	$19°17'$	1.0594	1.4569
0.300	—	$16°42'$	1.0440	1.4457
0.25	—	$14°02'$	1.0308	1.1362
0.200	−1/10	$11°19'$	1.0198	1.4283
0.150	—	$8°32'$	1.0112	1.4221
0.125	—	$7°8'$	1.0078	1.4191
0.100	1/20	$5°42'$	1.0050	1.4177
0.083	—	$4°45'$	1.0035	1.4166
0.066	1/30	$3°49'$	1.0022	1.4157

（2）瓦、型材及其他屋面工程量清单编制。

【例 4-43】试计算如图 4-96 所示的四坡顶（坡度角度为 $21°48'$）小青瓦屋面的清单工程量，并编制其工程量清单。

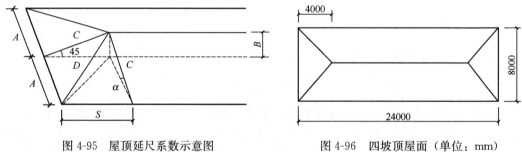

图 4-95　屋顶延尺系数示意图　　　　　图 4-96　四坡顶屋面（单位：mm）

【解】（1）工程量计算。该屋顶为四坡等坡屋顶，小青瓦屋面工程量按设计图示尺寸以斜面积计算。不扣除房上烟囱、风帽底座、风道、小气窗、斜沟等所占面积。小气窗的出檐部分不增加面积。斜面积等于其水平投影面积乘以屋面延尺系数。

查表 4-83，得 $C=1.0770$。

小青瓦屋面的清单工程量 $S=$ 水平投影面积 $×$ 屋面延尺系数 C

$$=8.0×24.0×1.0770$$

$$=206.78（m^2）$$

（2）编制瓦屋面分部分项工程量清单。根据清单计价规范及相应地区定额，瓦屋面分部分项工程量清单如表 4-84 所示。

表 4-84　瓦屋面分部分项工程量清单

序号	项目编码	项目名称	项目特征	计量单位	工程量
1	010901001001	瓦屋面	瓦品种、规格：小青瓦，规格见施工图	m²	206.78

（3）阳光板屋面、玻璃钢屋面按设计图示尺寸以斜面积计算。不扣除屋面面积小于或等于 0.3m² 孔洞所占面积。

（4）膜结构屋面按设计图示尺寸以需要覆盖的水平投影面积计算。

4.9.2　屋面防水及其他工程工程量清单编制

1. 屋面防水及其他屋面工程清单项目设置

屋面防水及其他屋面工程包括屋面卷材防水、屋面涂膜防水、屋面刚性层、屋面排水管等 8 个清单项目，见建筑工程清单项目设置中表 2-98。

规范说明：①屋面刚性层无钢筋，其钢筋项目特征不必描述。②屋面找平层按该规范附录 L 楼地面装饰工程"平面砂浆找平层"项目编码列项。③屋面防水搭接及附加层用量不另行计算，在综合单价中考虑。④屋面保温找坡层按《房屋建筑与装饰工程工程量计算规范》（GB 50854—2013）附录 K 保温、隔热、防腐工程"保温、隔热屋面"项目编码列项。

2. 屋面防水及其他屋面工程量计算

（1）屋面卷材防水（编码：010902001）、屋面涂膜防水（编码：010902002）：按设计图示尺寸以面积计算。①斜屋顶（不包括平屋顶找坡）按斜面积计算，平屋顶按水平投影面积计算。②不扣除房上烟囱、风帽底座、风道、屋面小气窗和斜沟所占面积。③屋面的女儿墙、伸缩缝和天窗等处的弯起部分，并入屋面工程量内。

（2）屋面刚性层（编码：010902003）：按设计图示尺寸以面积计算。不扣除房上烟囱、风帽底座、风道等所占面积。

（3）屋面排水管（编码：010902004）：按设计图示尺寸以长度计算。如设计未标注尺寸，以檐口至设计室外散水上表面垂直距离计算。

（4）屋面排（透）气管（编码：010902005）、屋面变形缝（编码：010902008）：按设计图示尺寸以长度计算。

（5）屋面（廊、阳台）泄（吐）水管（编码：010902006）：按设计图示数量计算。

（6）屋面天沟、檐沟（编码：010902007）：按设计图示尺寸以展开面积计算。

3. 屋面防水及其他屋面工程量清单编制

【例 4-44】某建筑物屋顶平面如图 4-97 所示，轴线尺寸为 50m×16m，轴线居中，墙

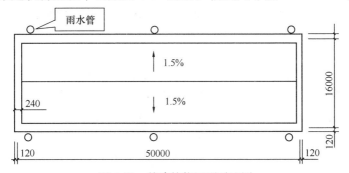

图 4-97　某建筑物屋顶平面图

厚 240mm，屋面四周有女儿墙，无挑檐，屋面坡度 $i=1.5\%$。屋面构造做法如下：水泥珍珠岩保温层，最薄处 60mm 厚，1：3 水泥砂浆找平层 15mm 厚，刷冷底子油一道，2mm 厚改性沥青防水卷材两层，向四周女儿墙弯起 250mm。屋面采用有组织排水，雨水管采用直径 110mm PVC 排水管，雨水斗、女儿墙出水口排水管材质为 PVC。已知屋顶标高 7.2m，散水顶标高 −0.45m。试分别计算该建筑物屋顶的屋面防水、屋面排水管的清单工程量，并编制其分部分项工程量清单。

【解】（1）工程量计算。

①计算卷材防水工程量。因屋面坡度 $i=1.5\%<10\%$，故此建筑屋顶为平屋顶，其卷材防水工程量按水平投影面积计算。屋面的女儿墙弯起部分并入屋面工程量内。

$$S=(50-0.24)\times(16-0.24)+[(50-0.24)+(16-0.24)]\times2\times0.25=816.98(\text{m}^2)$$

② 计算屋面排水管工程量。屋面排水管工程量按设计图示尺寸以长度计算。如设计未标注尺寸，以檐口至设计室外散水上表面垂直距离计算。

$$\text{屋面排水管工程量 }L=(0.45+7.2)\times6=45.90(\text{m})$$

（2）编制屋面防水、屋面排水管分部分项工程量清单。根据清单计价规范，屋面防水、屋面排水管分部分项工程量清单如表 4-85 所示。

表 4-85　屋面防水、屋面排水管分部分项工程量清单

序号	项目编码	项目名称	项目特征	计量单位	工程量
1	010902001001	屋面卷材防水	（1）卷材品种、规格、厚度：2mm 厚 SBS 改性沥青卷材。 （2）防水层数：1 层。 （3）防水层做法：热熔铺贴	m²	816.98
2	010902004001	屋面排水管	（1）排水管品种、规格：直径 110mm PVC 排水管。 （2）雨水斗、女儿墙出水口品种、规格、数量：PVC 雨水斗 6 个、110mm PVC 出水口 6 个	m	45.90

4.9.3　墙面防水、防潮工程工程量清单编制

墙面防水、防潮工程包括墙面卷材防水、墙面涂膜防水、墙面砂浆防水（防潮）、墙面变形缝，见建筑工程清单项目设置中表 2-100。

规范说明：①墙面防水搭接及附加层用量不另行计算，在综合单价中考虑。②墙面变形缝，若做双面，工程量乘以系数 2。③墙面找平层按《房屋建筑与装饰工程工程量计算规范》（GB 50854—2013）附录 M 墙、柱面装饰与隔断、幕墙工程"立面砂浆找平层"项目编码列项。

墙面防水、防潮工程工程量计算：

（1）墙面卷材防水（编码：010903001）、墙面涂膜防水（编码：010903002）、墙面砂浆防水（防潮）（编码：010903003）：按设计图示尺寸以面积计算。

（2）墙面变形缝（编码：010903004）：按设计图示以长度计算。

4.9.4　楼（地）面防水、防潮工程量清单编制

1. 楼（地）面防水、防潮工程清单项目设置

楼（地）面防水、防潮包括楼（地）面卷材防水、楼（地）面涂膜防水、楼（地）面

砂浆防水（防潮）、楼（地）面变形缝 4 个清单项目，见建筑工程清单项目设置中表 2-101。

规范说明：①楼（地）面防水找平层按该规范附录 L 楼地面装饰工程"平面砂浆找平层"项目编码列项。②楼（地）面防水搭接及附加层用量不另行计算，在综合单价中考虑。

2. 楼（地）面防水、防潮工程量计算

（1）楼（地）面卷材防水（编码：010904001）、楼（地）面涂膜防水（编码：010904002）、楼（地）面砂浆防水（防潮）（编码：010904003）：按设计图示尺寸以面积计算。①楼（地）面防水：按主墙间净空面积计算，扣除凸出地面的构筑物、设备基础等所占面积，不扣除间壁墙及单个面积≤0.3m² 柱、垛、烟囱和孔洞所占面积。②楼（地）面防水反边高度≤300mm 算作地面防水，反边高度大于 300mm 算作墙面防水。

（2）楼（地）面变形缝（编码：010904004）：按设计图示尺寸以长度计算。

3. 楼（地）面防水、防潮工程量清单编制

【例 4-45】某试验室地面采用 2mm 厚 SBS 改性沥青卷材防水，向室内墙面上卷高度为 350mm，热熔铺贴，墙厚均为 370mm，M1、M2 洞口尺寸分别为 1000mm×2100mm、1200mm×2100mm，如图 4-98 所示。试计算该地面防水的清单工程量，并编制其分部分项工程量清单。

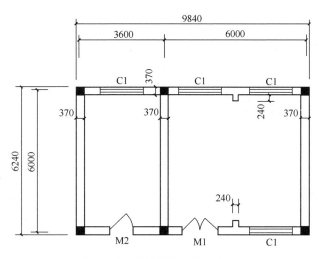

图 4-98　某试验室一层平面图

【解】（1）工程量计算。地面防水清单工程量按设计图示尺寸以面积计算。楼（地）面防水按主墙间净空面积计算，扣除凸出地面的构筑物、设备基础等所占面积，不扣除间壁墙及单个面积≤0.3m² 柱、垛、烟囱和孔洞所占面积。楼（地）面防水反边高度≤300mm 算作地面防水，反边高度>300mm 算作墙面防水。

该工程地面防水卷材向室内墙面上卷高度为 350mm，>300mm，上卷防水卷材应按墙面卷材防水列项。

地面卷材防水清单工程量 $S=(9.84-0.37\times3)\times(6.24-0.37\times2)=48.02(\text{m}^2)$

墙面卷材防水清单工程量 $S=[(9.84-0.37\times3)\times2+(6.24-0.37\times2)\times4+0.24\times4$

$-(1+1.2)]\times 0.35 = 13.38(\mathrm{m}^2)$

（2）编制屋面防水分部分项工程量清单。根据清单计价规范及相应地区定额，屋面防水分部分项工程量清单如表 4-86 所示。

表 4-86　屋面防水分部分项工程量清单

序号	项目编码	项目名称	项目特征	计量单位	工程量
1	010904001001	楼（地）面卷材防水	（1）卷材品种、规格、厚度：2mm 厚 SBS 改性沥青防水卷材。 （2）防水层数：单层。 （3）防水层做法：热熔铺贴	m²	48.02
2	010903001001	墙面卷材防水	（1）卷材品种、规格、厚度：2mm 厚 SBS 改性沥青防水卷材。 （2）防水层数：单层。 （3）防水层做法：热熔铺贴	m²	13.38

【例 4-46】某建筑物基础平面及剖面示意图如图 4-99 所示，所有墙基在 -0.06m 标高处设有 60mm 厚防水砂浆防潮层，防水砂浆做法为 1：2 水泥砂浆掺 5％防水粉。试计算该墙基防潮层的清单工程量，并编制其分部分项工程量清单。

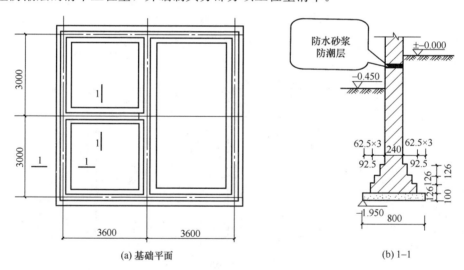

(a) 基础平面　　　　　　　　　(b) 1—1

图 4-99　某建筑物基础平面及剖面示意图

【解】（1）工程量计算。墙基防潮层的清单工程量按设计图示尺寸以面积计算。

墙基防潮层的长度 $L = L_{中} + L_{内}$

$$= (3.6\times 2 + 3\times 2)\times 2 + (3\times 4 - 0.24)$$
$$+ (3.6 - 0.24) = 35.52(\mathrm{m})$$

墙基防潮层的清单工程量 $S = L\times S = 35.52\times 0.24 = 8.53(\mathrm{m}^2)$

（2）编制墙基防潮层分部分项工程量清单。根据清单计价规范及相应地区定额，墙基防潮层分部分项工程量清单如表 4-87 所示。

表 4-87　墙基防潮层分部分项工程量清单

序号	项目编码	项目名称	项目特征	计量单位	工程量
1	010903003001	墙面砂浆防水（防潮）	（1）防水层做法：墙基摊铺。 （2）砂浆厚度、配合比：60mm，1∶2 水泥砂浆掺 5％防水粉	m²	8.53

【BIM 虚拟现实任务辅导】

任务 4.10　保温、隔热、防腐工程工程量清单编制

【任务目标】

（1）了解保温、隔热、防腐工程的清单项目设置与相关规定，掌握保温、隔热、防腐工程的工程量计算规则。

（2）能列项、计算保温、隔热、防腐工程清单工程量并编制其分部分项工程量清单。

（3）具有精益求精、追求卓越的工匠精神，树立节约资源、保护环境的意识，具有公正、廉洁精神。

【任务单】

保温、隔热、防腐工程工程量清单编制的任务单如表 4-88 所示。

表 4-88　保温、隔热、防腐工程工程量清单编制的任务单

任务内容	识读某供水智能泵房成套设备生产基地项目 2♯配件仓库工程施工图（见附图），根据《房屋建筑与装饰工程工程量计算规范》（GB 50854—2013），列项、计算其保温、隔热、防腐工程工程量并编制其分部分项工程量清单。			
任务要求	每三人为一个小组（一人为编制人，一人为校核人，一人为审核人）			
（1）该工程外墙保温层材料为_____，屋面保温层材料为____。 （2）清单工程量计算并编制其分部分项工程量清单。				
保温、隔热、防腐工程工程量清单				
项目编码	项目名称及特征	计算过程	单位	工程量

【知识链接】

4.10.1　保温、隔热工程工程量清单编制

1. 保温、隔热工程清单项目设置

保温、隔热工程包括保温隔热屋面、保温隔热天棚、保温隔热墙面等项目 6 个清单项

目，见建筑工程清单项目设置中表 2-104。

规范说明：①保温隔热装饰面层，按《房屋建筑与装饰工程工程量计算规范》（GB 50854—2013）附录 K、L、M、N、O 中相关项目编码列项；仅做找平层按《房屋建筑与装饰工程工程量计算规范》（GB 50854—2013）附录 K 中平面砂浆找平层或附录 L 立面砂浆找平层项目编码列项。②柱帽保温隔热应并入大棚保温隔热工程量内。③池槽保温隔热应按其他保温隔热项目编码列项。④保温隔热方式指内保温、外保温、夹心保温。⑤保温柱、梁适用于不与墙、天棚相连的独立柱、梁。

2. 保温、隔热工程工程量计算

（1）保温隔热屋面（编码：011001001）：按设计图示尺寸以面积计算。扣除面积＞0.3m² 孔洞及占位面积。

（2）保温隔热天棚（编码：011001002）：按设计图示尺寸以面积计算。扣除面积＞0.3m² 柱、垛、孔洞所占面积，与天棚相连的梁按展开面积，计算并入天棚工程量内。

（3）保温隔热墙面（编码：011001003）：按设计图示尺寸以面积计算。扣除门窗洞口以及面积＞0.3m² 梁、孔洞所占面积；门窗洞口侧壁以及与墙相连的柱，并入保温墙体工程量内。

（4）保温柱、梁（编码：011001004）：按设计图示尺寸以面积计算：①柱按设计图示柱断面保温层中心线展开长度乘以保温层高度以面积计算，扣除面积＞0.3m² 梁所占面积。②梁按设计图示梁断面保温层中心线展开长度乘以保温层长度以面积计算。

（5）保温隔热楼地面（编码：011001005）：按设计图示尺寸以面积计算。扣除面积＞0.3m² 柱、垛、孔洞所占面积。门洞、空圈、暖气包槽、壁龛的开口部分不增加面积。

（6）其他保温隔热（编码：011001006）：按设计图示尺寸以展开面积计算。扣除面积＞0.3m² 孔洞及占位面积。

3. 保温、隔热工程工程量清单编制

【例 4-47】某建筑物屋顶平面图如图 4-100 所示，四周设置女儿墙，女儿墙厚为 240mm，无挑檐。屋面做法如下：现浇水泥珍珠岩保温层，最薄处 $\delta = 60$mm，屋面坡度 i

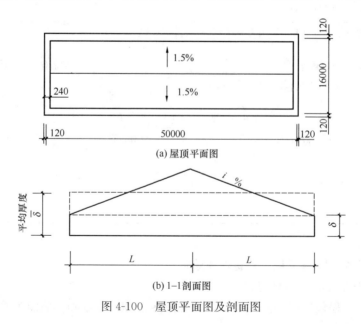

(a) 屋顶平面图

(b) 1—1剖面图

图 4-100　屋顶平面图及剖面图

=1.5％，1∶3 水泥砂浆找平层 15mm 厚，刷冷底子油一道，石油沥青玛瑞脂二毡三油防水层，四周向女儿墙弯起 250mm。试计算该建筑屋面保温的清单工程量，并编制其分部分项工程量清单。

【解】（1）工程量计算。根据清单工程量计算规范，屋面保温工程量按设计图示尺寸以面积计算。扣除面积大于 0.3m² 孔洞及占位面积。

屋面保温清单工程量 $S=(16-0.24)\times(50-0.24)=784.22(\text{m}^2)$

保温层平均厚度 $\bar{\delta}=60+(16000\div2-120)\times1.5\%\div2=119(\text{mm})$

（2）编制屋面保温分部分项工程量清单。根据清单计价规范，屋面保温的分部分项工程量清单如表 4-89 所示。

表 4-89　屋面保温分部分项工程量清单

序号	项目编码	项目名称	项目特征	计量单位	工程量
1	011001001001	保温隔热屋面	保温隔热材料品种、规格、厚度：现浇水泥陶粒混凝土，平均厚度 $\bar{\delta}=119$mm	m²	784.22

4.10.2　防腐面层工程工程量清单编制

防腐面层工程包括防腐混凝土面层、防腐砂浆面层、防腐胶泥面层等 7 个清单项目，见建筑工程清单项目设置中表 2-106。

规范说明：防腐踢脚线，应按《房屋建筑与装饰工程工程量计算规范》（GB 50854—2013）附录 L 楼地面装饰工程中"踢脚线"项目编码列项。

防腐面层工程量计算：

（1）防腐混凝土面层（编码：011002001）：按设计图示尺寸以面积计算。①平面防腐：扣除凸出地面的构筑物、设备基础等以及面积＞0.3m² 孔洞、柱、垛所占面积，门洞、空圈、暖气包槽、壁龛的开口部分不增加面积。②立面防腐：扣除门、窗、洞口以及面积＞0.3m² 孔洞、梁所占面积，门、窗、洞口侧壁、垛突出部分按展开面积并入墙面积内。

（2）防腐砂浆面层（编码：011002002）、防腐胶泥面层（编码：011002003）、玻璃钢防腐面层（编码：011002004）、聚氯乙烯板面层（编码：011002005）、块料防腐面层（编码：011002006）：按设计图示尺寸以面积计算。①平面防腐：扣除凸出地面的构筑物、设备基础等以及面积＞0.3m² 孔洞、柱、垛所占面积，门洞、空圈、暖气包槽、壁龛的开口部分不增加面积。②立面防腐：扣除门、窗、洞口以及面积＞0.3m² 孔洞、梁所占面积，门、窗、洞口侧壁、垛突出部分按展开面积并入墙面积内。

（3）池、槽块料防腐面层（编码：011002007）：按设计图示尺寸以展开面积计算。

4.10.3　其他防腐工程工程量清单编制

其他防腐工程包括隔离层、砌筑沥青浸渍砖、防腐涂料 3 个清单项目，见建筑工程清单项目设置中表 2-107。

其他防腐工程工程量计算：

（1）隔离层（编码：011003001）：按设计图示尺寸以面积计算。①平面防腐：扣除凸出地面的构筑物、设备基础等以及面积＞0.3m² 孔洞、柱、垛所占面积，门洞、空圈、暖气包槽、壁龛的开口部分不增加面积。②立面防腐：扣除门、窗、洞口以及面积＞0.3m²孔洞、梁所占面积，门、窗、洞口侧壁、垛突出部分按展开面积并入墙面积内。

　　（2）砌筑沥青浸渍砖（编码：011003002）：按设计图示尺寸以体积计算。

　　（3）防腐涂料（编码：011003003）：按设计图示尺寸以面积计算。①平面防腐：扣除突出地面的构筑物、设备基础等以及面积＞0.3m²孔洞、柱、垛所占面积，门洞、空圈、暖气包槽、壁龛的开口部分不增加面积。②立面防腐：扣除门、窗、洞口以及面积＞0.3m²孔洞、梁所占面积，门、窗、洞口侧壁、垛突出部分按展开面积并入墙面积内。

　　规范说明：浸渍砖砌法指平砌、立砌。

　　【BIM 虚拟现实任务辅导】

　　【项目夯基训练】

　　【项目任务评价】

项目5　装饰工程工程量清单编制

【项目引入】

装饰工程清单
项目设置

装饰工程作为一个单位工程，计价时其费率与建筑工程不同，根据《房屋建筑与装饰工程工程量计算规范》（GB 50854—2013），主要包括门窗工程，楼地面装饰工程，墙、柱面装饰工程，天棚工程，油漆、涂料、裱糊工程，其他装饰工程。

装饰工程工程量清单编制项目目标如表5-1所示。

表5-1　装饰工程工程量清单编制项目目标

知识目标	技能目标	思政目标
（1）了解楼地面装饰工程的项目划分及工程量计算规则。 （2）了解墙、柱面装饰与隔断、幕墙工程的项目划分及工程量计算规则。 （3）了解天棚工程、门窗工程、油漆、涂料、裱糊工程的项目划分及工程量计算规则	（1）能够正确进行楼地面装饰工程的列项与算量。 （2）能够正确进行墙、柱面装饰与隔断、幕墙工程的列项与算量。 （3）能够正确进行天棚工程、门窗工程、油漆、涂料、裱糊工程的列项与算量	（1）具有精益求精的工匠精神。 （2）具有节约资源、保护环境的意识。 （3）具有家国情怀。 （4）具有廉洁品质、自律能力

任务5.1　门窗工程工程量清单编制

【任务目标】

（1）了解门窗工程的清单项目类别、项目特征描述及计量单位、工作内容，掌握门窗工程的工程量计算规则。

（2）能列项、计算2♯配件仓库工程中门窗工程的清单工程量并编制其分部分项工程量清单。

（3）具有精益求精、追求卓越的工匠精神，树立节约资源、保护环境的意识，具有公正、廉洁精神。

【任务单】

门窗工程工程量清单编制的任务单如表5-2所示。

表5-2　门窗工程工程量清单编制的任务单

任务内容	识读某供水智能泵房成套设备生产基地项目2♯配件仓库工程施工图（见附图），根据《房屋建筑与装饰工程工程量计算规范》（GB 50854—2013），列项、计算其M0921、M1521、MLC7929、C1220、C1214、C0716、C1515、C1820的清单工程量并编制其分部分项工程量清单
任务要求	每三人为一个小组（一人为编制人，一人为校核人，一人为审核人）。

续表

（1）识读门窗表及门窗大样图，回答以下问题。 　C1220 窗台距地面高度为_____mm，窗洞口尺寸为_____mm×_____mm，窗框材质为_____，窗的开启方式为_____；C1214 窗台距地面高度为_____mm，窗洞口尺寸为_____mm×_____mm，窗框材质为_____，窗的开启方式为_____；M1521 洞口尺寸为_____mm×_____mm，门材质为_____。 （2）门窗工程工程量计算并编制其分部分项工程量清单。	

门窗工程分部分项工程量清单				
项目编码	项目名称及特征	计算过程	单位	工程量

【知识链接】

5.1.1　门窗工程清单项目设置与计量

1. 木门

木门工程包括木质门、木质门带套等 6 个清单项目，其清单项目设置见装饰工程清单项目设置中表 2-108。

木门工程量计算：

（1）木质门（编码：010801001）、木质门带套（编码：010801002）、木质连窗门（编码：010801003）、木质防火门（编码：010801004）：①以樘计量，按设计图示数量计算。②以 m^2 计量，按设计图示洞口尺寸以面积计算。

（2）木门框（编码：010801005）：①以樘计量，按设计图示数量计算。②以 m 计量，按设计图示框的中心线以延长米计算。

（3）门锁安装（编码：010801006）：按设计图示数量计算。

规范说明：①木质门应区分镶板木门、企口木板门、实木装饰门、胶合板门、夹板装饰门、木纱门、全玻门（带木质扇框）、木质半玻门（带木质扇框）等项目，分别编码列项。②木门五金应包括折页、插销、门碰珠、弓背拉手、搭机、木螺丝、弹簧折页（自动门）、管子拉手（自由门、地弹门）、地弹簧（地弹门）、角铁、门轧头（地弹门、自由门）等。③木质门带套计量按洞口尺寸以面积计算，不包括门套的面积，但门套应计算在综合单价内。④以樘计量，项目特征必须描述洞口尺寸；以 m^2 计量，项目特征可不描述洞口尺寸。⑤单独制作安装木门框按木门框项目编码列项。

2. 金属门

金属门工程包括金属（塑钢）门（编码：010802001）、彩板门（编码：010802002）、钢质防火门（编码：010802003）、防盗门（编码：010802004）4 个清单项目，见装饰工程清单项目设置中表 2-109。

金属门工程量计算：（1）以樘计量，按设计图示数量计算。（2）以 m^2 计量，按设计图示洞口尺寸以面积计算。

规范说明：①金属门应区分金属平开门、金属推拉门、金属地弹门、全玻门（带金属扇框）、金属半玻门（带扇框）等项目，分别编码列项。②铝合金门五金包括地弹簧、门锁、拉手、门插、门铰、螺丝等。③其他金属门五金包括 L 形执手插锁（双舌）、执手锁（单舌）、门轧头、地锁、防盗门机、门眼（猫眼）、门碰珠、电子锁（磁卡锁）、闭门器、装饰拉手等。④以樘计量，项目特征必须描述洞口尺寸，没有洞口尺寸必须描述门框或扇外围尺寸，以 m^2 计量，项目特征可不描述洞口尺寸及框、扇的外围尺寸。⑤以 m^2 计量，无设计图示洞口尺寸,按门框、扇外围以面积计算。

3. 金属卷帘(闸)门

金属卷帘(闸)门工程包括 2 个清单项目,其清单项目设置及工程量计算规则如表 5-3 所示。

表 5-3　金属卷帘(闸)门清单项目设置及工程量计算规则

项目编码	项目名称	项目特征	计量单位	工程量计算规则	工作内容
010803001	金属卷帘(闸)门	(1)门代号及洞口尺寸。(2)门材质。(3)启动装置品种、规格	(1)樘。(2)m²	(1)以樘计量,按设计图示数量计算。(2)以 m² 计量,按设计图示洞口尺寸以面积计算	(1)门运输、安装。(2)启动装置、活动小门、五金安装
010803002	防火卷帘(闸)门				

注:以樘计量,项目特征必须描述洞口尺寸,以 m² 计量,项目特征可不描述洞口尺寸。

4. 厂库房大门、特种门

厂库房大门、特种门工程包括木板大门、钢木大门等 7 个清单项目,其清单项目设置见装饰工程清单项目设置中表 2-111。

厂库房大门、特种门工程量计算:

(1)木板大门(编码:010804001)、钢木大门(编码:010804002)、全钢板大门(编码:010804003):①以樘计量,按设计图示数量计算。②以 m² 计量,按设计图示洞口尺寸以面积计算。

(2)防护铁丝门(编码:010804004):①以樘计量,按设计图示数量计算。②以 m² 计量,按设计图示门框或扇以面积计算。

(3)金属格栅门(编码:010804005):①以樘计量,按设计图示数量计算。②以 m² 计量,按设计图示洞口尺寸以面积计算。

(4)钢质花饰大门(编码:010804006):①以樘计量,按设计图示数量计算。②以 m² 计量,按设计图示门框或扇以面积计算。

(5)特种门(编码:010804007):①以樘计量,按设计图示数量计算。②以 m² 计量,按设计图示洞口尺寸以面积计算。

5. 其他门

其他门工程包括电子感应门(编码:010805001)、旋转门(编码:010805002)、电子对讲门(编码:010805003)、电动伸缩门(编码:010805004)、全玻自由门(编码:010805005)、镜面不锈钢饰面门(编码:010805006)、复合材料门(编码:010805007)共 7 个清单项目,见装饰工程清单项目设置中表 2-112。

其他门工程量计算:(1)以樘计量,按设计图示数量计算。(2)以 m² 计量,按设计图示洞口尺寸以面积计算。

6. 木窗

木窗工程包括木质窗(编码:010806001)、木飘(凸)窗(编码:010806002)、木橱窗(编码:010806003)、木纱窗(编码:010806004)4 个清单项目,其清单项目设置见装饰工程清单项目设置中表 2-113。

木窗工程量计算:

（1）木质窗（编码：010806001）：①以樘计量，按设计图示数量计算。②以 m^2 计量，按设计图示洞口尺寸以面积计算。

（2）木飘（凸）窗（编码：010806002）、木橱窗（编码：010806003）：①以樘计量，按设计图示数量计算。②以 m^2 计量，按设计图示尺寸以框外围展开面积计算。

（3）木纱窗（编码：10806004）：①以樘计量，按设计图示数量计算。②以 m^2 计量，按框的外围尺寸以面积计算。

规范说明：①木质窗应区分木百页窗、木组合窗、木天窗、木固定窗、木装饰空花窗等项目，分别编码列项。②以樘计量，项目特征必须描述洞口尺寸，没有洞口尺寸必须描述窗框外围尺寸；以 m^2 计量，项目特征可不描述洞口尺寸及框的外围尺寸。③以 m^2 计量，无设计图示洞口尺寸，按窗框外围以面积计算。④木橱窗、木飘（凸）窗以樘计量，项目特征必须描述框截面及外围展开面积。⑤木窗五金应包括折页、插销、风钩、木螺丝、滑轮滑轨（推拉窗）等。

7. 金属窗

金属窗工程包括金属（塑钢、断桥）窗、金属防火窗等9个清单项目，其清单项目设置见装饰工程清单项目设置中表 2-114。

金属窗工程量计算规则：

（1）金属（塑钢、断桥）窗（编码：010807001）、金属防火窗（编码：010807002）、金属百叶窗（编码：010807003）、金属格栅窗（编码：010807005）：①以樘计量，按设计图示数量计算。②以 m^2 计量，按设计图示洞口尺寸以面积计算。

（2）金属纱窗（编码：010807004）：①以樘计量，按设计图示数量计算。②以 m^2 计量，按框的外围尺寸以面积计算。

（3）金属（塑钢、断桥）橱窗（编码：010807006）、金属（塑钢、断桥）飘（凸）窗（编码：010807007）：①以樘计量，按设计图示数量计算。②以 m^2 计量，按设计图示尺寸以框外围展开面积计算。

（4）彩板窗（编码：010807008）、复合材料窗（编码：010807009）：①以樘计量，按设计图示数量计算。②以 m^2 计量，按设计图示洞口尺寸或框外围以面积计算。

规范说明：①金属窗应区分金属组合窗、防盗窗等项目，分别编码列项。②以樘计量，项目特征必须描述洞口尺寸，没有洞口尺寸必须描述窗框外围尺寸；以 m^2 计量，项目特征可不描述洞口尺寸及框的外围尺寸。③以 m^2 计量，无设计图示洞口尺寸，按窗框外围以面积计算。④金属橱窗、飘（凸）窗以樘计量，项目特征必须描述框截面及外围展开面积。⑤金属窗五金应包括折页、螺丝、执手、卡箍、铰拉、风撑、滑轮、滑轨、拉把、拉手、角码、牛角制等。

8. 门窗套

门窗套工程包括木门窗套、木筒子板、饰面夹板筒子板等7个清单项目，其清单项目设置见装饰工程清单项目设置中表 2-115。

门窗套工程量计算：

（1）木门窗套（编码：010808001）、木筒子板（编码：010808002）、饰面夹板筒子板（编码：010808003）、金属门窗套（编码：010808004）、石材门窗套（编码：010808005）：①以樘计量，按设计图示数量计算。②以 m^2 计量，按设计图示尺寸以展开面积计算。③以 m 计量，按设计图示中心线长度以延长米计算。

（2）门窗木贴脸（编码：010808006）：①以樘计量，按设计图示数量计算。②以 m 计量，按设计图示尺寸以延长米计算。

（3）成品木门窗套（编码：010808007）：①以樘计量，按设计图示数量计算。②以 m² 计量，按设计图示尺寸以展开面积计算。③以 m 计量，按设计图示中心线长度以延长米计算。

规范说明：①以樘计量，项目特征必须描述洞口尺寸、门窗套展开宽度。②以 m² 计量，项目特征可不描述洞口尺寸、门窗套展开宽度。③以 m 计量，项目特征必须描述门窗套展开宽度、筒子板及贴脸宽度。④木门窗套适用于单独门窗套的制作、安装。

9. 窗台板

窗台板工程包括木窗台板（编码：010809001）、铝塑窗台板（编码：010809002）、金属窗台板（编码：010809003）、石材窗台板（编码：010809004）4 个清单项目，见装饰工程清单项目设置中表 2-116。

窗台板工程量计算：按设计图示尺寸以展开面积计算。

10. 窗帘、窗帘盒、窗帘轨

窗帘、窗帘盒、窗帘轨包括窗帘（杆）　　　（编码：010810001），木窗帘盒（编码：010810002），饰面夹板、塑料窗帘盒（编码：010810003），铝合金窗帘盒（编码：010810004），窗帘轨（编码：010810005）5 个清单项目，见装饰工程清单项目设置中表 2-117。

窗帘、窗帘盒、窗帘轨工程量计算：

（1）窗帘（杆）：①以 m 计量，按设计图示尺寸以长度计算。②以 m² 计量，按图示尺寸以成活后展开面积计算。

（2）木窗帘盒，饰面夹板、塑料窗帘盒，铝合金窗帘盒，窗帘轨：按设计图示尺寸以长度计算。

规范说明：①若窗帘是双层，则项目特征必须描述每层材质。②若窗帘 m 米计量，则项目特征必须描述窗帘高度和宽度。

5.1.2　门窗工程工程量清单编制

【例 5-1】某建筑的四层平面图如图 5-1 所示，墙厚为 200mm，轴线居中，门窗表如表 5-4 所示。试分别计算该建筑门窗的清单工程量，并编制

门窗工程清单编制(1)

门窗工程清单编制(2)

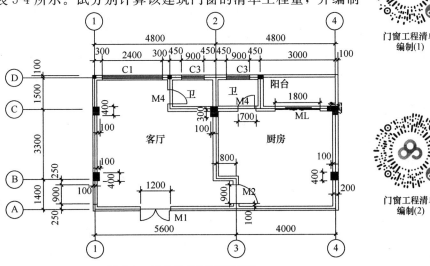

图 5-1　某建筑的四层平面图

其分部分项工程量清单。

表 5-4　门窗表

门窗编号	洞口尺寸	数量	备注
M1	1200mm×2100mm	1	钢质防盗门
M2	900mm×2100mm	1	镶板木门、不带纱、不带亮
C1	2400mm×1500mm	1	铝合金推拉窗、三扇、带亮

【解】（1）列项。根据《房屋建筑与装饰工程工程量计算规范》（GB 50854—2013）及施工图，清单列项如下：

① 防盗门（编码：010802004001）

② 木质门（编码：010801001001）

③ 金属窗（编码：010807001001）

（2）工程量计算。考虑到计价定额中门窗工程的计价工程量均按洞口面积计算，此处清单工程量计算选择按洞口面积计算。

① 钢质防盗门 M1：$S=1.2×2.1=2.52$（m^2）

② 镶板木门 M2：$S=0.9×2.1=1.89$（m^2）

③ 铝合金推拉窗 C1：$S=2.4×1.5=3.60$（m^2）

（3）编制门窗工程分部分项工程量清单。根据清单计价规范，编制的门窗工程分部分项工程量清单如表 5-5 所示。

表 5-5　门窗工程分部分项工程量清单

序号	项目编码	项目名称	项目特征	计量单位	工程量
1	010802004001	防盗门	（1）门代号及洞口尺寸：M1：1200mm×2100mm。 （2）门框、扇材质：门框、门扇内外面板均为 2mm 厚钢板	m^2	2.52
2	010801001001	木质门	（1）门代号及洞口尺寸：M2：900mm×2100mm。 （2）镶嵌玻璃品种、厚度：无玻璃	m^2	1.89
3	010807001001	金属窗	（1）门代号及洞口尺寸：C1：2400mm×1500mm。 （2）门框、扇材质：铝合金推拉窗、不带纱、带亮。 （3）玻璃品种、厚度：平板玻璃 5mm 厚	m^2	3.60

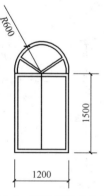

图 5-2　某半圆铝合金窗

【例 5-2】 某半圆铝合金窗如图 5-2 所示。试计算该窗的清单工程量，并编制其分部分项工程量清单。

【解】（1）工程量计算。

分析：此窗为金属窗，其洞口面积：

$S=\pi×0.6^2×0.5+1.2×1.5=2.9$（$m^2$）

清单工程量计算：①按数量以樘计算，工程量 $N=1$（樘）

②按洞口尺寸以面积计算，$S=2.93$（m^2）

（2）编制铝合金窗分部分项工程量清单。根据清单计价规范，铝合金窗分部分项工程量清单如表 5-6 所示。

表 5-6　铝合金窗分部分项工程量清单

序号	项目编码	项目名称	项目特征	计量单位	工程量
1	010807001001	金属窗	（1）洞口尺寸：半圆窗半径 600mm，面积 0.57m²，矩形窗面积 1.8m²。 （2）门框、扇材质：铝合金型材固定窗。 （3）玻璃品种、厚度：平板玻璃 4mm 厚	m²	2.93

【**例 5-3**】某厂房一层平面图如图 5-3 所示，M1 为钢木大门，洞口尺寸为 3300mm× 4200mm。试计算该厂房钢木大门的清单工程量，并编制其分部分项工程量清单。

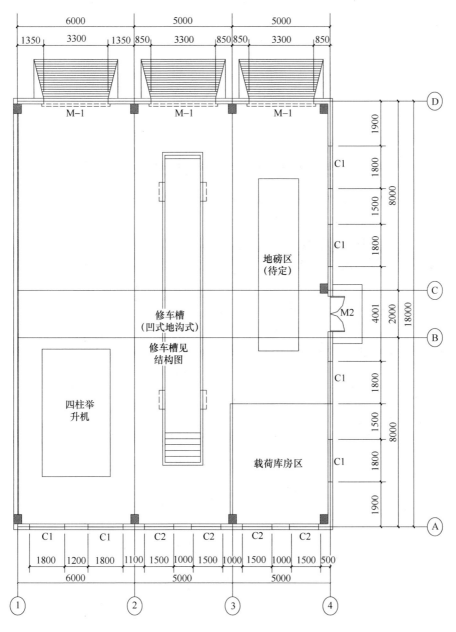

图 5-3　某厂房一层平面图

【解】（1）工程量计算。

$$S = 3.3 \times 4.2 \times 3 = 41.58 \ (\text{m}^2)$$

（2）编制钢木大门分部分项工程量清单。根据清单计价规范，钢木大门分部分项工程量清单如表 5-7 所示。

表 5-7　钢木大门分部分项工程量清单

序号	项目编码	项目名称	项目特征	计量单位	工程量
1	010804002001	钢木大门	（1）门代号及洞口尺寸：3300mm×4200mm。 （2）门框、扇材质：见施工图。 （3）防护材料种类：见施工图	m²	41.58

【BIM 虚拟现实任务辅导】

任务 5.2　楼地面装饰工程工程量清单编制

【任务目标】

（1）了解楼地面装饰工程的清单项目类别、项目特征描述、计量单位及工作内容，掌握楼地面装饰工程的工程量计算规则。

（2）能列项、计算楼地面装饰工程清单工程量并编制其分部分项工程量清单。

（3）具有精益求精、追求卓越的工匠精神，具有客观、公正、守法、诚信的工作作风，树立节约资源、保护环境的意识。

【任务单】

楼地面装饰工程工程量清单编制的任务单如表 5-8 所示。

表 5-8　楼地面装饰工程工程量清单编制的任务单

任务内容	识读某供水智能泵房成套设备生产基地项目 2♯配件仓库工程施工图（见附图），根据《房屋建筑与装饰工程工程量计算规范》（GB 50854—2013），列项、计算其楼梯、台阶、坡道、二层楼地面装饰工程（包括踢脚线）清单工程量并编制其分部分项工程量清单。
任务要求	每三人为一个小组（一人为编制人，一人为校核人，一人为审核人）

（1）二层管阀仓库地面为_____（块料地面、整体面层），踢脚线高度为_____mm，楼梯地面为_____（块料地面、整体面层），走道地面为_____（块料地面、整体面层），踢脚线高度为_____mm，一层卫生间地面为_____（块料地面、整体面层）。

（2）计算楼地面装饰工程清单工程量并编制其分部分项工程量清单。

楼地面装饰工程分部分项工程量清单				
项目编码	项目名称及特征	计算过程	单位	工程量

【知识链接】

5.2.1　整体面层及找平层工程量清单编制

1. 整体面层及找平层清单项目设置与计量

整体面层及找平层工程包括水泥砂浆楼地面（编码：011101001）、现浇水磨石楼地面（编码：011101002）、细石混凝土楼地面（编码：011101003）、菱苦土楼地面（编码：011101004）、自流坪楼地面（编码：011101005）、平面砂浆找平层（编码：011101006）等 6 个清单项目，见装饰工程清单项目设置中表 2-122。

楼地面工程清单
编制案例

整体面层及找平层工程量计算：

（1）水泥砂浆楼地面、现浇水磨石楼地面、细石混凝土楼地面、菱苦土楼地面、自流坪楼地面：按设计图示尺寸以面积计算。扣除凸出地面构筑物、设备基础、室内铁道、地沟等所占面积，不扣除间壁墙及 $\leqslant 0.3 m^2$ 柱、垛、附墙烟囱及孔洞所占面积。门洞、空圈、暖气包槽、壁龛的开口部分不增加面积。

（2）平面砂浆找平层：按设计图示尺寸以面积计算。

规范说明：①水泥砂浆面层处理是拉毛还是提浆压光应在面层做法要求中描述。②平面砂浆找平层只适用于仅做找平层的平面抹灰。③间壁墙指墙厚 $\leqslant 120 mm$ 的墙。④楼地面垫层另按该规范混凝土及钢筋混凝土工程垫层项目编码列项，除混凝土外的其他材料垫层的按该规范地基处理中的垫层项目编码列项。

2. 整体面层及找平层工程量清单编制

【例 5-4】 已知某建筑的四层平面图如图 5-4 所示，墙厚为 200mm，柱截面尺寸为 400mm×300mm，轴线居中。客厅地面做法如下：20 厚 1∶3 水泥砂浆找平，20mm 厚现浇普通水磨石面层；门洞 M1 为现浇水磨石地面，嵌条为 3mm 厚 15mm 高普通平板玻璃，1∶2 白水泥白石子浆，门洞 M2、M4、ML 内贴瓷砖。试计算该建筑客厅地面的清单工程量，并编制其分部分项工程量清单。

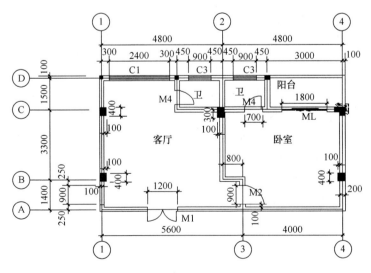

图 5-4　某建筑的四层平面图

【解】（1）工程量计算。该建筑客厅地面面层为现浇普通水磨石面层，属整体地面，工程量按设计图示尺寸以面积计算。扣除凸出地面构筑物、设备基础、室内铁道、地沟等所占面积，不扣除间壁墙及小于或等于 0.3m² 柱、垛、附墙烟囱及孔洞所占的面积。门洞、空圈、暖气包槽、壁龛的开口部分不增加面积。

客厅凸出墙面柱面积 $S=0.4m×0.1m=0.04m^2<0.3m^2$，故不扣除柱所占面积，门洞处面积也不增加。

客厅现浇普通水磨石地面工程量 $S=(1.5+3.3+1.4-0.1×2)×(4.8-0.1×2)-(0.9+0.45×2+0.1-0.1)×(1.5+0.1-0.1)+(0.8+0.1-0.1)×(1.4-0.1×2)=25.86(m^2)$

（2）编制客厅地面分部分项工程量清单。根据清单计价规范，客厅地面分部分项工程量清单如表 5-9 所示。

表 5-9　客厅地面分部分项工程量清单

序号	项目编码	项目名称	项目特征	计量单位	工程量
1	011101002001	现浇水磨石楼地面	（1）找平层厚度、砂浆配合比：20mm 厚 1：3 水泥砂浆找平。 （2）面层厚度：15mm。 （3）嵌条材料种类、规格：3mm 厚 15mm 高普通平板玻璃。 （4）石子种类、规格、颜色：1：2 白水泥白石子浆	m²	25.86

5.2.2　块料面层工程量清单编制

1. 块料面层清单项目设置与计量

块料面层工程包括石材楼地面（编码：011102001）、碎石材楼地面（编码：011102002）、块料楼地面（编码：011102003）3 个清单项目，见装饰工程清单项目设置中表 2-124。

块料面层工程量计算：

石材楼地面（编码：011102001）、碎石材楼地面（编码：011102002）、块料楼地面（编码：011102003）：按设计图示尺寸以面积计算。门洞、空圈、暖气包槽、壁龛的开口部分并入相应的工程量内。

规范说明：①在描述碎石材项目的面层材料特征时可不用描述规格、品牌、颜色。石材、块料与黏结材料的结合面刷防渗材料的种类在防护层材料种类中描述。②石材、块料与黏结材料的结合层刷防渗材料的种类在防护层材料种类中描述。③该表工作内容中的磨边指施工现场磨边，后面章节工作内容中涉及的磨边含义同此条。

2. 块料面层工程量清单编制

【例 5-5】已知某建筑的四层平面图如图 5-4 所示，墙厚为 200mm，柱截面尺寸为 400mm×300mm，轴线居中。卧室地面做法如下：20mm 厚 1：3 水泥砂浆找平，20mm 厚 1：4 水泥砂浆结合层，10mm 厚 400mm×400mm 优质瓷砖面层，门洞 M1 为现浇水磨石地面，门洞 M2、M4、ML 内贴瓷砖。试计算该建筑卧室地面的清单工程量，并编制其分部分项工程量清单。

【解】（1）工程量计算。该建筑卧室地面面层为优质瓷砖面层，属于块料面层，其工程量按设计图示尺寸以面积计算。门洞、空圈、暖气包槽、壁龛的开口部分并入相应的工程量内。

根据计算规则，凸出墙面柱、墙垛、通风道等占位面积应扣除。

卧室凸出墙面柱面积 $S=0.4\times0.1\times2+0.3\times0.1=0.11(\text{m}^2)$

门洞 M2、M4、ML 内贴瓷砖面积 $S=(0.9+0.7+1.8)\times0.2=0.68(\text{m}^2)$

卧室地面清单工程量 $=(4.8-0.1\times2)\times(3.3+1.4-0.1\times2)-(0.8-0.1+0.1)\times$
$(1.4-0.1+0.1)-0.11(凸出墙面柱面积)+0.68(门洞 M2、M4、ML 内贴瓷砖面积)=$
$20.15(\text{m}^2)$

（2）编制屋面保温分部分项工程量清单。根据清单计价规范，卧室块料地面分部分项工程量清单如表 5-10 所示。

表 5-10　卧室块料地面分部分项工程量清单

序号	项目编码	项目名称	项目特征	计量单位	工程量
1	011102003001	块料楼地面	（1）找平层厚度、砂浆配合比：20mm 厚 1：3 水泥砂浆。 （2）结合层厚度、砂浆配合比：20mm 厚 1：4 水泥砂浆。 （3）面层材料品种、规格、颜色：10mm 厚 400mm×400mm 优质瓷砖面层	m²	20.15

5.2.3　橡塑面层工程量清单编制

橡塑面层工程包括橡胶板楼地面、橡胶板卷材楼地面、塑料板楼地面等 4 个清单项目，其清单项目设置及工程量计算规则如表 5-11 所示。

表 5-11　橡塑面层清单项目设置及工程量计算规则

项目编码	项目名称	项目特征	计量单位	工程量计算规则	工作内容
011103001	橡胶板楼地面	（1）粘结层厚度、材料种类。 （2）面层材料品种、规格、颜色。 （3）压线条种类	m²	按设计图示尺寸以面积计算。门洞、空圈、暖气包槽、壁龛的开口部分并入相应的工程量内	（1）基层清理。 （2）面层铺贴。 （3）压缝条装钉。 （4）材料运输
011103002	橡胶板卷材楼地面				
011103003	塑料板楼地面				
011103004	塑料卷材楼地面				

注：该表项目中如涉及找平层，则另见《房屋建筑与装饰工程工程量计算规范》（GB 50854—2013）附表 L.1 中整体地面及找平层中的"找平层"项目编码列项。

5.2.4　其他材料面层工程量清单编制

其他材料面层工程包括地毯楼地面（编码：011104001）、竹木地板（编码：011104002）、金属复合地板（编码：011104003）、防静电活动地板（编码：011104004）4 个清单项目，其清单项目设置见装饰工程清单项目设置中表 2-127。

其他材料面层工程量计算：

包括地毯楼地面（编码：011104001）、竹木地板（编码：011104002）、金属复合地板（编码：011104003）、防静电活动地板（编码：011104004）：按设计图示尺寸以面积计算。门洞、空圈、暖气包槽、壁龛的开口部分并入相应的工程量内。

179

5.2.5　踢脚线工程量清单编制

1. 踢脚线清单项目设置与计量

踢脚线包括水泥砂浆踢脚线（编码：011105001）、石材踢脚线（编码：011105002）、块料踢脚线（编码：011105003）、塑料板踢脚线（编码：011105004）、木质踢脚线（编码：011105005）、金属踢脚线（编码：011105006）、防静电踢脚线（编码：011105007）等7个清单项目，其清单项目设置见装饰工程清单项目设置中表2-128。

踢脚线、零星装饰
工程清单编制

踢脚线工程量计算：（1）以 m^2 计量，按设计图示长度乘以高度以面积计算。（2）以 m 计量，按延长米计算。

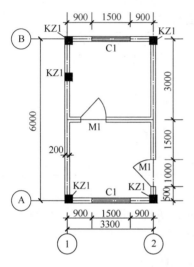

图5-5　某建筑的四层平面图

2. 踢脚线工程量清单编制

【例5-6】某建筑的四层平面图如图5-5所示，墙厚为200mm，KZ1截面尺寸为400mm×400mm，轴线居中。室内踢脚线做法如下：20mm厚1∶3水泥砂浆找平，10mm厚1∶4水泥砂浆结合层，100mm高优质瓷砖踢脚线，门洞不贴。试计算该建筑地面踢脚线的清单工程量，并编制其分部分项工程量清单。

【解】（1）工程量计算。优质瓷砖踢脚线属于块料踢脚线，其清单工程量按设计图示长度乘以高度以面积计算或按延长米计算。该例选择"按设计图示长度乘以高度以面积计算"。

计算时要注意：①轴上有3个KZ1凸出墙面，计算踢脚线长度时转角处的柱长度不增不减，中间柱应增加柱侧面长度；②轴上2个凸出墙面的KZ1属转角柱，对长度计算没影响。

踢脚线长度 L=（3.3-0.1×2+3-0.1×2）×2×2+（0.4-0.2）×2（中间 KZ1 两侧面长度）-1×3（M1，在内墙上的 M1 计算2次）=21（m）

踢脚线面积 S=L×0.1=21×0.1=2.1（m^2）

（2）编制踢脚线分部分项工程量清单。根据清单计价规范，踢脚线分部分项工程量清单如表5-12所示。

表5-12　踢脚线分部分项工程量清单

序号	项目编码	项目名称	项目特征	计量单位	工程量
1	011105003001	块料踢脚线	（1）踢脚线高度：100mm。 （2）粘贴层厚度、材料种类：10mm厚1∶4水泥砂浆结合层。 （3）面层材料品种、规格、颜色：白色优质瓷砖	m^2	2.1

5.2.6　楼梯面层工程量清单编制

1. 楼梯面层清单项目设置与计量

楼梯面层工程包括石材楼梯面层（编码：011106001）、块料楼梯面层（编码：

011106002)、拼碎块料面层（编码：011106003）、水泥砂浆楼梯面层（编码：011106004）、现浇水磨石楼梯面层（编码：011106005）、地毯楼梯面层（编码：011106006）、木板楼梯面层（编码：011106007）、橡胶板楼梯面层（编码：011106008）、塑料板楼梯面层（编码：011106009）9 个清单项目，其清单项目设置见装饰工程清单项目设置中表 2-140。

楼梯装饰清单编制

楼梯面层工程量计算：按设计图示尺寸以楼梯（包括踏步、休息平台及≤500mm 的楼梯井）水平投影面积计算。楼梯与楼地面相连时，算至梯口梁内侧边沿；无梯口梁的，算至最上一层踏步边沿加 300mm。

规范说明：①在描述碎石材项目的面层材料特征时可不用描述规格、颜色。②石材、块料与黏结材料的结合面刷防渗材料的种类在防护材料种类中描述。

2. 楼梯面层工程量清单编制

【例 5-7】某工程一层楼梯的平面图如图 5-6 所示，已知梯梁（TL）宽为 200mm，楼梯的装饰做法为 20mm 厚 1∶3 水泥砂浆找平，25mm 厚 1∶3 水泥砂浆结合层，10mm 厚花岗岩面层。试计算该楼梯面层的清单工程量，并编制其分部分项工程量清单。

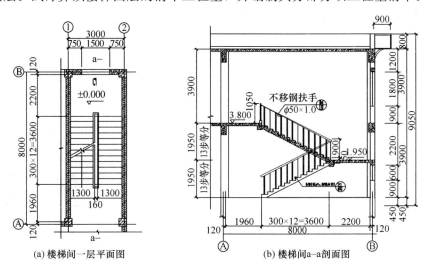

(a) 楼梯间一层平面图　　　(b) 楼梯间 a—a 剖面图

图 5-6　某工程一层楼梯的平面图

【解】(1) 工程量计算。该楼梯面层为石材楼梯面层，其清单工程量按设计图示尺寸（包括踏步、休息平台及≤500mm 的楼梯井）以水平投影面积计算。

$$S=(3-0.12\times2)\times[3.6+2.2+0.2(梯梁\ TL\ 宽)]=16.56(m^2)$$

(2) 编制楼梯面层分部分项工程量清单。根据清单计价规范，楼梯面层分部分项工程量清单如表 5-13 所示。

表 5-13　楼梯面层分部分项工程量清单

序号	项目编码	项目名称	项目特征	计量单位	工程量
1	011106001	石材楼梯面层	(1) 找平层厚度、砂浆配合比：20mm 厚 1∶3 水泥砂浆。 (2) 结合层厚度、材料种类：25mm 厚 1∶3 水泥砂浆结合层。 (3) 面层材料品种、规格、颜色：10mm 厚花岗岩	m²	16.56

5.2.7　台阶装饰工程量清单编制

1. 台阶装饰清单项目设置与计量

台阶装饰工程包括石材台阶面（编码：011107001）、块料台阶面（编码：011107002）、拼碎块料台阶面（编码：011107003）、水泥砂浆台阶面（编码：011107004）、现浇水磨石台阶面（编码：011107005）、剁假石台阶面（编码：011107006）等 6 个清单项目，其清单项目设置见装饰工程清单项目设置中表 2-142。

台阶装饰工程量
清单编制

台阶装饰工程量计算：按设计图示尺寸以台阶（包括最上层踏步边沿加 300mm）水平投影面积计算。

规范说明：①在描述碎石材项目的面层材料特征时可不用描述规格、颜色。

②石材、块料与黏结材料的结合面刷防渗材料的种类在防护材料种类中描述。

2. 台阶装饰工程量清单编制

【例 5-8】某台阶平面图及剖面图如图 5-7 所示，台阶的做法如下：①素土夯实；②300mm 厚 3：7 灰土；③100mm 厚 C20 混凝土垫层；④20mm 厚 1：3 水泥砂浆找平层；⑤20mm 厚 1：2 水泥砂浆粘结层；⑥20mm 厚 800mm×800mm 花岗岩面层，白水泥擦缝。试计算该台阶装饰的清单工程量，并编制其分部分项工程量清单。

【解】（1）工程量计算。根据台阶装饰清单工程量计算规则，台阶装饰按设计图示尺寸以台阶（包括最上层踏步边沿加 300mm）水平投影面积计算。其计算简图如图 5-8 所示，台阶装饰工程量为黑色部分的面积，白色部分应按地面装饰列项。

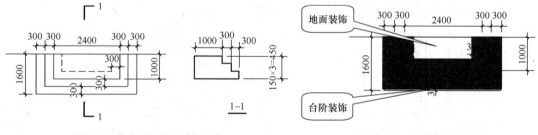

图 5-7　台阶平面图及剖面图　　　　　图 5-8　台阶装饰计算简图

台阶装饰清单工程量 $S=(0.3×4+2.4)×1.6-(2.4-0.3×2)×(1-0.3)=5.76-1.26=4.50(\text{m}^2)$

（2）编制台阶装饰分部分项工程量清单。根据清单计价规范，台阶装饰分部分项工程量清单如表 5-14 所示。

表 5-14　台阶装饰分部分项工程量清单

序号	项目编码	项目名称	项目特征	计量单位	工程量
1	011107001001	石材台阶面	（1）找平层厚度、砂浆配合比：20mm 厚 1：3 水泥砂浆结合层。 （2）黏结层材料种类：20mm 厚 1：2 水泥砂浆结合层。 （3）面层材料品种、规格、颜色：10mm 厚花岗岩	m²	4.50

5.2.8　零星装饰项目工程量清单编制

零星装饰项目工程包括石材零星项目（编码：011108001）、拼碎石材零星项目（编码：011108002）、块料零星项目（编码：011108003）、水泥砂浆零星项目（编码：011108004）4 个清单项目。零星装饰项目清单项目设置见装饰工程清单项目设置中表 2-144。

零星装饰项目工程量计算：按设计图示尺寸以面积计算。

规范说明：①楼梯、台阶牵边和侧面镶贴块料面层，不大于 0.5m² 的少量分散的楼地面镶贴块料面层，应按该表执行。②石材、块料与黏结材料的结合面刷防渗材料的种类在防护层材料种类中描述。

【BIM 虚拟现实任务辅导】

任务 5.3　墙、柱面装饰与隔断、幕墙工程工程量清单编制

【任务目标】

（1）了解墙、柱面装饰与隔断、幕墙工程的清单项目类别、项目特征描述、计量单位及工作内容，掌握墙、柱面装饰与隔断、幕墙工程的工程量计算规则。

（2）能列项、计算墙、柱面装饰与隔断、幕墙工程清单工程量并编制其分部分项工程量清单。

（3）具有精益求精、追求卓越的工匠精神，具有客观、公正、守法、诚信的工作作风，树立节约资源、保护环境的意识。

【任务单】

墙、柱面装饰与隔断、幕墙工程工程量清单编制的任务单如表 5-15 所示。

表 5-15　墙、柱面装饰与隔断、幕墙工程工程量清单编制的任务单

任务内容	识读某供水智能泵房成套设备生产基地项目 2#配件仓库工程施工图，根据《房屋建筑与装饰工程工程量计算规范》（GB 50854—2013），列项、计算其外墙抹灰、二层管阀仓库内墙抹灰、一层卫生间内墙装饰工程清单工程量并编制其分部分项工程量清单。			
任务要求	每三人为一个小组（一人为编制人，一人为校核人，一人为审核人）			
（1）计算外墙抹灰应按＿＿＿＿＿＿列项；计算外墙一般抹灰工程量时外墙高度应从＿＿＿＿＿算至＿＿＿＿＿，外墙上的门窗面积为＿＿＿＿＿m²；计算二层管阀仓库内墙应按＿＿＿＿＿列项，计算一般抹灰工程量时内墙高度为＿＿＿＿＿m，外墙上的门窗面积为＿＿＿＿＿m²；计算一层卫生间内墙装饰应按＿＿＿＿＿列项。 （2）计算其外墙、二层管阀仓库内墙装饰工程清单工程量并编制其分部分项工程量清单。				
墙、柱面装饰与隔断、幕墙工程分部分项工程量清单				
项目编码	项目名称及特征	计算过程	单位	工程量

【知识链接】

5.3.1 墙面抹灰工程量清单编制

1. 墙面抹灰清单项目设置与计量

墙面抹灰工程包括墙面一般抹灰（编码：011201001）、墙面装饰抹灰（编码：011201002）、墙面勾缝（编码：011201003）、立面砂浆找平层（编码：011201004）4个清单项目。墙面抹灰清单项目设置见装饰工程清单项目设置中表 2-145。

墙面抹灰工程
清单编制

墙面抹灰工程量计算：按设计图示尺寸以面积计算。扣除墙裙、门窗洞口及单个＞0.3m² 的孔洞面积，不扣除踢脚线、挂镜线和墙与构件交接处的面积，门窗洞口和孔洞的侧壁及顶面不增加面积。附墙柱、梁、垛、烟囱侧壁并入相应的墙面面积内。

（1）外墙抹灰面积按外墙垂直投影面积计算。

（2）外墙裙抹灰面积按其长度乘以高度计算。

（3）内墙抹灰面积按主墙间的净长乘以高度计算。

① 无墙裙的，高度按室内楼地面至天棚底面计算。

② 有墙裙的，高度按墙裙顶至天棚底面计算。

③ 有吊顶天棚抹灰，高度算至天棚顶。

（4）内墙裙抹灰面按内墙净长乘以高度计算。

规范说明：①立面砂浆找平项目适用于仅做找平层的立面抹灰。②墙面抹石灰砂浆、水泥砂浆、混合砂浆、聚合物水泥砂浆、麻刀石灰浆、石膏灰浆等按墙面一般抹灰列项，水刷石、斩假石、干粘石、假面砖等按墙面装饰抹灰列项。③飘窗凸出外墙面增加的抹灰并入外墙工程量内。④有吊顶天棚的内墙面抹灰，抹至吊顶以上部分在综合单价中考虑。

根据墙面抹灰工程量计算规则，总结墙面抹灰工程量计算式如下：

外墙面抹灰工程量＝外墙面面积－门窗洞口和空圈所占面积＋墙垛、附墙烟囱侧壁面积

外墙裙抹灰工程量＝外墙面长度×外墙裙抹灰高度－门窗洞口和空圈所占面积＋墙垛、附墙烟囱侧壁面积

内墙面抹灰工程量＝内墙面面积－门窗洞口和空圈所占面积＋墙垛、附墙烟囱侧壁面积

内墙裙抹灰工程量＝内墙面净长度×内墙裙抹灰高度－门窗洞口和空圈所占面积＋墙垛、附墙烟囱侧壁面积

2. 墙面抹灰工程量清单编制

【例 5-9】 某建筑二层平面图如图 5-9 所示，已知二层层高为 3.6m，三层板厚为 120mm，KZ1 的截面尺寸为 400mm×400mm，小型混凝土空心砌块墙厚200mm，轴线居中，塑钢窗 C1 宽高尺寸为 1500mm×2100mm，木门 M1 的宽高尺寸为 1000mm×2100mm，内墙面装饰做法为：20 厚 1∶3 混合砂浆找平，面刷仿瓷涂料 2 遍。试计算该建筑内墙面抹灰的清单工程量，并编制其分部分项工程量清单。

内墙面抹灰工程量
清单编制

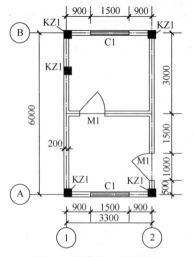

图 5-9 某建筑二层平面图

【解】（1）工程量计算。根据墙面抹灰工程量计算规则，内墙面抹灰工程量计算公式如下：

内墙面抹灰工程量＝内墙面面积－门窗洞口和空圈所占面积＋墙垛、附墙烟囱侧壁面积

第一步：计算内墙上的门窗面积。

墙上门窗面积 $S_{MC}=1.5\times2.1\times2$(C1)$+1\times2.1\times3$(M1，在内墙上的 M1 长度计算 2 次)$=12.6$(m²)

第二步：计算内墙面抹灰工程量。

①轴、②轴墙面转角处 KZ1 凸出墙面，但内墙净长计算时不增减，①轴中间 KZ1 两侧面长度应增加。

内墙净长 $L=(3.3-0.1\times2+3-0.1\times2)\times2\times2+(0.4-0.2)\times2$(中间 KZ1 两侧面长度)$=24$(m)

内墙净高 $H=3.6$(层高)-0.12(板厚)$=3.48$(m)

内墙抹灰的工程量 $S=L\times H-S_{MC}=24\times3.48-12.6=70.92$(m²)

（2）编制内墙面抹灰分部分项工程量清单。根据清单计价规范，内墙面抹灰分部分项工程量清单如表 5-16 所示。

表 5-16 内墙面抹灰分部分项工程量清单

序 号	项目编码	项目名称	项目特征	计量单位	工程量
1	011201001001	墙面一般抹灰	（1）墙体类型：小型混凝土空心砌块墙。 （2）面层厚度、砂浆配合比：20mm 厚 1：3 混合砂浆	m²	70.92

【例 5-10】某建筑底层平面图如图 5-9 所示，外墙顶标高为 4.25m，室内地坪标高为 ±0.000m，室外地坪标高为 -0.45m，外墙顶标高为 4.25m，KZ1 的截面尺寸为 400mm× 400mm，200mm 厚小型混凝土空心砖墙，塑钢窗 C1 宽高尺寸为 1500mm×2100mm，木门 M1 的宽高尺寸为 1000×2100，外墙面装饰做法如下：20 厚 1：3 水泥砂浆找平，面刷仿瓷涂料 2 遍。试计算该建筑外墙面抹灰的清单工程量，并编制其分部分项工程量清单。

【解】（1）工程量计算。根据外墙面抹灰的清单计算规则，其工程量计算公式如下：

外墙面抹灰工程量＝外墙面面积－门窗洞口和空圈所占面积＋墙垛、附墙烟囱侧壁面积

第一步：计算外墙上的门窗面积。

外墙上门窗面积 $S_{MC}=1.5\times2.1\times2$(C1)$+1\times2.1$(M1)$=8.4$(m²)

第二步：计算外墙面抹灰工程量。

②轴墙体转角处 KZ1 凸出外墙面，外墙外边线长度计算时应增加。

外墙长 $L=[(3.3+0.1\times2)+(3\times2+0.1\times2)]\times2+(0.2-0.1)\times4$(柱侧面)$=19.8$(m)

外墙高 $H=4.25+0.45$(室内外高差)$=4.7$(m)

外墙抹灰的工程量 $S=L \times H-S_{MC}=19.8 \times 4.7-8.4=84.66(m^2)$

（2）编制外墙面抹灰分部分项工程量清单。根据清单计价规范，外墙面抹灰分部分项工程量清单如表 5-17 所示。

表 5-17　外墙面抹灰分部分项工程量清单

序　号	项目编码	项目名称	项目特征	计量单位	工程量
1	011201001001	墙面一般抹灰	（1）墙体类型：小型混凝土空心砌块墙。 （2）面层厚度、砂浆配合比：20mm 厚 1：3 水泥砂浆	m²	84.66

5.3.2　柱（梁）面抹灰工程量清单编制

柱（梁）面抹灰工程包括 4 个清单项目，分别为柱、梁面一般抹灰（编码：011202001）、柱、梁面装饰抹灰（编码：011202002），柱、梁面砂浆找平（编码：011202003），柱、梁面勾缝（编码：011202004），柱（梁）面抹灰清单项目见装饰工程清单项目设置中表 2-147。

柱（梁）面抹灰工程量计算：

（1）柱、梁面一般抹灰（编码：011202001），柱、梁面装饰抹灰（编码：011202002），柱、梁面砂浆找平（编码：011202003）：①柱面抹灰按设计图示柱断面周长乘以高度以面积计算。②梁面抹灰按设计图示梁断面周长乘以长度以面积计算。

（2）柱、梁面勾缝（编码：011202004）：按设计图示柱断面周长乘以高度以面积计算。

规范说明：①砂浆找平项目适用于仅做找平层的柱（梁）面抹灰。②柱（梁）面抹石灰砂浆、水泥砂浆、混合砂浆、聚合物水泥砂浆、麻刀石灰浆、石膏灰浆等按柱（梁）面一般抹灰编码列项，水刷石、斩假石、干粘石、假面砖等按柱（梁）面装饰抹灰编码列项。

5.3.3　零星抹灰工程量清单编制

零星抹灰工程包括 3 个清单项目，分别为零星项目一般抹灰（编码：011203001）、零星项目装饰抹灰（编码：011203002）、零星项目砂浆找平（编码：011203003），见装饰工程清单项目设置中表 2-148。

零星抹灰工程量计算：按设计图示尺寸以面积计算。

规范说明：①零星项目抹石灰砂浆、水泥砂浆、混合砂浆、聚合物水泥砂浆、麻刀石灰浆、石膏灰浆等按零星项目一般抹灰编码列项，水刷石、斩假石、干粘石、假面砖等按零星项目装饰抹灰编码列项。

②墙、柱（梁）面≤0.5m² 的少量分散的抹灰按零星抹灰项目编码列项。

5.3.4　墙面块料面层工程量清单编制

墙面块料面层工程包括石材墙面（编码：011204001）、拼碎石材墙面（编码：011204002）、块料墙面（编码：011204003）、干挂石材钢骨架（编码：011204004）4 个清单项目，其清单项目设置见装饰工程清单项目设置中表 2-149。

墙面块料面层
清单编制

墙面块料面层工程量计算：

（1）石材墙面（编码：011204001）、拼碎石材墙面（编码：011204002）、块料墙面（编码：011204003）：按镶贴表面积计算。

（2）干挂石材钢骨架（编码：011204004）：按设计图示以质量计算。

规范说明：①在描述碎块项目的面层材料特征时可不用描述规格、颜色。②石材、块料与黏结材料的结合面刷防渗材料的种类在防护层材料种类中描述。③安装方式可描述为砂浆或黏结剂粘贴、挂贴、干挂等，不论哪种安装方式，都要详细描述与组价相关的内容。

5.3.5　柱（梁）面镶贴块料工程量清单编制

1. 柱（梁）面镶贴块料清单项目设置与计量

柱（梁）面镶贴块料工程包括石材柱面（编码：011205001）、块料柱面（编码：011205002）、拼碎块柱面（编码：011205003）、石材梁面（编码：011205004）、块料梁面（编码：011205005）5 个清单项目。柱（梁）面镶贴块料清单项目设置见装饰工程清单项目设置中表 2-150。

柱（梁）面镶贴块料工程量计算：按镶贴表面积计算。

规范说明：①在描述碎块项目的面层材料特征时可不用描述规格、颜色。②石材、块料与黏结材料的结合面刷防渗材料的种类在防护层材料种类中描述。③柱梁面干挂石材的钢骨架按装饰工程清单项目设置中表 2-149 相应项目编码列项。

2. 柱（梁）面镶贴块料工程量清单编制

【例 5-11】某独立柱如图 5-10 所示，钢筋混凝土柱的结构断面尺寸为 400mm×500mm，柱高为 5m，柱面装饰的做法如下：50 厚 1：2 水泥砂浆灌浆，挂贴 20mm 厚芝麻白拼碎大理石。试计算该柱（梁）面镶贴块料的清单工程量，并编制其分部分项工程量清单。

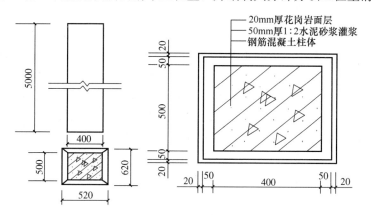

图 5-10　柱面装饰示意图

【解】（1）工程量计算。根据柱（梁）面镶贴块料工程量计算规则，石材柱面、块料柱面、拼碎块柱面，按镶贴表面积计算。所谓镶贴表面积是，指块料镶贴好后块料的外表面积。

柱面镶贴块料的清单工程量 $S=(0.54+0.64)×2×5=11.80（m^2）$

（2）编制柱面镶贴块料的分部分项工程量清单。根据清单计价规范及相应地区定额，柱面镶贴块料分部分项工程量清单如表 5-18 所示。

表 5-18 柱面镶贴块料分部分项工程量清单

序号	项目编码	项目名称	项目特征	计量单位	工程量
1	011205001001	石材柱面	(1) 柱截面类型、尺寸：现浇混凝土矩形柱，400mm×500mm。 (2) 安装方式：挂贴，50 厚 1:2 水泥砂浆灌浆。 (3) 面层：20mm 厚 200mm×200mm 厚芝麻白大理石	m²	11.80

5.3.6 镶贴零星块料工程量清单编制

镶贴零星块料工程包括石材零星项目（编码：011206001）、块料零星项目（编码：011206002）、拼碎块零星项目（编码：011206003）3 个清单项目，见装饰工程清单项目设置中表 2-152。

镶贴零星块料工程量计算：按镶贴表面积计算。

规范说明：①在描述碎块项目的面层材料特征时可不用描述规格、品牌、颜色。②石材、块料与粘结材料的结合面刷防渗材料的种类在防护层材料种类中描述。③零星项目干挂石材的钢骨架按相应项目编码列项。④墙柱面小于或等于 0.5m² 的少量分散的镶贴块料面层应按该表中零星项目执行。

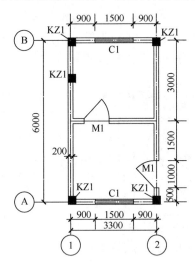

图 5-11 某建筑底层平面图

【例 5-12】某建筑底层平面图如图 5-11 所示，已知底层层高为 3.6m，二层板厚为 120mm，室内地坪标高为 ±0.000m，KZ1 的截面尺寸为 400mm×400mm，砖墙厚为 200mm，塑钢窗 C1 宽高尺寸为 1500mm×2100mm，框厚 50mm，窗框居墙中，木门 M1 的宽高尺寸为 1000mm×2100mm，框厚 50mm，门框居墙中，内墙面装饰做法如下：20mm 厚 1:3 水泥砂浆找平，面贴 5mm 厚 95mm×95mm 陶瓷面砖，灰缝在 5mm 以内，门窗洞侧面也贴瓷砖。试计算内墙面镶贴块料的清单工程量，并编制其分部分项工程量清单。

【解】（1）工程量计算。

分析：因门窗框居墙中安装，该工程除内墙面贴瓷砖外，门窗洞侧面也贴瓷砖。

门侧面贴面砖 $S_M = (0.2-0.05)/2 \times 2.1 = 0.16$ (m²) ≤ 0.5 (m²)

窗侧面贴面砖 $S_C = (0.2-0.05)/2 \times 2.1 = 0.16$ (m²) ≤ 0.5 (m²)

门窗侧面贴面砖均应按镶贴零星块料列项，内墙面贴瓷砖按块料墙面列项。

内墙净长 $L = (3.3-0.1 \times 2+3-0.1 \times 2) \times 2 \times 2+(0.4-0.2) \times 2$ (柱侧面) = 24 (m)

墙上门窗面积 $S_{MC} = 1.5 \times 2.1 \times 2$ (C1) + $1 \times 2.1 \times 3$ (M1，在内墙上的 M1 计算 2 次) = 12.6 (m²)

门侧面贴面砖 $S_M = (0.2-0.05)/2 \times (1+2.1 \times 2) \times 3 = 1.17(\text{m}^2)$

窗侧面贴面砖 $S_C = (0.2-0.05)/2 \times [(1.5+2.1) \times 2] \times 2 = 1.08(\text{m}^2)$

内墙净高 $H = 3.6-0.12 = 3.48(\text{m})$

块料墙面工程量 $S = L \times H - S_{MC} = 24 \times 3.48 - 12.6 = 70.92(\text{m}^2)$

镶贴零星块料工程量 $S = S_M + S_C = 1.17 + 1.08 = 2.25(\text{m}^2)$

（2）编制墙面块料面层分部分项工程量清单。根据清单计价规范，墙面镶贴块料分部分项工程量清单如表 5-19 所示。

表 5-19　墙面镶贴块料分部分项工程量清单

序号	项目编码	项目名称	项目特征	计量单位	工程量
1	011204003001	块料墙面	（1）墙体类型：砖墙 （2）安装方式：20 厚 1：3 水泥砂浆粘贴。 （3）面层材料品种、规格、颜色：5mm 厚 95mm×95mm 米黄色陶瓷面砖。 （4）缝宽、嵌缝材料种类：缝宽 5mm，1：2 水泥砂浆嵌缝	m²	70.92
2	011206002001	块料零星项目	（1）墙体类型：砖墙。 （2）安装方式：20 厚 1：3 水泥砂浆粘贴。 （3）面层材料品种、规格、颜色：5mm 厚 95mm×95mm 米黄色陶瓷面砖。 （4）缝宽、嵌缝材料种类：缝宽 5mm，1：2 水泥砂浆嵌缝	m²	2.25

5.3.7　墙饰面工程量清单编制

墙饰面工程包括墙面装饰板（编码：011207001）、墙面装饰浮雕（编码：011207002）2 个清单项目，见装饰工程清单项目设置中表 2-154。

墙饰面工程量计算：

（1）墙面装饰板（编码：011207001）：按设计图示墙净长乘净高以面积计算。扣除门窗洞口及单个＞0.3m² 的孔洞所占面积。

（2）墙面装饰浮雕（编码：011207002）：按设计图示尺寸以面积计算。

5.3.8　柱（梁）饰面工程量清单编制

柱（梁）饰面工程包括柱（梁）面装饰（编码：011208001）、成品装饰柱（编码：011208002）2 个清单项目，见装饰工程清单项目设置中表 2-155。

柱（梁）饰面工程量计算：

（1）柱（梁）面装饰（编码：011208001）：按设计图示饰面外围尺寸以面积计算。柱帽、柱墩并入相应柱饰面工程量内。

（2）成品装饰柱（编码：011208002）：①以根计量，按设计数量计算。②以 m 计量，按设计长度计量。

5.3.9　幕墙工程量清单编制

幕墙工程包括带骨架幕墙（编码：011209001）、全玻（无框玻璃）幕墙（编码：

011209002）2 个清单项目，见装饰工程清单项目设置中表 2-156。

幕墙工程工程量计算：

（1）带骨架幕墙（编码：011209001）：按设计图示框外围尺寸以面积计算。与幕墙同种材质的窗所占面积不扣除。

（2）全玻（无框玻璃）幕墙（编码：011209002）：按设计图示尺寸以面积计算。带肋全玻幕墙按展开面积计算。

规范说明：幕墙钢骨架按装饰工程清单项目设置中表 2-149 干挂石材钢骨架编码列项。

5.3.10　隔断工程量清单编制

1. 隔断清单项目设置

隔断工程包括木隔断、金属隔断、玻璃隔断等 6 个清单项目，见装饰工程清单项目设置中表 2-157。

2. 隔断工程量计算

（1）木隔断（编码：011210001）、金属隔断（编码：011210002）：按设计图示框外围尺寸以面积计算。不扣除单个≤0.3m² 的孔洞所占面积；浴厕门的材质与隔断相同时，门的面积并入隔断面积内。

（2）玻璃隔断（编码：011210003）、塑料隔断（编码：011210004）：按设计图示框外围尺寸以面积计算。不扣除单个≤0.3m² 的孔洞所占面积。

（3）成品隔断（编码：011210005）：①以 m² 计量，按设计图示框外围尺寸以面积计算。②以间计量，按设计间的数量计算。

（4）其他隔断（编码：011210006）：按设计图示框外围尺寸以面积计算。不扣除单个≤0.3m² 的孔洞所占面积。

3. 隔断工程量清单编制

【例 5-13】某卫生间隔断平面图及剖面图如图 5-12 所示，隔断为木隔断，木隔断采用木龙骨榉木面板，隔断门为木百页门、全百页。试列项并计算该隔断的清单工程量，并编制其分部分项工程量清单。

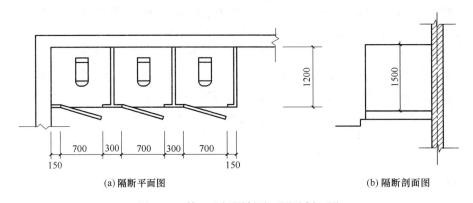

(a) 隔断平面图　　　　(b) 隔断剖面图

图 5-12　某卫生间隔断平面图及剖面图

【解】（1）工程量计算。木隔断与门的做法不相同，应分别按木隔断、木质门列项并计算工程量。

木隔断工程量按设计图示框外围尺寸以面积计算，不扣除单个小于或等于 $0.3m^2$ 的孔洞所占面积。

$$S=(1.2\times3+0.3\times2+0.15\times2)\times1.5=6.75(m^2)$$

木百页门工程量 $N=3$(樘)或 $S=0.7\times1.5\times3=3.15(m^2)$

（2）编制木隔断分部分项工程量清单。根据清单计价规范，木隔断分部分项工程量清单如表 5-20 所示。

表 5-20　木隔断分部分项工程量清单

序号	项目编码	项目名称	项目特征	计量单位	工程量
1	011210001001	木隔断	（1）骨架、边框材料种类、规格：木龙骨。 （2）隔板材料品种、规格、颜色：榉木面板	m^2	6.75
2	010801001001	木质门	百页门、全百页	m^2	3.15

【BIM 虚拟现实任务辅导】

任务5.4　天棚工程工程量清单编制

【任务目标】

（1）了解了解天棚工程的清单项目类别、项目特征描述、计量单位及工作内容，掌握天棚工程的工程量计算规则。

（2）能列项、计算天棚工程清单工程量并编制其分部分项工程量清单。

（3）具有精益求精、追求卓越的工匠精神，具有客观、公正、守法、诚信的工作作风，树立节约资源、保护环境的意识。

【任务单】

天棚工程工程量清单编制的任务单如表 5-21 所示。

表 5-21　天棚工程工程量清单编制的任务单

任务内容	识读某供水智能泵房成套设备生产基地项目 2♯ 配件仓库工程施工图，根据《房屋建筑与装饰工程工程量计算规范》（GB 50854—2013），列项、计算其一层卫生间与盥洗室、二层管阀仓库天棚工程清单工程量并编制其分部分项工程量清单。				
任务要求	每三人为一个小组（一人为编制人，一人为校核人，一人为审核人）				
（1）一层卫生间与盥洗室天棚为_____（直接抹灰顶棚、吊顶天棚），二层管阀仓库天棚为_____（直接抹灰顶棚、吊顶天棚）。 （2）计算天棚工程清单工程量并编制其分部分项工程量清单。					
天棚工程工程量清单					
项目编码	项目名称及特征		计算过程	单位	工程量

【知识链接】

5.4.1　天棚工程概述

1. 天棚工程分类与构造

天棚也称顶棚、平顶、天花，是指楼板层的下面部分，也是室内装修的组成部分之一。天棚多为水平式，但根据房间用途的不同，顶棚可做成弧形、凹凸形、高低形、折线形等。依其构造方式不同有直接式顶棚和悬吊式顶棚之分。

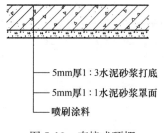

—— 5mm厚1:3水泥砂浆打底
—— 5mm厚1:1水泥砂浆罩面
—— 喷刷涂料

图 5-13　直接式顶棚

（1）直接式顶棚。

直接式顶棚是指在钢筋混凝土楼板下直接抹灰后喷、刷、粘贴装饰材料的天棚，如图 5-13 所示。直接式天棚的特点是简洁、不降低室内净高、施工方便、造价较低，但不能隐藏管线。抹灰是其顶棚的一般做法，抹灰材料多为水泥砂浆、水泥石灰砂浆等，表面可再喷刷涂料或粘贴面砖、石膏板、墙纸等饰面材料。

（2）悬吊式顶棚。

① 悬吊式顶棚的分类。悬吊式顶棚按其使用材料的不同可以分为木龙骨吊顶、轻钢龙骨吊顶、金属装饰板吊顶、开敞式吊顶。

② 悬吊式顶棚的构造。悬吊式顶棚简称吊顶，一般由悬吊构件（如吊杆）、龙骨、基层、面层组成，如图 5-14 所示。

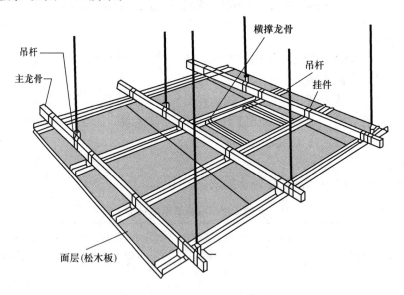

图 5-14　悬吊式顶棚构造示意图

a. 悬吊构件。悬吊构件是连接龙骨和承重结构的承重传力构件，包括吊杆、插入销头、悬吊五金等。

b. 龙骨。龙骨按材料分为木龙骨、轻钢龙骨和铝合金龙骨等，其作用是承受顶棚的荷载，并将荷载传递给悬吊材料或直接传递给楼板承重结构。木龙骨要消耗大量木材，且不利于防火，目前已较少使用。龙骨基层一般采用胶合板或石膏板等。

c. 面层。面层材料多为各类板材，常用的有普通胶合板、硬质纤维板、装饰石膏板，石棉板、矿棉装饰吸声板、埃特板、铝塑板、钙塑板，铝合金扣板、条板，镜面胶板、镜面不锈钢板等。面板的安装方法有粘贴法、钉固法、企口法、搁置法等。开敞式吊顶没有面板材料。

2. 顶棚工程施工工艺

（1）直接式顶棚施工工艺。直接式顶棚施工工艺一般包括基层处理、抹灰找平、喷刷涂料。

（2）悬吊式顶棚施工工艺。悬吊式顶棚施工工艺一般包括安装悬吊构件、安装龙骨、安装面层材料、喷刷涂料。

5.4.2　天棚工程工程量清单编制

1. 天棚抹灰清单项目设置与计量

天棚工程量
清单编制

天棚抹灰工程包括天棚抹灰（编码：011301001）1 个项目，其清单项目设置见装饰工程清单项目设置中表 2-159。

天棚抹灰工程量计算：按设计图示尺寸以水平投影面积计算。不扣除间壁墙、垛、柱、附墙烟囱、检查口和管道所占的面积，带梁天棚的梁两侧抹灰面积并入天棚面积内，板式楼梯底面抹灰按斜面积计算，锯齿形楼梯底板抹灰按展开面积计算。

2. 天棚抹灰工程量清单编制

【例 5-14】某建筑二层平面图如图 5-15 所示，墙厚为 240mm，轴线居中，KZ1 截面尺寸为 400mm×400mm，层高为 3.6m，在房屋中间有一根现浇框架梁（KL1），截面尺寸为 300mm×600mm。天棚做法如下：100mm 厚现浇钢筋混凝土板，10mm 厚 1：1：4 混合砂浆找平，刮腻子 2 遍，刷乳胶漆 2 遍。试计算该建筑天棚抹灰的清单工程量并编制其分部分项工程量清单。

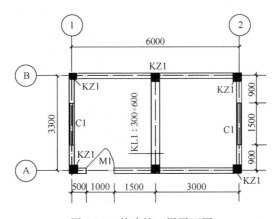

图 5-15　某建筑二层平面图

【解】（1）工程量计算。根据计算规则，KL1 两侧抹灰应并入天棚抹灰的工程量内，凸出墙面柱所占面积不扣除。

天棚抹灰的清单工程量：

$$S = (6-0.12 \times 2) \times (3.3-0.12 \times 2) + [3.3-(0.4-0.12) \times 2] \times (0.6-0.1) \times 2 (梁侧)$$

$$= 17.63 + 2.74 = 20.37 (m^2)$$

（2）编制天棚抹灰分部分项工程量清单。根据清单计价规范，天棚抹灰分部分项工程量清单如表 5-22 所示。

表 5-22　天棚抹灰分部分项工程量清单

序号	项目编码	项目名称	项目特征	计量单位	工程量
1	011301001001	天棚抹灰	（1）基层类型：现浇钢筋混凝土有梁板。 （2）抹灰厚度、材料种类：10mm 厚混合砂浆。 （3）砂浆配合比：1：1：4 混合砂浆	m²	20.37

3. 天棚吊顶工程量清单编制

（1）天棚吊顶清单项目列项与计量。

天棚吊顶工程包括吊顶天棚（编码：011302001）、格栅吊顶（编码：011302002）、吊筒吊顶（编码：011302003）、藤条造型悬挂吊顶（编码：011302004）、织物软雕吊顶（编码：011302005）、网架（装饰）吊顶（编码：011302006）6 个项目，其清单项目设置见装饰工程清单项目设置中表 2-161。

天棚吊顶工程计算：

① 吊顶天棚：按设计图示尺寸以水平投影面积计算。天棚面中的灯槽及跌级、锯齿形、吊挂式、藻井式天棚面积不展开计算。不扣除间壁墙、检查口、附墙烟囱、柱垛和管道所占面积，扣除单个大于 0.3m² 的孔洞、独立柱及与天棚相连的窗帘盒所占的面积。

② 格栅吊顶、吊筒吊顶：按设计图示尺寸以水平投影面积计算。

③ 藤条造型悬挂吊顶、织物软雕吊顶、网架（装饰）吊顶：按设计图示尺寸以水平投影面积计算。

（2）天棚吊顶工程量清单编制。

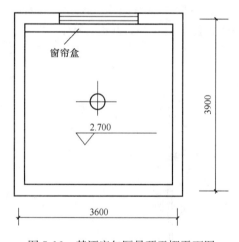

图 5-16　某酒店包厢吊顶天棚平面图

【例 5-15】某酒店包厢吊顶天棚平面如图 5-16所示，设计采用装配式 U 形轻钢龙骨纸面石膏板吊顶（龙骨间距为 450mm×450mm，不上人型），暗窗帘盒（宽为 200mm），墙厚为 240mm，轴线居中。试计算该酒店包厢天棚的清单工程量，并编制其分部分项工程量清单。

【解】（1）工程量计算。该吊顶天棚为平面天棚，根据计算规则，工程量计算时应扣除窗帘盒所占面积。

吊顶天棚的清单工程量 S ＝主墙间的面积－窗帘盒的面积

$$＝(3.6-0.24)×(3.9-0.24-0.2)＝11.63(m^2)$$

（2）编制吊顶天棚分部分项工程量清单。根据清单计价规范，吊顶天棚分部分项工程量清单如表 5-23 所示。

表 5-23　吊顶天棚分部分项工程量清单

序号	项目编码	项目名称	项目特征	计量单位	工程量
1	011302001001	吊顶天棚	（1）吊顶形式、吊杆规格、长度：平面吊顶、直径 10mm HPB300 级钢筋吊杆，长 500mm。 （2）龙骨材料种类、规格、中距：U 形轻钢龙骨、中距 450mm×450mm，不上人型。 （3）面层材料品种、规格：纸面石膏板	m²	11.63

【**例 5-16**】某房间吊顶天棚平面如图 5-17 所示，设计采用装配式 T 型铝合金天棚龙骨（不上人型、间距 300mm×300mm，跌级），300mm×300mm 方型铝扣板面层。试计算该吊顶天棚的清单工程量，并编制其分部分项工程量清单。

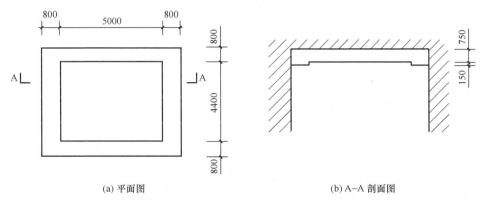

(a) 平面图　　　　　　　　　(b) A-A 剖面图

图 5-17　吊顶天棚平面及剖面图

【**解**】（1）工程量计算。该吊顶天棚为跌级天棚，根据计算规则，工程量按设计图示尺寸以水平投影面积计算。

吊顶天棚的清单工程量 $S=(0.8×2+5)×(0.8×2+4.4)=6.6×6=39.60(\text{m}^2)$

（2）编制吊顶天棚分部分项工程量清单。根据清单计价规范，吊顶天棚分部分项工程量清单如表 5-24 所示。

表 5-24　吊顶天棚分部分项工程量清单

序号	项目编码	项目名称	项目特征	计量单位	工程量
1	011302001001	吊顶天棚	（1）吊顶形式、吊杆规格、长度：跌级吊顶、直径 10mm HPB300 级钢筋吊杆，长 500mm。 （2）龙骨材料种类、规格、中距：装配式 T 形铝合金天棚龙骨、中距 300mm×300mm，不上人型。 （3）面层材料品种、规格：300mm×300mm 方形铝扣板面层	m²	39.60

4. 采光天棚工程量清单编制

采光天棚工程包括采光天棚（编码：011303001）1 个清单项目，见装饰工程清单项目设置中表 2-164。

采光天棚工程量计算：按框外围展开面积计算。

规范说明：采光天棚骨架不包括在该节"天棚工程"中，应单独按"金属结构工程"中相关项目编码列项。

5. 天棚其他装饰工程量清单编制

天棚其他装饰工程包括灯带（槽）（编码：011304001），送风口、回风口（编码：011304002）2 个清单项目，见装饰工程清单项目设置中表 2-165。

天棚其他装饰工程量计算：

（1）灯带（槽）：按设计图示尺寸以框外围面积计算。

（2）送风口、回风口：按设计图示数量计算。

【BIM 虚拟现实任务辅导】

任务 5.5 油漆、涂料、裱糊工程工程量清单编制

【任务目标】

（1）了解油漆、涂料、裱糊工程的清单项目类别、项目特征描述、计量单位及工作内容，掌握油漆、涂料、裱糊工程的工程量计算规则。

（2）能列项、计算油漆、涂料、裱糊工程量并编制其分部分项工程量清单。

（3）具有精益求精、追求卓越的工匠精神，具有客观、公正、守法、诚信的工作作风，树立节约资源、保护环境的意识。

【任务单】

油漆、涂料、裱糊工程工程量清单编制的任务单如表 5-25 所示。

表 5-25 油漆、涂料、裱糊工程工程量清单编制的任务单

任务内容	识读某供水智能泵房成套设备生产基地项目 2# 配件仓库工程施工图，根据《房屋建筑与装饰工程工程量计算规范》（GB 50854—2013），列项、计算其外墙、二层管阀仓库内墙、天棚及楼梯扶手、栏杆的油漆、涂料、裱糊工程清单工程量并编制其分部分项工程量清单。			
任务要求	每三人为一个小组（一人为编制人，一人为校核人，一人为审核人）。			
油漆、涂料、裱糊工程工程量清单				
项目编码	项目名称及特征	计算过程	单位	工程量

【知识链接】

1. 油漆、涂料、裱糊工程清单项目设置与计量

（1）门油漆。

门油漆工程包括木门油漆（编码：011401001）、金属门油漆（编码：011401002）2

个清单项目，见装饰工程清单项目设置中表 2-166。

木门油漆（编码：011401001）、金属门油漆（编码：011401002）工程量计算：①以樘计量，按设计图示数量计量。②以 m² 计量，按设计图示洞口尺寸以面积计算。

规范说明：①木门油漆应区分木大门、单层木门、双层（一玻一纱）木门、双层（单裁口）木门、全玻自由门、半玻自由门、装饰门及有框门或无框门等项目，分别编码列项。②金属门油漆应区分平开门、推拉门、钢制防火门等项目，分别编码列项。③以 m² 计量，项目特征可不必描述洞口尺寸。

（2）窗油漆。

窗油漆工程包括木窗油漆（编码：011402001）、金属窗油漆（编码：011402002）2 个清单项目，见装饰工程清单项目设置中表 2-167。

木窗油漆、金属窗油漆工程量计算：①以樘计量，按设计图示数量计量。②以 m² 计量，按设计图示洞口尺寸以面积计算。

规范说明：①木窗油漆应区分单层木窗、双层（一玻一纱）木窗、双层框扇（单裁口）木窗、双层框三层（二玻一纱）木窗、单独组合窗、双层组合窗、木百叶窗、木推拉窗等项目，分别编码列项。②金属窗油漆应区分平开窗、推拉窗、固定窗、组合窗、金属隔断窗等项目，分别编码列项。③以 m² 计量，项目特征不必描述洞口尺寸。

（3）木扶手及其他板条、线条油漆。

木扶手及其他板条、线条油漆工程包括木扶手油漆（编码：011403001），窗帘盒油漆（编码：011403002），封檐板、顺水板油漆（编码：011403003）等 5 个清单项目，其清单项目设置及工程量计算规则如表 5-26 所示。

表 5-26　木扶手及其他板条、线条油漆清单项目设置及工程量计算规则

项目编码	项目名称	项目特征	计量单位	工程量计算规则	工作内容
011403001	木扶手油漆	（1）断面尺寸。 （2）腻子种类。 （3）刮腻子遍数。 （4）防护材料种类。 （5）油漆品种、刷漆遍数	m	按设计图示尺寸以长度计算	（1）基层清理。 （2）刮腻子。 （3）刷防护材料、油漆
011403002	窗帘盒油漆				
011403003	封檐板、顺水板油漆				
011403004	挂衣板、黑板框油漆				
011403005	挂镜线、窗帘棍、单独木线油漆				

注：木扶手应区分带托板与不带托板，分别编码列项，若是木栏杆带扶手，则木扶手不应单独列项，应包含在木栏杆油漆中。

（4）木材面油漆。

木材面油漆工程包括木护墙、木墙裙油漆（编码：011404001），窗台板、筒子板、盖板、门窗套、踢脚线油漆（编码：011404002）等 15 个清单项目，见装饰工程清单项目设置中表 2-169。

木材面油漆工程量计算：

① 木护墙、木墙裙油漆（编码：011404001），窗台板、筒子板、盖板、门窗套、踢脚线油漆（编码：011404002），清水板条天棚、檐口油漆（编码：011404003），木方格吊顶天

棚油漆（编码：011404004），吸音板墙面、天棚面油漆（编码：011404005），暖气罩油漆（编码：011404006），其他木材面油漆（编码：011404007）：按设计图示尺寸以面积计算。

② 木间壁、木隔断油漆（编码：011404008），玻璃间壁露明墙筋油漆（编码：011404009），木栅栏、木栏杆（带扶手）油漆（编码：011404010）：按设计图示尺寸以单面外围面积计算。

③ 衣柜、壁柜油漆（编码：011404011），梁柱饰面油漆（编码：011404012），零星木装饰油漆（编码：011404013）：按设计图示尺寸以油漆部分展开面积计算。

④ 木地板油漆（编码：011404014）、木地板烫硬蜡面（编码：011404015）：按设计图示尺寸以面积计算。空洞、空圈、暖气包槽、壁龛的开口部分并入相应的工程量内。

（5）金属面油漆。

金属面油漆工程包括金属面油漆 1 个清单项目。金属面油漆清单项目设置及工程量计算规则如表 2-27 所示。

表 2-27　金属面油漆清单项目设置及工程量计算规则

项目编码	项目名称	项目特征	计量单位	工程量计算规则	工作内容
011405001	金属面油漆	(1) 构件名称。 (2) 腻子种类。 (3) 刮腻子要求。 (4) 防护材料种类。 (5) 油漆品种、刷漆遍数	(1) t。 (2) m²	(1) 以 t 计量，按设计图示尺寸以质量计算。 (2) 以 m² 计量，按设计展开面积计算	(1) 基层清理。 (2) 刮腻子。 (3) 刷防护材料、油漆

（6）抹灰面油漆。

抹灰面油漆工程包括抹灰面油漆（编码：011406001）、抹灰线条油漆（编码：011406002）、满刮腻子（编码：011406003）3 个清单项目，见装饰工程清单项目设置中表 2-171。

抹灰面油漆工程量计算：

① 抹灰面油漆（编码：011406001）、满刮腻子（编码：011406003）：按设计图示尺寸以面积计算。

② 抹灰线条油漆（编码：011406002）：按设计图示尺寸以长度计算。

（7）喷刷涂料。

喷刷涂料工程包括墙面喷刷涂料（编码：011407001），天棚喷刷涂料（编码：011407002），空花格、栏杆刷涂料（编码：011407003），线条刷涂料（编码：011407004），金属构件刷防火涂料（编码：011407005），木材构件喷刷防火涂料（编码：011407006）6 个清单项目，其清单项目设置见表 2-172。

喷刷涂料工程量计算：

① 墙面喷刷涂料（编码：011407001）、天棚喷刷涂料（编码：011407002）：按设计图示尺寸以面积计算。

② 空花格、栏杆刷涂料（编码：011407003）：按设计图示尺寸以单面外围面积计算。

③ 线条刷涂料（编码：011407004）：按设计图示尺寸以长度计算。

④ 金属构件刷防火涂料（编码：011407005）：以 t 计量，按设计图示尺寸以质量计算；以 m^2 计量，按设计图示尺寸以面积计算。

⑤ 木材构件喷刷防火涂料（编码：011407006）：以 m^2 计量，按设计图示尺寸以面积计算。

规范说明：喷刷墙面涂料部位要注明内墙或外墙。

（8）裱糊工程。

裱糊工程包括墙纸裱糊（编码：011408001）、织锦缎裱糊（编码：011408002）2 个清单项目，其清单项目设置见装饰工程清单项目设置中表 2-173。

裱糊工程工程量计算：按设计图示尺寸以面积计算。

2. 油漆、涂料、裱糊工程量清单编制

【例 5-17】某建筑二层平面图如图 5-18 所示，墙厚为 240mm，轴线居中，窗台标高为 1.2m，室内地坪标高为 ±0.000m，KZ1 截面尺寸为 400mm×400mm，室内墙裙高为 1.2m。墙裙做法如下：①20mm 1：3 水泥砂浆找平；②刮仿瓷涂料（双飞粉加 117 胶）2 遍；③刷墙漆 1 遍。试

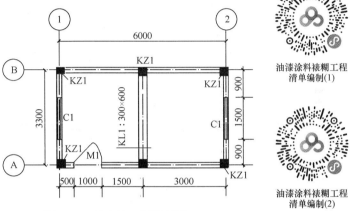

油漆涂料裱糊工程
清单编制(1)

油漆涂料裱糊工程
清单编制(2)

图 5-18 某建筑二层平面图

计算该建筑墙裙刷墙漆的清单工程量，并编制其分部分项工程量清单。

【解】（1）工程量计算。根据清单计价规范，该墙裙应按抹灰面油漆列项并计算工程量，工程量按设计图示尺寸以面积计算，门（M1）所占面积应扣除，中间柱侧面并入工程量内。

墙裙高 $H=1.2m$，窗台高 1.2m，故窗（C1）不占墙裙面积，不能扣窗（C1）面积。

工程量 $S=[(6-0.12×2+3.3-0.12×2)×2+(0.4-0.24)×2×2-1]×1.2=20.74(m^2)$

（2）编制墙裙刷墙漆分部分项工程量清单。根据清单计价规范，墙裙分部分项工程量清单如表 5-28 所示。

表 5-28 墙裙刷墙漆分部分项工程量清单

序号	项目编码	项目名称	项目特征	计量单位	工程量
1	011406001001	抹灰面油漆	（1）基层类型：内墙一般抹灰。 （2）腻子种类：刮仿瓷涂料（双飞粉加 117 胶）。 （3）刮腻子遍数：2 遍。 （4）油漆品种、刷漆遍数：墙漆 1 遍	m^2	20.74

【例 5-18】某房间天棚施工图如图 5-19 所示，墙厚 240mm，轴线居中，天棚采用铝合金龙骨吊顶天棚，其面层做法为：纸面石膏板面板安装，刮胶老粉腻子 2 遍，刷聚胺脂涂料 2 遍。试列项并计算该天棚刷涂料清单工程量并编制其分部分项工程量清单。

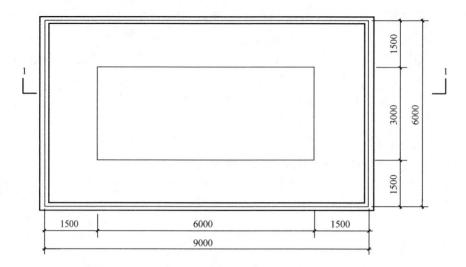

(a) 天棚平面图

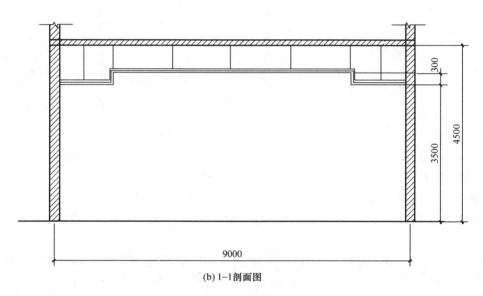

(b) 1-1剖面图

图 5-19　某房间天棚施工图

【解】（1）计算工程量。天棚喷刷涂料的清单工程量计算为：按设计图示尺寸以面积计算。该吊顶天棚为跌级天棚，喷刷涂料的清单工程量应按展开面积计算。

工程量 $S = (9-0.24) \times (6-0.24) + (6+3) \times 2 \times 0.3 = 55.86 (m^2)$

（2）编制天棚喷刷涂料分部分项工程量清单。根据清单计价规范，天棚喷刷涂料的分部分项工程量清单如表 5-29 所示。

表 5-29　天棚喷刷涂料分部分项工程量清单

项目编码	项目名称	项目特征	计量单位	工程量
011407002001	天棚喷刷涂料	（1）基层类型：纸面石膏板面板。 （2）喷刷涂料部位：天棚。 （3）腻子种类：胶老粉腻子刮腻子要求：2 遍。 （5）涂料种类，喷刷遍数：聚胺脂涂料 2 遍	m²	55.86

【BIM 虚拟现实任务辅导】

任务 5.6　其他装饰工程工程量清单编制

【任务目标】

（1）了解家具工程、浴厕配件、压条、装饰线等其他装饰工程的清单项目类别、项目特征描述、计量单位及工作内容，掌握其他装饰工程的工程量计算规则。

（2）能列项、计算其他装饰工程量并编制其分部分项工程量清单。

（3）具有精益求精、追求卓越的工匠精神，具有客观、公正、守法、诚信的工作作风，树立节约资源、保护环境的意识。

【任务单】

其他装饰工程工程量清单编制的任务单如表 5-30 所示。

表 5-30　其他装饰工程工程量清单编制的任务单

任务内容	识读某供水智能泵房成套设备生产基地项目 2♯配件仓库工程施工图（见附图），根据《房屋建筑与装饰工程工程量计算规范》（GB 50854—2013，列项、计算一层卫生间与盥洗室、二层管阀仓库、楼梯扶手、栏杆其他装饰工程清单工程量并编制其分部分项工程量清单。			
任务要求	每三人为一个小组（一人为编制人，一人为校核人，一人为审核人）。			
其他装饰工程分部分项工程量清单				
项目编码	项目名称及特征	计算过程	单位	工程量

【知识链接】

5.6.1　其他装饰工程概述

其他装饰工程主要包括家具工程、暖气罩、浴厕配件、压条、装饰线、雨篷旗杆、招牌灯箱、美术字等。

（1）家具工程。家具工程主要包括柜类、货架。家具结构以胶合板为主，内外饰面板一般为宝丽板、榉木胶合板、防火板等。柜类家具按高度分为高柜（高度在 1600mm 以上）、中柜（高度为 900～1600mm）、低柜（高度在 900mm 以内）。

（2）暖气罩。暖气罩是供暖系统散热器的装饰外罩，分为窗下式、沿墙式、嵌入式、独立式等。

（3）浴厕配件。浴厕配件包括洗漱台、卫生纸盒、肥皂盒、毛巾架（杆、环）、浴缸拉手、帘子杆、晒衣架、镜面玻璃等。

（4）压条、装饰线。压条、装饰线按材料分为金属、木质、石材、石膏装饰线、铝塑板装饰盒、镁铝曲板条等。按形状分为直线和弧形两种。

（5）美术字。美术字材质分为泡沫塑料有机玻璃字、木质字、金属字等。

（6）招牌灯箱。招牌、灯箱根据型式又分为平面招牌、箱式招牌、竖式招牌、灯箱等。

5.6.2　其他装饰工程工程量清单编制

1. 其他装饰工程清单项目设置与计量

（1）柜类、货架。

柜类、货架工程包括柜台（编码：011501001）、酒柜（编码：011501002）、衣柜（编码：011501003）、存包柜（编码：011501004）、鞋柜（编码：011501005）、书柜（编码：011501006）、厨房壁柜（编码：011501007）、木壁柜（编码：011501008）、厨房低柜（编码：011501009）、厨房吊柜（编码：011501010）、矮柜（编码：011501011）、吧台背柜（编码：011501012）、酒吧吊柜（编码：011501013）、酒吧台（编码：011501014）、展台（编码：011501015）、收银台（编码：011501016）、试衣间（编码：011501017）、货架（编码：011501018）、书架（编码：011501019）、服务台（编码：011501020）共 20 个清单项目，其具体清单项目设置见装饰工程清单项目设置中表 2-176。

柜类、货架工程量计算：①以个计量，按设计图示数量计量。②以 m 计量，按设计图示尺寸以延长米计算。③以 m^3 计量，按设计图示尺寸以体积计算。

（2）压条、装饰线。

压条、装饰线工程包括金属装饰线（编码：011502001）、木质装饰线（编码：011502002）、石材装饰线（编码：011502003）、石膏装饰线（编码：011502004）、镜面玻璃线（编码：011502005）、铝塑装饰线（编码：011502006）、塑料装饰线（编码：011502007）、GRC 装饰线条（编码：011502008）共 8 个清单项目，见装饰工程清单项目设置中表 2-177。

压条、装饰线工程量计算：按设计图示尺寸以长度计算。

（3）扶手、栏杆、栏板装饰。

扶手、栏杆、栏板装饰工程包括金属扶手、栏杆、栏板（编码：011503001），硬木扶手、栏杆、栏板（编码：011503002），塑料扶手、栏杆、栏板（编码：011503003），GRC 栏杆、扶手（编码：011503004），金属靠墙扶手（编码：011503005），硬木靠墙扶手（编码：011503006），塑料靠墙扶手（编码：011503007），玻璃栏板（编码：011503008）共 8 个清单项目，见装饰工程清单项目设置中表 2-178。

扶手、栏杆、栏板工程量计算：

按设计图示尺寸以扶手中心线长度（包括弯头长度）计算。

（4）暖气罩。

暖气罩工程包括等 3 个清单项目，其具体清单项目设置及工程量计算规则如表 5-31 所示。

表 5-31　暖气罩清单项目设置及工程量计算规则

项目编码	项目名称	项目特征	计量单位	工程量计算规则	工作内容
011504001	饰面板暖气罩	（1）暖气罩材质。 （2）防护材料种类	m²	按设计图示尺寸以垂直投影面积（不展开）计算	（1）暖气罩制作、运输、安装。 （2）刷防护材料、油漆
011504002	塑料板暖气罩				
011504003	金属暖气罩				

（5）浴厕配件。

浴厕配件工程包括洗漱台（编码：011505001）、晒衣架（编码：011505002）、帘子杆（编码：011505003）、浴缸拉手（编码：011505004）、卫生间扶手（编码：011505005）、毛巾杆（架）（编码：011505006）、毛巾环（编码：011505007）、卫生纸盒（编码：011505008）、肥皂盒（编码：011505009）、镜面玻璃（编码：011505010）、镜箱（编码：011505011）共 11 个清单项目，见装饰工程清单项目设置中表 2-180。

浴厕配件工程量计算：

① 洗漱台：按设计图示尺寸以台面外接矩形面积计算。不扣除孔洞、挖弯、削角所占面积，挡板、吊沿板面积并入台面面积内；按设计图示数量计算。

② 晒衣架、帘子杆、浴缸拉手、卫生间扶手、毛巾杆（架）、毛巾环、卫生纸盒、肥皂盒：按设计图示数量计算。

③ 镜面玻璃：按设计图示尺寸以边框外围面积计算。

④ 镜箱：按设计图示数量计算。

（6）雨篷、旗杆。

雨篷、旗杆工程包括雨篷吊挂饰面（编码：011506001）、金属旗杆（编码：011506002）、玻璃雨篷（编码：011506003）共 3 个清单项目，见装饰工程清单项目设置中表 2-181。

雨篷、旗杆工程量计算：

① 雨篷吊挂饰面：按设计图示尺寸以水平投影面积计算。

② 金属旗杆：按设计图示数量计算。

③ 玻璃雨篷：按设计图示尺寸以水平投影面积计算。

（7）招牌、灯箱。

招牌、灯箱工程包括平面、箱式招牌（编码：011507001）、竖式标箱（编码：011507002）、灯箱（编码：011507003）、信报箱（编码：011507004）共 4 个清单项目，见装饰工程清单项目设置中表 2-182。

招牌、灯箱工程量计算：

① 平面、箱式招牌：按设计图示尺寸以正立面边框外围面积计算。复杂形的凸凹造型部分不增加面积。

② 竖式标箱、灯箱、信报箱：按设计图示数量计算。

（8）美术字。

美术字工程包括泡沫塑料字（编码：011508001）、有机玻璃字（编码：011508002）、木质字（编码：011508003）、金属字（编码：011508004）、吸塑字（编码：011508005）共 5 个清单项目，其具体清单项目设置见装饰工程清单项目设置中表 2-183。

美术字工程量计算：按设计图示数量计算。

2. 其他装饰工程工程量清单编制

【例 5-19】某酒吧吊柜长×宽×高＝10000mm×300mm×500mm，采用 18mm 胶合板及红榉木夹板制作，面刷聚氨酯漆 2 遍。试计算该酒吧吊柜的清单工程量，并编制其分部分项工程量清单。

其他装饰工程
清单编制(1)

【解】（1）工程量计算。

清单工程量 $N=1$（个）

（2）编制酒吧吊柜分部分项工程量清单。根据清单计价规范，酒吧吊柜分部分项工程量清单如表 5-32 所示。

其他装饰工程
清单编制(2)

表 5-32 酒吧吊柜分部分项工程量清单

项目编码	项目名称	项目特征	计量单位	工程量
011501013001	酒吧吊柜	（1）台柜规格：长×宽×高＝10000mm×300mm×500mm。 （2）材料种类、规格：18mm 胶合板及红榉木夹板。 （3）油漆品种、刷漆遍数：刷聚氨酯漆 2 遍	个	1

【例 5-20】某楼梯施工图如图 5-20 所示，楼梯栏杆使用铁花栏杆（铸铁），扶手采用直形 100mm×60mm 硬木扶手（伸入墙体 200mm）。试计算该楼梯栏杆、扶手的清单工程量，并编制其分部分项工程量清单。

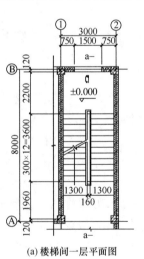

(a) 楼梯间一层平面图

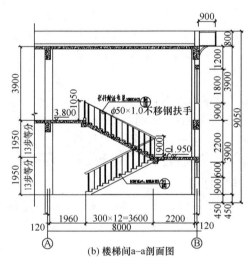

(b) 楼梯间a-a剖面图

图 5-20 某楼梯施工图

【解】（1）工程量计算。楼梯硬木扶手、栏杆的清单工程量按设计图示尺寸以扶手中心线长度（包括弯头长度）计算。

清单工程量 $L=\sqrt{3.6^2+1.95^2}\times 2+0.16\times 2+1.3+0.2=10.01$（m）

（2）编制楼梯栏杆、扶手分部分项工程量清单。根据清单计价规范，楼梯栏杆、扶手分部分项工程量清单如表 5-33 所示。

表 5-33 楼梯栏杆、扶手分部分项工程量清单

项目编码	项目名称	项目特征	计量单位	工程量
011503002001	硬木扶手、栏杆	（1）扶手材料种类、规格：100mm×60mm 硬木扶手。 （2）栏杆材料种类、规格：铁花栏杆（铸铁）高 1.05m。 （3）固定配件种类：螺栓固定	m	10.01

【例 5-21】某大理石洗漱台施工图如图 5-21 所示，台面、挡板、吊沿均使用芝麻白大理石，支架用角钢（L100×100×3）制作，支架重 10kg。试计算该大理石洗漱台的清单工程量，并编制其分部分项工程量清单。

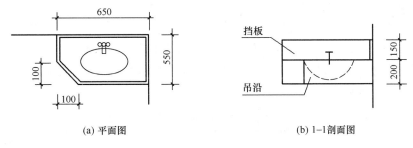

(a) 平面图　　　　　　　　(b) 1-1 剖面图

图 5-21 某大理石洗漱台施工图

【解】（1）工程量计算。洗漱台清单工程量按设计图示尺寸以台面外接矩形面积计算。不扣除孔洞、挖弯、削角所占面积，挡板、吊沿板面积并入台面面积内。

$$S = 0.65 \times 0.55 + (0.65 + 0.55 + 0.45 + 0.55 + \sqrt{0.1^2 + 0.1^2}) \times (0.15 + 0.2) = 1.18 \ (\text{m}^2)$$

（2）编制大理石洗漱台分部分项工程量清单。根据清单计价规范，大理石洗漱台分部分项工程量清单如表 5-34 所示。

表 5-34 大理石洗漱台分部分项工程量清单

项目编码	项目名称	项目特征	计量单位	工程量
011505001001	洗漱台	（1）材料品种、规格、颜色：芝麻白大理石。 （2）支架、配件品种、规格：角钢（L100×100×3）制作，支架重 10kg	m²	1.18

【项目夯基训练】

【项目任务评价】

项目6 措施项目清单编制

【项目引入】

措施项目是指为完成工程项目施工，发生于工程施工准备和施工过程中的技术、生活、安全、绿色施工（节能、节地、节水、节材、环境保护）等方面的项目。措施项目分为单价措施项目、总价措施项目、绿色施工安全防护措施项目费。单价措施项目是指有具体的工程量计算规则，可以计量的措施项目，如脚手架工程、模板工程、垂直运输工程。总价措施项目

措施项目清单
项目设置

是指没有具体的工程量计算规则，不可以计量的措施项目，以项为计量单位，如夜间施工增加费、冬雨季施工增加费、已完工程及设备保护费。绿色施工安全防护措施项目费包括安全文明施工费。措施项目应根据工程项目的施工组织设计、施工方案列项，同一工程项目当选择不同的施工组织设计、施工方案时，其项目类别会有区别。措施项目清单工程量清单编制的项目目标如表6-1所示。

表6-1 措施项目清单工程量清单编制的项目目标

知识目标	技能目标	思政目标
（1）掌握脚手架、混凝土模板及支架（撑）工程项目划分及工程量计算规则。 （2）掌握垂直运输工程、超高施工增加项目划分及工程量计算规则。 （3）掌握大型机械设备进出场及安拆项目划分及工程量计算规则。 （4）掌握施工排水、降水项目划分及工程量计算规则。 （5）掌握安全文明及其他措施项目划分及工程量计算规则	（1）能够正确进行脚手架工程、混凝土模板及支架（撑）列项与算量。 （2）能够正确进行垂直运输工程、超高施工增加列项与算量。 （3）能够正确进行大型机械设备进出场及安拆列项与算量。 （4）能够正确进行施工排水、降水列项与算量。 （5）能够正确进行安全文明及其他措施项目列项与算量	（1）具有精益求精的工匠精神。 （2）具有节约资源、保护环境的意识。 （3）具有家国情怀。 （4）具有廉洁品质、自律能力

任务6.1 单价措施项目清单编制

措施项目清单编制

【任务目标】

（1）了解单价措施项目的类别，掌握脚手架工程、混凝土模板及支架（撑）工程、垂直运输工程等单价措施项目的清单项目设置、项目特征描述及计量单位、工作内容，掌握脚手架工程、混凝土模板及支架（撑）工程、垂直运输工程等单价措施项目的工程量计算方法。

（2）能列项、计算脚手架工程、混凝土模板及支架（撑）工程、垂直运输工程等单价措施项目的清单工程量并编制其分部分项工程量清单。

（3）具有精益求精、追求卓越的工匠精神，树立节约资源、保护环境及安全意识，具有开拓进取、创新精神。

【任务单】

单价措施项目清单编制的任务单如表 6-2 所示。

表 6-2 单价措施项目清单编制的任务单

<table>
<tr><td colspan="6" align="center">任务一 单价措施项目清单编制</td></tr>
<tr><td>任务内容</td><td colspan="5">识读某供水智能泵房成套设备生产基地项目 2♯配件仓库工程施工图（见附图），根据《房屋建筑与装饰工程工程量计算规范》（GB 50854—2013），列项、计算其脚手架工程、垂直运输工程及①～③×ⓒ～ⓔ处桩承台基础垫层、桩承台基础、基础梁、柱、二层有梁板、楼梯、过梁及一层整个室外散水、坡道、台阶的混凝土模板及支架（撑）工程的清单工程量并编制其分部分项工程量清单。</td></tr>
<tr><td>任务要求</td><td colspan="5">每三人为一个小组（一人为编制人，一人为校核人，一人为审核人）</td></tr>
<tr><td colspan="6" align="center">单价措施项目清单</td></tr>
<tr><td>项目编码</td><td colspan="2">项目名称及特征</td><td>计算过程</td><td>单位</td><td>工程量</td></tr>
<tr><td></td><td colspan="2"></td><td></td><td></td><td></td></tr>
<tr><td colspan="6" align="center">任务二 超高施工增加工程量清单编制</td></tr>
<tr><td>任务内容</td><td colspan="5">某高层建筑示意图如图 6-1 所示，根据《房屋建筑与装饰工程工程量计算规范》（GB 50854—2013）列项、计算其超高施工增加工程清单工程量并编制其分部分项工程量清单。</td></tr>
<tr><td>任务要求</td><td colspan="5">每三人为一个小组（一人为编制人，一人为校核人，一人为审核人）。</td></tr>
<tr><td colspan="6" align="center"> 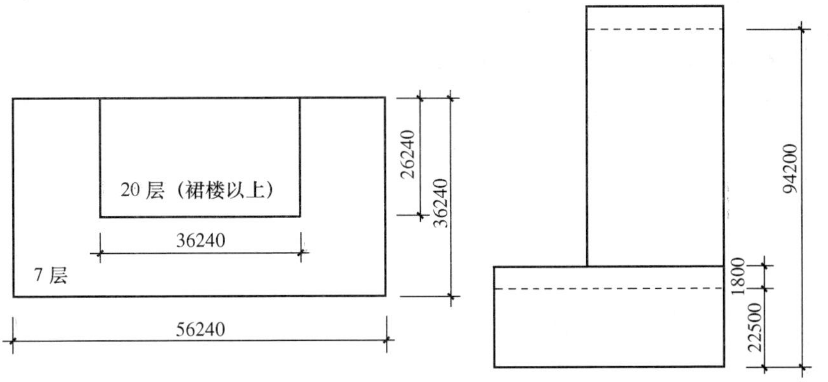
图 6-1 某高层建筑示意图</td></tr>
<tr><td colspan="6" align="center">超高施工增加工程工程量清单</td></tr>
<tr><td>项目编码</td><td colspan="2">项目名称及特征</td><td>计算过程</td><td>单位</td><td>工程量</td></tr>
<tr><td></td><td colspan="2"></td><td></td><td></td><td></td></tr>
</table>

【知识链接】

6.1.1 脚手架工程工程量清单编制

1. 脚手架工程清单项目设置与计量

脚手架工程包括综合脚手架（编码：011701001）、外脚手架（编码：011701002）、里脚手架（编码：011701003）、悬空脚手架（编码：011701004）、挑脚手架（编码：

011701005)、满堂脚手架（编码：011701006）、整体提升架（编码：011701007）、外装饰吊篮（编码：011701008）共 8 个清单项目，其具体清单项目设置见"措施项目清单设置"中表 2-187。

脚手架工程量计算：

（1）综合脚手架：按建筑面积计算。

（2）外脚手架、里脚手架：按所服务对象的垂直投影面积计算。

（3）悬空脚手架：按搭设的水平投影面积计算。

（4）挑脚手架：按搭设长度乘以搭设层数以延长米计算。

（5）满堂脚手架：按搭设的水平投影面积计算。

（6）整体提升架、外装饰吊篮：按所服务对象的垂直投影面积计算。

规范说明：①使用综合脚手架时，不再使用外脚手架、里脚手架等单项脚手架；综合脚手架适用于能够按"建筑面积计算规则"计算建筑面积的建筑工程脚手架，不适用于房屋加层、构筑物及附属工程脚手架。②同一建筑物有不同檐高时，按建筑物竖向切面分别按不同檐高编列清单项目。③整体提升架已包括 2m 高的防护架体设施。④脚手架材质可以不描述，但应注明由投标人根据建筑工程实际情况按照国家现行标准《建筑施工扣件式钢管脚手架安全技术规范》（JGJ 130—2011）、《建筑施工附着升降脚手架管理暂行规定》等规范自行确定。

2. 脚手架工程工程量清单编制

【例 6-1】某建筑的底层平面图及正立面图如图 6-2 所示，墙厚为 200mm，轴线居中，施工时采用钢管扣件式脚手架。试计算该建筑综合脚手架的清单工程量，并编制其分部分项工程量清单。

【解】（1）工程量计算。综合脚手架的清单工程量按建筑面积计算。

该建筑层高 3.6m＞2.2m，建筑面积应按建筑物外墙结构外边线的水平投影面积以全面积计算。

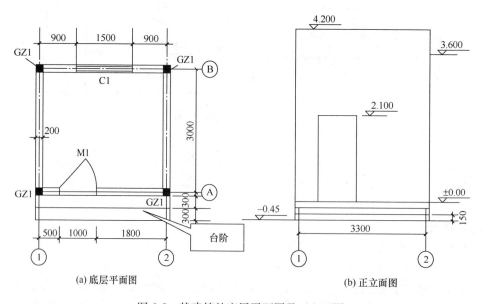

图 6-2　某建筑的底层平面图及正立面图

工程量 $S=(3.3+0.1\times2)\times(3+0.1\times2)=11.20(\text{m}^2)$

提示： 建筑面积计算时必须根据建筑物层高判断应计算全面积还是半面积。

（2）编制综合脚手架的分部分项工程量清单。根据清单计价规范，综合脚手架分部分项工程量清单如表 6-4 所示。

表 6-4　综合脚手架分部分项工程量清单

项目编码	项目名称	项目特征	计量单位	工程量
011701001001	综合脚手架	（1）建筑结构形式：砖混结构、民用建筑。 （2）檐口高度：4.05m	m²	11.20

【例 6-2】 某建筑的底层平面图及正立面图如图 6-3 所示，屋面板厚为 120mm，墙厚为 200mm，轴线居中，施工时采用钢管扣件式脚手架。试分别计算该建筑砌筑外脚手架、砌筑里脚手架清单工程量，并编制其分部分项工程量清单。

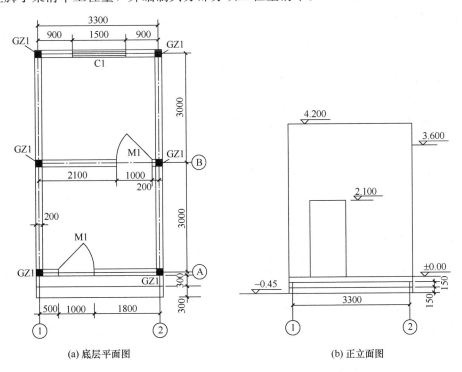

(a) 底层平面图　　　　(b) 正立面图

图 6-3　某建筑的底层平面图及正立面图

【解】（1）工程量计算。

① 砌筑外脚手架。砌筑外脚手架的清单工程量按其所服务对象的垂直投影面积计算。

工程量 $S=(3.3+0.1\times2+3\times2+0.1\times2)\times2\times(4.2+0.45)=90.21(\text{m}^2)$

② 砌筑里脚手架。砌筑里脚手架的清单工程量按其所服务对象的垂直投影面积计算。

只有Ⓑ为内墙，砌筑里脚手架的清单工程量

$S=(3.3-0.1\times2)\times(3.6-0.12)=10.79(\text{m}^2)$

提示： 按其所服务对象的垂直投影面积计算时不扣除外墙及内墙上的门窗面积。

（2）编制脚手架分部分项工程量清单。根据清单计价规范，脚手架分部分项工程量清单如表 6-5 所示。

表 6-5　脚手架分部分项工程量清单

序号	项目编码	项目名称	项目特征	计量单位	工程量
1	011701002001	外脚手架	（1）搭设方式：落地式单排。 （2）搭设高度：4.65m。 （3）脚手架材质：钢管扣件式脚手架	m²	90.21
2	011701003001	里脚手架	（1）搭设方式：落地式单排。 （2）搭设高度：3.48m。 （3）脚手架材质：钢管扣件式脚手架	m²	10.79

【例 6-3】 某三层现浇钢筋混凝土框架结构厂房层高 4.2m，建筑面积为 800m²，室内净面积为 750m²，采用钢管扣件式脚手架。试计算该建筑满堂脚手架的清单工程量，并编制其分部分项工程量清单。

【解】（1）工程量计算。因层高为 4.2m，大于 3.6m，应计算满堂脚手架。根据计算规则，满堂脚手架清单工程量按搭设的水平投影面积计算。

工程量 S＝室内净面积＝750（m²）

提示： 计算满堂脚手架的前提条件是该层层高大于 3.6m。

（2）编制脚手架分部分项工程量清单。根据清单计价规范，脚手架分部分项工程量清单如表 6-6 所示。

表 6-6　脚手架分部分项工程量清单

项目编码	项目名称	项目特征	计量单位	工程量
011701006001	满堂脚手架	（1）搭设方式：落地式单排。 （2）搭设高度：4.65m。 （3）脚手架材质：钢管扣件式脚手架	m²	750

6.1.2　混凝土模板及支架（撑）工程量清单编制

1. 混凝土模板及支架（撑）清单项目设置

混凝土模板及支架（撑）工程包括基础（编码：011702001），矩形柱（编码：011702002），构造柱（编码：011702003），异形柱（编码：011702004），基础梁（编码：011702005），矩形梁（编码：011702006），异形梁（编码：011702007），圈梁（编码：011702008），过梁（编码：011702009），弧形、拱形梁（编码：011702010），直形墙（编码：011702011），弧形墙（编码：011702012）等 32 个清单项目，其具体清单项目设置见"措施项目清单设置"中表 2-191。

2. 混凝土模板及支架（撑）工程量计算规则

（1）基础，矩形柱，构造柱，异形柱，基础梁，矩形梁，异形梁，圈梁，过梁，弧形、拱形梁，直形墙，弧形墙，短肢剪力墙、电梯井壁（编码：011702013）、有梁板（编码：011702014）、无梁板（编码：011702015）、平板（编码：011702016）、拱板（编码：011702017）、薄壳板（编码：011702018）、空心板（编码：011702019）、其他板（编码：

011702020)、栏板（编码：011702021）：按模板与现浇混凝土构件的接触面积计算。

① 现浇钢筋混凝土墙、板单孔面积≤0.3m² 的孔洞不予扣除，洞侧壁模板亦不增加；单孔面积＞0.3m² 时应予扣除，洞侧壁模板面积并入墙、板工程量内计算。

② 现浇框架分别按梁、板、柱有关规定计算；附墙柱、暗梁、暗柱并入墙内工程量内计算。

③ 柱、梁、墙、板相互连接的重叠部分，均不计算模板面积。

④ 构造柱按图示外露部分计算模板面积。

（2）天沟、檐沟（编码：011702022）：按模板与现浇混凝土构件的接触面积计算。

（3）雨篷、悬挑板、阳台板（编码：011702023）：按图示外挑部分尺寸的水平投影面积计算，挑出墙外的悬臂梁及板边不另计算。

（4）楼梯（编码：011702024）：按楼梯（包括休息平台、平台梁、斜梁和楼层板的连接梁）的水平投影面积计算，不扣除宽度≤500mm 的楼梯井所占面积，楼梯踏步、踏步板、平台梁等侧面模板不另计算，伸入墙内部分亦不增加。

（5）其他现浇构件（编码：011702025）：按模板与现浇混凝土构件的接触面积计算。

（6）电缆沟、地沟（编码：011702026）：按模板与电缆沟、地沟的接触面积计算。

（7）台阶（编码：011702027）：按图示台阶水平投影面积计算，台阶端头两侧不另计算模板面积。架空式混凝土台阶，按现浇楼梯计算。

（8）扶手（编码：011702028）：按模板与扶手的接触面积计算。

（9）散水（编码：011702029）：按模板与散水的接触面积计算。

（10）后浇带（编码：011702030）：按模板与后浇带的接触面积计算。

（11）化粪池（编码：011702031）、检查井（编码：011702032）：按模板与混凝土接触面积计算。

规范说明：①原槽浇灌的混凝土基础、垫层，不计算模板。②混凝土模板及支撑（架）项目，只适用于以 m² 计量，按模板与混凝土构件的接触面积计算，以 m³ 计量的模板及支撑（支架），按混凝土及钢筋混凝土实体项目执行，综合单价中应包含模板及支架。③采用清水模板时，应在特征中注明。④若混凝土梁、板支撑高度超过 3.6m 时，项目特征应描述支撑高度。

3. 现浇混凝土构件支撑高度的确定

《房屋建筑与装饰工程工程量计算规范》（GB 50854—2013）没有对现浇混凝土构件模板支撑高度计算做出规定。由于计价时应依据计价定额（地区消耗量标准或企业定额）进行组价，这里介绍《湖南省房屋建筑与装饰工程消耗量标准》（2020 年）对于现浇混凝土构件支撑高度的确定方法。

现浇混凝土梁、板、柱、墙的子目是按支模高度 3.6m 编制的，超过 3.6m 而小于 6.6m 时按超高增加费子目计算。支模高度计算应符合以下规定（见图 6-4）：

（1）柱、墙、板支模高度计算，地下室按结构底板上表面至上层结构楼面的高度，其他各层均按该层楼面结构标高至对应上层标高之差计。

（2）梁支模高度计算，一层按室外地坪（地下室室内地坪）至上层梁面；楼层按楼板面（或梁面）至上层梁面。

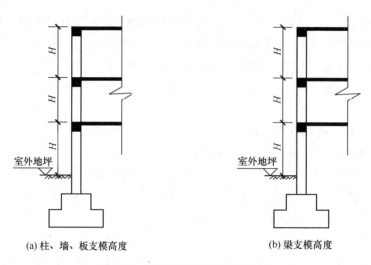

(a)柱、墙、板支模高度　　　　　　　　　(b)梁支模高度

图 6-4　无地下室支模高度的确定

4. 现浇钢筋混凝土框架模板工程量计算

现浇钢筋混凝土框架分别按梁、板、柱、墙相关规定计算；附墙柱，并入墙内工程量计算。分界规定如下（见图 6-5、图 6-6）：

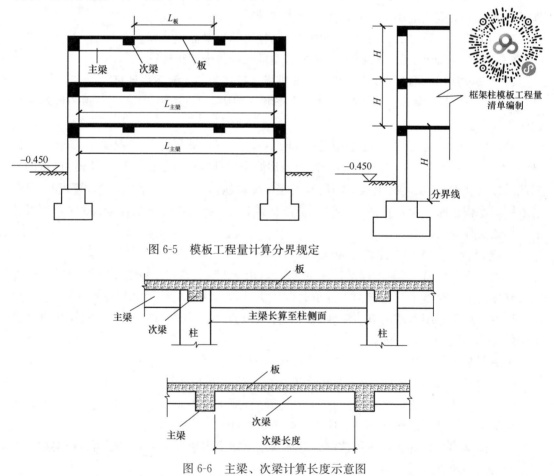

图 6-5　模板工程量计算分界规定

图 6-6　主梁、次梁计算长度示意图

（1）柱、墙：底层，以基础顶面为界算至上层楼板表面；楼层中，以楼面为界算至上层楼板表面（有柱帽的柱应扣除柱帽部分）。

（2）梁板：主梁算至柱或混凝土墙侧面；次梁算至主梁侧面；伸入砌体墙内的梁头与梁垫模板并入梁内；板算至梁的侧面。

（3）无梁板：板算至边梁的侧面，柱帽部分按接触面积计算，工程量套用柱帽项目。

5. 现浇钢筋混凝土楼梯模板工程量计算

按楼梯（包括休息平台、平台梁、斜梁和楼层板的连接梁）的水平投影面积计算，不扣除宽度小于或等于 500mm 的楼梯井所占面积，楼梯踏步、踏步板、平台梁等侧面模板不另计算，伸入墙内部分亦不增加。楼梯示意图如图 6-7 所示。

提示： 水平投影面积包括休息平台、平台梁、斜梁和楼层板的连接的连接梁，在此范围内的构件不再单独计算，在此范围外的构件应单独计算。

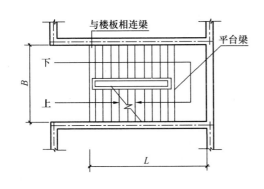
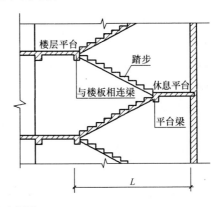

图 6-7　楼梯示意图

6. 混凝土模板及支架（撑）工程量清单编制

【例 6-4】 某现浇钢筋混凝土带形基础长度为 50m，如图 6-8 所示。采用竹胶合板模板钢支撑。试分别计算该带形基础模板的清单工程量，并编制其分部分项工程量清单。

【解】（1）清单工程量计算。根据计价规范规定，带形基础模板工程量按模板与现浇混凝土构件的接触面积计算，应区分有肋带形基础和板式带形基础。肋高与肋宽之比在4：1以内，按有肋带形基础计算；超过 4：1 时，其基础按板式带形基础计算，以上按墙计算；

该基础肋高为 1.2m，肋宽$(0.24+0.08×2)=0.4(m)$，肋高：肋宽$=1.2：0.4=3：1<4：1$，属有肋带形基础，清单工程量 $S=(0.3+1.2)×50×2=150(m^2)$

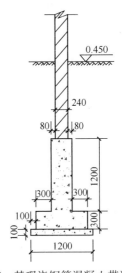

图 6-8　某现浇钢筋混凝土带形基础

（2）编制带形基础模板分部分项工程量清单。根据清单计价规范，带形基础模板分部分项工程量清单如表 6-7 所示。

表 6-7　带形基础模板分部分项工程量清单

项目编码	项目名称	项目特征	计量单位	工程量
011702001001	带形基础	（1）基础形状：带形基础。 （2）模板材质：竹胶合板模板钢支撑	m²	150

【例 6-5】 已知某现浇钢筋混凝土墙，墙厚为 200mm，长度为 50m，高度为 4.0m，墙上有一 2000mm×1500mm 的窗洞，采用竹胶合板模板木支撑。试计算该现浇钢筋混凝土墙模板的清单工程量，并编制其分部分项工程量清单。

【解】（1）清单工程量计算。

① 清单工程量计算。根据计价规范规定，现浇钢筋混凝土墙模板工程量按模板与现浇混凝土构件的接触面积计算，现浇钢筋混凝土墙、板单孔面积小于或等于 0.3m² 的孔洞不予扣除，洞侧壁模板亦不增加；单孔面积大于 0.3m² 时应予扣除，洞侧壁模板面积并入墙、板工程量内计算。

墙上窗洞面积 $S = 2\text{m} \times 1.5\text{m} = 3\text{m}^2 > 0.3\text{m}^2$，应扣除。

窗洞侧壁模板面积 $S = (1.5 + 2) \times 2 \times 0.2 = 1.4(\text{m}^2)$

墙模板清单工程量 $S = (50 \times 4 - 3) \times 2 + 1.4 = 395.40(\text{m}^2)$

支撑高度为 4m。

（2）编制墙模板的分部分项工程量清单。墙模板分部分项工程量清单如表 6-8 所示。

表 6-8　墙模板分部分项工程量清单

序号	项目编码	项目名称	项目特征	计量单位	工程量
1	011702011001	直形墙	（1）模板材质：竹胶合板模板钢支撑。 （2）支撑高度：4m	m²	359.40

【例 6-6】 某砖混结构房屋底层平面图如图 6-9（a）所示，墙厚 200mm，轴线居中，现浇混凝土构造柱如图 6-9（b）所示，采用竹胶合板模板木支撑。试计算该构造柱模板的清单工程量，并编制其分部分项工程量清单。

【解】（1）清单工程量计算。根据施工图及构造柱设置要求，构造柱宽度同墙宽（200mm），马牙槎宽为 60mm，每个构造柱有 2 个外露面需要模板，每个转角处构造柱有

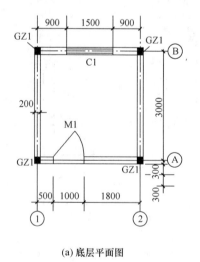

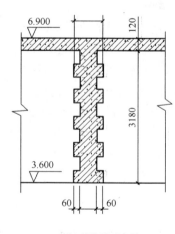

(a) 底层平面图　　　　　　　　　　(b) 构造柱示意图

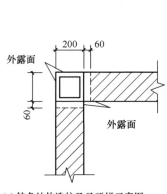

(c) 转角处构造柱及马牙槎示意图　　　　(d) 构造柱及马牙槎立面图

图 6-9　某砖混结构房屋底层平面图与构造柱示意图

2 个马牙槎，如图 6-9 (c) (d) 所示，构造柱高 $H = 6.9 - 3.6 = 3.3$ (m)

构造柱模板工程量：$S = [(0.2 \times 2 + 0.06 \times 4] \times 3.3 \times 4 = 8.45$ (m^2)

（2）编制构造柱模板的分部分项工程量清单。根据清单计价规范，构造柱模板分部分项工程量清单如表 6-9 所示。

表 6-9　构造柱分部分项工程量清单

项目编码	项目名称	项目特征	计量单位	工程量
011702003001	构造柱	模板材质：竹胶合板模板木支撑	m^2	8.45

【例 6-7】某单层现浇框架结构屋面配筋图如图 6-10 所示，KZ1：400mm×400mm，

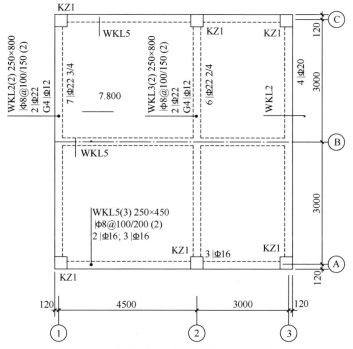

图 6-10　某单层现浇框架结构屋面梁配筋图

基顶标高为-1.50m，室外地坪标高为-0.45m，屋面板厚为120mm，采用竹胶合板模板木支撑。试分别计算该屋面现浇混凝土梁、板及柱模板的清单工程量，并编制其分部分项工程量清单。

【解】（1）清单工程量计算。

该屋面现浇混凝土构件包括梁、板，因为梁、板整体浇筑，所以该屋面梁、板的模板应按有梁板计算。

① 梁模板。

WKL5（次梁）：

$S_1=(4.5+3+0.12\times2-0.4\times3)\times(0.45\times2-0.12+0.25)\times2+(4.5+3+0.12\times2-0.25\times3)\times(0.45\times2-0.12\times2+0.25)=6.54\times1.03\times2+6.99\times0.91=6.36+13.47=19.83(\text{m}^2)$

WKL3（主梁）：

$S_2=(3\times2+0.12\times2-0.4\times2)\times[(0.8-0.12)\times2+0.25)]-(0.45-0.12)\times0.25\times2=5.44\times1.61-0.165=8.59(\text{m}^2)$

WKL2（主梁）：

$S_3=[(3\times2+0.12\times2-0.4\times2)\times(0.8\times2-0.12+0.25)-(0.45-0.12)\times0.25]\times2=(5.44\times1.73-0.083)\times2=18.66(\text{m}^2)$

小计：$\sum S=19.83+8.59+18.66=47.08(\text{m}^2)$

梁支撑高度 $h=0.45+7.8=8.25$（m）

② 板模板。

$S=(4.5+3+0.12\times2)\times(3\times2+0.12\times2)-0.4\times0.4\times6(\text{KZ1})-(3\times2+0.12\times2-0.4\times2)\times0.25\times3(\text{KL2. KL3})-(4.5+3+0.12\times2-0.4\times3)\times0.25\times2(\text{Ⓐ、Ⓒ轴 KL5})-(4.5+3+0.12\times2-0.25\times3)\times0.25(\text{Ⓑ轴 KL5})$

$=7.74\times6.24-0.96-5.44\times0.25\times3-6.54\times0.25\times2-6.99\times0.25$

$=48.30-0.96-4.08-3.27-1.75=38.24(\text{m}^2)$

板支撑高度 $h=0.45+7.8=8.25$（m）

有梁板模板 $S=S_{梁}+S_{板}=46.48+38.24=84.72(\text{m}^2)$

③ 柱模板。

$S=0.4\times4\times(1.5+7.8)\times6-0.25\times0.8\times6(\text{WKL2、WKL3})-0.25\times0.45\times8(\text{WKL5})-[(0.4-0.25)\times0.12\times(8+6)](\text{板})$

$=89.28-1.2-0.9-0.25=86.93(\text{m}^2)$

柱支撑高度 $h=0.45+7.8=8.25$（m）

（2）编制模板分部分项工程量清单。根据清单计价规范，模板分部分项工程量清单如表 6-10 所示。

表 6-10　模板分部分项工程量清单

序号	项目编码	项目名称	项目特征	计量单位	工程量
1	011702014001	有梁板	（1）模板材质：竹胶合板模板木支撑。 （2）支撑高度：8.25m	m²	84.72

序号	项目编码	项目名称	项目特征	计量单位	工程量
2	011702002001	矩形柱 (KZ1)	(1) 模板材质：竹胶合板模板木支撑。 (2) 支撑高度：8.25m	m²	86.93

6.1.3　垂直运输工程工程量清单编制

1. 垂直运输工程概述

（1）垂直运输工程的概念。

垂直运输工程指依靠垂直运输设施进行的运输工程。

（2）常用的垂直运输机械。

建筑装饰工程施工常用的垂直运输机械有塔式起重机、井架、龙门架、履带式起重机、汽车式起重机、轮胎式起重机、桅杆式起重机、人货电梯。高层建筑施工中应用最广泛的是塔式起重机、人货电梯。

2. 垂直运输工程工程量清单编制

（1）垂直运输工程清单项目设置与计量。

垂直运输工程包括 1 个清单项目，其具体清单项目设置及工程量计算规则如表 6-11 所示。

表 6-11　垂直运输工程清单项目设置及工程量计算规则

项目编码	项目名称	项目特征	计量单位	工程量计算规则	工作内容
011703001	垂直运输	(1) 建筑物建筑类型及结构形式。 (2) 地下室建筑面积。 (3) 建筑物檐口高度、层数	(1) m²。 (2) 天	(1) 按建筑面积计算。 (2) 按施工工期日历天数计算。	(1) 垂直运输机械的固定装置、基础制作、安装。 (2) 行走式垂直运输机械轨道的敷设、拆除、摊销

规范说明：①建筑物的檐口高度是指设计室外地坪至檐口滴水的高度（平屋顶是指屋面板底高度），凸出主体建筑物屋顶的电梯机房、楼梯出口间、水箱间、瞭望塔、排烟机房等不计入檐口高度。②垂直运输机械指施工工程在合理工期内所需垂直运输机械。③同一建筑物有不同檐高时，按建筑物的不同檐高做纵向分割，分别计算建筑面积，以不同檐高分别编码列项。

（2）垂直运输工程工程量清单编制。

【例 6-8】某单层砖混结构建筑施工图如图 6-11 所示，试分别计算该工程项目垂直运输工程的清单与定额工程量，并编制其分部分项工程量清单。

【解】（1）清单工程量计算。

垂直运输工程清单工程量按建筑物的建筑面积计算或按施工工期日历天数计算。该案例选择按建筑物的建筑面积计算。其工程量 $S = (3.9 + 5.1 + 0.24) \times (3 \times 2 + 0.24) = 57.66(m^2)$

（2）编制垂直运输工程的分部分项工程量清单。根据清单计价规范及相应地区定额，垂直运输工程分部分项工程量清单如表 6-12 所示。

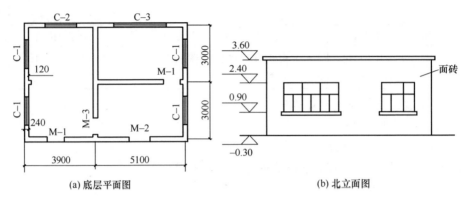

图 6-11 某单层砖混结构建筑施工图

表 6-12 垂直运输分部分项工程量清单

项目编码	项目名称	项目特征	计量单位	工程量
011703001001	垂直运输	(1) 建筑类型及结构形式：民用建筑砖混结构。 (2) 建筑物檐口高度、层数：3.9m、单层	m²	57.66

6.1.4 超高施工增加工程量清单编制

1. 超高施工增加的概念

超高施工增加是指因建筑物超高引起的人工工效降低以及由于人工工效降低引起的机械降效，高层施工用水加压水泵的安装、拆除及工作台班，通信联络设备的使用及摊销。

2. 超高施工增加工程量清单编制

（1）清单项目设置与计量。

超高施工增加工程包括超高施工增加（编码：011704001）1 个清单项目，其具体清单项目设置见措施项目清单设置中表 2-198。

超高施工增加工程量计算：按建筑物超高部分的建筑面积计算。

规范说明：①单层建筑物檐口高度超过 20m，多层建筑物超过 6 层时，可按超高部分的建筑面积计算超高施工增加。计算层数时，地下室不计入层数。②同一建筑物有不同檐高时，可按不同高度的建筑面积分别计算建筑面积，以不同檐高分别编码列项。

（2）工程量清单编制。

【例 6-9】某高层建筑示意图如图 6-12 所示，框架结构，女儿墙高度为 1.8m，塔楼超

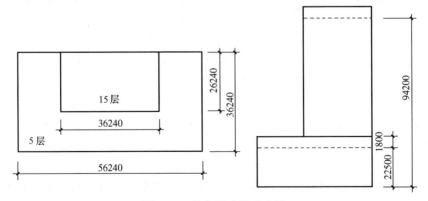

图 6-12 某高层建筑示意图

出裙楼高度部分 15 层，由某建筑公司承包，施工组织设计中，垂直运输采用自升式塔式起重机及单笼施工电梯。试编制该建筑超高施工增加分部分项工程量清单。

【解】（1）列项并计算工程量。该建筑塔楼部分共有 15＋5＝20（层），超过 6 层，塔楼部分列项并计算超高施工增加费。

工程量 $S＝(20-6)\times 36.24\times 26.24＝13313.13(\text{m}^2)$

（2）编制超高施工增加分部分项工程量清单。超高施工增加分部分项工程量清单如表 6-13 所示。

表 6-13　超高施工增加分部分项工程量清单

序号	项目编码	项目名称	项目特征	计量单位	工程量
1	011704001001	超高施工增加	（1）建筑物建筑类型及结构形式：框架结构。 （2）建筑物檐口高度、层数：檐高为 94.2m、塔楼共 20 层	m²	13313.13

任务 6.2　总价措施项目清单编制

【任务目标】

（1）了解总价措施项目的清单项目类别及内容，掌握总价措施项目的确定方法。

（2）能正确列出工程建设项目的总价措施项目。

（3）具有精益求精、追求卓越的工匠精神，具有客观、公正、守法、诚信的工作作风，树立节约资源、保护环境的意识。

【任务单】

总价措施项目清单编制的任务单如表 6-14 所示。

表 6-14　总价措施项目清单编制的任务单

任务内容	识读某供水智能泵房成套设备生产基地项目 2♯配件仓库工程施工图（附图），根据《房屋建筑与装饰工程工程量计算规范》（GB 50854—2013）、地区建设工程计价办法，列出其总价措施项目量并编制其清单					
任务要求	每三人为一个小组（一人为编制人，一人为校核人，一人为审核人）					
总价措施项目清单						
序号	项目编码	项目名称	计算基础	费率（%）	金额（元）	备注

【知识链接】

6.2.1　总价措施项目清单项目设置

根据《湖南省建设工程计价办法》（2020 年），总价措施项目包括以下项目：

（1）夜间施工增加费，是指因夜间施工所发生的夜班补助费、夜间施工降效、夜间施工照明设备摊销及照明用电等费用。

（2）冬雨期施工增加费：是指在冬期或雨期施工需增加的临时设施、防滑、排除雨雪，人工及施工机械效率降低等费用。

（3）压缩工期措施增加费，在工程招投标时，要求压缩定额工期而采取措施所增加的相关费用。

（4）已完工程及设备保护费，是指竣工验收前，对已完工程及设备采取的必要保护措施所发生的费用。

（5）工程定位复测费，是指工程施工过程中进行全部施工测量放线和复测工作的费用。

（6）专业工程中的有关措施项目费。

6.2.2　总价措施项目清单编制

根据《湖南省建设工程计价办法》（2020 年），总价措施项目清单计费按表 6-15 的格式编制。

表 6-15　总价措施项目清单计费表

序号	项目编码	项目名称	计算基础	费率（%）	金额（元）	备注
1		夜间施工增加费	按招标文件规定或合同约定			
2		压缩工期措施增加费（招投标）	《湖南省建设工程计价办法》（2020 年）附录 D 相关规定			
3		冬雨期施工增加费	《湖南省建设工程计价办法》（2020 年）附录 D 相关规定			
4		已完工程及设备保护费	按招标文件规定或合同约定			
5		工程定位复测费	按招标文件规定或合同约定			
6		专业工程中的有关措施项目费	按各专业工程中的相关规定及招标文件或合同约定			

任务 6.3　绿色施工安全防护措施项目费清单编制

【任务目标】

（1）了解绿色施工安全防护措施项目费的清单项目类别及内容，掌握绿色施工安全防护措施项目费的确定方法。

（2）能正确编制绿色施工安全防护措施项目费清单。

（3）具有精益求精、追求卓越的工匠精神，具有客观、公正、守法、诚信的工作作风，树立节约资源、保护环境的意识。

【任务单】

绿色施工安全防护措施项目费清单编制的任务单如表 6-16 所示。

表 6-16 绿色施工安全防护措施项目费清单编制的任务单

任务内容	识读某供水智能泵房成套设备生产基地项目 2♯ 配件仓库工程施工图（见附图），根据《房屋建筑与装饰工程工程量计算规范》（GB 50854—2013）、地区建设工程计价办法，编制建筑工程绿色施工安全防护措施项目费清单
任务要求	每三人为一个小组（一人为编制人，一人为校核人，一人为审核人）

绿色施工安全防护措施项目费清单（招投标）

序号	工作内容	计算基数	费率（%）	金额（元）	备注

【知识链接】

6.3.1 绿色施工安全防护措施项目费清单项目设置

根据《湖南省建设工程计价办法》（2020 年），绿色施工安全防护措施项目包括以下项目：

（1）安全文明施工费。

① 安全生产费，是指施工现场安全施工所需要的各项费用。

② 文明施工费，是指施工现场文明施工所需要的各项费用。

③ 环境保护费，是指施工现场为达到环保部门要求所需要的，除绿色施工措施项目以外的各项费用。

④ 临时设施费，是指施工企业为进行建设工程施工所应搭设的生活和生产用的临时建筑物、构筑物和其他临时设施费用，包括临时设施的搭设、维修、拆除、清理费或摊销费等。

（2）绿色施工措施费，是指施工现场为达到环保部门绿色施工要求所需要的费用，包括扬尘控制措施费（场地硬化、扬尘喷淋、雾炮机、扬尘监控和场地绿化）、施工人员实名制管理及施工场地视频监控系统、场内道路、排水沟及临时管网、施工围挡等费用。绿色施工安全防护措施项目费所包含的具体内容包括：

① 安全文明施工费（固定费率），包括安全生产费、文明施工及环境保护费、临时设施费。

② 绿色施工措施费（按工程量计量），包括①扬尘控制措施费，包括即施工场地硬化、扬尘喷淋系统、雾炮机、扬尘在线监测系统、场地绿化的费用；②场内道路费用；③排水费用；④施工围挡费用。⑤智慧管理设备及系统费用，包括施工人员实名制管理设备及系统，施工场地视频监控设备及系统，人工智能、传感技术、虚拟现实等高科技技术设备及系统的费用。

提示：扬尘控制及智慧管理建设的费用，一年工期及以内按 60% 计算摊销费用；两年工期及以内的按 80% 计算摊销费用；两年工期以上的按 100% 计算摊销费用。

6.3.2 绿色施工安全防护措施项目费清单编制

根据《湖南省建设工程计价办法》（2020 年），绿色施工安全防护措施项目费清单按表 6-17 的格式编制。

表 6-17 绿色施工安全防护措施项目费计价表

序号	工作内容	计算基数	费率（%）	金额（元）	备注
一	绿色施工安全防护措施项目费	直接费/人工费			
其中：	安全生产费	直接费/人工费			

提示：安装工程取费基数按人工费，其他工程取费基数按直接费〔不含其他管理费的计费基数。详《湖南省建设工程计价办法》（2020 年）附录 C 说明〕计算。

【项目夯基训练】

【项目任务评价】

招标工程量清单编制案例
——湘潭市某中学招标工程量清单

模块 3　工程量清单计价

项目 7　工程量清单计价基础

【项目引入】

自 2016 年 5 月 1 日起，我国建筑业、房地产业开始全面实施"营改增"，增值税是建筑安装工程费用的组成部分之一。建筑材料是房屋建筑与装饰工程的重要组成部分，其价格有含税价与除税价之分，直接影响建筑工程造价的确定。《湖南省建设工程计价办法》（2020 年）规定了招标控制价/投标报价/工程结算的计价程序，是编制招标控制价/投标报价/工程结算的重要依据。

工程量清单计价基础的项目目标如表 7-1 所示。

表 7-1　工程量清单计价基础的项目目标

知识目标	技能目标	思政目标
（1）了解增值税计税规定，了解增值税、销售额、进项税、应纳税额的概念。 （2）了解工程量清单计价的适用范围、文件类型及应遵循的原则，了解工程量清单计价原理	（1）能正确计算增值税、销售额、进项税、应纳税额，能正确计算工程材料销售额（除税价）。 （2）能说明编制单位工程招标控制价/投标报价/工程结算时工程量清单计价程序，能说明分部分项工程项目与单价措施项目清单计价程序	（1）具有精益求精的工匠精神。 （2）具有节约资源、保护环境的意识。 （3）具有家国情怀。 （4）具有廉洁品质、自律能力

任务 7.1　建筑业增值税认知

【任务目标】

（1）了解增值税计税规定，了解增值税、销售额、进项税、应纳税额的概念。

（2）能正确计算增值税、销售额、进项税、应纳税额，能正确计算工程材料销售额（除税价）。

（3）具有严谨细致、精益求精、追求卓越的工匠精神，具有客观、公正、守法、诚信的工作作风，树立节约资源、保护环境的意识。

【任务单】

建筑业增值税认知的任务单如表 7-2 所示。

表 7-2　建筑业增值税认知的任务单

任务内容	某建筑材料的原价（含税价）为 120 万元，增值税率为 13%，该批材料的运杂费为 0.8 万元，交通运输增值税率为 9%。试确定该建筑材料的价格（不含税价）
任务要求	每三人为一个小组（一人为编制人，一人为校核人，一人为审核人）

【知识链接】

7.1.1　增值税计税规定

1. 增值税纳税人的划分

增值税纳税人分为小规模纳税人和一般纳税人，增值税概念只适用于一般纳税人计算增值税。

纳税人可以因业务需要，自行申请登记认定一般纳税人；在一定时期内销售额超过一定标准的情况下，被强制认定为一般纳税人。

2. 小规模纳税人和一般纳税人的划分标准

小规模纳税人和一般纳税人的划分标准如表 7-3 所示。

表 7-3　小规模纳税人和一般纳税人的划分标准

认定标准	生产货物或提供应税劳务的纳税人（工业纳税人）	批发零售货物的纳税人（商业纳税人）	"营改增"纳税人
小规模纳税人	$A \leqslant 50$ 万元	$A \leqslant 80$ 万元	$A \leqslant 500$ 万元
一般纳税人	$A > 50$ 万元	$A > 80$ 万元	$A > 500$ 万元

注：1. A 为纳税人在连续不超过 12 个月的经营期内累计应征增值税的不含税销售额。

　　2. 纳税人应密切连续关注累计销售额指标，在 A 达到标准限额的次月纳税申报期后的 40 d 内主动办理一般纳税人登记认定手续，否则纳税人将被强制认定为一般纳税人，强制按一般纳税人的税率计算征收增值税，且不得抵扣进项税额。

3. 一般纳税人的增值税税率

根据《中华人民共和国增值税暂行条例》，一般纳税人的增值税税率规定如下：

（一）纳税人销售或者进口货物，除本条第（二）项、第（三）项规定外，税率为 13%。

（二）纳税人销售或者进口下列货物，税率为 9%：

1. 粮食、食用植物油；

2. 自来水、暖气、冷气、热水、煤气、石油液化气、天然气、沼气、居民用煤炭制品；

3. 图书、报纸、杂志；

4. 饲料、化肥、农药、农机、农膜；

5. 国务院规定的其他货物。

（三）纳税人出口货物，税率为零；但是，国务院另有规定的除外。

（四）纳税人提供加工、修理修配劳务（以下称应税劳务），税率为 13%。

（五）建筑业增值税税率为 9%。

7.1.2　应纳税额的计算

1. 一般规定

（1）增值税的计税方法包括一般计税法和简易计税法。一般纳税人发生应税行为适用一般计税法；小规模纳税人适用简易计税法。

（2）一般计税法。

$$应纳税额 ＝ 当期销项税额 － 当期进项税额$$
$$销项税额 ＝ 销售额 \times 税率$$

$$销售额 = 含税销售额 \div (1 + 税率)$$

进项税额是指纳税人购进货物、加工修理修配劳务、服务、无形资产或者不动产、支付或者负担的增值税额。

（3）简易计税法。简易计税法不得抵扣进项税额。

$$应纳税额 = 销售额 \times 征收率$$

$$销售额 = 含税销售额 \div (1 + 征收率)$$

（4）销售额。销售额是指纳税人发生应税行为取得的全部价款和价外费用，财政部和国家税务总局另有规定的除外。价外费用是指价外收取的各种性质的收费。

2. 增值税、销售额、进项税、应纳税额计算举例

假定 A、B 企业均为一般纳税人，现 B 企业从 A 企业购进一批货物，货物价值为 100 元（销售额），则 B 企业应该支付给 A 企业 113 元［含税销售额，包括销售额 100 元及增值税 $100 \times 13\% = 13$（元）］，此时 A 企业实得 100 元，另 13 元交给了税务局。

然后 B 企业经过加工后以 200 元（销售额）卖给 C 企业，此时 C 企业应付给 B 企业 226 元［含税销售额，包括销售额 200 元及增值税 $200 \times 13\% = 26$（元）］。

$$销项税额 = 销售额 \times 增值税率 = 200 \times 13\% = 26（元）$$

应纳税额＝当期销项税额－当期进项税额＝26－13＝13（元）（B 企业在将货物卖给 C 企业后应交给税务局的增值税额）

7.1.3 建设工程销售额与含税销售额

1. 建设工程销售额

（1）根据《建筑安装工程费用项目组成》的规定：

$$建设工程销售额 = 分部分项工程费 + 措施项目费 + 其他项目费 + 规费$$

或者

$$销售额 = 含税销售额 \div (1 + 增值税率)$$

（2）根据《湖南省建设工程计价办法》（2020 年）的规定：

$$建设工程销售额 = 分部分项工程费 + 措施项目费 + 其他项目费$$

或者

$$销售额 = 含税销售额 \div (1 + 增值税率)$$

2. 建设工程含税销售额

$$建设工程含税销售额 = 销售额 \times (1 + 9\%)（建筑业）$$

或者

$$建设工程除税价 = 建设工程含税造价 \div (1 + 9\%)$$

3. 工程材料销售额（除税价）

当工程材料含税销售额(含税价)包括材料含税价和运输含税价时，计算工程材料除税价的方法如下：

$$工程材料除税价 = 工程材料含税价 \div (1 + 相应材料增值税率) +$$

$$运输含税价 \div (1 + 交通运输增值税率)$$

$$增值税折算率 = （工程材料含税价 \div 工程材料除税价）- 1$$

$$工程材料除税价 = 工程材料含税价 \div (1 + 增值税折算率)$$

4. 增值税条件下材料价格的使用规定(一般计税法、湖南省)

根据增值税条件下工程计价的要求,税前工程造价中材料应采取不含税价格,材料原价、运杂费等含税价采用综合税率除税,公式如下:

$$材料除税预算价格 = 材料含税预算价格(市场价) \div (1 + 综合税率)$$

除税用综合税率标准规定如表 7-4~表 7-6 所示,其他未列明分类的材料增值税综合税率为 12.95%(《湖南省住房和城乡住房建设厅关于调整建设工程销项税额税率和材料价格综合税率计费标准的通知》)。

表 7-4　适用增值税税率 3%的自产自销材料的综合税率

序号	材料分类名称	综合税率
1	砂	3.6%
2	石子	
3	水泥为原料的普通及轻骨料商品混凝土	

表 7-5　适用增值税税率 13%的材料的综合税率

序号	材料分类名称	综合税率
1	水泥、砖、瓦、灰及混凝土制品	12.95%
2	沥青混凝土、特种混凝土等其他混凝土	
3	砂浆及其他配合比材料	
4	黑色及有色金属	

表 7-6　适用增值税税率 9%的材料的综合税率

序号	材料分类名称	综合税率
1	园林苗木	9%
2	自来水	

5. 材料预算价格计算举例

【例 7-1】已知直径 12mm HRB400 级螺纹钢筋的含税原价 4200 元/t,运输费含税价 20 元/t,螺纹钢筋增值税率 13%,运输费增值税率 9%。试确定该材料的材料预算价格(不含税价)。

【解】该材料的材料预算价格(不含税价)= $4200 \div (1 + 13\%) + 20 \div (1 + 9\%)$ = $3716.81 + 18.35 = 3735.16$(元/t)

【例 7-2】已知直径 10mm HRB400 级螺纹钢筋的含税价为 4200 元/t,该材料的综合税率为 12.95%,试确定该材料的预算价格(不含税价)。

【解】该材料的预算价格(不含税价)= $4200 \div (1 + 12.95\%) = 3718.46$(元/t)

任务 7.2　建设工程工程量清单计价认知

【任务目标】

(1) 了解工程量清单计价的适用范围、文件类型及应遵循的原则,了解工程量清单计价原理。

(2) 能说明编制单位工程招标控制价/投标报价/工程结算时工程量清单计价程序,能说明分部分项工程项目与单价措施项目清单计价程序。

（3）具有严谨细致、精益求精、追求卓越的工匠精神，具有客观、公正、守法、诚信的工作作风，树立节约资源、保护环境意识。

【任务单】

建设工程工程量清单计价认知的任务单如表 7-7 所示。

表 7-7　建设工程工程量清单计价认知的任务单

任务内容	阅读某工程项目建筑工程招标控制价计算表（表 7-7），试写出①分部分项费用合计、②措施项目费、③销项税额、④税前造价、⑤单位工程建安造价的金额				
任务要求	每三人为一个小组（一人为编制人，一人为校核人，一人为审核人）				
某工程项目建筑工程招标控制价计算汇总表					
序号	工程内容	计费基础说明	费率%	金额	其中：暂估价（元）
一	分部分项工程费	分部分项费用合计		①	
1	直接费			4553459.19	
1.1	人工费			403295.39	
1.2	材料费			4126517.67	
1.2.1	其中：工程设备费/其他	（详见附录 C 说明第 2 条规定计算）			
1.3	机械费			23646.13	
2	管理费		9.65	439406.74	
3	其他管理费	（详见附录 C 说明第 2 条规定计算）	2		
4	利润		6	273207.71	
二	措施项目费	1＋2＋3		②	
1	单价措施项目费	单价措施项目费合计		1210256.98	
1.1	直接费			1046482.99	
1.1.1	人工费			566482.50	
1.1.2	材料费			455634.33	
1.1.3	机械费			24366.16	
1.2	管理费		9.65	100985.51	
1.3	利润		6	62788.48	
2	总价措施项目费	（按 E.20 总价措施项目计价表计算）		10362.09	
3	绿色施工安全防护措施项目费	（按 E.21 绿色施工安全防护措施费计价表计算）	6.25	349996.39	
3.1	其中安全生产费	（按 E.21 绿色施工安全防护措施费计价表计算）	3.29	184238.10	
三	其他项目费	（按 E.23 其他项目计价汇总表计算）		68366.62	
四	税前造价	一＋二＋三		③	
五	销项税额	四	9	④	
	单位工程建安造价	四＋五		⑤	

注：附录 C 详见 2020 年湖南省建设工程计价办法。

【知识链接】

7.2.1   实行工程量清单计价的依据

1.《建设工程工程量清单计价规范》(GB 50500—2013)

第 3.1.1 条规定：使用国有资金投资的建设工程发承包，必须采用工程量清单计价。

2.《湖南省建设工程计价办法》(2020 年)

第 3.2.1 条规定：本省行政区域内使用国有资金投资的建设工程，包括建筑工程、装饰工程、安装工程、市政工程、仿古建筑工程、园林景观工程、城市轨道交通工程以及市政设施维护等工程的工程计价，应采用工程量清单计价。

7.2.2   工程量清单计价的适用范围

工程量清单计价适用于工程建设发承包及实施阶段的计价。

7.2.3   工程量清单计价应遵循的原则

工程量清单计价应遵循客观、公平、公正的原则。

7.2.4   工程量清单计价文件类型

工程量清单计价文件类型包括招标控制价、投标报价、工程过程结算与竣工结算。

7.2.5   工程量清单计价原理

$$建设项目工程造价 = \Sigma 单项工程造价$$

$$单项工程造价 = \Sigma 单位工程造价$$

单位工程造价计算分两种情况：

(1) 根据《建设工程工程量清单计价规范》(GB 50500—2013)。

单位工程造价＝分部分项工程费＋措施项目费＋其他项目费＋规费＋税金（2016 年改征增值税）

$$分部分项工程费 = \Sigma（分部分项工程量 \times 综合单价）$$

措施项目分为单价措施项目和总价措施项目。

$$单价措施项目费 = \Sigma（分部分项工程量 \times 综合单价）$$

$$总价措施项目费 = \Sigma（相应项目计算基础 \times 相应费率）$$

其他项目费 ＝ 暂列金额＋计日工＋总承包服务费＋索赔与现场签证＋其他项目费销项税额

$$规费 = \Sigma（相应项目计算基础 \times 相应费率）$$

$$销项税额 = 税前工程造价(销售额) \times 9\%$$

税前工程造价(销售额) ＝ 分部分项工程费＋措施项目费＋其他项目费＋规费

(2) 根据《湖南省建设工程计价办法》(2020 年)。

单位工程造价 ＝ 分部分项工程费＋措施项目费＋其他项目费＋增值税

其中，分部分项工程费、措施项目费、其他项目费、增值税的计算与上述相同。

7.2.6   单位工程工程量清单计价程序

1. 编制招标控制价和投标报价时单位工程工程量清单计价程序

根据《湖南省建设工程计价办法》(2020 年)，编制招标控制价和投标报价时单位工程工程量清单计价程序如表 7-8 所示。包括以下步骤：①分部分项工程量清单计价；②措施项目清单计价；③其他项目清单计价；④计算税前造价；⑤计算销项税额；⑥汇总计算。

表 7-8 单位工程招标控制价和投标报价计算（程序）表

工程名称：＿＿＿＿＿＿＿＿＿＿＿＿＿＿　标段：＿＿＿＿＿　　　　　　　第＿＿页共＿＿页

序号	工程内容	计算基础说明	费率(%)	金额(元)	其中暂估价(元)
一	分部分项工程费	分部分项费用合计			
1	直接费				
1.1	人工费				
1.2	材料费				
1.2.1	其中：工程设备费/其他				
1.3	机械费				
2	管理费				
3	其他管理费				
4	利润				
二	措施项目费				
1	单价措施项目费	单价措施项目费合计			
1.1	直接费				
1.1.1	人工费				
1.1.2	材料费				
1.1.3	机械费				
1.2	管理费				
1.3	利润				
2	总价措施项目费				
3	绿色施工安全措施项目费				
3.1	其中：安全生产费				
三	其他项目费				
四	税前造价	一＋二＋三			
五	销项税额/应纳税额	四			
	单位工程造价	四＋五			

2. 编制结算时单位工程工程量清单计价程序

根据《湖南省建设工程计价办法》（2020 年），编制结算时单位工程工程量清单计价程序如表 7-9 所示。包括以下步骤：①分部分项工程量清单计价；②措施项目清单计价；

③其他项目清单计价；④计算税前造价；⑤计算销项税额；⑥汇总计算。

表 7-9 单位工程结算计算（程序）表

工程名称：＿＿＿＿＿＿＿＿＿＿＿ 标段：＿＿＿＿ 第＿＿页共＿＿页

序号	工程内容	计算基础说明	费率（%）	金额（元）	其中暂估价（元）
一	分部分项工程费	分部分项费用合计			
1	直接费				
1.1	人工费				
1.2	材料费				
1.2.1	其中：工程设备费/其他				
1.3	机械费				
2	管理费				
3	其他管理费				
4	利润				
二	措施项目费				
1	单价措施项目费	单价措施项目费合计			
1.1	直接费				
1.1.1	人工费				
1.1.2	材料费				
1.1.3	机械费				
1.2	管理费				
1.3	利润				
2	总价措施项目费				
3	绿色施工安全措施项目费				
3.1	固定费部分				
3.2	按工程量计算部分				
三	其他项目费				
四	税前造价	一＋二＋三			
五	销项税额/应纳税额	四			
	单位工程造价	四＋五			

7.2.7 分部分项工程项目与单价措施项目清单计价程序

1. 分部分项工程项目与单价措施项目清单计价表

根据《湖南省建设工程计价办法》（2020年），分部分项工程项目与单价措施项目清单计价表如表7-10所示。

表7-10　分部分项工程项目与单价措施项目清单计价表

工程名称：＿＿＿＿＿＿＿＿＿＿　　　标段：＿＿＿＿＿＿　　　　　　　　第＿＿页共＿＿页

序号	项目编码	项目名称	项目特征描述	计量单位	工程量	金额（元）		
						综合单价	合价	其中暂估价
1	本行为清单内容							
1.1	本行为消耗量内容							
1.2	本行为消耗量内容							

2. 分部分项工程项目与单价措施项目清单计价程序

（1）分部分项工程项目清单计价表举例。某工程现浇水磨石楼地面分部分项项目清单计价表如表7-11所示。

表7-11　某工程现浇水磨石楼地面分部分项项目清单计价表

工程名称：＿＿＿＿＿＿＿＿＿＿　　　标段：＿＿＿＿＿＿　　　　　　　　第＿＿页共＿＿页

序号	项目编码	项目名称	项目特征描述	计量单位	工程量	金额（元）		
						综合单价	合价	其中暂估价
1	010501003001	独立基础		m³	144.62	707.77	102357.7	
1.1	A5-84	现浇混凝土构件、独立基础、混凝土	（1）混凝土种类：商品混凝土。	10m³	14.462	6834.97	98847.34	
1.2	A5-129	现浇混凝土构件、混凝土泵送费、檐高（50m以内）	（2）混凝土强度等级：C30	10m³	14.679	239.12	3510.03	

（2）分部分项工程项目与单价措施项目清单计价程序。分部分项工程项目与单价措施项目清单计价程序如下：

① 识读工程施工图，核对分部分项工程项目与单价措施项目清单工程量。

② 分部分项工程项目与单价措施项目组价。

套用定额子目。计算定额子目的定额工程量。

③ 计算综合单价。

计算直接费。计算管理费、利润、风险费用。计算综合单价。

④ 计算综合合价。

【项目夯基训练】

【项目任务评价】

项目 8　建筑工程清单组价

【项目引入】

工程建设项目招标时，招标人需要编制招标控制价，投标人需要编制投标报价。而编制招标控制价、投标报价首先应以招标工程量清单、计价定额（地区消耗量标准或企业定额）、地区计价办法为依据确定招标工程量清单中分部分项工程量清单项目应套用的定额子目并正确计算其组价定额子目的工程量。建筑工程清单组价就是要确定建筑工程中各分部分项工程量清单应套取的定额子目并正确计算其组价定额子目的工程量。建筑工程清单组价的项目目标如表 8-1 所示。

表 8-1　知识目标、技能目标和思政目标

知识目标	技能目标	思政目标
（1）了解分部分项工程量清单组价的概念。 （2）掌握土（石）方工程、地基处理与边坡支护工程、桩基工程等建筑分部分项工程定额说明、定额计算规则。 （3）掌握土（石）方工程、地基处理与边坡支护工程、桩基工程等建筑分部分项工程定额工程量计算方法。 （4）掌握建筑分部分项工程量清单组价方法	（1）能正确套用建筑分部分项工程量清单项目的定额子目。 （2）能正确计算定额子目的定额工程量。 （3）能正确编制组价建筑分部分项工程量清单	（1）具有精益求精的工匠精神。 （2）具有节约资源、环境保护的意识。 （3）具有家国情怀。 （4）具有廉洁品质、自律能力

任务 8.1　土（石）方工程组价

【任务目标】

（1）掌握土（石）方工程定额工程量计算方法，掌握土（石）方工程分部分项工程量清单组价方法。

（2）能正确套用土（石）方工程分部分项工程量清单项目的定额子目并计算定额工程量。

（3）具有精益求精、追求卓越的工匠精神，具有客观、公正、守法、诚信的工作作风，树立节约资源、保护环境的意识。

【任务单】

土（石）方工程组价的任务单如表 8-2 所示。

表 8-2　土（石）方工程组价的任务单

任务内容	识读某供水智能泵房成套设备生产基地项目 2#配件仓库工程施工图，核查模块 2 项目 4 任务 4.2 任务单中任务二分部分项工程量清单并根据地区消耗量标准或企业定额完成其组价
任务要求	每三人为一个小组（一人为编制人，一人为校核人，一人为审核人）
（1）独立基础、条基、管沟土方工程量在 300m³ 以内的，按_____子目执行，人工挖槽、坑土方分为_____定额子目。 （2）清单核查与组价	

续表

<table>
<tr><td colspan="5" align="center">土（石）方工程分部分项工程量清单（带定额）</td></tr>
<tr><td>项目编码</td><td>项目名称及特征</td><td>计算过程</td><td>单位</td><td>工程量</td></tr>
<tr><td></td><td></td><td></td><td></td><td></td></tr>
</table>

【知识链接】

8.1.1　分部分项工程量清单组价基础认知

1. 分部分项工程量清单组价的概念

分部分项工程量清单组价是指在分部分项工程清单项目计价时，根据计价定额（地区消耗量标准或企业定额）及分部分项工程清单项目的项目特征、工作内容确定清单项目应套用的定额子目并计算定额工程量的过程。

2. 分部分项工程量清单组价举例

【例 8-1】 某工程挖基坑土方分部分项工程量清单如表 8-3 所示。试根据《湖南省房屋建筑与装饰工程消耗量标准》（2020 年）确定该清单项目的组价项目。

表 8-3　挖基坑土方分部分项工程量清单

项目编码	项目名称	项目特征	计量单位	工程量
010101004001	挖基坑土方	(1) 土壤类别：二类土。 (2) 挖土深度：1.8m。 (3) 弃土运距：50m 以内	m³	380

《湖南省房屋建筑与装饰工程消耗量标准》（2020 年）第一章土石方工程的工程量计算规则第九条规定：独立基础、条基、管沟土方工程量在 300m³ 以内的，按人工挖槽坑土方子目执行；工程量在 300m³ 以上的，70% 工程量按挖掘机挖槽坑土方子目执行，30% 工程量按人工挖槽坑土方子目执行。

根据定额项目表 8-4、表 8-5，确定组价定额子目为 "A1-51 挖掘机挖槽坑土方" "A1-3 人工挖槽、坑土方"。套用定额子目的分部分项工程量清单如表 8-6 所示。

表 8-4　挖掘机挖运土方

工作内容：挖土，装土，清理机下余土，清底修边。　　　　　　　　　　　计量单位：100m³

编号			A1-51	A1-52
项目			挖掘机挖槽、坑土方	
			装车	
			普通土	坚土
基价（元）			964.45	1082.17
其中	人工费		590.00	606.00
	材料费		—	—
	机械费		374.45	476.17
名称		单位	单价	数量
机械 履带式单斗液压挖掘机 0.6m³		台班	1474.22	0.254　0.323

表 8-5　人工挖槽、坑土方

工作内容：挖土、弃土于槽坑边 5m 以内或装土、修整边底。　　　　　　　计量单位：100m³

编号		A1-3	A1-4
项目		深度小于或等于 2m	
		普通土	坚土
基价（元）		3407.36	8567.68
其中	人工费	3407.36	8567.68
	材料费	—	—
	机械费	—	—

表 8-6　分部分项工程量清单（带定额）

序号	项目编码	项目名称	项目特征	计量单位	工程量
1	010101004001	挖基坑土方	（1）土壤类别：二类土。 （2）挖土深度：1.8m。 （3）弃土运距：50m 以内	m³	380
1.1	A1-51	挖掘机挖槽坑土方	装车、普通土	100m³	2.66
1.2	A1-3	人工挖槽、坑土方	普通土、深度小于或等于 2m	100m³	1.14

【例 8-2】某建筑四层平面图如图 8-1 所示，该建筑卧室块料地面分部分项工程量清单如表 8-7 所示。试根据《湖南省房屋建筑与装饰工程消耗量标准》（2020 年）确定该清单项目的组价定额子目并计量。

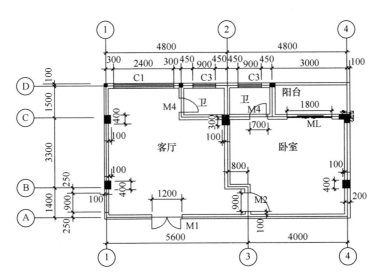

图 8-1 某建筑四层平面图

表 8-7 卧室块料地面分部分项工程量清单

项目编码	项目名称	项目特征	计量单位	工程量
011102003001	块料楼地面	（1）找平层厚度、砂浆配合比：20mm 厚 1：3 水泥砂浆。 （2）结合层厚度、砂浆配合比：20mm 厚 1：4 水泥砂浆。 （3）面层材料品种、规格、颜色：10mm 厚 400mm× 400mm 优质瓷砖面层	m²	20.15

【解】（1）组价。

① 确定组价定额子目。

a. 根据卧室块料地面分部分项工程量清单中块料楼地面的项目特征描述，该块料楼地面的构造层次包括找平层、结合层、面层三个层次。清单工作内容包括基层清理、抹找平层、面层敷设、磨边，嵌缝，刷防护材料，酸洗、打蜡，材料运输。

b. 根据定额项目表 8-8 陶瓷地面砖、表 8-9 找平层，确定组价定额子目为"A11-53 块料面层、楼地面（每块面积在 3600cm² 以内）""A11-1 找平层、20mm 厚水泥砂浆在混凝土或硬基层上"。由于实际采用的砂浆与定额项目中砂浆不同，需要进行换算。

表 8-8 陶瓷地面砖

工作内容：清理基层、调运砂浆、锯板修边、铺贴饰面、清理镜面。 计量单位：100m²

	编号	A11-53	A11-54	A11-55	A11-56
	项目	楼地面（每块面积在 cm² 以内）			零星项目
		3600	6400	6400 以外	
	基价（元）	11827.60	14057.57	16056.65	18200.25
其中	人工费	5866.91	6102.28	6494.56	12081.44
	材料费	5806.99	7801.59	9408.39	6001.55
	机械费	153.70	153.70	153.70	117.26

续表

名称		单位	单价	数量			
材料	陶瓷地砖 600×600	m^2	43.00	102.500	—	—	—
	陶瓷地砖 800×800	m^2	61.00	—	104.000	—	—
	陶瓷地砖 1000×1000	m^2	76.00	—	—	104.000	—
	陶瓷地砖 300×300	m^2	43.00	—	—	—	106.000
	预拌干混凝土地面砂浆 DS M15.0	m^3	589.92	2.020	2.020	2.020	2.020
	白水泥	kg	0.71	10.000	10.000	10.000	11.000
	石料切割锯片	片	35.40	0.320	0.320	0.320	1.600
	水	t	4.39	2.600	2.600	2.600	2.900
	其他材料费	元	1.00	178.819	236.914	283.714	175.542
机械	干混砂浆罐式搅拌机 200L	台班	236.27	0.340	0.340	0.340	0.340
	岩石切割机 3kW	台班	48.59	1.510	1.510	1.510	0.760

表 8-9 找平层

工作内容：(1) 清理基层、调运砂浆、抹平、压实。

(2) 清理基层、混凝土搅拌、捣平、压实。

计量单位：100m^2

编号				A11-1	A11-2	A11-3	A11-4	A11-5
项目				水泥砂浆			细石混凝土	
				混凝土或硬基层上	在填充材料上	每增减	30mm	每增减
				20mm		1mm		1mm
基价（元）				2849.26	3215.78	120.92	3250.28	100.76
其中	人工费			1537.09	1576.65	55.43	1558.71	45.00
	材料费			1231.84	1539.90	60.76	1602.05	52.78
	机械费			80.33	99.23	4.73	89.52	2.98
名称		单位	单价	数量				
材料	预拌干混地面砂浆 DS M15.0	m^3	589.52	2.020	2.530	0.100	—	—
	现场现拌普通混凝土坍落度 45 以下碎 20C20	m^3	512.46	—	—	—	3.030	0.100
	水	t	4.39	0.600	0.600	—	0.600	—
	其他材料费	元	1.00	38.372	45.778	1.806	46.662	1.538
机械	双卧轴式混凝土搅拌机 350L	台班	298.39	—	—	—	0.300	0.010
	干混砂浆罐式搅拌机 200L	台班	236.27	0.340	0.420	0.020	—	—

② 计算组价项目的定额工程量。

a. 计算 A11-1 找平层的定额工程量。找平层的定额工程量计算规则：按设计图示尺寸以面积计算，扣除凸出地面构筑物、设备基础、室内地沟等所占面积，不扣除间壁墙及小于或等于 0.3m^2 柱、垛、附墙烟囱及孔洞所占面积。门洞、空圈、暖气包槽、壁龛的开口部分不增加面积。

$$S = (4.8 - 0.1 \times 2) \times (1.4 + 3.3 - 0.1 \times 2) - (0.8 - 0.1 + 0.1) \times (1.4 - 0.1 + 0.1)$$
$$= 19.58 (\text{m}^2)$$

b. 计算 A11-53 块料面层的定额工程量。块料面层的定额工程量计算规则同清单工程量计算规则。

工程量 $S = 20.15 (\text{m}^2)$

（2）编制清单项目组价表。已组价卧室块料地面分部分项工程量清单如表 8-10 所示。

表 8-10　块料地面分部分项工程量清单（带定额）

序号	项目编码	项目名称	项目特征	计量单位	工程量
1	011102003001	块料楼地面	（1）找平层厚度、砂浆配合比：20mm 厚 1∶3 水泥砂浆。 （2）结合层厚度、砂浆配合比：20mm 厚 1∶4 水泥砂浆。 （3）面层材料品种、规格、颜色：10mm 厚 400mm×400mm 优质瓷砖面层	m²	20.15
1.1	A11-53 换	块料面层	楼地面、每块面积在 3600cm² 以内	100m²	0.1958
1.2	A11-1 换	找平层	20mm 厚水泥砂浆在混凝土或硬基层上	100m²	0.2015

8.1.2　土（石）方工程定额说明

土（石）方工程包括人工土方、人工石方、机械土方、机械石方、回填及其他工程，根据施工方法编列了开挖、运输、回填等内容。套用《湖南省房屋建筑与装饰工程消耗量标准》（2020 年）时，应根据合理的施工方案，选择开挖及回填方式、运输距离、机械种类。

1. 土壤及岩石分类

（1）土壤按普通土、坚土分类，普通土包括一、二类土，坚土包括三、四类土，其具体分类如表 4-8 所示。

（2）岩石按岩石坚硬程度结合风化程度分类执行《湖南省房屋建筑与装饰工程消耗量标准》（2020 年）。

① 岩石坚硬程度分类如表 4-19 所示。

② 未风化、微风化岩体直接按表 4-19 执行《湖南省房屋建筑与装饰工程消耗量标准》（2020 年）。

③ 中等（弱）风化、强风化岩体坚硬程度分别按表 8-11、表 8-12 折算，并按折算后的分类执行《湖南省房屋建筑与装饰工程消耗量标准》（2020 年）。

表 8-11　中等（弱）风化岩体坚硬程度折算表

中等（弱）风化岩体	折算后
极软岩	极软岩
软岩	极软岩
较软岩	软岩
较硬岩	较软岩
坚硬岩	较硬岩

表 8-12　强风化岩体坚硬程度折算表

强风化岩体	折算后
极软岩	极软岩
软岩	极软岩
较软岩	极软岩
较硬岩	软岩
坚硬岩	较软岩

④ 全风化岩体均折算为极软岩执行《湖南省房屋建筑与装饰工程消耗量标准》（2020 年）。

2. 沟槽、基坑、平整场地和一般土石方的划分

（1）底宽（设计图示垫层或基础宽度，下同）小于或等于 3m，且底长大于 3 倍底宽为沟槽。

（2）底长小于或等于 3 倍底宽，且底面积 $S \leqslant 20m^2$ 的为基坑。

（3）厚度小于或等于 0.30m 的就地挖、填土及平整为平整场地。

（4）超出上述范围的土石方为一般土石方。

（5）上述槽底宽度、坑底面积划分均不包括按规定应增加的工作面。

3. 人工土石方

（1）适用于土（石）方工程量在 300m³ 以内的工程。

（2）人工挖土（石）方项目超过《湖南省房屋建筑与装饰工程消耗量标准》（2020 年）设定深度的，超出部分工程量应计算垂直运输费用，按垂直深度全深 1m 折合水平距离 7m 计算人工运输，按《湖南省房屋建筑与装饰工程消耗量标准》（2020 年）第一章土石方工程人工运土（石）方"每增运 20m"子目执行。

（3）挡土板支撑下挖土方，按《湖南省房屋建筑与装饰工程消耗量标准》（2020 年）第一章土石方工程相应项目乘以系数 1.35，支撑搭设前所挖土方不乘系数。

4. 机械土石方

（1）一般规定。

① 在编制招标控制价时，土石方类别根据地勘报告选定，实际结算时根据施工方案及实际情况计算。

② 桩间挖土不扣除桩径＜600mm 的桩体和空孔所占体积，且按相应项目人工、机械乘以系数 1.50。

③ 土石方工程挖运填相关项目按正常施工条件编制。若相关管理部门规定每天允许通行时间小于 8 h，按相应项目人工、机械乘以系数 1.25。

④ 土石方运输必须采用新型智能环保渣土砂石专用运输车的市、自治州，其费用按市、自治州有关标准执行；土石方挖装按《湖南省房屋建筑与装饰工程消耗量标准》（2020 年）第一章土石方工程相应项目人工、机械乘以系数 1.25。

⑤ 因交通管制产生土石方外运费用与《湖南省房屋建筑与装饰工程消耗量标准》（2020 年）相差较大的，有关市、自治州应当根据实际情况发布本地区运输费或调整办法，有发布的从其规定。

⑥ 无论采用何种规格的挖掘、装载、运输等机械，均按《湖南省房屋建筑与装饰工

程消耗量标准》（2020 年）第一章土石方工程标准执行。

（2）推土机施工。

① 推土机推土、石渣或铲运机铲运土上坡，当坡度大于 5％时，其运距按坡度区段斜长乘以表 8-13 中系数计算。

表 8-13　坡度系数表

坡度（％）	5～10	≤15	≤20	≤25
系数	1.75	2.00	2.25	2.50

② 推土机推土，当土层平均厚度小于或等于 0.30m 时，按相应项目人工、机械乘以系数 1.25。

③ 推土机推未经压实的堆积土时，按普通土相应项目人工、机械乘以系数 0.87。

（3）其他机械施工。

① 机械土石方按自然地面以下 5.0m 深编制；深度超过 5.0m 且在 15.0m 以内的部分，可按相应项目人工、机械乘以系数 1.20；深度超过 15.0m 时，应根据专家评审通过的专项施工方案另行计算。

② 沟槽、基坑石方破碎按《湖南省房屋建筑与装饰工程消耗量标准》（2020 年）第一章土石方工程"机械碎石方"相应项目人工、机械乘以系数 1.30。

5. 平整场地及回填土

（1）平整场地：当挖填土方厚度大于±0.3m 时，全部厚度按一般土方相应项目计算，但仍应计算平整场地。

（2）回填土项目不包括外购土土源费，实际发生时另行计算。

（3）房心土回填按《湖南省房屋建筑与装饰工程消耗量标准》（2020 年）第一章土石方工程槽坑回填土子目执行，且人工乘以系数 0.90。

6. 其他规定

（1）淤泥：含水率超过液限，土和水的混合物呈流动状态时为淤泥。挖一般土方及槽坑土方的干、湿土划分界限为：含水率大于或等于 25％为湿土。挖湿土时，人工、机械乘以系数 1.18。

（2）施工期间工作面内发生的雨水积水排水费用，包含在冬雨期施工增加费中，其他排水费用按实际计算。

（3）平整场地未包括挖树根、草皮和排除障碍物，当发生时，另行计算。

（4）旧建筑物及旧构件拆除的废渣装运执行石碴装运项目。

8.1.3　定额工程量计算

《湖南省建设工程计价办法》（2020 年）附录 D 第三条规定：招投标时，土石方清单工程量宜按照消耗量标准中土石方的工程量计算规则。土石方工程定额工程量计算方法与模块 2 任务 4.2 土石方工程工程量清单编制中"《湖南省建设工程计价办法》（2020 年）规定下土石方工程清单项目设置与工程量计算"相同，故在此不再讲解。

8.1.4　土石方工程组价

【例 8-3】某建筑物底层平面图如图 4-3 所示，已知场地土壤为三类土，墙厚均为 240mm，轴线居中。平整场地分部分项工程量清单（省标）如表 8-14 所示。试对该项目进行组价。

表 8-14　平整场地分部分项工程量清单（省标）

项目编码	项目名称	项目特征	计量单位	工程量
010101001001	平整场地	土壤类别：三类土	m²	208.5

【解】（1）组价。

① 套用定额子目。根据表 8-14 平整场地分部分项工程量清单（省标）项目特征，套用定额子目：A1-84，机械平整场地。

② 计算定额项目的定额工程量。平整场地定额工程量计算规则与清单工程量计算规则（省标）一致，定额工程量等于清单工程量。

（2）编制组价分部分项工程量清单表。组价分部分项工程量清单如表 8-15 所示。

表 8-15　组价分部分项工程量清单（省标）（带定额）

序号	项目编码	项目名称	项目特征	计量单位	工程量
1	010101001001	平整场地	（1）土壤类别：三类土。 （2）施工方法：机械平整	m²	208.5
1.1	A1-84	平整场地	机械平整场地	100m²	2.085

【例 8-4】 某建筑基础平面图及剖面如图 8-2 所示，室外地坪标为 $-0.45m$，垫层底标高为 $-2.5m$，地基土质为三类土。土方工程施工方案规定：基础土方大开挖，采用挖掘机挖土，坑上作业、不装车。试编制该工程挖基础土方的分部分项工程量清单并组价。

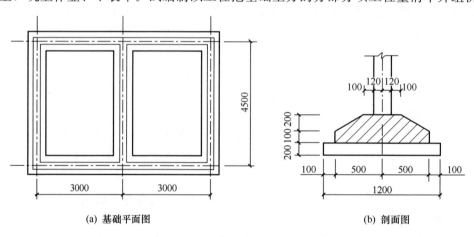

(a) 基础平面图　　　　　　　　　　(b) 剖面图

图 8-2　某建筑基础平面图与剖面图

【解】（1）计算基础挖土的清单工程量（按省标计算）。由于施工方案采用机械大开挖，坑底面积 $S=(3×2+0.6×2)×(4.5+0.6×2)=41.04(m^2)>20m^2$，属于挖一般土方。

挖土深度 $H=2.5-0.45=2.05(m)>1.5m$，根据表 8-17，挖土时应放坡开挖，放坡系数 $K=0.67$。再根据表 8-18，工作面宽度 $C=300mm$。

挖一般土方工程量 $V=(A+2C+KH)×(B+2C+KH)×H+(1/3)K^2H^3=(3×2+0.6×2+2×0.3+0.67×2.05)×(4.5+0.6×2+2×0.3+0.67×2.05)×2.05+1/3×0.67^2×2.05^3=145.60(m^3)$

（2）组价。

① 套用组价定额子目。根据项目特征（挖掘机挖一般土方、坚土、不装车），在《湖南省房屋建筑与装饰工程消耗量标准》（2020 年）第一章土石方工程中套用组价定额子目 A1-48，如表 8-16 所示。

表 8-16　挖掘机挖运土方

工作内容：挖土，弃土于 5m 以内，清理机下余土，清底修边。　　　　　　　　　　　　计量单位：100m³

编号				A1-47	A1-48
项目				挖掘机挖一般土方	
				不装车	
				普通土	坚土
基价（元）				397.37	580.78
其中	人工费			142.00	302.00
	材料费			—	—
	机械费			255.37	278.78
名称		单位	单价	数量	
机械	履带式单斗液压挖掘机 1m³	台班	2128.11	0.120	0.131

② 计算组价定额子目工程量。由于清单工程量是按定额工程量计算规则计算的，故组价定额子目工程量＝清单项目工程量＝145.60（m³）。

（3）编制组价项目分部分项工程量清单。组价项目分部分项工程量清单如表 8-17 所示。

表 8-17　组价项目分部分项工程量清单（省标）（带定额）

序号	项目编码	项目名称	项目特征	计量单位	工程量
1	010101002001	挖一般土方	（1）土壤类别：三类土。 （2）施工方法：机械挖土。 （3）挖土深度：2.05	m³	145.60
1.1	A1-48	挖掘机挖一般土方	坚土、不装车	100m³	1.456

提示： 此项目基础土方开挖施工方法为机械大开挖，属于挖一般土方，非槽、坑土方开挖，即使工程量＜300m³，也不能按人工开挖列项、套用定额子目。

任务 8.2　地基处理与边坡支护工程组价

【任务目标】

（1）掌握地基处理与边坡支护工程定额工程量计算方法，掌握地基处理与边坡支护工程分部分项工程量清单组价方法。

（2）能正确套用地基处理与边坡支护工程清单项目的定额子目并计算定额工程量。

（3）具有精益求精、追求卓越的工匠精神，具有客观、公正、守法、诚信的工作作风，树立节约资源、保护环境的意识。

【任务单】

地基处理与边坡支护工程组价的任务单如表 8-18 所示。

表 8-18　地基处理与边坡支护工程组价的任务单

任务内容	某边坡工程采用土钉支护，已知坡长 100m，坡高 5m（坡面倾角为 150°），根据岩土工程勘察报告，地层为带块石的碎石土，土钉成孔直径 80mm，采用 1 根 HRB335 级直径为 20mm 的钢筋作为杆体，成孔深度 8m，土钉倾角 15°，杆筋送入钻孔后，灌注 M30 水泥砂浆，土钉共计 80 根；混凝土面板采用 C20 喷射混凝土，厚度 100mm。试根据《湖南省房屋建筑与装饰工程消耗量标准》（2020 年）完成该边坡支护工程清单项目的组价
任务要求	每三人为一个小组（一人为编制人，一人为校核人，一人为审核人）

（1）定额基坑支护中土钉、锚杆的工作内容包括＿＿＿＿＿，＿＿＿（是、否）包含钻孔、注浆，A2-52 土钉（钻孔灌浆）＿＿＿＿＿（是、否）包含土钉钢筋制安；A2-71 喷射混凝土子目是按厚度＿＿＿＿＿mm 编制的。

（2）清单编制与组价

边坡支护工程分部分项工程量清单（带定额）				
项目编码	项目名称及特征	计算过程	单位	工程量

【知识链接】

8.2.1　定额说明

《湖南省房屋建筑与装饰工程消耗量标准》（2020 年）第二章地基处理和基坑支护工程包括地基处理、基坑支护，详见二维码。

模块三项目二
定额说明

8.2.2　定额工程量计算

1. 地基处理

（1）换填地基按设计图示尺寸以体积计算。与换填地基的清单工程量计算规则相同，见【例 4-13】。

（2）强夯按设计图示强夯处理范围以面积计算。设计无规定时，按建筑物外围轴线每边各加 4m 计算。

（3）碎石桩、砂石桩、灰土挤密桩均按设计桩长（包括桩尖）乘以设计桩外径截面面积，以体积计算。

（4）振冲桩按设计桩截面面积乘以桩长以体积计算。

（5）水泥搅拌桩：

① 深层水泥搅拌桩、三轴水泥搅拌桩按设计桩长加 0.5m（设计明确的按设计长度）后乘以设计桩外径截面面积，以体积计算，不扣除咬合部分。

② 插拔型钢桩按设计图示尺寸以质量计算。

（6）高压喷射桩成孔按设计桩长加超灌长度、空孔长度计算。高压喷射桩若设计未明确超灌长度，按 0.5m 计算。

（7）注浆地基：

① 分层劈裂注浆钻孔按设计图示尺寸以钻孔深度计算。注浆按设计图纸注明加固土体的体积计算。

② 压密注浆钻孔按设计图示尺寸以钻孔深度计算。注浆按下列规定计算：

a. 设计图纸明确加固土体体积的，按设计图纸注明的体积计算。

b. 设计图纸以布点形式图示土体加固范围的，将两孔中心间距的一半作为每孔的扩散半径，以布点边线，各加扩散半径，形成计算平面，计算注浆体积。

c. 如果设计图纸注浆点在钻孔灌注桩之间，将两孔中心间距的一半作为每孔的扩散半径，依此圆柱体积计算注浆体积。

2. 基坑支护

（1）土钉及锚杆成孔、灌浆，按土钉或锚杆伸入孔中长度另加 0.5m 计算。

（2）钢筋（钢绞线）锚杆，按设计图示尺寸以质量（t）计算。锚具之外，预留安放张拉机的钢筋（钢绞线）长度有设计的按设计计取，无设计的按 0.8m 计取。

（3）钢管锚杆按设计图示以质量计算。

（4）锚杆张拉按设计图示以根计算。

（5）格构梁、腰梁及冠梁混凝土工程量按设计图示尺寸以体积计算。不扣除构件内钢筋、预埋铁件所占体积；现浇混凝土模板除另有规定者外，按混凝土与模板接触面以面积计算。

（6）喷射混凝土支护按设计图示尺寸或经批准的施工组织设计，以面积计算。

（7）挡土板按设计文件或施工组织设计规定的支挡范围，以面积计算。

8.2.3 组价

【例 8-5】某工程地基，设计要求采用强夯地基，强夯面积为 3600m²。要求强夯能量为 1000kN·m，每坑 6 击。试编制该工程强夯地基的分部分项工程量清单并组价。

表 8-19 强夯

工作内容：机具准备，按设计要求布置锤位线，夯击，夯锤位移，施工场地平整。　　　　　　　　计量单位：100m²

编号		A2-11	A2-12	A2-13	A2-14	A2-15	A2-16
项目		夯击能量小于或等于 1000kN·m			夯击能量小于或等于 2000kN·m		
		4 击	每增减 1 击	低锤满拍	4 击	每增减 1 击	低锤满拍
基价（元）		415.12	91.57	654.59	469.59	469.72	101.05
其中	人工费	145.75	26.75	250.38	194.63	35.50	333.75
	材料费	—	—	—	—	—	—
	机械费	269.37	64.82	404.21	275.09	65.55	411.84

【解】（1）计算清单工程量。强夯地基的清单工程量按设计图示尺寸以加固面积计算。

$$清单工程量 \ S = 3600 (m^2)$$

（2）组价。

① 套用定额子目。根据清单项目特征套用定额子目"A2-11、强夯能量为1000kN·m、

4 击"及定额子目"A2-12、强夯能量为 1000kN·m、每增减 1 击",如表 8-19 所示。

②计算定额子目工程量。计算规则：按设计图示强夯处理范围以面积计算。设计无规定时，按建筑物外围轴线每边各加 4 m 计算。

此项目有设计规定，按设计图示强夯处理范围以面积计算。

$$定额子目工程量＝清单工程量 S＝3600（m^2）$$

（2）编制强夯地基分部分项工程量清单。强夯地基分部分项工程量清单如表 8-20 所示。

表 8-20　强夯地基分部分项工程量清单（带定额）

序号	项目编码	项目名称	项目特征	计量单位	工程量
1	010201004001	强夯地基	（1）夯击能量：为 1000kN·m。 （2）夯击遍数：每坑 6 击。 （3）地耐力要求：见设计图纸。 （4）夯填材料种类：素土	m²	3600
1.1	A2-11	强夯	强夯能为 1000kN·m、4 击	100m³	36
1.2	A2-12×2 换	强夯	强夯能为 1000kN·m、每坑增加 1 击	100m³	36

注："A2-12×2 换"表示该定额子目为乘系数换算，因为该清单项目"强夯地基"每坑 6 击，定额子目"A2-11"已包括 4 击，还剩余 2 击，定额子目"A2-12"为每增加 1 击，因此乘以系数 2 表示增加 2 击。

【例 8-6】某边坡采用土钉支护，立面、剖面示意图如图 4-18 所示，根据岩土工程勘察报告，地层为带块石的碎石土，土钉成孔直径为 90mm，采用 1 根 HRB335，直径 25mm 的钢筋作为杆体，成孔深度均为 10.0m，土钉入射倾角为 15°，杆筋送入钻孔，灌注 M30 水泥砂浆，混凝土面板采用 C20 喷射混凝土，厚度为 120mm。该边坡支护的分部分项工程量清单如表 8-21 所示。

表 8-21　边坡支护分部分项工程量清单（带定额）

序号	项目编码	项目名称	项目特征	计量单位	工程量
1	010202008001	土钉	（1）地层情况：带块石的碎石土。 （2）钻孔深度：10m。 （3）钻孔直径：90mm。 （4）置入方法：钻孔置入。 （5）杆体材料品种、规格、数量：91 根 HRB335，直径 25 的钢筋。 （6）浆液种类、强度等级：M30 水泥砂浆	根	91
2	010202009001	喷射混凝土	（1）部位：坡面。 （2）厚度：120mm。 （3）材料种类：混凝土。 （4）混凝土类别、强度等级：清水混凝土、C20	m²	411.09

试根据以上背景资料及《湖南省房屋建筑与装饰工程消耗量标准》（2020 年），对该边坡支护工程的分部分项工程量清单进行组价并计算定额工程量。

【解】（1）组价。

① 套用定额子目。

a. 根据土钉清单项目特征及工作内容，套用定额子目"A2-53 土钉（钻孔灌浆）、土层""A2-58 土钉、锚杆钢筋制安，螺纹钢筋"。

b. 根据喷射混凝土清单项目特征及工作内容，套用定额子目"A2-71 喷射混凝土、厚 50mm""A2-72 喷射混凝土、每增减 10mm"。

② 计算组价定额子目工程量。

a. A2-53 土钉（钻孔灌浆）、土层。

计算规则：土钉及锚杆成孔、灌浆工程量按土钉或锚杆伸入孔中长度另加 0.5m 计算。

$$L = (10 + 0.5) \times 91 = 955.5 \text{(m)}$$

b. A2-58 土钉、锚杆钢筋制安，螺纹钢筋。

计算规则：钢筋（钢绞线）锚杆，按设计图示尺寸以质量（t）计算。除锚具之外，预留安放张拉机的钢筋（钢绞线）长度有设计的按设计计取，无设计的按 0.8m 计取。

工程量 $m = (10 + 0.8) \times 91 \times 3.85 \div 1000 = 3.784 \text{(t)}$

c. A2-71 喷射混凝土。

计算规则：喷射混凝土支护按设计图示尺寸或经批准的施工组织设计，以面积计算。

定额工程量 = 清单工程量

d. A2-72 喷射混凝土、每增减 10mm。

定额工程量＝清单工程量

（2）编制组价后的分部分项工程量清单。组价后的边坡支护分部分项工程量清单如表 8-22 所示。

表 8-22　组价后的边坡支护分部分项工程量清单（带定额）

序号	项目编码	项目名称	项目特征	计量单位	工程量
1	010202008001	土钉	(1) 地层情况：带块石的碎石土。 (2) 钻孔深度：10m。 (3) 钻孔直径：90mm。 (4) 置入方法：钻孔置入。 (5) 杆体材料品种、规格、数量：91 根 HRB335，直径 25mm 的钢筋。 (6) 浆液种类、强度等级：M30 水泥砂浆	根	91
1.1	A2-53	土钉（钻孔灌浆）	土层	100m	9.56
1.2	A2-58 换	土钉钢筋制安	HRB335 级钢筋，直径 25mm	t	3.784
2	010202009001	喷射混凝土	(1) 部位：坡面。 (2) 厚度：120mm。 (3) 材料种类：混凝土。 (4) 混凝土类别、强度等级：清水混凝土、C20	m²	411.09
2.1	A2-71	喷射混凝土	厚度 50mm	100m²	4.11
2.2	A2-72×7 换	喷射混凝土	厚度每增减 10mm	100m²	4.11

任务 8.3　桩基工程组价

【任务目标】

（1）掌握桩基工程定额工程量计算方法，掌握桩基工程分部分项工程量清单组价方法。

（2）能正确套用桩基工程分部分项工程量清单项目的定额子目并计算定额工程量。

（3）具有精益求精、追求卓越的工匠精神，具有客观、公正、守法、诚信的工作作风，树立节约资源、保护环境的意识。

【任务单】

桩基工程组价的任务单如表 8-23 所示。

表 8-23　桩基工程组价的任务单

任务内容	识读某供水智能泵房成套设备生产基地项目 2♯配件仓库工程施工图（附图），核查模块 2 项目 4 任务 4.4 任务单中桩基工程分部分项工程量清单并根据地区消耗量标准或企业定额完成其组价
任务要求	每三人为一个小组（一人为编制人，一人为校核人，一人为审核人）
（1）承台 CT01 下桩的送桩深度为＿＿＿＿m，送桩项目人工、机械需要乘以系数＿＿＿＿，该工程打桩施工前＿＿＿＿（是、否）需要打试验桩，打试验桩按打桩项目人工、机械需要乘以系数＿＿＿＿，打预应力钢筋混凝土管桩（采用柴油打桩机打桩）按桩径分＿＿＿＿＿＿＿＿＿＿定额子目。 （2）清单核查与组价	

桩基工程分部分项工程量清单（带定额）				
项目编码	项目名称及特征	计算过程	单位	工程量

【知识链接】

8.3.1　桩基工程定额说明

《湖南省房屋建筑与装饰工程消耗量标准》（2020 年）第三章桩基工程包括打（压）桩和灌注桩。详见二维码。

8.3.2　定额工程量计算

1. 打（压）桩

（1）打（压）预制方（管）桩工程量按桩顶面（桩露出地面的按自然地坪面）至桩底面（不包括桩尖）尺寸，以长度计算。

桩基工程定额说明

（2）送预制方（管）桩工程量按设计桩顶标高至自然地坪标高尺寸另加 0.5m，以长度计算。

【例 8-7】有预制钢筋混凝土空芯方桩 5 根，桩混凝土强度等级为 C30，如图 8-3 所示，已知地基土为普通土，室外地坪标高为－0.45m，桩顶设计标高为－1m，打桩时使用走管式柴油打桩机打预制桩，分部分项工程量清单如表 8-24 所示。请对该打桩工程项目的分部分项工程量清单进行组价。

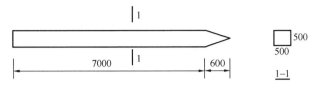

图 8-3　预制钢筋混凝土方桩

表 8-24　打桩工程项目分部分项工程量清单

项目编码	项目名称	项目特征	计量单位	工程量
010301002001	预制钢筋混凝土方桩	(1) 地层情况：普通土。 (2) 桩长：7.6m，其中桩尖 0.6m。 (3) 桩截面：500mm×500mm。 (4) 送桩深度：0.55m。 (5) 混凝土强度等级：C30。 (6) 沉桩方法：柴油打桩机打桩	m	38

【解】（1）组价。

① 套用组价定额子目。根据预制钢筋混凝土方桩清单项目特征结合《湖南省房屋建筑与装饰工程消耗量标准》（2020 年），预应力空芯方桩按购入成品考虑，套用定额子目"A3-1、打预应力空芯方桩、桩长 30 m 以内"。由于工程量小于 1000 m，按相应项目人工、机械乘以系数 1.25。另外，根据定额说明：送预制方（管）桩可按打（压）桩相应项目人工、机械乘以表 3-38 中相应系数。

② 计算定额工程量。

a. 打（压）预制混凝土方（管）桩的定额工程量。根据《湖南省房屋建筑与装饰工程消耗量标准》（2020 年）总说明，计算打预制混凝土方桩应考虑计入 1.5% 的损耗。

$$工程量 L_1 = 7 \times 5 \times (1 + 1.5\%) = 35.53 (m)$$

b. 送桩工程量 $L_2 = [(1 - 0.45) + 0.5] \times 5 = 3.15 (m)$

（2）编制组价分部分项工程量清单。组价分部分项工程量清单如表 8-25 所示。

表 8-25　组价分部分项工程量清单（带定额）

序号	项目编码	项目名称	项目特征	计量单位	工程量
1	010301002001	预制钢筋混凝土方桩	(1) 地层情况：普通土。 (2) 桩长：7.5m，其中桩尖。 (3) 桩截面：600mm×500mm。 (4) 混凝土强度等级：C30	m	37.5
1.1	A3-1 换，$r \times 1.25 + j \times 1.25$	打预应力空芯方桩	钢筋混凝土方桩 500mm×500mm 以内	100m	0.3553
1.2	A3-1 换，$r \times 1.25 + j \times 1.25$	送预制方桩	钢筋混凝土方桩 500mm×500mm 以内	100m	0.0315

【例 8-8】　某工程采用预应力钢筋混凝土管桩共计 20 根，混凝土为 C30 砾 40，每根长 8m，管桩外径 300mm，内径 280mm，施工现场内运距小于 15m。试列项并计算此工

程预应力钢筋混凝土管桩的清单工程量并组价，编制其组价后的分部分项工程量清单。

【解】（1）清单工程量计算。

工程量 $N=20$（根）

（2）组价。

① 套用定额子目。根据《湖南省房屋建筑与装饰工程消耗量标准》（2020年），套用定额子目"A3-3 打预应力管桩"。

② 计算定额工程量。

分析：根据《湖南省房屋建筑与装饰工程消耗量标准》（2020年），打预应力钢筋混凝土管桩按购入成品考虑，只需计算打桩工程量。根据消耗量标准总说明，打桩工程量计算时应计入 1.5% 的损耗率。由于工程量小于 1000m，按相应项目人工、机械乘以系数 1.25。

$$打桩工程量\ L=20\times 8\times(1+1.5\%)=162.4(m)$$

③ 编制组价后的分部分项工程量清单。根据清单计价规范及相应地区定额，组价后的预制混凝土管桩分部分项工程量清单如表 8-26 所示。

表 8-26 组价后的预制混凝土管桩分部分项工程量清单（带定额）

序号	项目编码	项目名称	项目特征	计量单位	工程量
1	010301002001	预制混凝土管桩	（1）地层情况：二类土。 （2）桩长：8m。 （3）桩外径、壁厚：外径 300mm，壁厚 10mm。 （4）沉桩方法：5 t 履带式柴油打桩机打桩。 （5）混凝土强度等级：C30 砾 40 预应力钢筋混凝土	根	20
1.1	A3-3 换，$r\times$ 1.25$+j\times$1.25	打预应力管桩	5 t 履带式柴油打桩机打桩、桩径 300mm	100m	1.624

（3）预应力钢筋混凝土管桩钢桩尖按设计图示尺寸以质量计算。

（4）预应力钢筋混凝土管桩桩头灌芯按设计尺寸以灌注体积计算。

（5）钢管桩按设计要求的桩体质量计算。

（6）钢管桩内切割、精割盖帽按设计要求的数量计算。

（7）电焊接桩按设计要求接桩的数量以个计算。

2. 灌注桩

（1）旋挖钻成孔灌注桩、冲击钻成孔灌注桩、长螺旋钻成孔灌注桩。

① 旋挖钻成孔、冲击钻成孔、长螺旋钻成孔土层工程量按打桩前自然地坪标高至设计（或实际）桩底标高的成孔长度乘以设计桩径截面面积，以体积计算。入岩成孔按实际入岩深度乘以设计桩径截面面积，以体积计算。

② 混凝土按设计桩长加超灌长度乘以桩截面面积以体积计算，若设计未明确超灌长度，水下混凝土桩的超灌长度按 0.8m 计算，非水下混凝土桩的超灌长度按 0.5m 计算。

（2）沉管成孔灌注桩。

① 沉管成孔工程量按打桩前自然地坪标高至设计桩底标高（不包括预制桩尖）的成孔长度乘以钢外套管外径截面面积，以体积计算。

② 沉管桩灌注混凝土工程量按钢外套管外径截面面积乘以设计桩长（不包括预制桩尖）另加超灌长度，以体积计算。超灌长度设计有规定的，按设计要求计算，无规定的，按桩直径的 0.5 倍且不小于 0.5m 计算。

（3）人工挖孔灌注桩。

① 人工挖孔桩挖孔工程量分别按进入土层、岩层的成孔长度乘以设计护壁外围截面面积，以体积计算。

② 人工挖孔桩混凝土护壁模板工程量，按现浇混凝土护壁与模板的实际接触面积计算。现浇（预制）混凝土、砖护壁工程量按设计图示尺寸以体积计算。

③ 桩芯混凝土按"设计桩长度＋超灌长度"乘以桩外径（不含护壁）截面面积以体积计算，若设计未明确超灌长度，桩的超灌长度按 0.25m 计算。

【例 8-9】已知某人工挖孔灌注桩如图 4-21 所示，自然地坪标高为－0.5m；地基土质：自然地坪标高至－4.5m 为二类土；－4.5m 至桩底为四类土；桩身直径 1000mm（含护壁厚），采用 100mm 厚 C20 现浇钢筋混凝土护壁，桩身为 C40 现浇钢筋混凝土，扩底部分直径 1200mm。挖孔桩土方、人工挖孔灌注桩项目的分部分项工程量清单如表 8-27 所示。试对此分部分项工程量清单项目进行组价。

表 8-27 分部分项工程量清单

序号	项目编码	项目名称	项目特征	计量单位	工程量
1	010302004001	挖孔桩土（石）方	（1）土层情况：二类土。 （2）挖孔深度：4m。 （3）弃土运距：100m	m³	3.53
2	010302004002	挖孔桩土（石）方	（1）土层情况：四类土。 （2）挖孔深度：2.2m。 （3）弃土运距：100m	m³	1.87
3	010302005001	人工挖孔灌注桩	（1）桩芯长度：4.7m。 （2）桩芯直径、扩底直径、扩底高度：见图 2.2.4.3 （3）护壁厚度、高度：见图 3-20。 （4）护壁混凝土类别、强度等级：现拌混凝土、C20。 （5）桩芯混凝土类别、强度等级：现拌混凝土、C40	m³	4.07
4	010301004001	凿桩头	（1）桩类型：灌注桩。 （2）桩头截面面积、高度：0.5m²、0.25m。 （3）混凝土强度等级：C40。 （4）有无钢筋：有钢筋	根	1

【解】(1) 组价。

① 套用定额子目。

a. 根据挖孔桩土（石）方项目特征（二类土）结合《湖南省房屋建筑与装饰工程消耗量标准》（2020 年），套用定额子目"A3-54 人工挖孔桩土方，桩径≤1000mm、孔深≤15m"。

b. 根据挖孔桩土（石）方项目特征（四类土）结合"《湖南省房屋建筑与装饰工程消耗量标准》（2020 年），套用定额子目"A3-60 人工挖孔桩，手持式风动凿岩机"，因为四类土为坚土，施工时需要使用手持式风动凿岩机开挖。

c. 根据人工挖孔灌注桩项目清单，工作内容包括护壁制作、护壁与桩芯混凝土制作、运输灌注、振捣毁、养护，需要套用"A3-64 护壁模板""A3-66 护壁混凝土""A3-67 人工挖孔桩桩芯混凝土""A3-88 凿桩头"四个定额子目。

② 计算定额工程量。

a. 挖孔桩土（石）方。挖孔桩土（石）方项目的定额工程量同清单工程量。

b. 人工挖孔灌注桩桩芯混凝土。因桩芯混凝土的清单工程量没有考虑超灌长度的混凝土量，所以桩芯混凝土项目的定额工程量＝清单工程量＋超灌长度的混凝土量＝4.07＋$\pi \times 0.4^2 \times 0.25 = 4.20 (\text{m}^3)$

c. 护壁混凝土。

工程量 $V = H \times \pi \times (0.5^2 - 0.4^2) = (6 - 1.3) \times 3.14 \times 0.09 = 1.33 (\text{m}^3)$

d. 护壁模板。人工挖孔桩混凝土护壁模板工程量，按现浇混凝土护壁与模板的实际接触面积计算。

工程量 $S = H \times 2\pi \times 0.4 = 6 \times 2 \times 3.14 \times 0.4 = 15.07 (\text{m}^2)$

e. 凿桩头。

工程量 $V = S \times h = 0.5 \times 0.25 = 0.13 (\text{m}^3)$

(2) 编制组价分部工程量清单，如表 8-28 所示。

表 8-28　组价分部分项工程量清单（带定额）

序号	项目编码	项目名称	项目特征	计量单位	工程量
1	010302004001	挖孔桩土（石）方	(1) 土层情况：二类土。 (2) 挖孔深度：4m。 (3) 弃土运距：100m	m³	3.53
1.1	A3-54	人工挖孔桩土方	桩径≤1000mm、孔深≤15m	10m³	0.353
2	010302004002	挖孔桩土（石）方	(1) 土层情况：四类土。 (2) 挖孔深度：2.2m。 (3) 弃土运距：100m	m³	1.87
2.1	A3-60	人工挖孔桩	手持式风动凿岩机、孔深≤25m、入岩（软岩）	10m³	0.187

序号	项目编码	项目名称	项目特征	计量单位	工程量
3	010302005001	人工挖孔灌注桩	（1）桩芯长度：4.7m。 （2）桩芯直径、扩底直径、扩底高度：见图 3-20。 （3）护壁厚度、高度：见图 3-20。 （4）护壁混凝土类别、强度等级：现拌混凝土、C20。 （5）桩芯混凝土类别、强度等级：现拌混凝土、C40。	m^3	4.07
3.1	A3-67	人工挖孔桩桩芯	混凝土	$10m^3$	0.4196
3.2	A3-66	护壁	混凝土	$10m^3$	0.133
3.3	A3-64	护壁	模板	$10m^2$	0.151
4	010301004001	凿桩头	（1）桩类型：灌注桩。 （2）桩头截面、高度：0.5m^2、0.25m。	根	1
4.1	A3-88	凿桩头	（3）混凝土强度等级：C40。 （4）有无钢筋：有钢筋	m^3	0.125

（3）护筒按施工组织设计的埋设深度以长度计算，施工组织设计未明确的可按每根桩 2m 计算。

（4）注浆管、声测管埋设工程量按打桩前的自然地坪标高至设计桩底标高尺寸另加 0.5m 以长度计算。

（5）桩底（侧）后注浆工程量按设计（预计）注入水泥用量以质量计算，实施中需要的水泥用量不同时可以调整。

（6）空孔填充工程量，按设计桩顶至自然地坪高度乘以桩外径（不含护壁）截面面积计算。

（7）钢筋笼制安工程量，按设计图示尺寸以质量计算。

（8）灌注桩设计要求扩底时，其扩底工程量按设计图示尺寸以体积计算，并入相应的成孔、混凝土工程量内。

（9）预制钢筋混凝土桩截桩头，按设计要求截桩的数量计算。截桩长度≤1m 时，不扣减相应桩的打桩工程量；截桩长度＞1m 时，其超过部分按实际扣减打桩工程量，但桩体的价格不扣除。

（10）凿桩头，灌注桩按设计超灌长度、预制方（管）桩按凿除实长，乘以桩身设计截面积，以体积计算。

任务 8.4　砌筑工程组价

【任务目标】

（1）掌握砌筑工程定额工程量计算方法，掌握砌筑工程分部分项工程量清单组价方法。

（2）能正确套用砌筑工程分部分项工程量清单项目的定额子目并计算定额工程量。

（3）具有精益求精、追求卓越的工匠精神，具有客观、公正、守法、诚信的工作作风，树立节约资源、保护环境的意识。

【任务单】

砌筑工程组价的任务单如表 8-29 所示。

表 8-29 砌筑工程组价的任务单

任务内容	识读某供水智能泵房成套设备生产基地项目 2# 配件仓库工程施工图（附图），核查模块 2 项目 4 任务 4.5 任务单中①～③×Ⓓ～Ⓔ处基础及一层墙体砌筑工程分部分项工程量清单并根据地区消耗量标准或企业定额组价
任务要求	每三人为一个小组（一人为编制人，一人为校核人，一人为审核人）

（1）基础采用_____砂浆砌筑，墙体采用_____砂浆砌筑，组价时_____（是、否）需要换算，一层墙体套用_____（单面清水砖墙、混水砖墙、页岩多孔砖墙）。

（2）清单核查与组价

砌筑工程分部分项工程量清单（带定额）				
项目编码	项目名称及特征	计算过程	单位	工程量

【知识链接】

8.4.1 砌筑工程定额说明

《湖南省房屋建筑与装饰工程消耗量标准》（2020 年）第 8 章砌筑工程包括砌砖（砌块）、砌石、轻质隔墙。

砌筑工程定额说明

1. 砌砖、砌块

（1）砖墙、柱的砌体分别按清水和混水列项，清水砖墙、柱包括原浆勾缝用工。

（2）墙体必须放置拉接钢筋、铁件、金属构件时，应按有关规定另行计算。

（3）子目中砖、砌块按标准或常用规格编制，设计规格不同时，砌体材料和砌筑（黏结）材料用量应做调整换算，砂浆按预拌干混砂浆编制。子目所列砌筑砂浆种类和强度等级、砌筑专用砌筑黏结剂品种，当设计不同时，应做调整换算。

（4）砖砌挡土墙 2 砖以上执行砖基础项目；2 砖以内执行砖墙项目。

（5）贴砌砖项目适用于大面积贴砖；独立柱外表面的镶贴砖部分，按贴砌砖项目人工乘以系数 1.1。

2. 砌石

（1）毛石护坡挡土墙高度超过 4m 时，超过 4m 部分的工程量，人工乘以系数 1.15。

（2）砌筑圆弧形石砌体基础、墙按相应项目人工乘以系数 1.10。

8.4.2 砌筑工程定额工程量计算

1. 砌筑工程量一般规则

（1）计算墙体时，应扣除门窗洞口、过人洞、空圈、嵌入墙身的钢筋混凝土柱、梁

（包括过梁、圈梁、挑梁）、砖平碹和暖气包槽、壁龛的体积，不扣除梁头、内外墙板头、中檩头、木楞头、游沿木、木砖、门窗走头、砖墙内的加固钢筋、木筋、铁件等及每个面积在 $0.3m^2$ 以下的孔洞所占的体积，凸出墙面的窗台虎头砖、压顶线、山墙泛水、烟囱根、门窗套及三皮砖以内的腰线和挑檐等体积亦不增加。

（2）附墙柱、三皮砖以上的腰线和挑檐等体积，并入墙身体积内计算。

（3）附墙烟囱（包括附墙通风道、垃圾道）按其外形体积计算，并入所依附的墙体积内，不扣除每一个孔洞横截面在 $0.1m^2$ 以下的体积，但孔洞内的抹灰工程量亦不增加。

（4）女儿墙高度，自外墙顶面至图示女儿墙顶面高度，分不同墙厚并入外墙计算。

（5）砖平碹按图示尺寸以 m^3 计算。当设计无规定时，砖平碹长度为门窗洞口宽度两端共加 100mm。当门窗洞宽度小于 1500mm 时，高度为 240mm；当门窗洞宽度大于 1500mm 时，高度为 365mm。

2. 砌体厚度计算

砌体厚度按如下规定计算：标准砖以 240mm×115mm×53mm 为准，其砌体计算厚度，按表 8-30 计算。

表 8-30　标准砖墙体厚度计算表

墙厚（砖数）	1/4	1/2	3/4	1	1 (1/4)	1 (1/2)	2	2 (1/2)	3
计算厚度	53	115	180	240	303	365	490	615	740

3. 基础与墙的划分

（1）以设计室内地坪为界限（有地下室的，以地下室室内设计地面为界），以下为基础，以上为墙身，如图 8-4 所示。

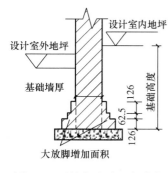

图 8-4　不等高式砖基大放脚

（2）砖柱，不分柱基和柱身合并计算，执行砖柱项目。

（3）砖石围墙，以自然地坪为界，以上为墙身，以下为基础，分别按相应墙身与基础项目执行。

4. 墙下基础工程量计算

砖石、小型混凝土空心砌块墙基础按图示尺寸以 m^3 计算，砖墙、小型空心砌块墙基础长度，外墙墙基按外墙中心线长度，内墙墙基按内墙净长计算。砖、小型空心砌块墙基础大放脚 T 形接头处重叠部分不扣除。附墙柱基大放脚宽出部分体积并入基础工程量内。毛石墙基的长度，外墙按中心线长度、内墙按毛石基础各级净长计算。

砖墙基础工程量计算式如下：

$$V_{墙下基础} = (L_{中} + L_{内}) \times S_{基础断面} - (V_{DQL} + V_{GZ} + \cdots) + (V_{附墙柱基} + \cdots)$$

$$S_{基础断面} = h_{基础墙厚} \times H_{基础墙高} + S_{大放脚}$$

$$S_{大放脚} = S_{大放脚标准块} \times N_{大放脚标准块个数}$$

如图 8-4 所示，为不等高式砖基大放脚，标准块有 2 种，一种高度为 62.5mm，另一种高度为 126mm，宽度均为 62.5mm。

$$S_{大放脚} = 0.0625 \times 0.0625 \times 4 + 0.0625 \times 0.126 \times 8 = 0.0156 + 0.063 = 0.0786(m^2)$$

5. 墙身的长度的确定

外墙长度按外墙中心线长度计算，内墙按内墙净长线计算。

6. 墙身高度的确定

墙身高度按下列规定计算：

（1）外墙墙身高度：斜（坡）屋面无檐口天棚的算至屋面板底；有屋架且室内外均有天棚的，算至屋架下弦底面另加 200mm；无天棚的算至屋架下弦底加 300mm，出檐宽度超过 600mm 时，应按实砌高度计算；平屋面算至钢筋混凝土板（梁）底。

（2）内墙墙身高度：位于屋架下弦的，其高度算至屋架底；无屋架的算至天棚底另加 100mm；有钢筋混凝土楼板隔层的算至屋面板底。

（3）内外山墙，墙身高度按其平均高度计算。

墙体砌筑工程量计算公式：

$$V_{墙体} = [(L_{中} + L_{内}) \times H_{墙高} - S_{门窗}] \times h_{墙厚} - (V_{GL} + V_{QL} + V_{GZ} + \cdots)$$
$$+ (V_{附墙柱} + V_{三皮以上的腰线} + \cdots)$$

7. 框架间砌体的工程量计算

框架间砌体的工程量按框架间的净空面积乘以墙厚计算。

8. 空斗墙的工程量计算

空斗墙的工程量按外形体积以 m^3 计算。窗台线、腰线、转角、内外墙交接处、门窗洞口立边、楼板下屋檐处和附墙柱两侧砌砖已包括在项目内，不另计算（不包括设计要求的斗墙实砌部分及附墙柱）。凸出墙面三皮砖以上的挑檐、附墙柱（不论凸出多少）均以实砌体积计算，按 1 砖墙的项目执行。

9. 空心砌块砌体的工程量计算

空心砌块砌体的工程量按图示尺寸以 m^3 计算（混凝土空心砌块墙、炉渣混凝土空心砌块墙、陶粒混凝土空心砌块墙），按设计规定需要镶嵌砖砌体部分已包括，不另计算。

10. 其他砖砌体

（1）厕所蹲台、小便池池槽、水槽腿、煤箱、垃圾箱、花台、花池台阶挡墙或梯带、地垄墙及支撑地棱的砖墩、房上烟囱等实砌体积，以 m^3 计算，套用零星砌体项目。

（2）地沟（暖气沟、电缆沟等），不分墙基、墙身，合并以 m^3 计算。

（3）砌筑高度不超过 300mm 或砌筑长度不超过 500mm 或砌筑体积不超过 $1m^3$ 的墙体，套用零星砌体项目。

11. 轻质墙板

轻质墙板按结构间净空面积以 m^2 计算（扣除 $0.3m^2$ 以上的洞口面积）。

12. 砌块孔

砌块孔内混凝土灌实，按灌实部分砌体外形尺寸的 50%（砌块空心率的近似值）以 m^3 计算。

【例 8-10】某建筑物基础施工图如图 4-37 所示，用 M5 水泥砂浆砌筑砖基础，等高式大放脚，基础与墙身使用同一种材料。该砖基础的分部分项工程量清单如表 8-31 所示。试对该工程清单项目组价并编制组价后的分部分项工程量清单。

表 8-31　砖基础分部分项工程量清单

项目编码	项目名称	项目特征	计量单位	工程量
010401001001	砖基础	（1）砖品种、规格、强度等级：MU10 标准页岩砖。 （2）基础类型：条形基础。 （3）砂浆强度等级：M5 水泥砂浆	m^3	11.90

【解】（1）组价。

① 套用定额子目。根据砖基础的项目特征在消耗量标准中套用定额子目"A4-1 砖基础"，因消耗量标准中"A4-1 砖基础"里砌筑砂浆为"预拌干混 DDM10.0"，而实际使用的是 M5 水泥砂浆，需要进行换算。

② 计算定额工程量。砖基础的定额工程量计算规则同清单工程量计算规则，故砖基础的定额量等于清单量。

（2）编制组价分部分项工程量清单。组价后的砖基础分部分项工程量清单如表 8-32 所示。

表 8-32　组价后的砖基础分部分项工程量清单（带定额）

序号	项目编码	项目名称	项目特征	计量单位	工程量
1	010401001001	砖基础	（1）砖品种、规格、强度等级：MU10 标准页岩砖。 （2）基础类型：条形基础。 （3）砂浆强度等级：M5 水泥砂浆	m^3	11.90
1.1	A4-1 换	砖基础	MU10 标准页岩砖、M5 水泥砂浆	$10m^3$	1.19

【例 8-11】某单层建筑物首层平面图及墙身剖面图如图 8-5 所示，已知首层层高为 3.6m，混水砖墙，内外墙墙厚均为 240mm，轴线居中，墙体采用 MU10 标准页岩砖、M5 混合砂浆砌筑。所有墙身上均设置圈梁，圈梁截面为 240mm×240mm，且圈梁顶与现浇板顶平，板厚为 100mm。门窗尺寸 C1 为 1000mm×1500mm，M1 为 1000mm× 2100mm。墙体中混凝土构件所占体积：门窗过梁为 0.26m^3。

（1）试计算该建筑首层墙体砌砖的清单工程量。

（2）组价并编制组价分部分项工程量清单。

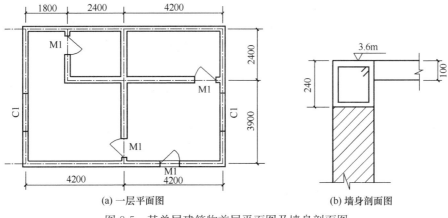

(a) 一层平面图　　　　　　(b) 墙身剖面图

图 8-5　某单层建筑物首层平面图及墙身剖面图

【解】（1）计算清单工程量。

$H_{墙高}=3.6-0.24（圈梁高）=3.36（m）$

$S_{门窗}=1×1.5×2（C1）+1×2.1×4（M1）=11.4（m^2）$

$L_{墙长}=L_{中}+L_{内}=(4.2×2+3.9+2.4)×2+(3.9+2.4-0.24+4.2-0.24)$

$\qquad +(2.4+2.4-0.24)=29.4+10.02+4.56=43.98（m）$

工程量 $V=[(L_{中}+L_{内})×H_{墙高}-S_{门窗}]×h_{墙厚}-V_{GL}$

$\qquad =(43.98×3.36-11.4)×0.24-0.26-32.47（m^3）$

（2）组价。

① 套用定额子目。根据清单项目墙体砌砖的项目特征（混水砖墙）套用定额子目"A4-10，1砖混水砖墙"。由于采用砂浆不同，需要进行砂浆的换算。

② 计算定额工程量。墙体砌砖定额工程量计算规则同清单工程量计算规则，故工程量相等。

（3）编制组价分部分项工程量清单。组价后墙体砌砖分部分项工程量清单如表8-33所示。

表3-33　墙体砌砖分部分项工程量清单（带定额）

序号	项目编码	项目名称	项目特征	计量单位	工程量
1	010401003001	实心砖墙	（1）砖品种、规格、强度等级：MU10 标准页岩砖。 （2）墙体类型：混水砖墙。 （3）砂浆强度等级：M5 混合砂浆	m^3	32.47
1.1	A4-10 换	混水砖墙	1砖厚	$10m^3$	3.247

任务8.5　混凝土及钢筋混凝土工程组价

【任务目标】

（1）了解混凝土及钢筋混凝土工程定额说明、定额工程量计算规则；掌握混凝土及钢筋混凝土工程定额工程量计算方法，掌握混凝土及钢筋混凝土工程分部分项工程量清单组价方法。

（2）能正确套用混凝土及钢筋混凝土工程清单项目组价定额子目并计算其定额工程量。

（3）具有精益求精、追求卓越的工匠精神，具有客观、公正、守法、诚信的工作作风，树立节约资源、保护环境的意识。

【任务单】

混凝土及钢筋混凝土工程组价的任务单如表3-34所示。

表 3-34 混凝土及钢筋混凝土工程组价的任务单

任务内容	识读某供水智能泵房成套设备生产基地项目 2♯配件仓库工程施工图，试工时柱混凝土采用商品混凝土、塔式起重机吊运，其他构件混凝土采用商品混凝土、泵送，核查模块 2 项目 4 任务 4.6 任务单中①～③×Ⓒ～Ⓔ处桩承台基础垫层、桩承台基础、基础梁、柱、二层有梁板、楼梯、过梁及首层整个室外散水、坡道、台阶的现浇混凝土工程分部分项工程量清单并根据地区消耗量标准或企业定额组价
任务要求	每三人为一个小组（一人为编制人，一人为校核人，一人为审核人）

（1）A5-91 独立矩形柱 10m³，商品混凝土 C30 消耗量为_____ m³，预拌同配比砂浆 C30（42.5）砂子 4.75mm 消耗量为_____ m³；A5-104 有梁板 10m³，商品混凝土 C30 消耗量为_____ m³，预拌同配比砂浆 C30（42.5）砂子 4.75mm 消耗量为_____ m³。该项目柱混凝土组价时除套用 A5-91 独立矩形柱外，还需套用_____子目。

（2）清单项目核查与组价。

混凝土及钢筋混凝土工程分部分项工程量清单（带定额）				
项目编码	项目名称及特征	计算过程	单位	工程量

【知识链接】

8.5.1 混凝土及钢筋混凝土工程定额说明

《湖南省房屋建筑与装饰工程消耗量标准》（2020 年）第五章混凝土及钢筋混凝土工程包括钢筋工程、现浇混凝土构件、预制混凝土构件制作、预制混凝土构件运输、预制混凝土构件安装、预制混凝土构件灌缝以及装配式混凝土结构工程。详见二维码。

混凝土及钢筋混凝土工程定额说明

8.5.2 定额工程量计算与组价

1. 钢筋工程量计算

（1）钢筋工程，应区别不同钢筋种类和规格，分别按设计长度乘以单位质量，以 t 计算。

（2）计算弯起钢筋质量时，按外皮长度计算，不扣延伸率。

（3）先张法预应力钢筋，按构件外形尺寸计算长度，后张法预应力钢筋按设计图示规定的预应力钢筋预留孔道长度，并区别不同锚具类型，分别按下列规定计算：

① 低合金钢筋两端采用螺杆锚具时，预应力钢筋按孔道长度共减 0.35m，螺杆另行计算。

② 低合金钢筋一端采用镦头插片，另一端采用螺杆锚具时，预应力钢筋长度按预留孔道长度计算，螺杆另行计算。

③ 低合金钢筋一端采用镦头插片，另一端采用帮条锚具时，预应力钢筋按孔道长度增加 0.15m，两端均采用帮条锚具时，预应力钢筋共增加 0.3m 计算。

④ 低合金钢筋采用后张混凝土自锚时，预应力钢筋长度按增加 0.35m 计算。

⑤ 低合金钢筋或钢绞线采用 JM、XM、QM 型锚具，孔道长度在 20m 以内时，预应力钢筋长度增加 1m；孔道长度在 20m 以上时，预应力钢筋长度增加 1.8m 计算。

（4）计算钢筋工程量时，按图示尺寸计算长度。钢筋的电渣压力焊接、套筒挤压、直螺纹接头，以个计算，执行相应项目，但不计取搭接长度。

（5）钢筋混凝土构件预埋铁件工程量，按设计图示尺寸以 t 计算。

（6）植筋增加费（不包括钢筋制安费用）的工程量按实际根数计算。每根埋深，按以下规则取定：

① 当钢筋规格为 20mm 以下时，按钢筋直径的 15 倍计算，并应大于或等于 100mm。

② 当钢筋规格为 20mm 以上时，按钢筋直径的 20 倍计算。深度不同时可按埋深长度比例予以换算。

【例 8-12】根据《湖南省房屋建筑与装饰工程消耗量标准》（2020 年），对表 8-35 进行组价并编制组价后的钢筋工程分部分项工程量清单。

表 8-35 组价后的钢筋工程分部分项工程量清单

序号	项目编码	项目名称	项目特征	计量单位	工程量
1	010515001001	现浇构件钢筋	钢筋种类、规格：HPB300 级钢筋、直径 8mm	t	0.047
2	010515001002	现浇构件钢筋	钢筋种类、规格：HRB335 级钢筋、直径 20mm	t	0.115
3	010515001003	现浇构件钢筋	钢筋种类、规格：HRB335 级钢筋、直径 18mm	t	0.096
4	010516003001	机械连接	接头种类、规格：对焊接头、HRB335 级钢筋、直径 20mm	个	2

【解】（1）组价。

① 套用定额子目。根据钢筋工程清单项目特征结合《湖南省房屋建筑与装饰工程消耗量标准》（2020 年），各清单项目套取定额子目如表 8-36 所示。

表 8-36 钢筋分部分项工程量清单（带定额）

序号	项目编码	项目名称	项目特征	计量单位	工程量
1	010515001001	现浇构件钢筋	钢筋种类、规格：HPB300 级钢筋、直径 8mm	t	0.047
1.1	A5-2	圆钢	圆钢直径 8mm	t	0.047
2	010515001002	现浇构件钢筋	钢筋种类、规格：HRB335 级钢筋、直径 20mm	t	0.115
2.1	A5-21	带肋钢筋	带肋钢筋、直径 20mm	t	0.115
3	010515001003	现浇构件钢筋	钢筋种类、规格：HRB335 级钢筋、直径 18mm	t	0.096
3.1	A5-20	带肋钢筋	带肋钢筋、直径 18mm	t	0.096
4	010516003001	机械连接	接头种类、规格：直螺纹套筒连接、HRB335 级钢筋、直径 20mm	个	2
4.1	A5-63	直螺纹套筒连接	直径 20mm	100 个	0.02

② 计算定额工程量。钢筋工程清单项目的清单工程量计算规则与定额工程量计算规则相同，故各清单项目的定额工程量等于清单工程量。

（2）编制组价分部分项工程量清单。组价分部分项工程量清单见表 8-36。

2. 现浇混凝土工程量计算

现浇混凝土工程量按以下规定计算：

（1）工程量除另有规定的，均按图示尺寸实体体积以 m³ 计算。不扣除构件内钢筋、预埋铁件及墙、板 0.3m² 内孔洞所占体积，但应扣除劲性钢骨架体积。埋管断面合计面积超过混凝土构件断面 3% 以上的部分应扣除工程量（3% 以内的部分不扣除）。

（2）基础。

① 有肋带形基础，其肋高与肋宽之比在 4:1 以内的按带形基础计算；超过 4:1 时，其基础底板按板式基础计算，以上部分按墙计算。

② 箱式满堂基础应分别按满堂基础、柱、墙、梁、板有关规定计算，套用相应项目。

③ 设备基础除块体以外，其他类型设备基础分别按基础、梁、柱、板、墙等有关规定，套相应项目计算。

【例 8-13】某现浇混凝土基础及垫层的现浇混凝土分部分项工程量清单如表 8-37 所示，施工时混凝土运输采用垂直运输。试组价并编制组价后的现浇混凝土分部分项工程量清单。

表 8-37　组价后的现浇混凝土分部分项工程量清单

序号	项目编码	项目名称	项目特征	计量单位	工程量
1	010501001001	垫层	（1）混凝土类别：现拌混凝土。 （2）混凝土强度等级：C10	m³	9
2	010501002001	带形基础	（1）混凝土类别：现拌混凝土。 （2）混凝土强度等级：C30	m³	63

（1）组价。

① 套用定额子目。根据钢筋工程清单项目特征结合《湖南省房屋建筑与装饰工程消耗量标标准》（2020 年），采用垂直运输施工时，执行相应现浇混凝土项目，再执行"混凝土调整费"相应项目。其中，当混凝土坍落度不同时，商品混凝土材料价格可调整；采用现场搅拌时，执行相应的现浇混凝土项目，再执行"混凝土现场搅拌费"项目，其中，当混凝土材料替换为现拌混凝土。各清单项目套用定额子目如表 8-38 所示。

表 8-38　现浇混凝土分部分项工程量清单（带定额）

序号	项目编码	项目名称	项目特征	计量单位	工程量
1	010501001001	垫层	（1）混凝土类别：现拌混凝土。 （2）混凝土强度等级：C10	m³	9
1.1	A2-10 换	垫层		10m³	0.9
1.2	A5-134	混凝土现场搅拌费		10m³	0.909
2	010501002001	带形基础	（1）混凝土类别：现拌混凝土。 （2）混凝土强度等级：C30	m³	63
2.1	A5-82 换	带形基础		10m³	6.3
2.2	A5-134	混凝土现场搅拌费		10m³	6.395

② 计算定额工程量。

a. 垫层。

A2-10 换垫层的定额工程量等于清单量，$V = 9 \text{m}^3$

A5-134 混凝土现场搅拌费。

根据《湖南省房屋建筑与装饰工程消耗量标准》（2020 年），A2-10 换填垫层、混凝土定额子目，每 10m³ 混凝土垫层需要消耗混凝土 10.1m³ 混凝土，如表 8-39 所示。

故工程量 $V = 9 \times (10.1/10) = 9.09 \text{m}^3$

表 8-39　混凝土垫层定额项目表

工作内容：铺设、捣固、找平、养护。　　　　　　　　　　　　　　　　　　　　　　　　　　　计量单位：10m³

编号			A2-9	A2-10
项目			垫层	
			毛石混凝土	混凝土
基价（元）			5847.33	6391.67
其中	人工费		734.75	900.00
	材料费		5112.58	5491.67
	机械费		—	—
名称	单位	单价	数量	
材料	商品混凝土（砾石）C15	m³	525.72	8.585	10.100
	块片石	m³	156.70	2.734	—
	水	t	4.39	5.000	5.000
	其他材料费	元	1.00	148.910	159.952

b. 带形基础。

A5-82 带形基础的定额工程量等于清单量，$V=63\text{m}^3$

A5-134 混凝土现场搅拌费。

根据《湖南省房屋建筑与装饰工程消耗量标准》（2020 年），A5-82 带形基础、混凝土定额子目，每 10m³ 混凝土垫层需要消耗混凝土 10.15m³ 混凝土，如表 8-40 所示。

故工程量 $V=63\times(10.15/10)=63.95$（m³）

表 8-40　带形基础定额项目表

工作内容：浇前准备，浇筑，振捣，养护。　　　　　　　　　　　　　　　　　　　　　　　　计量单位：10m³

编号			A5-82	A5-83	A5-84	A5-85
项目			带形基础		独立基础	
			混凝土	毛石混凝土	混凝土	毛石混凝土
基价（元）			6428.12	5934.99	6355.12	5929.98
其中	人工费		429.40	443.73	352.10	435.19
	材料费		5998.72	5491.26	6003.02	5494.79
	机械费		—	—	—	—
名称	单位	单价	数量			
材料	商品混凝土（砾石）C30	m³	571.81	10.150	8.673	10.150	8.673
	毛石	m³	128.32	—	2.752	—	2.752
	单层养护膜	m²	1.10	12.590	12.012	15.927	14.480
	水	t	4.39	1.009	0.930	1.125	1.091
	电	kW·h	0.80	2.310	1.980	2.310	1.980
	其他材料费	元	1.00	174.720	159.940	174.845	160.043

（2）编制组价分部分项工程量清单。

组价分部分项工程量清单如表 8-40 所示。

（3）柱。混凝土工程量按图示断面尺寸乘以柱高以 m³ 计算。柱高按以下规定确定：

① 有梁板的柱高，应自柱基上表面（或楼板上表面）至上一层楼板上表面之间的高度计算。

② 无梁板的柱高，应自柱基上表面（或楼板上表面）至柱帽下表面之间的高度计算。

③ 框架柱的柱高应自柱基上表面至柱顶的高度计算。

④ 构造柱按全高计算，与砖墙嵌接部分的体积并入柱身体积内计算。

⑤ 依附柱上的牛腿，并入柱身体积内计算。

【例 8-14】某三层砖混结构建筑构造柱 GZ1 平面布置图如图 8-6 所示，层高为 3.6m，墙厚均为 240mm。构造柱 GZ1 的截面尺寸为 240mm×240mm，采用 C30 砾 40 商品混凝土。基础圈梁顶标高为 −0.5m，二、三层及屋顶各设现浇钢筋混凝土圈梁一道，屋顶圈梁顶标高为 10.8m，混凝土均采用 C30 砾 40 商品混凝土、泵送施工，所有圈梁截面尺寸为 240mm×240mm。试计算现浇钢筋混凝土构造柱 GZ1 的清单工程量，编制其混凝土分部分项工程量清单并组价。

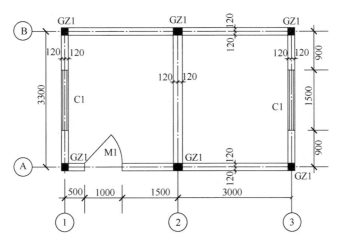

图 8-6　某三层砖混结构建筑构造柱 GZ1 平面布置图

【解】分析：构造柱马牙槎的个数与其所处位置有关，具体如图 8-7 所示。转角处有 2 个，丁字相交处有 3 个，十字相交处有 4 个。

（1）计算构造柱 GZ1 的混凝土清单工程量。

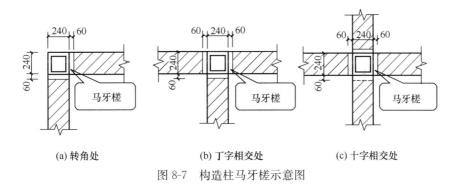

图 8-7　构造柱马牙槎示意图

构造柱 GZ1 的高度 $H = (0.5 + 0.24) + 10.8 = 11.54$（m）

混凝土清单工程量

$V = $ 构造柱核心区混凝土体积 ＋ 构造柱嵌入砖墙马牙槎混凝土体积

$\quad = $ 构造柱面积 × 构造柱高度 × 构造柱个数 ＋ 构造柱马牙槎面积 × 构造柱马牙槎计算高度

$\quad \times$ 构造柱马牙槎个数

$\quad = 0.24 \times 0.24 \times 11.54 \times 6 + 0.03 \times 0.24 \times (11.54 - 0.24 \times 4) \times (2 \times 4 + 3 \times 2)$

$\quad = 3.988 + 1.066 = 5.05$（m³）

（2）组价

① 套用定额子目。根据构造柱混凝土分部分工程项目特征及《湖南省房屋建筑与装饰工程消耗量标准》（2020 年），套用定额子目分别为"A5-93 构造柱""A5-129 混凝土泵送费"。

② 计算定额子目工程量。

a. A5-93 构造柱。其定额工程量计算规则同相应项目清单工程量计算规则，相应项目定额工程量等于其清单工程量。

b. A5-129 混凝土泵送费。根据《湖南省房屋建筑与装饰工程消耗量标准》（2020 年），A5-93 构造柱、混凝土定额子目，每 10m³ 混凝土构造柱需要消耗混凝土 9.847m³。

故工程量 $V = 5.05 \times (9.847 / 10) = 4.97$（m³）

（3）编制组价后的构造柱混凝土分部分项工程量清单。组价后构造柱混凝土分部分项工程量清单如表 8-41 所示。

表 8-41　组价后构造柱现浇混凝土分部分项工程量清单（带定额）

序号	项目编码	项目名称	项目特征	计量单位	工程量
1	010502002001	构造柱	（1）混凝土类别：商品混凝土。 （2）混凝土强度等级：C30	m³	5.05
1.1	A5-93 换	构造柱	混凝土（砾石）C20	10m³	0.505
1.2	A5-129	混凝土泵送费	檐高 50m 以内	10m³	0.497

（4）梁。按图示断面尺寸乘以梁长以 m³ 计算。梁长按下列规定确定：

① 梁与混凝土柱连接时，梁长算至柱侧面；梁与混凝土墙连接时，梁长算至墙侧面。

② 主梁与次梁连接时，次梁长算至主梁侧面。伸入砌体墙、柱内的梁头、梁垫体积并入梁体积内计算。

（5）板。按图示面积乘以板厚以 m³ 计算，其中：

① 有梁板包括主、次梁与板，按梁、板体积之和计算。

② 无梁板按板（包括其边梁）和柱帽体积之和计算。

③ 平板按板实体体积计算。

④ 现浇挑檐天沟与板（包括屋面板、楼板）连接时，以外墙为分界线，与圈梁（包括其他梁）连接时，以梁外边线为分界线。外墙边线以外或梁外边线以外为挑檐天沟。

【例 8-15】某建筑工程檐高 22m，其现浇混凝土矩形梁、有梁板的混凝土分部分项工程量清单如表 8-42 所示，试根据《湖南省房屋建筑与装饰工程消耗量标准》（2020 年）

对其组价。

表 8-42 现浇混凝土梁、板分部分项工程量清单

序号	项目编码	项目名称	项目特征	计量单位	工程量
1	010503002001	矩形梁	（1）混凝土类别：商品混凝土。 （2）混凝土强度等级：C30	m³	1.48
2	010505001001	有梁板	（1）混凝土类别：商品混凝土。 （2）混凝土强度等级：C30	m³	2.84

【解】（1）组价。

① 套用定额子目。根据现浇混凝土矩形梁、有梁板的清单项目特征结合《湖南省房屋建筑与装饰工程消耗量标准》（2020 年），现浇混凝土工程采用泵送施工时，执行相应的现浇混凝土项目，再执行"混凝土泵送费"项目。

② 计算定额工程量。

a. A5-96 单梁、连续梁工程量 $V=1.48\text{m}^3$

A5-129 混凝土泵送费工程量 $V=1.48\times(10.15/10)=1.50$（$\text{m}^3$）

b. A5-104 有梁板工程量 $V=2.84\text{m}^3$

A5-129 混凝土泵送费工程量 $V=2.84\times(10.15/10)=2.88$（$\text{m}^3$）

（2）编制组价分部分项工程量清单。现浇混凝土梁、板组价分部分项工程量清单如表 8-43 所示。

表 8-43 现浇混凝土梁、板组价分部分项工程量清单（带定额）

序号	项目编码	项目名称	项目特征	计量单位	工程量
1	010503002001	矩形梁	（1）混凝土类别：商品混凝土。 （2）混凝土强度等级：C30	m³	1.48
1.1	A5-96	单梁、连续梁	商品混凝土（砾石）C30	10m³	0.148
1.2	A5-129	混凝土泵送费	檐高 50m 以内	10m³	0.15
2	010505001001	有梁板	（1）混凝土类别：商品混凝土。 （2）混凝土强度等级：C30	m³	2.84
2.1	A5-104	有梁板	商品混凝土（砾石）C30	10m³	0.284
2.2	A5-129	混凝土泵送费	檐高 50m 以内	10m³	0.288

（6）墙。按图示中心线长度乘以墙高及厚度以 m^3 计算，应扣除门窗洞口及 0.3m^2 以外孔洞的体积，墙垛及凸出部分（包括边框梁、柱）并入墙体积内计算。

（7）空心楼盖内置空心管（盒）模块工程量按外形体积以 m^3 计算。现浇混凝土空心楼盖体积应减去空心管（盒）模块体积套用相应现浇子目。

（8）整体楼梯包括休息平台、平台梁、斜梁及楼梯的连接梁，按水平投影面积计算，不扣除宽度小于 500mm 的楼梯井，伸入墙内部分不另增加。

（9）伸出外墙的悬挑板（包括平板、雨篷等），按伸出外墙的体积计算，其反沿并入悬挑板内计算。

（10）栏板以 m^3 计算，伸入墙内的栏板合并计算。

（11）预制板补现浇板缝时，按平板计算。

（12）预制钢筋混凝土框架柱现浇接头（包括梁接头）按设计规定断面和长度以 m^3 计算。

【例 8-16】某现浇雨篷（YP）的平面图及剖面图如图 4-53 所示，混凝土采用 C35 砾 40 现浇商品混凝土。该雨篷（YP）的现浇混凝土分部分项工程量清单如表 8-44 所示，试根据《湖南省房屋建筑与装饰工程消耗量标准》（2020 年）对该清单项目组价并编制组价后分部分项工程量清单。

表 8-44　组价后现浇混凝土雨篷（YP）分部分项工程量清单

项目编码	项目名称	项目特征	计量单位	工程量
010505008001	雨篷	（1）混凝土类别：商品混凝土。 （2）混凝土强度等级：C35	m^3	0.56

【解】（1）组价。

① 套用定额子目。现浇混凝土雨篷的清单项目特征结合《湖南省房屋建筑与装饰工程消耗量标准》（2020 年），现浇混凝土工程采用泵送施工时，执行相应的现浇混凝土项目，再执行"混凝土泵送费"项目。套用定额子目如表 8-45 所示。

② 计算定额子目的工程量。

a. A5-120 换其他构件、雨篷定额工程量同清单工程量

b. A5-129 混凝土泵送费工程量 $V = 0.56 \times (10.15/10) = 0.57$（$m^3$）

（2）编制组价后的分部分项工程量清单。组价后现浇混凝土雨篷分部分项工程量清单如表 8-45 所示。

表 8-45　组价后现浇混凝土雨篷（YP）分部分项工程量清单（带定额）

序号	项目编码	项目名称	项目特征	计量单位	工程量
1	010505008001	雨篷	（1）混凝土类别：商品混凝土。 （2）混凝土强度等级：C35	m^3	0.56
1.1	A5-120 换	其他构件、雨篷	商品混凝土（砾石）C20	$10m^3$	0.056
1.2	A5-129	混凝土泵送费	檐高 50m 以内	$10m^3$	0.057

8.5.3　预制混凝土工程量

预制混凝土工程量按以下规定计算：

（1）工程量均按图示尺寸实体体积以 m^3 计算，不扣除构件内钢筋、铁件及小于 $300mm \times 300mm$ 的空洞体积。

（2）混凝土与钢杆件组合的构件，混凝土部分按构件实体体积以 m^3 计算，钢构件部分按 t 计算，分别套相应的消耗量标准项目。

8.5.4　预制混凝土构件运输、安装

（1）预制混凝土构件运输及安装均按构件图示尺寸以实体体积加规定的损耗计算。

（2）预制混凝土构件运输及安装损耗率，按总说明有关规定计算，并入构件工程量内。其中预制混凝土屋架、桁架、托架及长度在 9m 以上的梁、板、柱不计算损耗率。

（3）水泥蛙石块、泡沫混凝土块、硅酸盐块运输 $1m^3$ 折合钢筋混凝土构件体积

$0.4m^3$，按 1 类构件运输计算。漏空花格运输安装按设计外形面积乘以厚度 6cm 以 m^3 计算，不扣漏空体积。以上构件均按钢筋混凝土构件 4 类运输执行；漏空花格安装按钢筋混凝土小型构件标准执行。

（4）预制钢筋混凝土工字形柱、矩形柱、空腹柱、双肢柱、空心柱、管道支架等安装，均按柱安装计算。

（5）钢筋混凝土折线形屋架、三角形组合屋架安装，以混凝土实体体积计算，三角形组合屋架的钢杆件部分安装费不另计算。

8.5.5 钢筋混凝土构件接头灌缝

（1）钢筋混凝土构件接头灌缝，包括构件座浆、灌缝、堵板孔、塞板梁缝等，均按预制钢筋混凝土构件实体体积以 m^3 计算。

（2）钢筋混凝土梁、吊车梁、托架梁、过梁、组合屋架、天窗架、大型屋面板、平板、空心板、槽形板、挑檐板、楼梯段等，均按混凝土实体体积计算，按相应项目计算灌浆。

【例 8-17】某工程设计采用强度为 C30 的预应力混凝土空心板数量如下：YKB39052 为 72 块，YKB39062 为 42 块。运距 1km。试计算该工程中预应力空心板的清单工程量并组价、编制组价后的预制混凝土分部分项工程量清单（不考虑预应力钢筋）。

【解】（1）计算清单工程量。查该工程所采用的标准图集《楼梯栏杆》（98ZJ401）可得混凝土体积与钢筋质量数据，如表 8-46 所示。

表 8-46 预应力空心板标准数据

构件代号	件数（块）	单件混凝土体积（m^3）	单件预应力钢筋（kg）
YKB39052	72	0.142	5.32
YKB39062	42	0.169	6.59

① 预制混凝土空心板的预制混凝土工程量：

$V = 10.224 + 7.098 = 17.32$（$m^3$）

② 预制混凝土空心板的预应力钢筋工程量：

$m = 5.32 \times 72 + 6.59 \times 42 = 659.82$（kg）$= 0.660$（t）

（2）组价。

① 套用定额子目。根据《湖南省房屋建筑与装饰工程消耗量标准》（2020 年），预制混凝土空心板长度为 3.9m，小于 4m，属于 1 类构件，应套用预制混凝土空心板制作（A5-139）、运输（A5-143）、安装（A5-200）、接头灌缝（A5-233）4 个定额子目。

② 定额工程量计算。根据地区消耗量标准总说明，计算预制混凝土空心板制作（A5-139）、运输（A5-143）、安装（A5-200）、接头灌缝（A5-233）定额子目工程量时就考虑相应的损耗。

预制混凝土空心板制作（A5-139）工程量：

$V = $ 构件实体工程量 $\times (1 + 0.2\% + 0.8\% + 0.5\%) = 17.32 \times 1.015 = 17.58$（$m^3$）

预制混凝土空心板运输（A5-143）工程量：

$V = $ 构件实体工程量 $\times (1 + 0.8\% + 0.5\%) = 17.32 \times 1.013 = 17.55$（$m^3$）

预制混凝土空心板安装（A5-200）工程量：

$V=$构件实体工程量$\times(1+0.5\%)=17.32\times1.005=17.41$（$m^3$）

预制混凝土空心板接头灌缝（A5-233）工程量：

$V=$构件实体工程量$=17.32$（m^3）

（3）编制组价后的预制混凝土空心板分部分项工程量清单。组价后的预制混凝土分部分项工程量清单如表 8-47 所示。

表 8-47 组价后的预制混凝土空心板分部分项工程量清单（带定额）

序号	项目编码	项目名称	项目特征	计量单位	工程量
1	010512002001	预制混凝土空心板	（1）空心板型号：YKB39052 共 72 块、YKB39062 共 42 块。 （2）混凝土强度等级：C30。 （3）运距：1km 以内	m^3	17.32
1.1	A5-139 换	空心板制作	商品混凝土（砾石）C25	$10m^3$	1.758
1.2	A5-143	空心板运输	1 类构件、运输距 1km 以内	$10m^3$	1.755
1.3	A5-200	空心板安装	不焊接单体 $0.2m^3$ 以内	$10m^3$	1.741
1.4	A5-233	构件接头灌缝	空心板	$10m^3$	1.732

8.5.6 装配式混凝土结构

（1）构件安装工程量按成品构件设计图示尺寸的实体体积以 m^3 计算，依附于构件制作的各类保温层的体积并入相应构件安装中计算，扣除门窗洞口及 $>0.3m^2$ 的孔洞、线箱所占体积等，不扣除构件内钢筋、预埋铁件、配管、套管、线盒及单个面积 $\leqslant0.3m^2$ 的孔洞、线箱等所占体积，构件外露钢筋体积亦不再增加。

（2）套筒注浆按设计数量以个计取。

（3）外墙嵌缝、打胶按构件外墙接缝的设计图示尺寸的长度以 m 计取。

（4）装配式建筑檐口高 50m 及以上的，构件吊装相应项目的人工和机械用量分别乘以表 8-48 中系数。

表 8-48 构件吊装人工、机械调整系数

吊装室外地面至檐口高度	$\leqslant80m$	$\leqslant100m$
系数	1.1	1.2

（5）装配式构件结合处混凝土的钢筋制作安装部分，按《湖南省房屋建筑与装饰工程消耗量标准》（2020 年）第五章混凝土及钢筋混凝土工程相应项目的人工和机械用量分别乘以系数 1.2 计取。

任务 8.6 金属结构工程组价

【任务目标】

（1）了解金属结构工程定额说明、定额工程量计算规则；掌握金属结构工程定额工程量计算方法，掌握金属结构工程分部分项工程量清单组价方法。

（2）能正确套用金属结构工程清单项目组价定额子目并计算其定额工程量。

（3）具有精益求精、追求卓越的工匠精神，具有客观、公正、守法、诚信的工作作

风，树立节约资源、保护环境的意识。

【任务单】金属结构工程组价的任务单如表 8-49 所示。

表 8-49　金属结构工程组价的任务单

任务内容	识读某供水智能泵房成套设备生产基地项目厂房工程施工图（见附图），施工时钢柱、钢支撑采用 20t 汽车式起重机安装，核查表 2-111、模块 2 项目 4 任务 4.7 任务单分部分项工程量清单并组价
任务要求	每三人为一个小组（一人为编制人，一人为校核人，一人为审核人）

（1）钢柱（GZ1）采用_____除锈，钢柱（GZ1）及柱间钢支撑 ZC1 采用_____防火涂料，钢支撑 ZC1 安装高度为_____m，钢柱、钢支撑的安装工程量按_____计算，定额中钢柱安装按单体质量划分为_____子目。

（2）清单核查与组价。

金属结构工程分部分项工程量清单（带定额）

项目编码	项目名称及特征	计算过程	单位	工程量

【知识链接】

8.6.1　金属结构工程定额说明

金属结构工程包括钢结构制作、构件制作、构件运输、构件安装、钢结构防腐、防火，详见二维码。

金属结构
工程定额说明

8.6.2　定额工程量计算与组价

1. 构件制作

（1）金属结构制作型钢材料按图示钢材尺寸以 t 计算，不扣除孔眼、切边的质量。焊条、钢钉、螺栓等质量不再另计算。在计算不规则或多边形钢板质量时，均以其最大外围尺寸，以矩形面积计算。

① 各种规格型钢质量。

型钢质量＝型钢长度×型钢 1m 质量

② 各种规格钢板质量。

钢板质量＝钢板面积×钢板厚度×理论质量（7.85t/m³）

③ 不规则或多边形钢板，如图 8-8 所示。

不规则或多边形钢板质量＝最大对角线长度×最大宽度×面密度（t/m²）。

（2）制动梁，包括制动梁、制动桁架、制动板质量，以 t 计算；

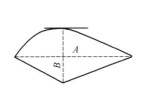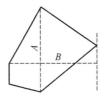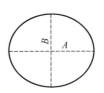

图 8-8　不规则或多边形钢板

(3) 墙架,包括墙架柱、梁及连接柱质量,以 t 计算;

(4) 钢柱,包括依附于柱上的牛腿及悬臂梁质量,以 t 计算。

(5) 钢栏杆,仅适用于工业厂房、构造物中的相应钢栏杆制作、安装,以 t 计算。

(6) 钢漏斗,矩形按图示分片,圆形按图示展开尺寸,并依钢板宽度分段计算,每段均以其上口长度(圆形接分段展开上口长度)与钢板宽度,按矩形计算,依附漏斗的型钢并入漏斗质量内计算。

(7) 天窗挡风架、柱、挡雨板的支架制作,按质量以 t 计算。

(8) 刮泥箅子板、地沟铸铁箅子板按框外围面积计算。

(9) 钢质窗帘棍制安,按图示长度计算;当设计无规定时,每根按洞口宽度增加 30cm 计算。

(10) 垃圾斗及配件,按垃圾斗口的框外围面积计算;出灰口及配件,按出灰口的框外围面积计算。

(11) 彩钢板面。

① 墙面,以外墙面长度乘以外墙高度按面积计算,扣除门、窗洞口面积,但不扣除 $0.3m^2$ 以内的孔面积。

② 楼面,以水平投影面积计算,但不扣附墙柱凸出部分面积和 $0.3m^2$ 以内的孔洞面积。

③ 屋面,按展开长度乘以宽度以 m^2 计算,扣除其凸出屋面的楼梯间、水箱、排气间等所占面积,但不扣除 $0.3m^2$ 以内的孔洞面积。

(12) 压型板、夹心板屋面、轻钢屋面中工程量应扣除 $0.3m^2$ 以上采光带的面积。

2. 构件安装

(1) 按制作的工程量计算。

(2) 成品气楼,依据市场实际情况按喉口宽度分类以 m 按市场价计算。

(3) 化学螺栓、高强螺栓及栓钉,以套计算。

【例 8-18】某屋架钢支撑示意图如图 4-88 所示,钢支撑运距为 2km,喷砂除锈,面刷 NB 型防火涂料,涂层厚为 2mm,采用 20t 汽车式起重机安装。已知角钢∟75×50×6 的理论质量为 5.68kg/m,理论表面积为 $0.245m^3/m$、钢板理论质量为 $7.85kg/m^3$,钢支撑采用 Q235 钢制作,工程建设地点在长沙市内。该钢支撑的分部分项工程量清单如表 8-50 所示,试对该钢支撑的清单项目组价并编制其组价后的分部分项工程量清单。

表 8-50　钢支撑分部分项工程量清单

项目编码	项目名称	项目特征	计量单位	工程量
010606001001	钢支撑	(1) 钢材品种、规格:Q235 钢,规格见示意图。 (2) 构件类型:单式。 (3) 安装高度:8.4m,20t 汽车式起重机安装。 (4) 螺栓种类:普通螺栓。 (5) 探伤要求:红外线探伤。 (6) 防火要求:面刷 NB 型防火涂料,涂层 2mm 厚。 (7) 除锈要求:喷砂除锈	t	0.068

【解】（1）组价。

① 套用组价定额子目。根据该清单项目的项目特征及《湖南省房屋建筑与装饰工程消耗量标准》（2020 年），该清单项目应套用的组价定额子目包括 A6-36 钢支撑制作、型钢，A6-183 钢屋架支撑安装，A6-112 喷砂除锈，A6-131NB 型防火涂料2mm 厚。

② 计算组价定额子目工程量。钢支撑制作、安装、除锈定额工程量计算规则同清单计算规则，其定额工程量同清单工程量；钢支撑刷防火涂料的工程量按构件表面积计算。

刷防火涂料工程量 $S=5.9\times0.245\times2+0.205\times0.21\times4\times2=3.24$（$m^2$）。

（2）编制组价后的分部分项工程量清单。组价后的钢支撑分部分项工程量清单如表 8-51 所示。

表 8-51　组价后的钢支撑分部分项工程量清单（带定额）

序号	项目编码	项目名称	项目特征	计量单位	工程量
1	010606001001	钢支撑	（1）钢材品种、规格：Q235 钢，规格见示意图。 （2）构件类型：单式。 （3）安装高度：8.4m，20t 汽车式起重机安装。 （4）螺栓种类：普通螺栓。 （5）探伤要求：红外线探伤。 （6）防火要求：面刷 NB 型防火涂料，涂层2mm 厚。 （7）除锈要求：喷砂除锈	t	0.068
1.1	A6-36	钢支撑制作	型钢	t	0.068
1.2	A6-183	钢屋架支撑安装		t	0.068
1.3	A6-112	喷砂除锈		t	0.068
1.4	A6-131	防火涂料	NB 型、2mm 厚	10m²	0.324

任务 8.7　木结构工程组价

【任务目标】

（1）了解木结构工程定额说明、定额工程量计算规则；掌握木结构工程定额工程量计算方法，掌握木结构工程分部分项工程量清单组价方法。

（2）能正确套用木结构工程清单项目组价定额子目并计算其定额工程量。

（3）具有精益求精、追求卓越的工匠精神，具有客观、公正、守法、诚信的工作作风，树立节约资源、保护环境的意识。

【任务单】

木结构工程组价的任务单如表 8-52 所示。

表 8-52　木结构工程组价的任务单

任务内容	识读某钢-方木屋架施工图（见图 4-90），共 1 榀，现场制作，不刨光，轮胎式起重机安装，安装高度 6m。试根据《湖南省房屋建筑与装饰工程消耗量标准》（2020 年），完成模块 2 项目 4 任务 4.8 任务单中钢-方木屋架工程分部分项工程量清单组价并编制组价后的分部分项工程量清单
任务要求	每三人为一个小组（一人为编制人，一人为校核人，一人为审核人）

（1）定额中钢-方木屋架按＿＿＿＿＿＿＿＿划分了三个子目，定额中钢-方木屋架是按热轧等边角钢 50×5 编制的，套用时＿＿＿（是、否）需要换算，＿＿＿（是、否）需要套用钢-方木屋架安装子目。

（2）清单核查和组价

钢-方木屋架分部分项工程量清单（带定额）

项目编码	项目名称及特征	计算过程	单位	工程量

【知识链接】

8.7.1　木结构工程定额说明

木结构工程包括《湖南省房屋建筑与装饰工程消耗量标准》（2020 年）第七章木结构工程工作内容、木材木种分类两个部分，详见二维码。

木结构工程
定额说明

8.7.2　定额工程量计算与组价

（1）木屋架的制作安装工程量，按以下规定计算：

① 木屋架制作安装均按设计断面竣工木料以 m³ 计算，其后备长度及配置损耗均不另外计算。

② 方木屋架一面刨光时增加 3mm，两面刨光时增加 5mm；圆木屋架刨光时，木材体积 1m³ 增加 0.05m³。附属于屋架的夹板、垫木等不另计算；与屋架连接的挑檐木、支撑等，其工程量并入屋架竣工木料体积内计算。

③ 屋架的制作安装应区别不同跨度，其跨度应以屋架上下弦杆的中心线交点之间的长度为准。带气楼的屋架并入所依附屋架的体积内计算；屋架的马尾、折角和正交部分半屋架，应并入相连接屋架的体积内计算。

④ 钢木屋架区别圆、方木，按竣工木料以 m³ 计算。

（2）圆木屋架连接的挑檐木、支撑等如为方木，其方木部分应乘以系数 1.7，折合成圆木并入屋架竣工木料内；单独的方木挑檐，按方檩木计算。

（3）檩木按竣工木料以 m³ 计算。简支檩木长度按设计规定计算，如设计无规定，按屋架或山墙中距增加 200mm 计算，如两端出山，檩条长度算至博风板；连续檩条的长度按设计长度计算，其接头长度按全连续中檩木总体积的 5％ 计算。檩条托木已计入相应的檩木制作安装项目中，不另计算。

（4）屋面木基层，按屋面的斜面积计算。天窗挑檐重叠部分按设计规定计算，屋面烟囱及斜沟部分所占面积不扣除。

（5）封檐板按图示檐口的外围长度计算，博风板按斜长度计算，每个大刀头增加长度 500mm。

（6）木楼梯按水平投影面积计算，不扣除宽度小于 300mm 的楼梯井，其踢脚板、平台和伸入墙内部分，不另计算。

【例 8-19】某钢木屋架的分部分项工程量清单如表 8-53 所示，试根据《湖南省房屋建筑与装饰工程消耗量标准》（2020），对表 8-53 进行组价并编制组价后的分部分项工程量清单。

表 8-53 钢木屋架分部分项工程量清单

项目编写	项目名称	项目特征	计量单位	工程量
010701002001	钢木屋架	（1）跨度：6m。 （2）材料品种、规格：杉木，规格见施工图。	榀	1
		（3）拉杆及夹板种类：HPB300 级钢拉杆，直径 12mm，长度 3.58m；80mm×30mm×10mm 木夹板 2 块	m³	0.40

【解】（1）组价。

① 套用定额子目。根据钢木屋架清单项目特征结合"地区消耗量标准（2020）"，套取定额子目如表 8-54 所示。

② 计算定额工程量。

钢木屋架的定额工程量计算规则：钢木屋架区分圆、方木，按竣工木料以立方米计算。故定额工程量 $V=0.4$（m³）。

（2）编制组价后的分部分项工程量清单。组价后的圆木屋架分部分项工程量清单如表 8-54 所示。

表 8-54 组价后的圆木屋架分部分项工程量清单（带定额）

序号	项目编码	项目名称	项目特征	计量单位	工程量
1	010701002001	钢木屋架	（1）跨度：6m。 （2）材料品种、规格：杉木，规格见施工图。 （3）拉杆及夹板种类：HPB300 级钢拉杆，直径 12mm，长度 3.58m；80mm×30mm 木夹板 2 块、60mm×6mm 木夹板 2 块	m³	0.4
1.1	A7-5 换	圆木钢屋架	跨度 15m 以内	m³	0.4

任务 8.8 屋面及防水工程组价

【任务目标】

（1）了解屋面及防水工程定额说明、定额工程量计算规则；掌握屋面及防水工程定额工程量计算方法，掌握屋面及防水工程分部分项工程量清单组价方法。

（2）能正确套取屋面及防水工程清单项目组价定额子目并计算其定额工程量。

（3）具有精益求精、追求卓越的工匠精神，具有客观、公正、守法、诚信的工作作风，树立节约资源、保护环境的意识。

【任务单】

屋面及防水工程组价的任务单如表 8-55 所示。

表 8-55　屋面及防水工程组价的任务单

任务内容	识读某供水智能泵房成套设备生产基地项目 2♯配件仓库施工图，核查模块 2 项目 4 任务 4.9 任务单分部分项工程量清单并根据地区消耗量标准或企业定额组价			
任务要求	每三人为一个小组（一人为编制人，一人为校核人，一人为审核人）			
（1）定额中将屋面防水分为防水卷材、＿＿＿＿＿＿＿＿ 和 ＿＿＿＿＿＿＿＿ ；改性沥青防水卷材 2 层，热熔法施工，应套用子目 A8-13 和子目＿＿＿＿＿＿＿＿ ；丙烯酸防水涂料 2mm 厚，机械喷涂，应套用定额子目 A8-35 和子目＿＿＿＿＿＿＿＿ 。 （2）清单核查和组价				
屋面及防水工程分部分项工程量清单（带定额）				
项目编码	项目名称及特征	计算过程	单位	工程量

【知识链接】

8.8.1　屋面及防水工程定额说明

《湖南省房屋建筑与装饰工程消耗量标准》（2020 年）第八章屋面及防水工程中瓦屋面、采光板屋面、玻璃采光顶、卷材防水、涂膜防水、屋面排水、变形缝做法等项目，按国家规范、建筑图集《建筑构造用料做法》（15ZJ001）与常用材料标准编制的，当设计与消耗量标准不同时，材料可以换算，人工、机械不变。

屋面保温等项目执行"保温、隔热、防腐工程"相应项目，找平层等项目执行"楼地面装饰工程"相应项目。

屋面及防水工程定额说明包括屋面工程、建筑物防水工程两个方面的内容，详见二维码。

屋面及防水工程
定额说明

8.8.2　定额工程量计算与组价

1. 屋面工程

（1）各种屋面和型材屋面（包括挑檐部分）按设计图示尺寸以面积计算（斜屋面按斜面面积计算），不扣除房上烟囱、风帽底座、风道、小气窗、斜沟等所占面积，小气窗的出檐部分不增加面积。

（2）屋脊线按设计图示尺寸扣除屋脊头水平长度计算；斜沟、檐口滴水线、滴水、泛水、钢丝网封沿板等按设计图示尺寸以延长米计算。

（3）阳光板屋面和玻璃采光顶屋面按设计图示尺寸以面积计算（斜屋面按斜面面积计算），不扣除面积小于或等于 0.3m² 孔洞所占面积。

【例 8-20】某四坡水（坡度角度为 21°48′）小青瓦屋面（椽子上铺设）如图 4-92 所示，其分部分项工程量清单如表 8-56 所示，试根据《湖南省房屋建筑与装饰工程消耗量标准》（2020 年）对相应清单项目组价并编制组价后的分部分项工程量清单。

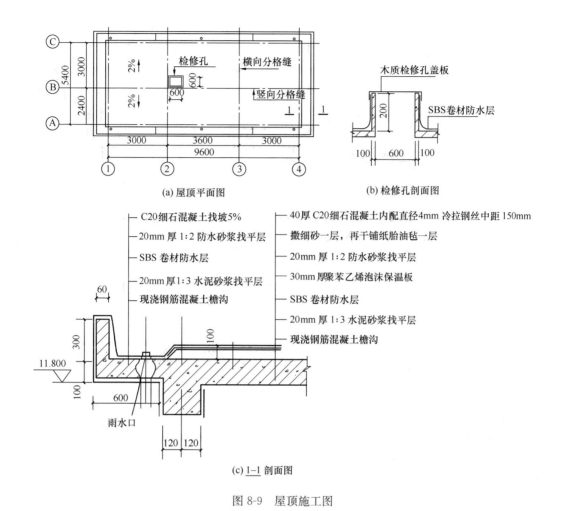

(a) 屋顶平面图

(b) 检修孔剖面图

(c) 1-1 剖面图

图 8-9　屋顶施工图

表 8-56　瓦屋面分部分项工程量清单

项目编码	项目名称	项目特征	计量单位	工程量
010901001001	瓦屋面	瓦品种、规格：小青瓦，规格见施工图，椽子上铺设	m²	206.78

【解】（1）组价。

① 套用定额子目。根据瓦屋面清单项目特征及《湖南省房屋建筑与装饰工程消耗量标准》（2020 年），套用组价定额子目：A8-7 小青瓦屋面、椽子上铺设。

② 计算组价定额子目工程量。瓦屋面定额工程量计算规则同清单工程量计算规则，故其定额工程量等于清单工程量。

（2）编制组价后的分部分项工程量清单。组价后的瓦屋面分部分项工程量清单如表 8-57 所示。

表 8-57 组价后的瓦屋面分部分项工程量清单（带定额）

序号	项目编码	项目名称	项目特征	计量单位	工程量
1	010901001001	瓦屋面	瓦品种、规格：小青瓦，规格见施工图，椽子上铺设	m²	206.78
1.1	A8-7	小青瓦屋面	椽子上铺设	100m²	2.0678

2. 屋面防水

（1）按水平投影面积乘以坡度系数以 m² 计算，但不扣除房上烟囱、风帽底座、风道、屋面小气窗和斜沟所占的面积；屋面的女儿墙、伸缩缝和天窗的上翻部分按设计图示尺寸并入屋面工程量计算。当图纸无规定时，变形缝、女儿墙的上翻部分可按 250mm 计算。天窗泛水上翻下延部分可按 500mm 计算。

（2）屋面天沟、檐沟按设计图示尺寸以展开面积计算。

（3）屋面分格缝按设计要求以延长米计算工程量。

3. 屋面排水

（1）水落管、镀锌铁皮天沟、檐沟按设计图示尺寸以长度计算。

（2）水斗、下水口、雨水口、弯头、短管等均以设计数量计算。

【例 8-21】某建筑物屋顶施工图如图 8-9 所示，建筑物室外地坪标高为 −0.3m，雨水口、雨水斗、水落管均为 PVC 材质，直径 100mm，SBS 卷材施工采用热熔法施工，屋面分格缝嵌填油膏。试列项并计算屋面防水工程的定额工程量。

【解】（1）列项。根据《湖南省房屋建筑与装饰工程消耗量标准》（2020 年）并结合屋顶施工图，应列定额项包括：

① A8-13 防水卷材、SBS 改性沥青防水卷材单层、热熔法施工、大面满铺。

② A8-62 屋面排水、PVC 塑料排水管、直径小于或等于 110mm。

③ A8-67 屋面排水、PVC 排水部件、水斗（带罩）。

④ A8-69 屋面排水、PVC 排水部件、落水口。

⑤ A8-160 防水保护层、豆石混凝土 30mm 厚。

⑥ A8-167 嵌缝、建筑油膏。

（2）计算工程量。工程量计算如表 8-58 所示。

表 8-58 工程量计算

项目编码	项目名称	项目特征	计算式	计量单位	工程量
A8-13	SBS 改性沥青防水卷材单层	热熔法施工、大面满铺	$S=(9.6+0.24)\times(5.4+0.24)-(0.6+0.2)\times(0.6+0.2)+(9.6+0.24+5.4+0.24)\times2\times0.1+(0.6-0.06)\times(9.6+0.24+0.54+5.4+0.24+0.54)\times2+(9.6+0.24+0.54\times2+5.4+0.24+0.54\times2)\times2\times0.3+(0.6+0.2)\times0.2\times4$	100m²	0.8706
A8-62	PVC 塑料排水管	直径小于或等于 110mm	$L=(11.8+0.3)\times6$	10m	7.26

项目编码	项目名称	项目特征	计算式	计量单位	工程量
A8-67	水斗（带罩）	PVC 排水部件	6	10 个	0.6
A8-69	落水口	PVC 排水部件	6	10 个	0.6
A8-160 换	防水保护层	豆石混凝土 30mm 厚	$S=(9.6+0.24)\times(5.4+0.24)-(0.6+0.2)\times(0.6+0.2)$	100m²	0.5486
A8-167	嵌缝	建筑油膏	$L=9.84+5.64\times2$	100m	0.2112

4. 地下室防水

（1）底板：按垫层图示尺寸的水平投影面积乘以坡度系数以 m² 计算，扣除后浇带、排水沟所占平面面积，周边上翻部分以宽（底板厚度＋250mm）×永久保护墙内侧长度并入底板平面面积计算。

（2）侧墙（外墙）：以侧墙外表面的长×宽计算面积，应扣除后浇带所占面积计算，不扣除外墙穿管孔、线孔所占面积。

（3）顶板：按设计图示尺寸以 m² 计算面积。穿顶板管、线所占面积不予扣除。顶板上设有的蓄水池、养殖池、人工湖、喷水池或溪流所占空间应予扣除，这些池坑与溪流按图示尺寸分别按展开面积另行计算。

（4）地下车库出入斜道：斜道底板、侧墙面积按设计图示尺寸计算，斜道截水沟按展开面积并入斜道计算。

5. 墙面防水

（1）墙面防水：外墙按外墙中心线长度、内墙按墙体净长度，乘以宽度，以面积计算。

（2）墙立面防水、防潮层：不论内墙、外墙，均按设计图示尺寸以面积计算，不扣除穿墙管线洞口。

6. 楼（地）面防水

（1）楼（地）面防水，按主墙间净空以面积计算，扣除凸出地面的构筑物、设备基础所占的面积，不扣除柱、垛、间壁墙、烟囱及 0.3m² 以内孔洞所占面积。与墙面连接处高度在 300mm 以内的按展开面积计算，并入楼地面防水工程量内，当超过 300mm 时，按立面防水层计算。

（2）阳台：以图示尺寸以 m² 计算，不扣除排水管口所占面积，阳台上翻高度按 250mm 计算并入阳台工程量中，应扣除门洞所占面积。

7. 保护层

保护层按设计图示尺寸以面积计算。

8. 附加层细部处理

防水的阴阳角、管根、后浇带、落水口、伸缩缝、施工缝、通风道、设备基础、檐沟等附加层，工程量按设计图示尺寸计算。

9. 变形缝与止水带

变形缝（嵌填缝与盖板）与止水带按设计图示尺寸以长度计算。

任务 8.9 保温隔热、吸声、防腐工程组价

【任务目标】

（1）了解保温隔热、吸声、防腐工程定额说明、定额工程量计算规则；掌握保温隔热、吸声、防腐工程定额工程量计算方法，掌握保温隔热、吸声、防腐工程分部分项工程量清单组价方法。

（2）能正确套用保温隔热、吸声、防腐工程清单项目组价定额子目并计算其定额工程量。

（3）具有严谨细致、精益求精、追求卓越的工匠精神，具有客观、公正、守法、诚信的工作作风，树立节约资源、保护环境的意识。

【任务单】

保温隔热、吸声、防腐工程组价的任务单如表 8-59 所示。

表 8-59 保温隔热、吸声、防腐工程组价的任务单

任务内容	识读某供水智能泵房成套设备生产基地项目 2♯配件仓库工程施工图，核查表模块 2 项目 4 任务 4.10 任务单分部分项工程量清单并组价
任务要求	每三人为一个小组（一人为编制人，一人为校核人，一人为审核人）

（1）定额中屋面保温采用现浇水泥陶粒混凝土，应套用_____子目，外墙保温采用抗裂砂浆，定额中将抗裂砂浆划分为_____子目（只需写出定额编号），外墙内保温（保温板系统）定额中划分为_____子目（只需写出定额编号），屋面保温采用干铺聚苯乙烯板定额中是按厚度_____mm编制的。

（2）清单核查与组价

保温、隔热、防腐工程分部分项工程量清单（带定额）				
项目编码	项目名称及特征	计算过程	单位	工程量

【知识链接】

8.9.1 保温隔热、吸声、防腐工程定额说明

保温隔热、吸声、防腐工程包括保温、防腐两个方面的内容，详见二维码。

8.9.2 定额工程量计算与组价

1. 外墙保温

按保温面展开面积计算工程量。

保温隔热、吸声、
防腐工程定额说明

【例 8-22】某建筑的建筑施工图如图 8-10 所示，该建筑的外墙设计采用外保温。具体做法为：粘贴保温板外保温系统、30mm 厚聚苯板保温层，铺贴和压嵌玻纤网格布，抹抗裂砂浆（4mm 厚）。已知门窗洞口尺寸为 M1：900mm×2000mm，M2：1200mm×2000mm，M3：1000mm×2000mm，C1：1500mm×1500mm，C2：1800mm×1500mm，

C3：3000mm×1500mm，所有门窗与外墙外边线平齐。试列项并计算该建筑外墙外保温的清单工程量并组价，编制其组价后的分部分项工程量清单。

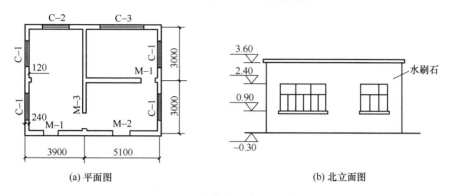

图 8-10　某建筑的建筑施工图

【解】（1）列项并计算清单工程量。

保温隔热墙面的清单工程量计算规则：按设计图示尺寸以面积计算。扣除门窗洞口以及面积大于 $0.3m^2$ 梁、孔洞所占面积；门窗洞口侧壁以及与墙相连的柱，并入保温墙体工程量内。

保温隔热墙面工程量：

$S=(3.9+5.1+0.24+3×2+0.24)×2×(3.6+0.3)-[1.5×1.5×4(C1)+1.8×1.5(C2)+3×1.5(C3)+0.9×2(M1)+1.2×2(M2)]=120.744-20.4=100.34$（$m^2$）

（2）组价。

① 套用定额子目。根据清单项目特征及《湖南省房屋建筑与装饰工程消耗量标准》（2020 年），应套用定额子目为：

a. A9-1 外墙外保温、粘贴保温板外保温系统、30mm 厚聚苯板保温层。

b. A9-6 抗裂砂浆铺贴和压嵌玻纤网格布（4mm）。

② 计算定额工程量。A9-1、A9-6 的定额工程量计算规则：按保温面展开面积计算工程量。同保温隔热墙面清单工程量计算规则，故其工程量均为 100.34（m^2）。

（3）编制组价后的分部分项工程量清单。组价后的外墙外保温分部分项工程量清单如表 8-60 所示。

表 8-60　组价后的外墙外保温分部分项工程量清单（带定额）

序号	项目编码	项目名称	项目特征	计量单位	工程量
1	011001003001	保温隔热墙面	（1）保温隔热部位：外墙。 （2）保温隔热方式：外墙外保温。 （3）保温隔热材料品种、规格及厚度：粘贴保温板外保温系统、30mm 厚聚苯板保温层。 （4）增强网及抗裂砂浆：铺贴和压嵌玻纤网格布，抹抗裂砂浆（4mm 厚）	m^2	100.34
1.1	A9-1	外墙外保温	粘贴保温板外保温系统、30mm 厚聚苯板保温层	$100m^2$	1.0034
1.2	A9-6	抗裂砂浆	铺贴和压嵌玻纤网格布（4mm）	$100m^2$	1.0034

2. 屋面、室内保温工程量

屋面、室内保温工程量按以下规定计算：

（1）保温层应区别不同保温材料，均按设计实铺面积以 m^2 和实铺厚度以 m^3 计算。

（2）保温层厚度按材料（不包括胶结材料）净厚度计算。

（3）墙体层，外墙按层中心、内墙按层净长乘以图示尺寸高度以 m^3 计算，应扣除冷藏门洞口和管道穿墙洞口所占的面积。

（4）柱包层，按图示柱的层中心线的展开长度乘以图示尺寸高度以 m^3 计算。

（5）其他保温：

① 池槽层按图示池槽保温层的长、宽以 m^2 计算。其中池壁按墙面计算，池底按地面计算。

② 门洞口侧壁周围的部分，按图示层尺寸以 m^2 计算，并入墙面的保温工程量内。

③ 柱帽保温层按图示保温层面积并入天棚保温层工程量内。

（6）保温层排气管按设计图示尺寸以长度计算，不扣除管件所占长度，保温层排气孔以数量计算。

（7）防火隔离带工程量按设计图示尺寸以面积计算。

【例 8-23】 某建筑物屋顶平面图如图 4-100 所示，四周设置女儿墙，女儿墙厚为 240mm，无挑檐。其屋面保温分部分项工程量清单如表 8-61 所示，试组价并编制组价后的分部分项工程量清单。

表 8-61 组价后的屋面保温分部分项工程量清单

项目编码	项目名称	项目特征	计量单位	工程量
011001001001	保温隔热屋面	保温隔热材料品种、规格、厚度：现浇水泥陶粒混凝土，平均厚度 $h=119$mm	m^2	784.22

【解】（1）组价。

① 套用组价定额子目。根据清单项目特征及《湖南省房屋建筑与装饰工程消耗量标准》（2020 年），套用定额子目：A9-24 屋面保温现浇水泥陶粒混凝土。

② 计算组价定额子目的定额工程量。屋面保温的定额工程量计算规则：保温层应区别不同保温材料，均按设计实铺面积以 m^2 和实铺厚度以 m^3 计算。

工程量 $V=(16-0.24)\times(50-0.24)\times0.119\approx93.32$（$m^3$）

（2）编制组价后的分部分项工程量清单。组价后的屋面保温分部分项工程量清单如表 8-62所示。

表 8-62 组价后的屋面保温分部分项工程量清单（带定额）

序号	项目编码	项目名称	项目特征	计量单位	工程量
1	011001001001	保温隔热屋面	保温隔热材料品种、规格、厚度：现浇水泥陶粒混凝土，平均厚度 $h=119$mm	m^2	784.22
1.1	A9-24	屋面保温	现浇水泥陶粒混凝土	$10m^3$	9.332

3. 防腐工程量

防腐工程量按以下规定计算：

（1）防腐工程项目应区分不同防腐材料种类及其厚度，按设计实铺面积以 m² 计算。

（2）防腐卷材接缝、附加层、收头等人工、材料，已计入项目中，不再另行计算。

（3）桩基础防腐按设计涂刷高度乘以桩周长以 m² 计算工程量。

任务 8.10　构筑物及建筑物室外附属工程组价

【任务目标】

（1）了解构筑物及建筑物室外附属工程定额说明、定额工程量计算规则；掌握构筑物及建筑物室外附属工程定额工程量计算方法，掌握构筑物及建筑物室外附属工程分部分项工程量清单组价方法。

（2）能正确套用构筑物及建筑物室外附属工程清单项目组价定额子目并计算其定额工程量；

（3）具有严谨细致、精益求精、追求卓越的工匠精神，具有客观、公正、守法、诚信的工作作风，树立节约资源、保护环境的意识。

【任务单】

构筑物及建筑物室外附属工程组价的任务单如表 8-63 所示。

表 8-63　构筑物及建筑物室外附属工程组价的任务单

任务内容	识读某供水智能泵房成套设备生产基地项目 2# 配件仓库施工图，编制其构筑物及建筑物室外附属工程分部分项工程量清单并根据地区消耗量标准或企业定额完成其组价			
任务要求	每三人为一个小组（一人为编制人，一人为校核人，一人为审核人）			
室外附属工程分部分项工程量清单（带定额）				
项目编码	项目名称及特征	计算过程	单位	工程量

【知识链接】

8.10.1　构筑物及建筑物室外附属工程定额说明

（1）《湖南省房屋建筑与装饰工程消耗量标准》（2020 年）第十章构筑物及建筑物室外附属工程适用于一般工业与民用建筑的厂区、小区及房屋附属工程。

（2）《湖南省房屋建筑与装饰工程消耗量标准》（2020 年）第十章构筑物及建筑物室外附属工程未包括的项目，按《湖南省房屋建筑与装饰工程消耗量标准》（2020 年）其他章节及《湖南省市政工程消耗量标准》（2020 年）相应项目执行；但抹灰部分按相应项目人工乘以系数 1.25。

8.10.2　定额工程量计算与组价

（1）铸铁围墙，按图示长度乘以高度以 m² 计算工程量。

（2）散水、明沟、台阶。

① 散水，按图示尺寸以 m² 计算。

② 明沟,按延长米计算。

③ 台阶,按投影面积以 m² 计算。

【例 8-24】 某建筑物底层平面图如图 4-3 所示,已知墙厚均为 240mm,轴线居中,散水做法:①素土夯实;②人工填级配砂石 100mm 厚;③现浇 C20 预拌混凝土 100mm 厚。试列项并计算散水的清单工程量并组价、编制组价后的分部分项工程量清单。

【解】(1)列项并计算清单工程量。

① 清单列项:散水(编码:010507001001)。

② 计算清单工程量。

散水的清单工程量计算规则:按设计图示尺寸以水平投影面积计算。不扣除单个小于或等于 0.3m² 的孔洞所占面积。

$$L_外=(15+0.24+8+0.24)\times2=46.96\ (m)$$

$$S=L_外\times0.6+0.6\times0.6\times4=46.96\times0.6+1.44\approx29.62\ (m^2)$$

(2)组价。

① 套用定额子目。根据清单项目的项目特征及《湖南省房屋建筑与装饰工程消耗量标准》(2020 年),套用定额子目:a. A10-1 换 混凝土散水;b. A8-167 嵌缝、建筑油膏。

② 计算定额工程量。

a. 混凝土散水的定额工程量计算规则:按图示尺寸以 m² 计算。

定额工程量等于清单工程量,$S=15.53m^2$

b. 嵌缝的定额工程量计算规则:变形缝(嵌填缝与盖板)与止水带按设计图示尺寸以长度计算。

定额工程量 $L=L_外+(0.6\times1.414)\times6$

$$=(15+0.24+8+0.24)\times2+(0.6\times1.414)\times6=52.05\ (m)$$

(3)编制组价后的分部分项工程量清单。组价后的散水分部分项工程量清单如表 8-64 所示。

表 8-64 组价后的散水分部分项工程量清单

序号	项目编码	项目名称	项目特征	计量单位	工程量
1	010507001001	散水	(1)垫层材料种类、厚度:人工填级配砂石,100mm 厚。 (2)面层厚度:100mm 厚。 (3)混凝土强度、种类:现浇 C20 预拌混凝土。 (4)变形缝填塞材料种类:建筑油膏	m²	29.62
1.1	A10-1 换	混凝土散水	现浇 C20 预拌混凝土 100mm 厚	100m²	0.2962
1.2	A8-167	嵌缝	建筑油膏	100m	0.5205

(3)化粪池:化粪池安装以座计算。

(4)铸铁井盖安装按套计算。

【项目夯基训练】

【项目任务评价】

项目 9　装饰工程清单组价

【项目引入】

　　工程建设项目招投标时，招标人需要编制招标控制价，投标人需要编制投标报价。而编制招标控制价、投标报价首先应以招标工程量清单、计价定额（地区消耗量标准或企业定额）、地区计价办法为依据，确定招标工程量清单中分部分项工程量清单项目应套用的定额子目，并正确计算其组价定额子目的工程量。装饰分部分项工程量清单组价就是要确定装饰工程中各分部分项工程量清单项目应套用的定额子目，并正确计算其组价定额子目的工程量。装饰工程清单组价的项目目标如表 9-1 所示。

表 9-1　装饰工程清单组价的项目目标

知识目标	技能目标	思政目标
（1）掌握门窗工程、楼地面装饰工程、墙柱面装饰工程等分部分项工程定额说明、定额计算规则。 （2）掌握门窗工程、楼地面装饰工程、墙柱面装饰工程等分部分项工程定额工程量计算方法。 （3）掌握装饰工程工程量清单组价方法	（1）能正确套用装饰工程清单项目的定额子目。 （2）能正确计算装饰工程定额项目的定额工程量。 （3）能正确编制组价后的装饰工程工程量清单	（1）具有精益求精的工匠精神。 （2）具有节约资源、保护环境意识。 （3）具有家国情怀。 （4）具有廉洁品质、自律能力

任务 9.1　门窗工程清单组价

【任务目标】

　　（1）了解门窗工程定额说明、定额工程量计算规则；掌握门窗工程定额工程量计算方法，掌握门窗工程分部分项工程量清单组价方法。

　　（2）能正确套用门窗工程分部分项工程量清单项目的定额子目并计算定额工程量。

　　（3）具有严谨细致、精益求精、追求卓越的工匠精神，具有客观、公正、守法、诚信的工作作风，树立节约资源、保护环境的意识。

【任务单】

　　门窗工程清单组价的任务单如表 9-2 所示。

表 9-2　门窗工程清单组价的任务单

任务内容	识读某供水智能泵房成套设备生产基地项目 2# 配件仓库工程施工图，核查模块 2 项目 9 任务 9.1 门窗工程工程量清单编制任务单分部分项工程量清单并根据地区消耗量标准或企业定额完成其组价			
任务要求	每三人为一个小组（一人为编制人，一人为校核人，一人为审核人）			
门窗工程分部分项工程量清单（带定额）				
项目编码	项目名称及特征	计算过程	单位	工程量

【知识链接】

9.1.1　定额说明

《湖南省房屋建筑与装饰工程消耗量标准》（2020 年）第十四章门窗工程包括木门，铝合金门窗（成品）安装，卷闸门安装，彩板组角钢门窗安装，塑钢门窗安装，防盗装饰门窗安装，防火门、防火窗、防火卷帘门安装，电子感应自动门及转门，不锈钢电动伸缩门，不锈钢板包门框、无框全玻门，门窗套，窗帘盒，窗台板，窗帘道轨，厂库房大门、特种门，五金安装。详见二维码。

门窗工程定额说明

9.1.2　定额工程量计算规则与组价

（1）木门。

① 成品木门扇安装按设计图示扇面积计算。

② 成品木门框安装按设计图示框的中心线长度计算。

③ 成品套装木门安装按设计图示数量计算。

（2）彩板组角钢门窗、塑钢门窗、铝合金门窗均按洞口面积以 m² 计算。外门窗塞缝，设计有规定的按设计规定计算，无规定的按设计洞口宽度另加 0.5m 计算；带副框的外墙门窗按洞口周长计算。

（3）卷闸门安装按其安装高度乘以门的实际宽度以 m² 计算（不扣除小门面积）。安装高度算至滚筒顶点为准。带卷筒罩的按展开面积增加。电动装置安装以套计算，小门安装以扇计算。

（4）防盗门、不锈钢格栅门按框外围面积以 m² 计算。防盗窗按展开面积计算。

（5）成品防火门以框外围面积计算，防火卷帘门从地（楼）面算至端板顶点乘以设计宽度。

（6）电子感应门及转门按成品考虑以樘计算。

（7）不锈钢电动伸缩门以樘计算。

（8）门窗套、窗帘盒、窗帘道轨计量：

① 不锈钢板包门框、现场制作安装的门窗套以及成品石材门套按展开面积计算。

② 成品木门（窗）套安装，按设计图示洞口尺寸以长度计算。

③ 窗帘盒、窗帘道轨按延长米计算。

（9）窗台板按实铺面积计算。

（10）厂库房大门、特种门按设计图示门洞面积计算。

【例 9-1】 某办公楼工程的门窗表如表 9-3 所示。M1、M2、M3、M4 实木门安装还包括对应的五金：门碰珠、L 形执手插锁。试编制该工程的门窗工程的工程量清单并组价。

表 9-3　某办公楼工程的门窗表

类型	设计编号	洞口尺寸（mm）宽×高	樘数	开启方式	采用标准图集及编号 图集代号	采用标准图集及编号 编号	材料 框材	材料 扇材	过梁	备注
门	M1	900mm×2100mm	2	平开	98ZJ681	GJM101C1-1021	实木夹板门，底漆 1 遍，咖啡色调和漆 2 遍		GL09242	
	M2	1000mm×2100mm	9	平开	98ZJ681	GJM101C1-1021	实木夹板门，底漆 1 遍，咖啡色调和漆 2 遍		GL10242	

类型	设计编号	洞口尺寸（mm）宽×高	樘数	开启方式	采用标准图集及编号		材料		过梁	备注
					图集代号	编号	框材	扇材		
门	M3	1500mm×2400mm	2	平开	98ZJ681	GJM124C1-1521	实木夹板门，底漆 1 遍，咖啡色调和漆 2 遍		GL15242	
	M4	800mm×2100mm	4	平开	07ZTJ603	PPM1-0821	塑钢门		GL08121	
	C2	2400mm×1800mm	4	平开	03J603-2	WPLC558C118-1.52	铝合金型材	中空玻璃（6+6A+6 厚）		窗台900
	C3	1800mm×1800mm	1	平开	03J603-2	WPLC558C94-1.52	铝合金型材	中空玻璃（6+6A+6 厚）	GL18242	窗台900
	C4	1500mm×1800mm	4	平开	03J603-2	WPLC558C118-1.52	铝合金型材	中空玻璃（6+6A+6 厚）		窗台900

【解】（1）清单列项。根据该工程的门窗表并依据工程量清单和《房屋建筑与装饰工程工程量计算规范》（GB 50854—2013），列项如下：

① 木质门（M1，编码：010801001001）；

② 木质门（M2，编码：010801001002）；

③ 木质门（M3，编码：010801001003）；

④ 塑钢门（M4，编码：010802001001）；

⑤ 金属窗（C2，编码：010807001001）；

⑥ 金属窗（C3，编码：010807001002）；

⑦ 金属窗（C4，编码：010807001003）；

⑧ 门锁安装（编码：010801006001）。

（2）计算清单工程量。门窗工程的清单工程量计算如表 9-4 所示。

表 9-4　门窗工程的清单工程量计算

序号	项目编码	项目名称	计量单位	工程量	计算过程
1	010801001001	木质门（M1）	樘	2	2
2	010801001002	木质门（M2）	樘	9	9
3	010801001003	木质门（M3）	樘	2	2
4	010802001001	塑钢门（M4）	m²	6.72	0.8×2.1×4
5	010807001001	金属窗（C2）	m²	17.28	2.4×1.8×4
6	010807001002	金属窗（C3）	m²	3.24	1.8×1.8×1
7	010807001003	金属窗（C4）	m²	10.80	1.5×1.8×4
8	010801006001	门锁安装	个	17	2+9+2+4

（3）清单项目组价。根据《湖南省房屋建筑与装饰工程消耗量标准》（2020 年），套用定额子目并计算相应的定额工程量，如表 9-5 所示。

表 9-5　门窗工程分部分项工程量清单（带定额）

序号	项目编码	项目名称	计量单位	工程量	计算过程
1	010801001001	木质门（M1）	樘	2	2
1.1	A14-3	成品套装木门安装，单扇门	10 樘	0.2	2
1.2	A14-72	五金安装，门碰珠	只	2	按数量计算
2	010801001002	木质门（M2）	m²	9	9
2.1	A14-3	成品套装木门安装，单扇门	10 樘	0.9	2
2.2	A14-72	五金安装，门碰珠	只	9	按数量计算
3	010801001003	木质门（M3）	m²	2	2
3.1	A14-4	成品套装木门安装，双扇门	10 樘	0.2	2
3.2	A14-72	五金安装，门碰珠	只	2	2
4	010802001001	塑钢门（M4）	m²	6.72	0.8×2.1×4
4.1	A14-22	塑钢门安装，不带亮	100m²	0.0672	2
4.2	A14-72	五金安装，门碰珠	只	4	按数量计算
5	010807001001	金属窗（C2）	m²	17.28	2.4×1.8×4
5.1	A14-11	铝合金窗安装，平开窗	100m²	0.1728	2.4×1.8×4
6	010807001002	金属窗（C3）	m²	3.24	1.8×1.8×1
6.1	A14-11	铝合金窗安装，平开窗	100m²	0.0324	1.8×1.8×1
7	010807001003	金属窗（C4）	m²	10.8	1.5×1.8×4
7.1	A14-11	铝合金窗安装，平开窗	100m²	0.108	1.5×1.8×4
8	010801006001	门锁安装	个	17	2+9+2+4
8.1	A14-66	五金安装，L 形执手插锁	把	17	2+9+2+4

提示：在进行清单项目工程量计算时，清单项目的计量单位宜与其对应的定额子目的计量单位保持一致，以减少工作量。

任务 9.2　楼地面装饰工程清单组价

【任务目标】

（1）了解楼地面装饰工程定额说明、定额工程量计算规则；掌握楼地面装饰工程定额工程量计算方法，掌握楼地面装饰工程分部分项工程量清单组价方法。

（2）能正确套用楼地面装饰工程分部分项工程量清单项目的定额子目并计算定额工程量。

（3）具有严谨细致、精益求精、追求卓越的工匠精神，具有客观、公正、守法、诚信的工作作风，树立节约资源、保护环境的意识。

【任务单】

楼地面装饰工程清单组价的任务单如表 9-6 所示。

表 9-6 楼地面装饰工程清单组价的任务单

任务内容	识读某供水智能泵房成套设备生产基地项目 2#配件仓库工程施工图（附图），核查模块 2 项目 9 任务 9.2 任务单中分部分项工程量清单并根据地区消耗量标准或企业定额完成其组价			
任务要求	每三人为一个小组（一人为编制人，一人为校核人，一人为审核人）			
（1）计算整体地面的工程量时，_____（扣除、不扣除）间壁墙及小于或等于 0.3m² 柱、垛、附墙烟囱及孔洞所占面积，计算块料地面的工程量时，_____（扣除、不扣除）间壁墙及小于或等于 0.3m² 柱、垛、附墙烟囱及孔洞所占面积；定额中陶瓷地面砖采用砂浆粘贴时，结合层预拌干混地面砂浆 DS M15.0 是按厚度_____mm 编制的，根据陶瓷地面砖单块面积划分为_____子目。				
（2）清单核查与组价	楼地面装饰工程分部分项工程量清单（带定额）			
项目编码	项目名称及特征	计算过程	单位	工程量

【知识链接】

9.2.1 定额说明

《湖南省房屋建筑与装饰工程消耗量标准》（2020 年）第十一章楼地面工程包括找平层，整体面层，石材块料面层，陶瓷地面砖，玻璃地砖，缸砖，广场砖，分格嵌条、防滑条，塑料、橡胶板，地毯及附件，木地板，防静电活动地板，栏杆、栏板、扶手，踢脚线，楼梯、台阶面层，其他。详见二维码。

楼地面装饰
工程定额说明

9.2.2 工程量计算规则

1. 楼地面工程量

（1）整体面层及找平层按设计图示尺寸以面积计算，扣除凸出地面构筑物、设备基础、室内地沟等所占面积，不扣除间壁墙及小于或等于 0.3m² 柱、垛、附墙烟囱及孔洞所占面积。门洞、空圈、暖气包槽、壁鑫的开口部分不增加面积。

（2）块料面层及其他材料面层按设计图示尺寸以面积计算。门洞、空圈、暖气包槽、壁龛的开口部分并入相应的工程量内。

提示： 块料面层的定额项目中均含结合层一道，《湖南省房屋建筑与装饰工程消耗量标准》（2020 年）中各种块料面层的结合层厚度如表 9-7 所示。

表 9-7 块料面层的结合层厚度

序号	项目名称	厚度（mm）	序号	项目名称	厚度（mm）
1	大理石、花岗石	30	3	广场砖	30
2	陶瓷地面砖	20	4	缸砖	20

【例 9-2】某建筑的一层平面图如图 9-1 所示，外墙厚 370mm，内墙厚 240mm，Z1、Z2 的截面尺寸为 400mm×400mm（宽×高），M-1：2400mm×2700mm、M-3：900mm×2100mm（宽×高），M-1、M-3 门洞口地面贴大理石，M-2 门洞口地面为水磨石。已知教师办公室地面的做法：①100mm 厚细石混凝土垫层；②20mm 厚 DSM15.0 预拌干混地面砂浆；③20mm 厚现浇水磨石面层（带嵌条）。试列项，计算该工程教师办公室地面的清单工程量并组价。

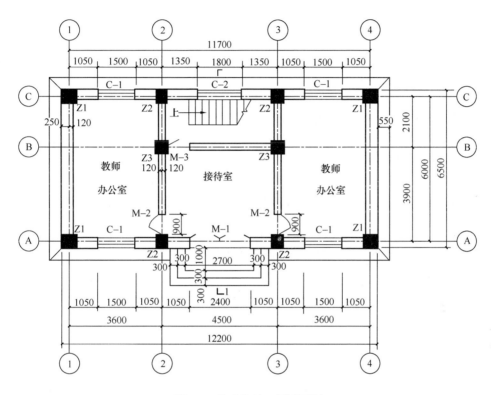

图 9-1 某建筑的一层平面图

【解】（1）清单列项。根据该工程教师办公室地面的做法并依据《房屋建筑与装饰工程工程量计算规范》（GB 50854—2013），列项如下：

① 垫层（编码：010501001001）。

② 现浇水磨石楼地面（编码：011101002001）。

（2）计算清单工程量。此处运用统筹法算量，先计算现浇水磨石楼地面的工程量，再计算垫层的工程量。

① 现浇水磨石楼地面的工程量 $S=(3.6-0.24)\times(6-0.24)\times2=38.71$（$m^2$）；

② 垫层的工程量：$V=S\times h=38.71\times0.1=3.87$（$m^3$）。

（3）组价。

① 定额子目套用。

a. 现浇水磨石楼地面清单项目套用定额子目：

A11-8 水磨石楼地面、带嵌条。

A11-12 水磨石、每增减 1mm。

A11-1 水泥砂浆找平层、混凝土或硬基层上。

b. 因垫层厚度 $h=100\text{mm}>60\text{mm}$，根据《湖南省房屋建筑与装饰工程消耗量标准》（2020 年）第十一章楼地面工程定额说明，套用该标准《湖南省房屋建筑与装饰工程消耗量标准》（2020 年）第二章地基处理和基坑支护工程垫层相应项目。故垫层套用定额子目：A2-10 垫层、混凝土。

② 工程量计算。

a. A11-8 水磨石楼地面。

工程量 $S=(3.6-0.24)\times(6-0.24)\times2-38.71$（$\text{m}^2$）

b. A11-1 水泥砂浆找平层。

工程量同水磨石楼地面面层，$S=(3.6-0.24)\times(6-0.24)\times2=38.71$（$\text{m}^2$）

c. A11-12×5 水磨石、每增减 1mm。

工程量同水磨石楼地面面层，$S=38.71$（m^2），因实际增加 5mm，应乘以系数换算。

d. A2-10 垫层混凝土。

工程量同清单工程量，$V=S\times h=38.71\times0.1=3.87$（$\text{m}^3$）

（4）编制组价后的分部分项工程量清单。组价后的现浇水磨石楼地面分部分项工程量清单见表 9-8。

表 9-8　组价后的现浇水磨石楼地面分部分项工程量清单（带定额）

序号	项目编码	项目名称	项目特征	计量单位	工程量
1	011101002001	现浇水磨石楼地面	（1）找平层厚度、砂浆配合比：20mm 厚 DSM15.0 预拌干混地面砂浆。 （2）面层厚度、水泥石子浆配合比：15mm 厚现浇水磨石面层。 （3）嵌条材料种类、规格：3mm 厚平板玻璃嵌条	m^2	38.71
1.1	A11-8	水磨石楼地面	带嵌条、15mm	100m^2	0.3871
1.2	A11-1	水泥砂浆找平层	混凝土或硬基层上、20mm	100m^2	0.3871
1.3	A11-12×5	水磨石	每增加 1mm	100m^2	0.3871
2	010501001001	垫层	（1）混凝土种类：商品混凝土。 （2）混凝土强度等级：C15	m^3	3.87
2.1	A2-10	垫层	混凝土	10m^3	0.387

【例 9-3】某建筑的一层平面图如图 9-1 所示，外墙厚 370mm，内墙厚 240mm，Z1、Z2 的截面尺寸为 400mm×400mm（宽×高），M-1、M-3 门洞口地面贴大理石，M-2 门洞口地面为水磨石。M-1 的尺寸为 2400mm×2700mm、M-3 的尺寸为 900mm×2100mm（宽×高），已知接待室地面的做法：①100mm 厚细石混凝土垫层；②20mm 厚 DSM15.0 预拌干混地面砂浆找平层；③30mm 厚 DSM15.0 预拌干混地面砂浆结合层；④10mm 厚单色 800mm×800mm 大理石面层。试列项、计算该工程接待室地面的清单工程量并组价。

【解】（1）清单列项。根据该工程接待室地面的做法并依据《房屋建筑与装饰工程工程量计算规范》（GB 50854—2013），列项如下：

① 垫层（编码：010501001001）；

② 石材楼地面（编码：011102001001）。

（2）计算清单工程量。

① 石材楼地面 $S = (4.5-0.24)\times(3.9-0.24)-[(0.2-0.12)\times(0.2-0.12)\times2+(0.4-0.37)\times(0.2-0.12)\times2]+2.4\times0.37(M1)+0.9\times0.24(M2)=16.67(\text{m}^2)$

② 垫层工程量 $V = S\times h = (4.5-0.24)\times(3.9-0.24)\times0.1 = 1.56$ （m³）

（3）组价。

① 定额子目套用。

a. 石材楼地面套用定额子目：

A11-42 石材块料面层、楼地面、周长 3200mm 以内、单色；因定额子目 A11-42 中已包括 30mm 厚结合层一道，故不另列结合层。

A11-1 找平层、混凝土或硬基层上。

b. 因垫层厚度 $h=100\text{mm}>60\text{mm}$，根据《湖南省房屋建筑与装饰工程消耗量标准》（2020 年）第十一章楼地面工程定额说明，套用该标准《湖南省房屋建筑与装饰工程消耗量标准》（2020 年）第二章地基处理和基坑支护工程垫层相应项目。故清单项目垫层套用定额子目：A2-10 垫层、混凝土。

② 工程量计算。

A11-42 石材块料面层，A2-10 垫层、混凝土子目的定额工程量同清单工程量；

A11-1 找平层的工程量 $S = (4.5-0.24)\times(3.9-0.24) = 15.59$ （m²）。

（4）编制组价后的分部分项工程量清单。组价后的分部分项工程量清单如表 9-9 所示。

表 9-9　组价后的石材楼地面分部分项工程量清单（带定额）

序号	项目编码	项目名称	项目特征	计量单位	工程量
1	011102001001	石材楼地面	（1）找平层厚度、砂浆配合比：20mm 厚 DSM15.0 预拌干混地面砂浆。 （2）结合层厚度、砂浆配合比：30mm 厚 DSM15.0 预拌干混地面砂浆。 （3）面层材料品种、规格、颜色：10mm 厚单色 800mm×800mm 大理石面层	m²	16.67
1.1	A11-42	石材块料面层	楼地面、周长 3200mm 以内、单色	100m²	0.1667
1.2	A11-1	找平层	混凝土或硬基层上	100m²	0.1559
2	010501001001	垫层	（1）混凝土种类：商品混凝土。 （2）混凝土强度等级：C15	m³	1.56
2.1	A2-10	垫层	混凝土	10m³	0.156

（3）点缀。点缀按个计算，计算主体铺贴地面面积时，不扣除点缀所占面积。

（4）零星项目。零星项目按实铺面积计算。

（5）栏杆、栏板、扶手。栏杆、栏板、扶手均按其中心线长度以延长米计算，弯头长度并入扶手延长米内计算。

（6）弯头。弯头按个计算。

（7）踢脚线。踢脚线按设计图示长度以延长米计算。

（8）楼梯面积按设计图示尺寸以楼梯（包括踏步、休息平台及 500mm 以内的楼梯井）水平投影面积计算。楼梯与楼地面相连时算至梯口梁边沿；无梯口梁的，算至最上一层踏步边沿加 300mm。

【例 9-4】某建筑的楼梯平面图及剖面图如图 9-2 所示，所有墙厚为 240mm，轴线居中，梁 L-1 的宽度为 200mm。楼梯装饰做法为：①20mm DSM15.0 预拌干混地面砂浆结合层；②300mm×300mm 陶瓷地面砖楼梯面层。试列项并计算该楼梯装饰的清单工程量并组价。

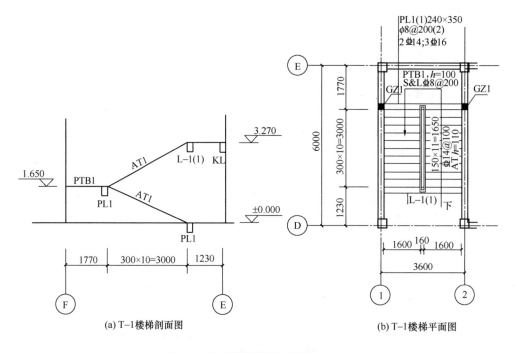

图 9-2　某建筑楼梯剖面图及平面图

【解】（1）清单列项。楼梯面层清单项目工作内容包括：找平层、结合层及面层，故清单列项：块料楼梯面（编码：011106002001）。

（2）计算清单工程量 $S = (3.6 - 0.24) \times [(1.77 - 0.12 + 3 + 0.2(L-1)] = 16.30$（$m^2$）。

（3）组价。

① 套用定额子目。根据《湖南省房屋建筑与装饰工程消耗量标准》（2020 年），套用定额子目：A11-184 陶瓷地砖楼梯。

② 计算定额子目工程量。由于块料楼梯面清单工程量计算规则同定额工程量计算规则，故块料楼梯面的定额工程量＝清单工程量。$S = 16.30$（m^2）。

（4）编制组价后的分部分项工程量清单。组价后的现浇水磨石楼地面分部分项工程量清单如表 9-10 所示。

表 9-10　组价后的现浇水磨石楼地面分部分项工程量清单（带定额）

序号	项目编码	项目名称	项目特征	计量单位	工程量
1	011106002001	块料楼梯面	（1）结合层厚度、砂浆配合比：20mm 厚 DSM15.0 预拌干混地面砂浆。 （2）面层材料品种、规格：300mm×300mm 陶瓷地面砖	m²	16.30
1.1	A11-184	陶瓷地砖楼梯	300mm×300mm 陶瓷地面砖	100m²	0.163

（9）台阶面层（包括踏步及最上一层踏步边沿加 300mm）按水平投影面积计算。

（10）石材底面刷养护液包括侧面涂刷，工程量按设计图示尺寸以底面积计算。

（11）块料地面弧形部分增加费按弧形长度以延长米计算，材料种类与标准取定不同时可换算。成品与非成品拼接部分，只计算非成品一侧弧线长度。

（12）瓷砖美缝按瓷砖镶贴表面积计算。

（13）石材地面晶面处理、勾缝按石材设计图示尺寸以面积计算。

（14）打胶按设计图示尺寸以延长米计算。

任务 9.3　墙、柱面装饰与隔断、幕墙工程清单组价

【任务目标】

（1）了解墙、柱面装饰与隔断、幕墙工程定额说明、定额工程量计算规则；掌握墙、柱面装饰与隔断、幕墙工程定额工程量计算方法，掌握墙、柱面装饰与隔断、幕墙工程分部分项工程量清单组价方法。

（2）能正确套用墙、柱面装饰与隔断、幕墙工程分部分项工程量清单项目的定额子目并计算定额工程量。

（3）具有严谨细致、精益求精、追求卓越的工匠精神，具有客观、公正、守法、诚信的工作作风，树立节约资源、保护环境的意识。

【任务单】

墙、柱面装饰与隔断、幕墙工程清单组价的任务单如表 9-11 所示。

表 9-11　墙、柱面装饰与隔断、幕墙工程清单组价的任务单

任务内容	识读某供水智能泵房成套设备生产基地项目 2♯配件仓库工程施工图（附图），核查模块 2 项目 5 任务 5.3 任务单中外墙抹灰、二层管阀仓库内墙抹灰、一层卫生间内墙装饰工程分部分项工程量清单并根据地区消耗量标准或企业定额完成其组价			
任务要求	每三人为一个小组（一人为编制人，一人为校核人，一人为审核人）			
墙、柱面装饰与隔断、幕墙分部分项工程量清单（带定额）				
项目编码	项目名称及特征	计算过程	单位	工程量

【知识链接】

9.3.1　定额说明

《湖南省房屋建筑与装饰工程消耗量标准》（2020 年）第十二章墙、柱面工程包括抹灰、镶贴块料面层、其他材料装饰、幕墙。详见二维码。

墙柱面装饰工程定额说明

9.3.2　定额工程量计算规则与组价

1. 抹灰

（1）内墙面、墙裙抹灰面积应扣除门窗洞口和 0.3m² 以上的空圈所占的面积，且门窗洞口、空圈、孔洞的侧壁面积亦不增加。不扣除踢脚线、挂镜线及 0.3m² 以内的孔洞和墙与构件交接处的面积。附墙柱的侧面抹灰应并入墙面、墙裙抹灰工程量内计算。墙面、墙裙的长度以主墙间的图示净长计算，墙面高度按室内地面至天棚底面净高计算，墙面抹灰面积应扣除墙裙抹灰面积，墙面和墙裙抹灰种类相同的，工程量合并计算，按同一项目执行。

（2）抹灰线条按设计图示尺寸分不同单面宽度以延长米计算。　**墙面抹灰工程组价**

（3）钉板天棚（不包括灰板条天棚）的内墙抹灰，其高度自楼、地面至天棚底另加 200mm 计算。

（4）砖墙中的钢筋混凝土梁、柱侧面抹灰，并入砖墙项目计算。

（5）外墙抹灰面积，按垂直投影面积计算，应扣除门窗洞口、外墙裙和 0.3m² 以上的孔洞所占面积，不扣除 0.3m² 以内的孔洞所占面积，门窗洞口及孔洞侧壁面积亦不增加。附墙柱侧面抹灰面积应并入外墙面抹灰面积工程量内。

（6）外墙裙抹灰按展开面积计算，扣除门窗洞口及 0.3m² 以上孔洞所占面积，但门窗洞口及孔洞的侧壁面积亦不增加。

（7）外墙面嵌（填）分格缝增加费按设计图示尺寸以延长米计算。

（8）柱抹灰按结构断面周长乘以高计算。

（9）女儿墙（包括泛水、挑砖）、阳台栏板（不扣除花格所占孔洞面积）内侧与阳台栏板外侧抹灰工程量按垂直投影面积计算，块料按展开面积计算；无泛水挑砖的，人工、机械乘以系数 1.10；带泛水挑砖的，人工、机械乘以系数 1.30 按墙面项目执行；女儿墙外侧并入墙面计算；压顶按《湖南省房屋建筑与装饰工程消耗量标准》（2020 年）第十二章墙柱面工程相应说明及相应项目执行。

（10）零星项目按设计图示尺寸以展开面积计算。

2. 镶贴块料面层

（1）柱墩、柱帽长度按最大外径周长计算。

（2）除已列有挂贴石材柱帽、柱墩项目外，其他项目的柱帽、柱墩工程量按设计图示尺寸以展开面积计算，并入相应柱面积内，每个柱帽或柱墩另增加人工费：抹灰 40 元，块料 60.8 元，饰面 80 元。

（3）墙面贴块料面层，按墙面镶贴表面积计算。

【例 9-5】某建筑施工图如图 9-3 所示，240mm 标准砖墙，其内墙装饰做法：①现拌 20mm 厚 1∶3 水泥砂浆找平；②现拌 20mm 厚 1∶3 水泥砂浆结合层；③边长 300mm× 200mm 釉面砖贴面。门窗洞口尺寸 M1 为 1000mm×2100mm，M3 为 900mm×2100mm，C1 为 1500mm×1500mm，C2 为 1800mm×1500mm，室内地坪标高为±0.000m。试列项

并计算①～②轴×Ⓐ～Ⓑ轴房间内墙装饰的清单工程量并组价，编制组价后的分部分项工程量清单。

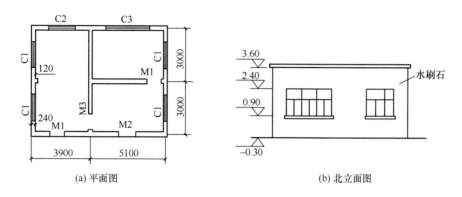

图 9-3　某建筑建筑施工图

【解】（1）清单列项。根据该工程内墙装饰做法并依据《房屋建筑与装饰工程工程量计算规范》（GB 50854—2013），列项如下：

① 墙面一般抹灰（编码：011201001001）；

② 块料墙面（编码：011204003001）。

（2）计算清单工程量。

① 墙面一般抹灰工程量。

$$S_{门窗} = 1 \times 2.1 + 0.9 \times 2.1 + 1.5 \times 1.5 \times 2 + 1.8 \times 1.5 = 11.19 \text{（m}^2\text{）}$$

$$S = [(3.9 - 0.24 + 3 \times 2 - 0.24) \times 2 + 0.12 \times 2] \times 3.6 - S_{门窗} = 57.50 \text{（m}^2\text{）}$$

② 块料墙面工程量同墙面一般抹灰的工程量。

（3）组价。

① 套用定额子目。根据《湖南省房屋建筑与装饰工程消耗量标准》（2020 年），分别套用定额子目：A12-1 换墙面抹水泥砂浆、内砖墙（因定额子目所用砂浆与实际施工所用砂浆不同，故需要换算）；A12-106 面砖、水泥砂浆粘贴、周长在 1200mm 以内。

② 计算定额子目工程量。由于墙面一般抹灰、块料墙面的清单工程量计算规则同定额工程量计算规则，故其定额工程量分别等于其清单工程量。

（4）编制组价后的分部分项工程量清单。组价后的内墙面装饰分部分项工程量清单如表 9-12 所示。

表 9-12　组价后的内墙面装饰分部分项工程工程量清单（带定额）

序号	项目编码	项目名称	项目特征	计量单位	工程量
1	011201001001	墙面一般抹灰	（1）墙体类型：内砖墙。 （2）砂浆厚度、配合比：现拌 20mmm 厚 1∶3 水泥砂浆	m²	59.75
1.1	A12-1 换	墙面抹水泥砂浆	内砖墙、现拌 20mmm 厚 1∶3 水泥砂浆	100m²	0.5975

续表

序号	项目编码	项目名称	项目特征	计量单位	工程量
2	011204003001	块料墙面	(1) 墙体类型：内砖墙。 (2) 安装方式：粘贴。 (3) 结合层砂浆厚度、配合比：现拌 20mm 厚 1∶3水泥砂浆。 (4) 面层材料品种、规格：边长 300mm×200mm 釉面砖	m²	59.75
2.1	A12-106	面砖	水泥砂浆粘贴、周长在 1200mm 以内	100m²	0.5975

3. 其他材料装饰

(1) 柱饰面面积按饰面外围尺寸乘以高计算。

(2) 隔断按墙的净长乘以净高计算，扣除门窗洞及 0.3m² 以上的孔洞所占面积。

(3) 全玻隔断工程量按其展开面积计算。

(4) 防火玻璃挡烟垂壁按防火玻璃设计图示尺寸以面积计算。

4. 幕墙

(1) 全玻幕墙如有加强肋，工程量按其展开面积计算；玻璃幕墙、铝板幕墙以框外围面积计算。

(2) 幕墙防火隔离带，按其设计图示尺寸以延长米计算。

(3) 铝型材弧形拉弯增加费按其设计图示尺寸以延长米计算。钢型材弧形拉弯增加费按质量以 t 计算。

(4) 单元式幕墙的工程量按设计图示尺寸的外围面积计算，不扣除幕墙区域设置的窗、洞口面积。槽式预埋件及 T 形转接螺栓安装的工程量按设计图示以数量计算。

【例 9-6】某点式全玻幕墙长 20m，高 4.5m，其加劲肋宽 0.3m，高 4.5m，玻璃为 15mm 厚蓝色平面型钢化玻璃，竖向每隔 4m 设置一道。试列项，计算该全玻幕墙的清单工程量并组价，编制组价后的全玻幕墙分部分项工程量清单。

【解】(1) 清单列项：全玻幕墙（编码：011209002001）。

(2) 计算清单工程量。全玻幕墙的清单工程量计算规则：按设计图示尺寸以面积计算。带肋全玻幕墙按展开面积计算。

工程量 $S = 20 \times 4.5 + 0.3 \times 4.5 \times (20 \div 4 + 1) = 98.10$ （m²）

(3) 组价。

① 套用定额子目：A12-243 全玻幕墙、点式。

② 计算定额子目工程量。全玻幕墙的清单工程量计算规则同定额工程量计算规则，故其定额工程量分别等于其清单工程量。

(4) 编制组价后的分部分项工程量清单。组价后的全波幕墙分部分项工程量清单如表 9-13所示。

表 9-13　组价后的全玻幕墙分部分项工程量清单（带定额）

序号	项目编码	项目名称	项目特征	计量单位	工程量
1	011209002001	全玻幕墙	（1）玻璃品种、规格、颜色：15mm 厚蓝色平面型钢化玻璃。 （2）黏结塞口材料种类：中性硅酮结构胶耐候胶。 （3）固定方式：点式	m²	98.10
1.1	A12-243	全玻幕墙	点式	100m²	0.981

任务 9.4　天棚工程清单组价

【任务目标】

（1）了解天棚工程定额说明、定额工程量计算规则；掌握天棚工程定额工程量计算方法，掌握天棚工程分部分项工程量清单组价方法。

（2）能正确套用天棚工程分部分项工程量清单项目的定额子目并计算定额工程量。

（3）具有严谨细致、精益求精、追求卓越的工匠精神，具有客观、公正、守法、诚信的工作作风，树立节约资源、保护环境的意识。

【任务单】

天棚工程清单组价的任务单如表 9-14 所示。

表 9-14　天棚工程清单组价的任务单

任务内容	识读某供水智能泵房成套设备生产基地项目 2#配件仓库工程施工图（见附图），核查模块 2 项目 5 任务 5.4 任务单中首层卫生间与盥洗室、二层管阀仓库天棚工程分部分项工程量清单并根据地区消耗量标准或企业定额完成其组价
任务要求	每三人为一个小组（一人为编制人，一人为校核人，一人为审核人）

天棚工程分部分项工程量清单（带定额）				
项目编码	项目名称及特征	计算过程	单位	工程量

【知识链接】

9.4.1　定额说明

《湖南省房屋建筑与装饰工程消耗量标准》（2020 年）第十三章天棚工程包括抹灰面层，平面、跌级天棚，艺术造型天棚，其他天棚（龙骨和面层），其他。详见二维码。

天棚工程定额说明

9.4.2　定额工程量计算与组价

（1）抹灰及各种吊顶天棚龙骨按主墙间净空面积计算，不扣除间壁墙、检查孔、附墙烟囱、柱、垛和管道所占面积。密肋梁、井字梁等板底梁，其梁底面抹灰并入天棚面积内套用相应项目；梁侧面抹灰按天棚相应项目人工乘以系数 2.15。伸出外墙的阳台、雨棚，其底面抹灰按外墙外侧设计图示尺寸以水平投影面积计算，执行天棚抹灰相应项目；阳台或雨棚悬挑梁底面抹灰并入阳台或雨棚面积内计算，梁侧面抹灰按天棚相应项目人工乘以系数 2.15。

【例 9-7】 某建筑二层平面图如图 9-4 所示，墙厚为 240mm，轴线居中，KZ1 截面尺寸为 400mm×400mm，层高为 3.6m，在房屋中间有一根现浇框架梁（KL1），截面尺寸为 300mm×600mm。顶棚做法如下：100mm 厚现浇钢筋混凝土板，10mm 厚 1:1:4 混合砂浆找平，刮腻子 2 遍，刷乳胶漆 2 遍。该建筑天棚抹灰的分部分项工程量清单如表 9-15 所示，试对该分部分项工程量清单进行组价并编制组价后的分部分项工程量清单。

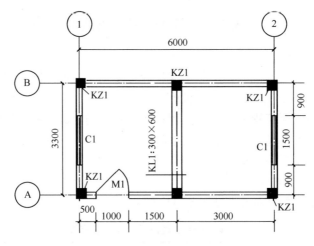

图 9-4　某建筑二层平面图

表 9-15　天棚抹灰分部分项工程量清单

项目编码	项目名称	项目特征	计量单位	工程量
011301001001	天棚抹灰	（1）基层类型：现浇钢筋混凝土有梁板。 （2）抹灰厚度、材料种类：10mm 厚混合砂浆。 （3）砂浆配合比：1:1:4 混合砂浆	m²	19.83

【解】（1）组价。

① 套用定额子目。根据《湖南省房屋建筑与装饰工程消耗量标准》（2020 年），天棚抹灰清单项应套用定额子目：a. A13-1 换抹灰面层、混凝土天棚、水泥砂浆、现浇；b. 根据计算规则，梁侧面抹灰应单独套用定额子目并进行人工换算，A13-1 人工×2.15 抹灰面层、混凝土天棚、水泥砂浆、现浇。

② 计算定额子目的工程量。

a. A13-1 换抹灰面层、混凝土天棚工程量 $S=(6-0.12\times2)\times(3.3-0.12\times2)=17.63$（m²）；

b. A13-1r×2.15 换抹灰面层（梁侧面）、混凝土天棚工程量 $S=[3.3-(0.4-0.12)\times2]\times(0.6-0.1)\times2=2.74$（m²）。

（2）编制组价后的分部分项工程量清单。组价后的天棚抹灰分部分项工程量清单如表 9-16 所示。

表 9-16 组价后的天棚抹灰分部分项工程量清单（带定额）

序号	项目编码	项目名称	项目特征	计量单位	工程量
1	011301001001	天棚抹灰	（1）基层类型：现浇钢筋混凝土有梁板。 （2）抹灰厚度、材料种类：10mm 厚混合砂浆。 （3）砂浆配合比：1：1：4 混合砂浆	m²	19.83
1.1	A13-1 换	抹灰面层	混凝土天棚、水泥砂浆、现浇	100m²	0.1763
1.2	A13-1 $r×2.15$ 换	抹灰面层	混凝土天棚、水泥砂浆、现浇	100m²	0.0274

（2）天棚基层按展开面积计算。

（3）天棚装饰面层，按主墙间实钉（胶）展开面积以 m² 计算，不扣除间壁墙、检查口、附墙烟囱、垛和管道所占面积，但应扣除 0.3m² 以上的孔洞、独立柱、灯槽及天棚相连的窗帘盒所占面积。

（4）龙骨、基层、面层合并列项的子目，工程量计算规则同第一条。

（5）板式楼梯底面的装饰工程量按水平投影面积乘以系数 1.15 计算，梁式楼梯底面按水平投影面积乘以系数 1.37 计算，按《湖南省房屋建筑与装饰工程消耗量标准》（2020年）第十三章天棚工程中天棚相应项目执行。

（6）灯光槽按延长米计算。

（7）网架天棚按水平投影面积计算。

（8）石膏板面层嵌缝按天棚面积计算。

【例 9-8】某房间吊顶天棚平面图及剖面图如图 9-5 所示，设计采用装配式 T 形铝合金天棚龙骨（不上人型、间距 300mm×300mm，跌级），300mm×300mm 方形铝扣板面层。该吊顶天棚的分部分项工程量清单如表 9-17 所示，试组价并编制组价后分部分项工程量清单。

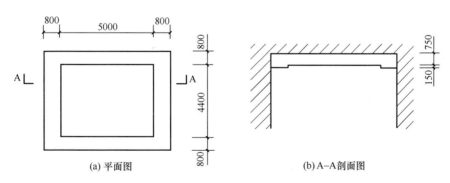

图 9-5 天棚吊顶平面图及剖面图

表 9-17 吊顶天棚分部分项工程量清单

项目编码	项目名称	项目特征	计量单位	工程量
011302001001	吊顶天棚	（1）吊顶形式、吊杆规格、长度：跌级吊顶、直径 10mm HPB300 级钢筋吊杆，长 500mm。 （2）龙骨材料种类、规格、中距：装配式 T 形铝合金天棚龙骨、中距 300mm×300mm，不上人型。 （3）面层材料品种、规格：300mm×300mm 方形铝扣板面层	m²	39.60

（1）组价。

① 套用定额子目。根据《湖南省房屋建筑与装饰工程消耗量标准》（2020 年），吊顶天棚清单项应分别套用龙骨、面层定额子目，具体如下：

a. 天棚龙骨、装配式 T 形铝合金龙骨（不上人型）（编码：A13-32），规格：300mm ×300mm，跌级；

b. 天棚面层、方形铝扣板（编码：A13-111），300mm×300mm。

c. 根据定额说明，跌级天棚面层其侧面面层按相应项目人工乘以系数 1.3。故天棚面层其侧面应单独列项：天棚面层（侧面）、方形铝扣板（编码：A13-111r×1.3 换），300mm×300mm。

② 计算定额子目的工程量。

a. 天棚龙骨工程量 $S = (5+0.8\times2)\times(4.4+0.8\times2) = 39.60$（m²）；

b. 天棚面层工程量 $S_{平面} = (5+0.8\times2)\times(4.4+0.8\times2) = 39.60$（m²）；

c. 天棚面层工程量 $S_{侧面} = (4.4+5)\times2\times0.15 = 2.82$（m²）。

（2）编制组价后的分部分项工程量清单。组价后的吊顶天棚分部分项工程量清单如表 9-18 所示。

表 9-18　组价后的吊顶天棚分部分项工程量清单（带定额）

序号	项目编码	项目名称	项目特征	计量单位	工程量
1	011302001001	吊顶天棚	（1）吊顶形式、吊杆规格、长度：跌级吊顶、直径 10mm HPB300 级钢筋吊杆，长 500mm。 （2）龙骨材料种类、规格、中距：装配式 T 形铝合金天棚龙骨、中距 300mm×300mm，不上人型。 （3）面层材料品种、规格：300mm×300mm 方形铝扣板面层	m²	39.60
1.1	A13-32	天棚龙骨	装配式 U 形轻钢龙骨（不上人型）、规格	100m²	0.396
1.2	A13-111	天棚面层	方形铝扣板、300mm×300mm、平面	100m²	0.396
1.3	A13-111 r×1.3 换	天棚面层	方形铝扣板、300mm×300mm、侧面	100m²	0.0282

任务 9.5　油漆、涂料、裱糊工程清单组价

【任务目标】

（1）了解油漆、涂料、被糊工程定额说明、定额工程量计算规则；掌握油漆、涂料、被糊工程定额工程量计算方法，掌握油漆、涂料、裱糊工程分部分项工程量清单组价方法；

（2）具备油漆、涂料、被糊工程清单项目组价能力；

（3）具有严谨细致、精益求精、追求卓越的工匠精神，具有客观、公正、守法、诚信的工作作风，树立节约资源、保护环境的意识。

【任务单】

油漆、涂料、裱糊工程清单组价的任务单如表 9-19 所示。

表 9-19　油漆、涂料、裱糊工程清单组价的任务单

任务内容	识读某供水智能泵房成套设备生产基地项目 2♯ 配件仓库工程施工图（见附图），核查模块 2 项目 5 任务 5.5 任务单分部分项工程量清单并根据地区消耗量标准或企业定额完成其组价			
任务要求	每三人为一个小组（一人为编制人，一人为校核人，一人为审核人）			
油漆、涂料、裱糊工程分部分项工程量清单（带定额）				
项目编码	项目名称及特征	计算过程	单位	工程量

【知识链接】

9.5.1　定额说明

油漆、涂料、裱糊工程包括木材面油漆，金属面油漆，抹灰面油漆，涂料、被糊。详见二维码。

油漆、涂料、裱糊
工程定额定额说明

9.5.2　定额工程量计算与组价

（1）木材面工程量计算换算按表 9-20 执行。

表 9-20　木材面工程量系数表

项目名称	系数	工程量计算方法
木板、纤维板、胶合板天棚、檐口	1.10	长×宽
清水板条天棚、檐口	1.07	
木方格吊顶天棚	1.00	
吸声板墙面、天棚面	0.87	
木护墙、墙裙	1.00	
窗台板、筒子板、门窗	1.00	
暖气罩	1.38	
屋面板（带檩条）	1.11	斜长×宽
木间壁、木隔断	1.90	单面外围面积
玻璃间壁露明墙筋	1.65	
木屋架	1.79	跨度（长）×中高×1/2
零星木装修	1.00	按实刷展开面积
梁、柱饰面	1.00	

（2）隔墙（间壁）、隔断、护壁木龙骨刷防火漆，按隔墙（间壁）、隔断、护壁木龙骨外框所围的垂直投影面积计算。

（3）柱面木龙骨刷防火漆按柱装饰面外表面积计算。

（4）基层板刷防火漆按板面面积计算，双面涂刷时，工程量乘以系数 2.0。

（5）金属面油漆，按表 9-21 所示的工程量系数表计算。

表 9-21 工程量系数表

项目名称	系数	工程量计算方法
间壁	1.85	长×高
平板屋面	0.74	斜长×宽
瓦垄铁屋面	0.89	
排水、伸缩缝盖板	0.78	展开面积
暖气罩	1.63	水平投影面积

（6）钢构（配）件按型材的展开面积以 m^2 计算。其中：栏杆、窗棚、钢爬梯、踏步式钢扶梯、零星铁件等金属面油漆可按 1t 质量折合 $58m^2$ 计算。

（7）抹灰面油漆、喷（刷）涂料及裱糊的工程量：

① 楼地面、天棚、柱、梁面按抹灰相应的工程量计算。

② 墙面抹灰面上做油漆、喷（刷）涂料及被糊的工程量，按墙面抹灰工程量乘以系数 1.04。

③ 混凝土花格窗、栏杆花饰按单面外围面积计算。

【例 9-9】某建筑墙裙抹灰面油漆的分部分项工程量清单如表 9-22 所示，试组价并编制组价后的分部分项工程量清单。

表 9-22 墙裙抹灰面油漆分部分项工程量清单

项目编码	项目名称	项目特征	计量单位	工程量
011406001001	抹灰面油漆	（1）基层类型：内墙一般抹灰。 （2）腻子种类：刮仿瓷涂料（双飞粉加 117 胶）。 （3）刮腻子遍数：2 遍。 （4）油漆品种、刷漆遍数：乳胶漆 2 遍	m^2	19.54

【解】（1）组价。

① 套用定额。根据墙裙抹灰面油漆清单项目的项目特征、《湖南省房屋建筑与装饰工程消耗量标准》（2020 年），套用定额子目为：

a. 刮仿瓷涂料（编码：A15-78），2 遍；

b. 抹灰面油漆、刷乳胶漆（编码：A15-58），2 遍。

② 计算定额子目工程量。

a. 刮仿瓷涂料，2 遍，$S = 19.54 \times 1.04 = 20.32$（$m^2$）

b. 抹灰面油漆、刷乳胶漆，2 遍，$S = 19.54 \times 1.04 = 20.32$（$m^2$）

（2）编制组价后的分部分项工程量清单。组价后的墙裙抹灰面油漆分部分项工程量清单如表 9-23 所示。

表 9-23　组价后的墙裙抹灰面油漆分部分项工程量清单（带定额）

序号	项目编码	项目名称	项目特征	计量单位	工程量
1	011406001001	抹灰面油漆	（1）基层类型：内墙一般抹灰。 （2）腻子种类：刮仿瓷涂料（双飞粉加 117 胶）。 （3）刮腻子遍数：2 遍。 （4）油漆品种、刷漆遍数：调和漆、2 遍	m²	19.54
1.1	A15-78	刮仿瓷涂料	刮仿瓷涂料、2 遍	100m²	0.2032
1.2	A15-58	抹灰面油漆	刷乳胶漆 2 遍	100m²	0.2032

任务 9.6　其他装饰工程清单组价

【任务目标】

（1）了解其他装饰工程定额说明、定额工程量计算规则；掌握其他装饰工程定额工程量计算方法，掌握其他装饰工程分部分项工程量清单组价方法。

（2）能正确套用其他装饰工程分部分项工程量清单项目的定额子目并计算定额工程量。

（3）具有严谨细致、精益求精、追求卓越的工匠精神，具有客观、公正、守法、诚信的工作作风，树立节约资源、保护环境的意识。

【任务单】

其他装饰工程清单组价的任务单如表 9-24 所示。

表 9-24　其他装饰工程清单组价的任务单

任务内容	识读某供水智能泵房成套设备生产基地项目 2# 配件仓库工程施工图（见附图），核查模块 2 项目 5 任务 5.6 任务单中分部分项工程量清单并根据地区消耗量标准或企业定额完成其组价				
任务要求	每三人为一个小组（一人为编制人，一人为校核人，一人为审核人）				
其他装饰工程分部分项工程量清单（带定额）					
项目编码	项目名称及特征		计算过程	单位	工程量

【知识链接】

9.6.1　其他装饰工程定额说明

《湖南省房屋建筑与装饰工程消耗量标准》（2020 年）第十六章其他装饰工程包括招牌、灯箱基层，招牌、灯箱面层，美术字安装，压条、装饰线，暖气罩，镜面玻璃，柜类制作安装，石材、瓷砖加工，其他。详见"模块 3 项目 9 定额说明"二维码。

其他装饰
工程定额说明

9.6.2　其他装饰工程工程量计算规则

（1）招牌、灯箱。

① 平面招牌基层按正立面面积计算，凹凸造型部分也不增减。

② 沿雨篷、檐口、阳台走向的立式招牌基层，按平面招牌复杂型执行时，应按展开面积计算。

③ 箱体招牌和竖式标箱的基层，按外围体积计算。凸出箱外的灯饰、店徽及其他艺术装潢等均另行计算。

④ 灯箱的面层按展开面积以 m² 计算。

⑤ 广告牌钢骨架以 t 计算。

(2) 美术字安装按字的最大外围矩形面积以个计算。

(3) 压条、装饰线条均按延长米计算。

(4) 暖气罩（包括脚的高度在内）按正立面边框外围尺寸垂直投影面积计算。

(5) 镜面玻璃安装、盥洗室木镜箱以正立面面积计算。

(6) 塑料镜箱、毛巾环、肥皂盒、金属帘子杆、浴缸拉手、毛巾杆安装以数量计算。大理石洗漱台以台面投影面积计算（不扣除孔洞面积）。

(7) 柜类均以正立面的高（包括脚的高度在内）乘以宽以面积计算。

【例 9-10】某大理石洗漱台（成品）施工图如图 9-6 所示，台面、挡板、吊沿均使用芝麻白大理石，支架用角钢（∟ 100×100×3）制作，支架质量 10kg，挡板采用粘贴，吊沿采用干挂。该大理石洗漱台的分部分项工程量清单如表 9-25 所示，试组价并编制其组价后分部分项工程量清单。

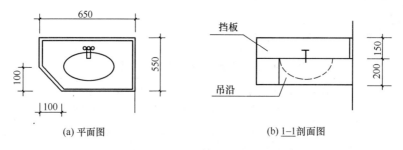

(a) 平面图　　　　　　　　　　(b) 1—1 剖面图

图 9-6　某大理石洗漱台（成品）施工图

表 9-25　大理石洗漱台分部分项工程量清单

项目编码	项目名称	项目特征	计量单位	工程量
011505001001	洗漱台	(1) 材料品种、规格、颜色：芝麻白大理石、10mm 厚。 (2) 支架、配件品种、规格：角钢（∟ 100×100×3）制作，支架重 10kg	m²	1.18

【解】（1）组价。

① 套用定额。根据大理石洗漱台施工图、项目特征及《湖南省房屋建筑与装饰工程消耗量标准》（2020 年），该清单项应套用定额子目为：

a. 其他、大理石洗漱台（编码：A16-140 换），1m² 以内。

b. 石材装饰线条（编码：A16-82），粘贴，150mm。

c. 石材装饰线条（编码：A16-86），干挂，300mm。

d. A6-101 小零星钢构件制作

e. A6-101 小零星钢构件安装

② 计算定额子目工程量。

a. 其他、大理石洗涮台，1m² 以内：$S = 0.65 \times 0.55 - 0.1 \times 0.1 \times (1/2) = 0.35$ （m²）。

b. 石材装饰线，粘贴，150mm：$L = 0.65 + 0.55 + 0.45 + 0.55 + \sqrt{0.1^2 + 0.1^2} = 2.34$ （m）。

c. 石材装饰线，干挂，300mm：$L = 2.34$ （m）

d. A6-101 小零星钢构件制作　$G = 10\text{kg} = 0/01$ （t）

e. A6-101 小零星钢构件安装　$G = 10\text{kg} = 0/01$ （t）

（2）编制组价后的分部分项工程量清单。组价后的大理石洗漱台分部分项工程量清单如表 9-26 所示。

表 9-26　组价后的大理石洗漱台分部分项工程量清单（带定额）

序号	项目编码	项目名称	项目特征	计量单位	工程量
1	011505001001	洗漱台		m²	1.18
1.1	A16-140 换	其他、大理石洗涮台，1m² 以内	（1）材料品种、规格、颜色：芝麻白大理石、10mm 厚。 （2）支架、配件品种、规格：角钢（∟ 100×100×3）制作，支架质量 10kg	100m²	0.0035
1.2	A16-82	石材装饰线，粘贴，150mm		100m	0.0234
1.3	A16-86	石材装饰线，干挂，300mm		100m	0.0234
1.4	A6-101	小型零星构件制作		t	0.010
1.5	A6-102	小型零星构件安装		t	0.010

【项目夯基训练】

【项目任务评价】

项目10 措施项目清单组价

【项目引入】

措施项目包括单价措施项目和总价措施项目，措施项目清单组价就是要确定单价措施清单项目应套用的定额子目并正确计算其组价定额子目的工程量。措施项目清单组价的主要依据是地区消耗量标准、企业定额、施工组织设计、专项施工方案等。措施项目清单组价项目目标如表10-1所示。

表10-1 措施项目清单组价项目目标

知识目标	技能目标	思政目标
（1）了解脚手架工程、模板工程、垂直运输、超高施工增加等措施项目的定额说明、定额工程量计算规则。 （2）掌握单价措施项目清单各清单项目的定额子目套用及定额工程量计算方法	（1）能正确套用单价措施项目清单项目的定额子目。 （2）能正确计算单价措施项目组价定额子目的定额工程量。 （3）能正确编制组价措施项目清单	（1）具有精益求精的工匠精神。 （2）具有节约资源、保护环境意识。 （3）具有家国情怀。 （4）具有廉洁品质、自律能力

任务10.1 脚手架工程清单组价

【任务目标】

（1）了解脚手架工程定额说明、定额工程量计算规则；掌握脚手架工程定额工程量计算方法，掌握脚手架工程工程量清单组价方法。

（2）能正确套用脚手架工程工程量清单项目的定额子目并计算定额工程量。

（3）具有严谨细致、精益求精、追求卓越的工匠精神，具有客观、公正、守法、诚信的工作作风，树立节约资源、保护环境的意识。

【任务单】

脚手架工程清单组价的任务单如表10-2所示。

表10-2 脚手架工程清单组价的任务单

任务内容	识读某供水智能泵房成套设备生产基地项目2♯配件仓库工程施工图（见附图），核查模块2项目6任务6.1任务单中脚手架工程清单项目并根据地区消耗量标准或企业定额完成其组价			
任务要求	每三人为一个小组（一人为编制人，一人为校核人，一人为审核人）			
脚手架工程工程量清单（带定额）				
项目编码	项目名称及特征	计算过程	单位	工程量

【知识链接】

10.1.1　脚手架工程定额说明

脚手架工程
定额说明

《湖南省房屋建筑与装饰工程消耗量标准》（2020 年）第十八章脚手架工程包括综合脚手架、单项脚手架，包括施工需要的脚手架搭、拆、运输及脚手架摊销的工料消耗或租赁使用费。详见二维码。

10.1.2　脚手架工程工程量计算与组价

（1）综合脚手架，按建筑面积以 m^2 计算。建筑物如有高、低跨（层）且檐口高度不在同一标准步距时，分别按高低跨（层）计算脚手架面积，分别执行相应项目。

（2）单项脚手架，按其垂直投影面积以 m^2 计算。

（3）整体提升架按外墙投影面积以 m^2 计算。

（4）凸出屋面的水箱间、电梯机房、楼梯间、闭路电视间、女儿墙等搭设的脚手架，执行相应屋面檐口高度综合脚手架项目。

（5）独立柱按周长增 3.6m 乘以柱高执行相应项目高度子目，柱高 15m 以内按单排计算，柱高 15m 以上按双排计算。

（6）砌筑脚手架，按砌筑墙体垂直投影面积计算，不扣除门窗洞口的面积。

（7）围墙砌筑架以自然地面至围墙顶面高度乘以围墙中心线长度计算，不扣除围墙门所占的面积，但独立门柱的砌筑脚手架亦不增加面积。围墙如建在斜坡上或各段高度不同时，应按各段围墙的垂直投影面积计算。围墙高度超过 3.6m 时，如双面抹灰，除按规定计算改架工以外，还可以增加一道抹灰架。

（8）安全过道，按实际搭设的水平投影面积（架宽×架长）计算。

（9）挑脚手架，按搭设长度和层数以延长米计算。悬空脚手架，按搭设水平投影面积以 m^2 计算。

（10）装饰脚手架。

① 满堂脚手架，按实际搭设的水平投影面积计算，不扣除附墙柱、柱所占面积，其基本层高以 3.6m 以上至 5.2m 为准。凡超过 3.6m、在 5.2m 以内的天棚抹灰及装饰装修，应计算满堂脚手架基本层；层高超过 5.2m，每增加 1.2m 计算一个增加层，增加层的层数＝（层高－5.2m)/1.2m，按四舍五入取整数。室内凡计算了满堂脚手架的，其内墙面装饰不再计算装饰架，只按墙面垂直投影面积，增加改架费 160 元/100m^2。

② 装饰装修外脚手架，按外架中心线乘以墙高以 m^2 计算，不扣除门窗洞口的面积。同一建筑物各面墙的高度不同且不在同一步距内时，应分别计算工程量。项目中所指的檐口高度 5～24m 以内（超过 24m，架体用量应按专项方案计算），是指建筑物自设计室外地坪面至外墙顶点或构筑物顶面的高度。

③ 利用主体外脚手架改变其步高作为外墙面装饰架时，按外墙面垂直投影面积，增加改架费 160 元/100m^2；独立柱按柱周长增加 3.6m 乘以柱高套用装饰装修外脚手架相应高度项目。

④ 内墙面装饰脚手架，均按内墙面垂直投影面积计算，不扣除门窗洞口的面积。

⑤ 吊篮按其覆盖投影面积以 m^2 计算，不扣除门窗洞口面积。

【例 10-1】 某建筑的平面图及正立面图如图 6-2 所示，墙厚为 200mm，轴线居中，施工时采用钢管扣件式脚手架。该建筑综合脚手架工程量清单如表 10-3 所示，试组价并编制其组价后的措施项目清单。

表 10-3　脚手架工程量清单

项目编码	项目名称	项目特征	计量单位	工程量
011701001001	综合脚手架	(1) 建筑结构形式：砖混结构、民用建筑。 (2) 檐口高度：4.05m	m²	11.29

【解】(1) 组价。

① 根据《湖南省房屋建筑与装饰工程消耗量标准》(2020 年)，该建筑综合脚手架清单项应套用定额子目：

a. 综合脚手架 (编码：A18-1)，50m 以内，材料用量不含钢管扣件。

b. 综合脚手架 (编码：A18-8)，钢管扣件，50m 以内。

② 计算定额子目的工程量。

a. 综合脚手架，50m 以内，材料用量不含钢管扣件。

综合脚手架定额工程量计算规则同清单工程量计算规则，$S=11.29\text{m}^2$

b. 综合脚手架，钢管扣件，50m 以内。

综合脚手架定额工程量计算规则同清单工程量计算规则，$S=11.29\text{m}^2$

(2) 编制组价后的分部分项工程量清单。组价后的脚手架工程量清单如表 10-4 所示。

表 10-4　组价后的脚手架工程量清单 (带定额)

序号	项目编码	项目名称	项目特征	计量单位	工程量
1	011701001001	综合脚手架	(1) 建筑结构形式：砖混结构、民用建筑。 (2) 檐口高度：4.05m	m²	11.29
1.1	A18-1	综合脚手架	50m 以内，材料用量不含钢管扣件	100m²	0.1129
1.2	A18-8	综合脚手架	50m 以内，钢管扣件	100m²	0.1129

【例 10-2】某建筑的平面图及正立面图如图 6-3 所示，屋面板厚为 120mm，墙厚为 200mm，轴线居中，施工时采用钢管扣件式脚手架。该建筑砌筑外脚手架、砌筑里脚手架工程量清单如表 10-5 所示，试组价并编制其组价后的措施项目清单。

表 10-5　脚手架工程量清单

序号	项目编码	项目名称	项目特征	计量单位	工程量
1	011701002001	外脚手架	(1) 搭设方式：落地式单排。 (2) 搭设高度：4.65m。 (3) 脚手架材质：钢管扣件式脚手架	m²	90.21
2	011701003001	里脚手架	(1) 搭设方式：落地式单排。 (2) 搭设高度：3.48m。 (3) 脚手架材质：钢管扣件式脚手架	m²	10.79

【解】(1) 组价。

① 套用定额子目。根据《湖南省房屋建筑与装饰工程消耗量标准》(2020 年)，套用定额子目如下：

a. 外脚手架套用定额子目：外脚手架（编码：A18-19），钢管架，15m 以内，单排。

b. 里脚手架套用定额子目：里脚手架（编码：A18-31），钢管架，3.6m 以内。

② 计算定额子目的工程量。

a. 外脚手架，钢管架，15m 以内，单排。外脚手架的定额工程量计算规则同清单工程量计算规则，$S=90.21m^2$。

b. 里脚手架，钢管架，3.6m 以内。里脚手架的定额工程量计算规则同清单工程量计算规则，$S=10.79m^2$。

（2）编制组价后的分部分项工程量清单。组价后的脚手架工程量清单如表 10-6 所示。

表 10-6　组价后的脚手架工程量清单（带定额）

序号	项目编码	项目名称	项目特征	计量单位	工程量
1	011701002001	外脚手架	（1）搭设方式：落地式单排。 （2）搭设高度：4.65m。 （3）脚手架材质：钢管扣件式脚手架	m^2	90.21
1.1	A18-19	外脚手架	钢管架，15m 以内，单排	$100m^2$	0.9021
2	011701003001	里脚手架	（1）搭设方式：落地式单排。 （2）搭设高度：3.48m。 （3）脚手架材质：钢管扣件式脚手架	m^2	10.79
2.1	A18-31	里脚手架	钢管架，3.6m 以内	$100m^2$	0.1079

【例 10-3】某单层工业厂房层高 9m，建筑面积为 $800m^2$，室内净面积为 $750m^2$，室内装饰采用钢管扣件式满堂脚手架。该建筑满堂脚手架的工程量清单如表 10-7 所示，试组价并编制其组价后的工程量清单。

表 10-7　脚手架工程量清单

项目编码	项目名称	项目特征	计量单位	工程量
011701006001	满堂脚手架	（1）搭设方式：落地式单排。 （2）搭设高度：4.65m。 （3）脚手架材质：钢管扣件式脚手架	m^2	750

【解】（1）组价。

① 套用定额子目。根据《湖南省房屋建筑与装饰工程消耗量标准》（2020 年），满堂脚手架清单项应套用定额子目：

a. 满堂装饰脚手架（编码：A18-40），3.6～5.2m。

b. 满堂脚手架（编码：A18-41×3），每增高 1.2m。

② 计算定额子目的工程量。

a. 满堂装饰脚手架，层高 3.6～5.2m。其定额工程量计算规则同清单工程量计算规则，$S=750m^2$。

b. 满堂脚手架。根据计算规则，层高超过 5.2m，每增加 1.2m 计算一个增加层，增加层的层数＝（层高－5.2m）/1.2m，按四舍五入取整数。

增加层的层数＝（层高－5.2m）/1.2m＝（9－5.2）/1.2＝3.17（层），取 3 层。

（2）编制组价后的分部分项工程量清单。组价后的脚手架工程量清单如表 10-8 所示。

表 10-8　组价后的脚手架工程量清单（带定额）

序号	项目编码	项目名称	项目特征	计量单位	工程量
1	011701006001	满堂脚手架	（1）搭设方式：落地式单排。 （2）搭设高度：4.65m。 （3）脚手架材质：钢管扣件式脚手架	m²	750
1.1	A18-40	满堂装饰脚手架	层高 3.6～5.2m	100m²	7.5
1.2	A18-41×3	满堂脚手架	每增高 1.2m	100m²	7.5

任务 10.2　模板工程清单组价

【任务目标】

（1）了解模板工程定额说明、定额工程量计算规则；掌握模板工程定额工程量计算方法，掌握模板工程量清单组价方法。

（2）能正确套用模板工程量清单项目的定额子目并计算其定额工程量。

（3）具有严谨细致、精益求精、追求卓越的工匠精神，具有客观、公正、守法、诚信的工作作风，树立节约资源、保护环境的意识。

【任务单】

模板工程清单组价的任务单如表 10-9 所示。

表 10-9　模板工程清单组价的任务单

任务内容	识读某供水智能泵房成套设备生产基地项目 2# 配件仓库工程施工图（附图 1），核查模块 2 项目 6 任务 6.1 任务单中①～③×ⓒ～ⓔ处桩承台基础垫层、桩承台基础、基础梁、柱、二层有梁板、楼梯、过梁及首层整个室外散水、坡道、台阶的混凝土模板及支架（撑）工程分部分项工程量清单并根据地区消耗量标准或企业定额完成其组价
任务要求	每三人为一个小组（一人为编制人，一人为校核人，一人为审核人）。

项目编码	项目名称及特征	计算过程	单位	工程量
		混凝土模板及支架（撑）工程量清单（带定额）		

【知识链接】

10.2.1　模板工程定额说明

《湖南省房屋建筑与装饰工程消耗量标准》（2020 年）第十九章模板工程包括现浇混凝土模板、预制混凝土模板、铝合金模板。详见二维码。

模板工程定额说明

10.2.2　工程量计算规则

1. 现浇混凝土模板

（1）现浇混凝土及钢筋混凝土模板工程量，除另有规定外，均应按混凝土与模板接触面的面积以 m² 计算。

（2）有肋带形基础，其肋高与肋宽之比在 4∶1 以内，按带形基础计算；超过 4∶1 时，其基础按带形基础计算，以上部分按墙计算。

【例 10-4】某现浇钢筋混凝土带形基础长度为 50m，如图 2-8 所示。采用竹胶合板模板木支撑。该带形基础模板的工程量清单如表 10-10 所示，试组价并编制其组价后的工程量清单。

表 10-10　带形基础模板工程量清单

项目编码	项目名称	项目特征	计量单位	工程量
011702001001	带形基础	（1）基础形状：带形基础。 （2）模板材质：竹胶合板模板木支撑 （3）肋高：1.2m	m²	150

【解】（1）组价。

① 套用定额子目。该基础肋高为 1.2m，肋宽（0.24＋0.08×2）＝0.4（m），肋高∶肋宽＝1.2∶0.4＝3∶1＜4∶1，属带形基础，套用定额子目：带形基础（编码：A19-2），钢筋混凝土，竹胶合板模板木支撑。

② 计算定额工程量。

工程量 $S = (0.3 + 1.2) \times 50 \times 2 = 150$（$m^2$）

（2）编制其组价后的工程量清单。组价后的模板工程量清单如表 10-11 所示。

表 10-11　组价后的模板工程量清单（带定额）

序号	项目编码	项目名称	项目特征	计量单位	工程量
1	011702001001	带形基础	（1）基础形状：带形基础。 （2）模板材质：竹胶合板模板木支撑	m²	150
1.1	A19-2	带形基础	钢筋混凝土，竹胶合板模板木支撑	100m²	1.5

（3）现浇钢筋混凝土墙、板上单孔面积在 0.3m² 以内的孔洞，不予扣除，洞侧壁模板亦不增加，单孔面积在 0.3m² 以外时，应予扣除，洞侧壁模板面积并入墙、板模板工程量内。

（4）现浇钢筋混凝土框架分别按梁、板、柱、墙有关规定计算；附墙柱，并入墙内工程量计算。分界规定如下：

① 柱、墙：底层，以基础顶面为界算至上层楼板表面；楼层中，以楼面为界算至上层楼板表面（有柱帽的柱应扣除柱帽部分量）。

② 有梁板：主梁算至柱或混凝土墙侧面；次梁算至主梁侧面；伸入砌体墙内的梁头与梁垫模板并入梁内；板算至梁的侧面。

③ 无梁板：板算至边梁的侧面，柱帽部分按接触面积计算工程量，套用柱帽项目。

（5）构造柱外露面均应按设计图示柱宽加马牙槎宽度乘以高度计算模板面积。构造柱与墙接触面不计算模板面积。

（6）现浇钢筋混凝土悬挑板（雨篷、阳台）按图示外挑部分尺寸的水平投影面积计算。挑出墙外的牛腿梁及板边模板不另计算。

（7）现浇钢筋混凝土楼梯，以设计图示尺寸的水平投影面积计算，不扣除小于

500mm楼梯井所占面积。楼梯的踏步、踏步板平台梁等侧面模板，不另计算。

（8）混凝土台阶，按设计图示尺寸的水平投影面积计算，台阶端头两侧不另计算模板面积。

（9）现浇混凝土小型池槽按构件外围体积计算，池槽内、外侧及底部模板不应另计算。

（10）圆弧形模板增加费按弧长以延长米计算。圆弧梁（包括相连板）按梁中心线以延长米计算；圆弧形板（包括板与弧形墙、柱相交接迹线）按弧形延长米乘以 0.5 计算。

（11）场馆看台按设计图示尺寸水平投影面积计算。

（12）梁板后浇带底模板延期拆除处理：执行有梁板模板项目，并按照接触面积计算延迟拆除费用。原主体工程量计算中的有梁板模板工程量不得扣除。

2. 模板支架

当混凝土模板支模高度大于或等于 6.6m 时，工程量按以下规定计算：支架工程量，按搭设支架质量以 t 计算。质量按其搭设空间体积乘以单位空间体积的质量计算，搭设空间体积按外围水平投影面积乘以搭设高度计算。

支架的单位空间体积质量按以下数据计算：

（1）（梁）板混凝土折算厚 30cm 以内（含 30cm），按 $30kg/m^3$ 计算。

（2）梁板混凝土折算厚 30～50cm 以内（含 50cm），按 $40kg/m^3$ 计算。

（3）梁板混凝土折算厚 50cm 以上，按 $50kg/m^3$ 计算。

3. 预制混凝土模板

预制钢筋混凝土模板工程量，除另有规定的，均按混凝土实体体积以 m^3 计算。

【例 10-5】某单层现浇框架结构屋面配筋图如图 6-10 所示，KZ1：400mm×400mm，基顶标高为 −1.50m，室外地坪标高为 −0.45m，屋面板厚为 120mm，采用竹胶合板模板钢支撑。该屋面现浇混凝土梁、板及柱模板的分部分项工程量清单如表 10-12 所示，试组价并编制其组价后的分部分项工程量清单。

表 10-12 现浇混凝土梁、板及柱模板工程量清单

序号	项目编码	项目名称	项目特征	计量单位	工程量
1	011702014001	有梁板	（1）模板材质：竹胶合板模板钢支撑。 （2）支撑高度：8.25m	m^2	84.72
2	011703007001	矩形柱（KZ1）	（1）模板材质：竹胶合板模板钢支撑。 （2）支撑高度：8.25m	m^2	86.93

【解】（1）组价。

① 套用定额子目。

a. 有梁板（编码：011702014001）：因为支撑高度为 8.25m，大于 6.6m，根据定额说明，模板按 3.6m 项目执行（不扣支架费用）；支架费用另行计算，执行单独支架项目。故套用的定额子目为 2 个：

有梁板、木模板、钢支撑（编码：A19-36）；

混凝土满堂式钢管支架（支撑高度超过 6.6m）（编码：A19-61）。

b. 矩形柱（KZ1）（编码：011702002001）：套用的定额子目应为矩形柱、木模板、钢支撑（编码：A19-18）。

② 定额子目工程量计算。

a. 有梁板。

a）有梁板模板。

其定额工程量计算规则同清单工程量计算规则，故定额工程量等于清单工程量。

b）混凝土满堂式钢管支架的工程量计算如下：

屋面有梁板混凝土体积 $V=V_{梁}+V_{板}$

$$V_{梁}=[(4.5+3+0.12\times2-0.4\times3)\times(0.45-0.12)\times0.25\times2+(4.5+3+0.12\times2-$$
$$0.25\times3)\times(0.45-0.12)\times0.25](WKL5)+(3\times2+0.12\times2-0.4\times2)(0.8-$$
$$0.12)\times0.25\times3(WKL3、WKL2)=4.43(m^3)$$

$$V_{板}=[(4.5+3+0.12\times2)(3\times2+0.12\times2)-0.4\times0.4\times6(KZ1)]\times0.12$$
$$=5.68(m^3)$$

$$V=V_{梁}+V_{板}=4.43+5.68=10.11(m^3)$$

梁板混凝土折算厚 $h=10.11/[(4.5+3+0.12\times2)(3\times2+0.12\times2)]$
$$=0.21(m)=21(cm)$$

因 21cm 小于 30cm，故支架的单位空间体积质量按 $30kg/m^3$ 计算。

支架工程量 $=30\times(4.5+3+0.12\times2)(3\times2+0.12\times2)\times8.25/1000=11.954(t)$

b. 矩形柱（KZ1）。

矩形柱模板的定额工程量计算规则同清单工程量计算规则，故定额工程量等于清单工程量。

（2）编制其组价后的工程量清单。组价后的模板工程量清单如表 10-13 所示。

表 10-13 组价后的模板工程量清单（带定额）

序号	项目编码	项目名称	项目特征	计量单位	工程量
1	011702014001	有梁板	(1) 模板材质：竹胶合板模板钢支撑。 (2) 支撑高度：8.25m	m²	84.72
1.1	A19-36	有梁板	木模板、钢支撑	100m²	0.8472
1.2	A19-61	混凝土满堂式钢管支架 （支撑高度超过 6.6m）	支撑高度：8.25m	t	11.954
2	011702002001	矩形柱（KZ1）	(1) 模板材质：竹胶合板模板钢支撑。 (2) 支撑高度：8.25m	m²	86.93
2.1	A19-18	矩形柱	木模板、钢支撑	100m²	0.8693

【例 10-6】某单层建筑施工图见图 2-164，所有墙厚 240mm，轴线居中，门窗洞口的宽高尺寸 M1 为 900mm×2100mm，M2 为 1200mm×2100mm，M3 为 1000mm×2100mm，C1 为 1500mm×1500mm，C2 为 1800mm×1500mm，C3 为 2400mm×1500mm。若门窗洞口宽度不大于 1.5m，其上门窗过梁采用预制钢筋混凝土过梁，否则采用现浇钢筋混凝土过梁，过梁高度规定：当洞口宽度小于或等于 1m 时，$h=120mm$，当洞口宽度大于 1m 时，$h=240mm$；过梁长度为洞口宽度共加 500mm 计算，模板采用木

模板。预制钢筋混凝土过梁的预制混凝土工程工程量清单如表 10-14 所示，试组价并编制其组价后的工程量清单。

表 10-14　过梁预制混凝土工程量清单

项目编码	项目名称	项目特征	计量单位	工程量
010510003001	预制混凝土过梁	（1）混凝土强度等级：C30。 （2）砂浆强度等级：1∶2 水泥砂浆	m³	0.68

【解】（1）组价。

① 套用定额子目。

套用定额子目：过梁、木模板（编码：A19-63）。

② 定额子目工程量计算。预制混凝土过梁的清单工程量计算规则同定额工程量计算规则，其定额工程量＝清单工程量＝0.68（m³）

（2）编制其组价后的工程量清单。组价后的过梁预制混凝土工程量清单如表 10-15 所示。

表 10-15　组价后的过梁预制混凝土工程量清单（带定额）

序号	项目编码	项目名称	项目特征	计量单位	工程量
1	010510003001	预制混凝土过梁	（1）混凝土强度等级：C30。 （2）砂浆强度等级：1∶2 水泥砂浆	m³	0.68
1.1	A19-63	预制混凝土过梁	木模板	10m³	0.068

任务 10.3　垂直运输工程清单组价

【任务目标】

（1）了解垂直运输工程定额说明、定额工程量计算规则；掌握垂直运输工程定额工程量计算方法，掌握垂直运输工程量清单组价方法。

（2）能正确套用垂直运输工程量清单项目的定额子目并计算定额工程量。

（3）具有严谨细致、精益求精、追求卓越的工匠精神，具有客观、公正、守法、诚信的工作作风，树立节约资源、保护环境的意识。

【任务单】

垂直运输工程清单组价的任务单如表 10-16 所示。

表 10-16　垂直运输工程清单组价的任务单

任务内容	识读某供水智能泵房成套设备生产基地项目 2#配件仓库施工图（见附图），核查模块 2 项目 6 任务 6.1 任务单中垂直运输工程分部分项工程量清单并根据地区消耗量标准或企业定额完成其组价			
任务要求	每三人为一个小组（一人为编制人，一人为校核人，一人为审核人）			
垂直运输工程量清单（带定额）				
项目编码	项目名称及特征	计算过程	单位	工程量

【知识链接】

10.3.1　垂直运输工程定额说明

垂直运输工程包括塔吊、施工电梯、其他垂直运输费。详见二维码。

垂直运输
工程定额说明

10.3.2　定额工程量计算与组价

（1）其他垂直运输费按建筑面积以 m^2 计算。

（2）塔吊、施工电梯按租赁以台·天计算。

（3）垂直运输机械设备基础工程量计算，有施工方案的，可根据具体的施工方案计算；没有施工方案的，可参照表 10-17 计算。根据工程量执行相应项目。

表 10-17　设备基础分项工程工程量计算参考

机械设备名称	设备基础尺寸（m）	土方开挖（m^3）	土方回填（m^3）	砖胎模（m^3）	砖胎模抹灰（m^3）	混凝土（m^3）	钢筋（t）	垫层混凝土（m^3）	桩基础
塔吊	5×5×1.35	52.2	8.3	7.09	32.25	33.75	1.943	2.7	工程量，根据地质情况分别按桩类型设计深度另行计算
施工电梯	4×6×0.4	17.5	2.9	2.1	13.25	9.6	0.431	2.6	

【例 10-7】某单层建筑施工图如图 6-11 所示，该工程项目垂直运输工程的分部分项工程量清单如表 10-18 所示，试组价并编制其组价后的工程量清单。

表 10-18　垂直运输工程量分部分项工程清单

项目编码	项目名称	项目特征	计量单位	工程量
011703001001	垂直运输	（1）建筑类型及结构形式：民用建筑砖混结构。 （2）建筑物檐口高度、层数：3.9m、一层	m^2	57.70

【解】（1）组价。

① 套用定额子目。根据《湖南省房屋建筑与装饰工程消耗量标准》（2020 年），该项目建筑檐口高度 $H=3.9m<24m$，按其他垂直运输项目执行，故套用定额子目：其他垂直运输费（编码：A20-5）、24m 以内。

② 定额工程量计算。其他垂直运输费工程量按建筑面积以 m^2 计算。工程量：$S=57.7$（m^2）

（2）编制其组价后的重直运输工程量清单。组价后的垂直运输工程量清单如表 10-19 所示。

表 10-19　组价后的垂直运输工程量清单（带定额）

序号	项目编码	项目名称	项目特征	计量单位	工程量
1	011703001001	垂直运输	（1）建筑类型及结构形式：民用建筑砖混结构。 （2）建筑物檐口高度、层数：3.9m、单层	m^2	57.7
1.1	A20-5	其他垂直运输费	24m 以内	$100m^2$	0.577

【例 10-8】某办公楼工程建筑面积 3494.2m^2，檐高 32.2m，8 层，主体结构混凝土施工采用塔吊运送，建筑装饰工程吊运工程量如表 10-20 所示。

（1）编制该单位工程垂直运输工程量清单。

（2）确定该单位工程塔吊和施工电梯配置。

（3）进行垂直运输清单项目组价并编制其组价工程量清单。

表 10-20　建筑装饰工程吊运工程量

序号	项目名称	计量单位	工程量	序号	项目名称	计量单位	工程量
1	砌筑工程	10m³	250	6	综合脚手架	100m²	34.94
2	混凝土梁、板	10m³	120.8	7	门窗工程	100m²	2.18
3	混凝土基础和垫层	10m³	18.5	8	楼地面装饰	100m²	28.89
4	钢筋工程	t	60.5	9	墙面装饰	100m²	80.25
5	屋面工程	100m²	5.05	10	天棚面装饰	100m²	40.78

【解】（1）编制该单位工程垂直运输工程量清单。

① 清单工程量计算。根据《房屋建筑与装饰工程工程量计算规范》（GB 50584—2013），垂直运输清单工程量可按建筑面积计算或按施工工期日历天计算，该案例选择按建筑面积计算，故其清单工程量为 3494.20（m²）。

② 编制该单位工程垂直运输工程量清单。垂直运输工程量清单如表 10-21 所示。

表 10-21　垂直运输工程量清单

项目编码	项目名称	项目特征	计量单位	工程量
011704001001	垂直运输	（1）建筑类型及结构形式：民用建筑框架结构。 （2）建筑物檐口高度、层数：29.25m、8 层	m²	3494.2

（2）确定该单位工程塔式起重机和施工电梯配置。根据定额说明，檐高大于 24m，一个单位工程配置一台塔式起重机，施工至 6 层时加设一部施工电梯。施工电梯使用时间应按工期定额扣除 6 层以下的工期。

（3）组价。

① 套用垂直运输清单项目的定额子目。

a. 塔式起重机（编码：A20-1），檐口高度 100m 以内。

b. 施工电梯（编码：A20-3），檐口高度 100m 以内。

② 计算定额工程量。

a. 塔吊：按租赁时间以台·天计算。根据定额说明，塔式起重机机械台班使用量如表 10-22 所示。

表 10-22　塔式起重机机械台班使用量计算表

序号	项目名称	计量单位	分项工程工程量	定额台班	塔式起重机机械台班使用量（台班）
1	砌筑工程	10m³	95.8	0.28	26.82
2	混凝土梁、板	10m³	120.8	0.56	67.65

续表

序号	项目名称	计量单位	分项工程工程量	定额台班	塔式起重机机械台班使用量 （台班）
3	混凝土基础和垫层	10m³	18.5	0.28	5.18
4	钢筋工程	t	60.5	0.05	3.03
5	屋面工程	100m²	5.05	0.10	0.51
6	综合脚手架	100m²	34.94	0.03	1.05
7	门窗工程	100m²	2.18	0.23	0.50
8	楼地面装饰	100m²	28.89	0.15	4.33
9	墙面装饰	100m²	80.25	0.15	12.04
10	天棚面装饰	100m²	40.78	0.15	6.12
合计					127.23

塔式起重机按每天工作 1 台班计算，其定额工程量为 127.23 台·天。

b. 施工电梯。根据《建筑安装工程工期定额》（TY01-89-2016）计算得到六层以上部分（七、八层）施工电梯使用时间为 48 天（计算过程略），施工电梯定额工程量为 48 台·天。

（4）编制组价后该单位工程垂直运输工程量清单。组价后该单位工程垂直运输工程量清单如表 10-23 所示。

表 10-23　组价后该单位工程垂直运输工程量清单（带定额）

序号	项目编码	项目名称	项目特征	计量单位	工程量
1	011703001001	垂直运输	（1）建筑类型及结构形式：民用建筑框架结构。 （2）建筑物檐口高度、层数：29.25m、8 层	m²	3494.2
1.1	A20-1	塔式起重机	檐口高度 100m 以内	台·天	127.23
1.2	A20-3	施工电梯	檐口高度 100m 以内	台·天	48

任务 10.4　超高施工增加清单组价

【任务目标】

（1）了解超高施工增加费定额说明、定额工程量计算规则；掌握超高施工增加费定额工程量计算方法，掌握超高施工增加工程量清单组价方法。

（2）能正确套用超高施工增加费清单项目的定额子目并计算定额工程量。

（3）具有严谨细致、精益求精、追求卓越的工匠精神，具有客观、公正、守法、诚信的工作作风，树立节约资源、保护环境的意识。

【任务单】

超高施工增加清单组价的任务单如表 10-24 所示。

表 10-24 超高施工增加清单组价的任务单

任务内容	某工程项目施工图如图 10-1 所示，计算其建筑工程超高施工增加清单工程量，根据《房屋建筑与装饰工程消耗量标准》（2020 年），完成超高施工增加清单项目组价并编制其组价工程量清单。
任务要求	每三人为一个小组（一人为编制人，一人为校核人，一人为审核人）。

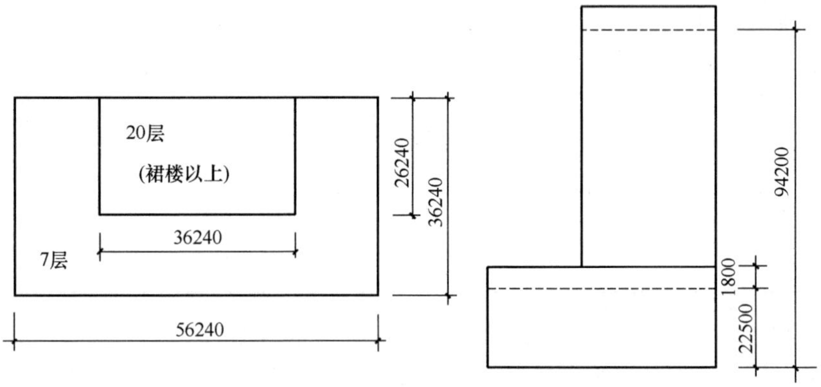

图 10-1 某工程项目施工

超高施工增加工程量清单（带定额）

项目编码	项目名称及特征	计算过程	单位	工程量

【知识链接】

10.4.1 超高施工增加费定额说明

（1）当建筑物檐口高度超过 20m 时，按消耗量标准计算超高施工增加费。

（2）当建筑物有不同檐口高度时，按建筑物的不同檐口高度竖向分割，分别计算建筑面积，以不同檐口高度分别套用相应项目。

（3）电动多级离心清水泵的设计规格与消耗量标准取定不同时，不做调整。

（4）装饰工程第十一章至第十七章超高增加费按人工费和机械费乘以表 10-25 中超高增加费系数计算。

表 10-25 超高增加费系数

檐口高度（m）	40	60	80	100	120	140	160
超高增加费系数（%）	4.50	6.43	8.36	10.29	12.21	14.14	16.07

10.4.2 工程量计算规则

（1）第十一章至第十七章超高增加费按建筑物檐口高度 20m 以上对应工程量人工费和机械费乘以相应系数计算。

（2）其他章节超高增加费，按建筑物檐口高度 20m 以上的建筑面积计算。

【例 10-9】 某高层建筑如图 10-2 所示，裙楼层高 4.5m，该建筑的建筑工程（不含装饰工程）超高施工增加工程量清单如表 10-26 所示。试根据《湖南省房屋建筑与装饰工程消耗量标准》（2020 年）完成该清单项目的组价。

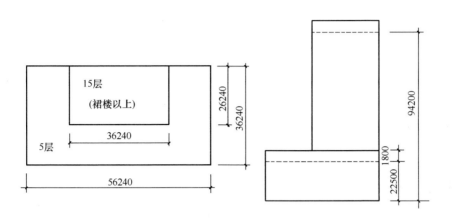

图 10-2　某高层建筑示意图

表 10-26　超高施工增加工程量清单

项目编码	项目名称	项目特征	计量单位	工程量
011705001001	超高施工增加	（1）建筑物建筑类型及结构形式：框架结构。 （2）建筑物檐口高度、层数：裙楼檐高 22.5m、5 层。塔楼檐高 94.2m、20 层。 （3）多层建筑物超过六层部分的建筑面积：13313.13m²	m²	13313.13

【解】（1）组价。

① 套用定额子目。该建筑裙楼檐高 22.5m，大于 20m，塔楼檐高 64.2m，大于 20m，裙楼、塔楼均应计算超高施工增加费。套用定额子目：

a. 超高增加费（编码：A21-1），檐高 40m 以内。

b. 超高增加费（编码：A21-4），檐高 100m 以内。

② 计算定额工程量。超高增加费的定额工程量按建筑物檐口高度 20m 以上的建筑面积计算。

a. 裙楼：超高增加费，檐高 40m 以内。

工程量 $S = (56.24 \times 36.24 - 36.24 \times 26.24) \times 5 = 5436$（m²）

b. 塔楼：超高增加费，檐高 100m 以内。

工程量 $S = 20 \times 36.24 \times 26.24 = 19018.75$（m²）

（2）编制组价后的分部分项工程量清单。组价后超高施工增加工程量清单如表 10-27 所示。

表 10-27   组价后的超高施工增加工程量清单（带定额）

序号	项目编码	项目名称	项目特征	计量单位	工程量
1	011704001001	超高施工增加	（1）建筑物建筑类型及结构形式：框架结构。 （2）建筑物檐口高度、层数：裙楼檐高 22.5m、5 层，塔楼檐高 94.2m、20 层。 （3）多层建筑物超过六层部分的建筑面积：13313.13m²	m²	13313.13
1.1	A21-1	超高增加费	檐高 40m 以内	100m²	54.36
1.2	A21-4	超高增加费	檐高 100m 以内	100m²	190.1875

提示：超高施工增加的工程量清单应按建筑工程和装饰工程分别编码列项。因为《湖南省房屋建筑与装饰工程消耗量标准》（2020 年）中建筑工程和装饰工程的超高施工增加的工程量计算规则不同。

【项目夯基训练】

【项目任务评价】

项目 11　单位工程工程量清单计价文件的编制

【项目引入】

单位工程工程量清单计价文件类型分为招标控制价、投标报价、工程结算，根据《湖南省建设工程计价办法》（2020 年），其费用均由分部分项工程费、措施项目费、其他项目费、增值税构成，其编制步骤分别为：分部分项工程量清单计价、措施项目清单计价、其他项目清单计价、增值税计算。单位工程工程量清单计价文件的编制项目目标如表 11-1 所示。

表 11-1　单位工程工程量清单计价文件的编制项目目标

知识目标	技能目标	思政目标
（1）了解土建工程招标控制价、投标报价、工程结算的编制步骤。 （2）掌握分部分项工程清单项目综合单价的计算方法。 （3）掌握分部分项工程量清单、措施项目清单、其他项目清单的计价方法。 （4）掌握增值税的计算方法。 （5）掌握土建工程招标控制价、投标报价、工程结算的编制方法	（1）能计算分部分项工程清单项目综合单价。 （2）能进行分部分项工程量清单、措施项目清单、其他项目清单的计价。 （3）能计算单位工程的增值税。 （4）能编制土建工程招标控制价、投标报价、工程结算	（1）具有精益求精的工匠精神。 （2）具有节约资源、保护环境的意识。 （3）具有家国情怀。 （4）具有廉洁品质、自律能力

任务 11.1　土建工程招标控制价的编制

【任务目标】

（1）了解招标控制价的概念、编制依据、构成、编制步骤，掌握管理费、利润、综合单价、绿色施工安全防护措施项目费的计算方法。

（2）能进行土建工程分部分项工程量清单计价、措施项目清单计价、其他项目清单计价、增值税计算；能正确编制土建工程招标控制价文件。

（3）具有严谨细致、精益求精、追求卓越的工匠精神，具有客观、公正、守法、诚信的工作作风，树立节约资源、保护环境的意识。

【任务单】

土建工程招标控制价的编制的任务单如表 11-2 所示。

表 11-2　土建工程招标控制价的编制的任务单

任务内容	某已组价砌筑工程分部分项工程量清单如下。试根据《湖南省建设工程计价办法》（2020 年）编制此分项工程的综合单价表并填写材料费明细表					
某砌筑工程分部分项工程量清单（带定额）						
序号	项目编码	项目名称	项目特征		计量单位	工程量
1	010401004001	实心砖墙	（1）砖品种、规格、强度等级：MU10 标准页岩砖。 （2）墙体类型：混水砖墙、墙厚 240mm。 （3）砂浆强度等级：M5 混合砂浆		m³	1.81

续表

序号	项目编码	项目名称	项目特征	计量单位	工程量
1.1	A4-10	混水砖墙、1砖	MU10 标准页岩砖 M5 混合砂浆砌筑	10m³	0.181
任务要求			每三人为一个小组（一人为编制人，一人为校核人，一人为审核人）		

综合单位分析表

工程名称：　　　　　　　　　　标段：　　　　　　　　　　第1页共1页

清单编码		项目名称			计量单位		数量		综合单价		
消耗量标准编号	项目名称	单位	数量	单价（元）				管理费	利润	合价（元）
				合计（直接费）	人工费	材料费	机械费			
累计（元）										
材料费明细表	材料、名称、规格、型号			单位	数量	单价	合价	暂估单价	暂估合价	

注：1. 该表用于编制招投标综合单价时，招标文件提供了暂估单价的材料，应按暂估的单价填入表内"暂估单价"栏及"暂估合价"栏。

2. 该表用于编制工程竣工结算时，其材料单价应按双方约定的（结算单价）填写。

3. 其他管理费的计算按《湖南省建设工程计价办法》（2020 年）附录 C 建筑安装工程费用标准说明第二条规定计取。

【知识链接】

11.1.1　招标控制价的概念

招标控制价是指招标人根据国家或省级、行业建设主管部门的有关计价依据和办法，以及拟定的招标文件和招标工程量清单，结合工程具体情况编制的招标工程的最高投标限额。

11.1.2　招标控制价的编制依据

（1）《建设工程工程量清单计价规范》（GB 50500—2013）。

（2）国家或省级、行业建设主管部门及建设行政主管部门颁发的消耗量标准和计价办法。

（3）建设行政主管部门发布的工程造价信息，当工程造价信息没有发布时，参照市场价。

（4）合理可行的初步施工方案，对危险性较大的分部分项工程应依据专家论证的施工方案进行编制。

（5）与建设工程有关的标准、规范、技术资料。

（6）施工现场情况、地质水文资料、工程特点及常规施工方案。

11.1.3　招标控制价的构成

（1）根据《建设工程工程量清单计价规范》（GB 50500—2013），招标控制价的构成如下：

土建工程招标控制价＝分部分项工程费＋措施项目费＋其他项目费＋规费＋税金（现已改征增值税）

（2）根据《湖南省建设工程计价办法》（2020年），招标控制价的构成如下：

土建工程招标控制价＝分部分项工程费＋措施项目费＋其他项目费＋增值税

11.1.4　单位工程招标控制价的编制

单位工程招标控制价的编制包括以下步骤：

（1）分部分项工程量清单计价。

（2）措施项目清单计价。

（3）其他项目清单计价。

（4）计算税前造价。

（5）计算销项税额。

（6）汇总计算。

11.1.5　分部分项工程量清单计价

分部分项工程费＝$\sum$（分部分项工程量×分部分项工程综合单价）

综合单价是指完成一个规定清单项目所需的人工费、材料和工程设备费、施工机械使用费和企业管理、利润以及一定范围内的风险费用。湖南省分部分项工程量清单综合单价分析表如表 11-3 所示。

表 11-3　湖南省分部分项工程量清单综合单价分析表

工程名称：　　　　　　　　　　　　标段：　　　　　　　　　　第____页共____页

清单编码			项目名称		墙体砌砖	计量单位		数量		综合单价	
消耗量标准编号	项目名称	单位	数量	单价（元）					管理费	利润	合价（元）
				合计（直接费）	人工费	材料费	机械费				
	累计（元）										
材料费明细表	材料、名称、规格、型号				单位	数量	单价	合价	暂估单价	暂估合价	

注：1. 该表用于编制招投标综合单价时，招标文件提供了暂估单价的材料，应按暂估的单价填入表内"暂估单价"栏及"暂估合价"栏。

2. 该表用于编制工程竣工结算时，其材料单价应按双方约定的（结算单价）填写。

3. 其他管理费的计算按《湖南省建设工程计价办法》（2020年）附录C建筑安装工程费用标准说明第二条规定计取。

　　提示：随着信息技术的发展，对于一些大企业，也可以利用大数据技术直接从企业数据库中取得分部分项工程项目清单综合单价，而不需要按表 11-3 计算。

　　由表 11-3 可知，要确定某分部分项工程量清单项目的综合单价，需要进行以下几个步骤的操作：

　　① 确定该分部分项工程量清单项目对应的定额项目，包括定额编号、项目名称、定额单位、工程数量，我们把这个过程称为组价。

　　② 确定单价。

　　③ 计算管理费、利润及合价。

　　④ 计算综合单价。

　　1. 分部分项工程工程量清单组价

　　分部分项工程工程量清单组价的重点是确定分部分项工程量清单项目对应的定额项目，并计算出相应定额项目的定额工程量（也称计价工程量）。此时主要是根据招标方提供的工程量清单中的项目特征，结合地区消耗量标准中相应定额项目的"工作内容""定额项目表"进行确定。下面以表 11-4 所示的分部分项工程量清单为例进行讲解。

表 11-4　分部分项工程量清单

项目编码	项目名称	项目特征	计量单位	工程量
011102001001	石材楼地面	（1）20mm 厚预拌干混 DSM15 砂浆找平层。 （2）30mm 厚预拌干混 DSM15 砂浆结合层。 （3）600mm×600mm×20mm 花岗岩面层、单色	m²	45.35

　　由表 11-4 可见，石材楼地面清单项目中的项目特征说明了要完成该清单项目的工作内容，需要完成：

　　（1）20mm 厚预拌干混 DSM15 砂浆找平层的铺设；

　　（2）30mm 厚预拌干混 DSM15 砂浆结合层的铺设；

　　（3）600mm×600mm×20mm 花岗岩面层的铺贴。根据《湖南省房屋建筑与装饰工程消耗量标准》（2020 年）第十一章楼地面工程第一节找平层，如表 11-5 所示，定额项目"找平层"的工作内容包括清理基层、调运砂浆、抹平、压实。因此确定石材楼地面清单项目的第一个定额项目为找平层，其定额编码为 A11-1，计量单位为 100m²，定额工程量计算规则同找平层的工程量清单计算规则。再根据《湖南省房屋建筑与装饰工程消耗量标准》（2020 年）第十一章楼地面工程第三节石材块料面层，如表 11-6 所示，定额项目"石材块料面层"的工作内容包括清理基层、调运砂浆、试排弹线、锯板修边、铺贴饰面、清理净面，铺贴饰面时包括 30mm 厚水泥砂浆结合层的相关工作，因此确定石材楼地面清单项目的第二个定额项目为"石材块料面层"，其定额编码为 A11-42，计量单位为 100m²，工程量计算规则为按设计图示尺寸以面积计算。门洞、空圈、暖气包槽、壁龛的开口部分并入相应的工程量内。石材楼地面清单项目组价表如表 11-7 所示。

表 11-5　找平层

工作内容：（1）清理基层、调运砂浆、抹平、压实。

（2）清理基层、混凝土搅拌、捣平、压实。

计量单位：100m²

编号			A11-1	A11-2	A11-3	A11-4	A11-5
项目			水泥砂浆			细石混凝土	
			混凝土或硬基层上	在填充材料上	每增减	30mm	每增减
			20mm		1mm		1mm
基价（元）			2849.26	3215.78	120.92	3250.28	100.76
其中	人工费		1537.09	1576.65	55.43	1558.71	45.00
	材料费		1231.84	1539.90	60.76	1602.05	52.78
	机械费		80.33	99.23	4.73	89.52	2.98
名称	单位	单价	数量				
材料	预拌干混地面砂浆 DSM15.0	m³	589.52	2.020	2.530	0.100	—	—
	现场现拌普通混凝土坍落度 45 以下碎 20C20	m³	512.46	—	—	—	3.030	0.100
	水	t	4.39	0.600	0.600	—	0.600	—
	其他材料费	元	1.00	38.372	45.778	1.806	46.662	1.538
机械	双卧轴式混凝土搅拌机 350L	台班	298.39	—	—	—	0.300	0.010
	干混砂浆罐式搅拌机 200L	台班	236.27	0.340	0.420	0.020	—	—

表 11-6　石材块料面层

工作内容：清理基层、调运砂浆、试排弹线、锯板修边、铺贴饰面、清理净面。

计量单位：100m²

编号		A11-42	A11-43	A11-44	A11-45
项目		楼地面			
		周长 3200mm 以内		周长 3200mm 以外	
		单色	多色	单色	多色
基价（元）		27293.17	27586.06	36857.00	37096.16
其中	人工费	6623.66	6916.55	6889.68	7128.84
	材料费	20467.38	20467.38	29765.19	29765.19
	机械费	202.13	202.13	202.13	202.13

名称		单位	单价	数量			
材料	大理石板 600mm×600mm×20mm	m²	176.99	102.000	102.000	—	—
	大理石板 1000mm×1000mm×20mm	m²	265.49	—	—	102.000	102.000
	预拌干湿地面砂浆 DS M15.0	m³	589.52	3.030	3.030	3.030	3.030
	石料切割锯片	片	35.40	0.350	0.350	0.350	0.350
	白水泥	kg	0.71	10.000	10.000	10.000	10.000
	水	t	4.39	2.600	2.600	2.600	2.600
	其他材料费	元	1.00	597.247	597.247	868.057	868.057
机械	干混砂浆罐式搅拌机 200L	台班	236.27	0.510	0.510	0.510	0.510
	岩石切割机 3kW	台班	48.59	1.680	1.680	1.680	1.680

表 11-7　分部分项工程量清单组价

序号	项目编码	项目名称	项目特征	计量单位	工程量
1	011102001001	石材楼地面	（1）20mm 厚预拌干混 DSM15 砂浆找平层。（2）30mm 厚预拌干混 DSM15 砂浆结合层。（3）600mm×600mm×20mm 花岗岩面层、单色	m²	45.35
1.1	A11-1	找平层、水泥砂浆、在硬基层上、20mm		100m²	0.4535
1.2	A11-42	石材楼地面、楼地面、周长 3200mm 以内、单色		100m²	0.4535

2. 确定相应定额项目的市场单价

$$市场单价＝人工费＋材料费＋机械使用费$$

$$人工费＝人工工日消耗量×市场人工工资单价$$

$$材料费＝\sum（材料消耗量×相应材料市场单价）$$

或者：

$$材料费＝定额材料费＋价差$$

$$＝定额材料费＋\sum［调整材料消耗量×（材料当前价格－材料基期价格）$$

$$市场机械费＝\sum（机械台班消耗量×相应机械市场单价）$$

其中，人工工日消耗量、材料消耗量、机械台班消耗量应根据地区消耗量标准或企业定额确定。

【例 11-1】已知 2021 年 12 月 600mm×600mm×20mm 大理石板的信息价为 245.08 元/m²，预拌干混地面砂浆 DS M15 的信息价为 339.06 元/t，其堆积密度为 1.62t/m³，其他材料价格同基期价。

（1）确定表 11-7 中石材楼地面清单项目的组价项目找平层、石材楼地面的市场单价并填入表中。

（2）完成表 11-8 中材料费明细表相应项目的填制。

表 11-8 综合单价分析表

工程名称：某办公楼　　　　　　　　标段：装饰装修工程　　　　　　　第 1 页共 1 页

清单编码	011102001001	项目名称		石材楼地面	计量单位	m³	数量	45.35	综合单价	
消耗量标准编号	项目名称	单位	数量	单价（元）				管理费	利润	合价（元）
				合计（直接费）	人工费	材料费	机械费			
A11-1	找平层、水泥砂浆、在硬基层上、20mm	100m²	0.4535							
A11-42	石材楼地面、楼地面、周长 3200mm 以内、单色	100m²	0.4535							
累计（元）										
材料费明细表	材料、名称、规格、型号			单位	数量	单价	合价	暂估单价	暂估合价	

注：1. 该表用于编制招投标综合单价时，招标文件提供了暂估单价的材料，应按暂估的单价填入表内"暂估单价"栏及"暂估合价"栏。

2. 该表用于编制工程竣工结算时，其材料单价应按双方约定的（结算单价）填写。

3. 其他管理费的计算按《湖南省建设工程计价办法》（2020 年）附录 C 建筑安装工程费用标准说明第二条规定取。

【解】（1）确定组价项目的市场单价。

① 找平层。

根据表 11-5，人工费＝1537.09（元/100m²）

材料费＝定额材料费＋价差

$\quad$＝定额材料费＋$\sum$［调整材料消耗量×（材料当前价格－材料基期价格）

$\quad$＝1231.84＋2.02×（339.06×1.62－589.52）＝1150.55（元/100m²）

根据《湖南省建设工程造价管理总站关于机械费调整及有关问题的通知》（2020 年），在组价时机械费调整系数为 0.92。

机械费＝定额机械费×0.92＝80.33×0.92＝73.9（元/100m²）

市场单价＝人工费＋材料费＋机械费＝1537.09＋1150.54＋73.9＝2761.53（元/100m²）

表中：直接费＝人工费＋材料费＋机械费＝2761.53（元/100m²）

② 石材楼地面。

根据表 11-6，人工费＝6623.66（元/100m²）

材料费＝定额材料费＋价差

$\quad$＝定额材料费＋$\sum$[调整材料消耗量×（材料当前价格－材料基期价格）]

$\quad$＝20467.38＋[3.03×（339.06×1.62－589.52）＋102×（245.08－176.99）]

$\quad$＝27290.62（元/100m²）

根据《湖南省建设工程造价管理总站关于机械费调整及有关问题的通知》（2020 年），在组价时机械费调整系数为 0.92。

机械费＝定额机械费×0.92＝202.13×0.92＝185.96（元/100m²）

市场单价＝人工费＋材料费＋机械费＝6623.66＋27290.62＋185.96＝34100.24（元/100m²）

表中：直接费＝人工费＋材料费＋机械费＝34100.24（元/100m²）

（2）计算材料用量。

① 找平层各材料用量计算。

a. 预拌干混 DSM15 砂浆：2.02×0.4535＝0.92（m³）

b. 水：0.6×0.4535＝0.27（t）

c. 其他材料费：38.372×0.4535＝17.4（元）

② 石材楼地面各材料用量计算。

a. 600mm×600mm×20mm 大理石板：102×0.4535＝46.26m²

b. 预拌干混 DSM15 地面砂浆：3.03×0.4535＝1.37（m³）

c. 石料切割锯片：0.35×0.4535＝0.16 片

d. 白水泥：10×0.4535＝4.54kg

e. 水：2.6×0.4535＝1.18（t）

f. 其他材料费：597.247×0.4535＝270.85（元）

③ 材料用量合计。

a. 600mm×600mm×20mm 大理石板：46.26（m²）

b. 预拌干混 DSM15 地面砂浆：0.92＋1.37＝2.29（m³）

c. 石料切割锯片：0.16（片）

d. 白水泥：4.54（kg）

e. 水：0.27＋1.18＝1.45（t）

f. 其他材料费：17.4＋270.85＝288.25（元）

（3）填表。将相关数据填入综合单价分析表中，如表 11-9 所示。

表 11-9 综合单价分析表——单价及材料用量计算

工程名称：某办公楼　　　　标段：装饰装修工程　　　　　　　　　　　第 1 页共 1 页

清单编码	011102001001	项目名称		石材楼地面	计量单位	m³	数量	45.35	综合单价	
消耗量标准编号	项目名称	单位	数量	单价（元）				管理费	利润	合价（元）
				合计（直接费）	人工费	材料费	机械费			
A11-1	找平层、水泥砂浆、在硬基层上、20mm	100m²	0.4535	2761.53	1537.09	1150.54	73.9			
A11-42	石材楼地面、楼地面、周长 3200mm 以内、单色	100m²	0.4535	34100.24	6623.66	27290.62	185.96			
累计（元）				36861.77	8160.75	28441.16	259.86			

	材料、名称、规格、型号	单位	数量	单价	合价	暂估单价	暂估合价
材料费明细表	600mm×600mm×20mm 大理石板	m²	46.26	245.08	11337.4		
	预拌干混 DSM15 地面砂浆	m³	2.29	548.29	1255.58		
	石料切割锯片	片	0.16	35.4	5.66		
	白水泥	kg	4.54	0.71	3.22		
	水	t	1.45	4.39	6.37		
	其他材料费	元	288.25	1	288.25		

注：1. 该表用于编制招投标综合单价时，招标文件提供了暂估单价的材料，应按暂估的单价填入表内"暂估单价"栏及"暂估合价"栏。

2. 该表用于编制工程竣工结算时，其材料单价应按双方约定的（结算单价）填写。

3. 其他管理费的计算按《湖南省建设工程计价办法》（2020 年）附录 C 建筑安装工程费用标准说明第二条规定计取。

3. 计算企业管理费、利润及综合单价

（1）计算企业管理费。企业管理费是指建筑安装企业组织施工生产和经营管理所需费用。内容包括管理人员工资、办公费、差旅交通费、固定资产使用费、工具用具使用费、劳动保险和职工福利费、劳动保护费、自检试验费、工会经费、职工教育经费、财产保险费、财务费、税金及附加、其他。

① 管理人员工资，指支付给管理人员的计时工资、奖金、津贴补贴、加班加点工资及其五险一金，以及特殊情况下支付的工资。

② 办公费，指企业管理办公用的文具、纸张、账表、印刷、邮电、书报、会议、水电、烧水和集体取暖通风（包括现场临时宿舍取暖）用煤等费用。

③ 差旅交通费，指职工因公出差、调动工作的差旅费、住勤补助费，市内交通费和

误餐补助费，职工探亲路费，劳动力招募费，职工离退休、退职一次性路费，工伤人员就医路费，工地转移费以及管理部门使用的交通工具的油料、燃料等费用。

④ 固定资产使用费，指管理和试验部门及附属生产单位使用的属于固定资产的房屋、设备仪器等的折旧、大修、维修或租赁费。

⑤ 工具用具使用费，指管理使用的不属于固定资产的工具、器具、家具、交通工具和检验、试验、测绘、消防用具等的购置、维修和摊销费。

⑥ 劳动保险和职工福利费，指由企业支付的职工退职金、按规定支付给离休干部的经费，集体福利费、夏季防暑降温、冬季取暖补贴、上下班交通补贴等。

⑦ 劳动保护费，指企业按规定发放的劳动保护用品的支出，如工作服、手套、防暑降温饮料以及在有碍身体健康的环境中施工的保健费用等。

⑧ 自检试验费，指承包人按有关标准规定，对建筑以及材料、构件和建筑安装物进行一般鉴定、检查所发生的费用，包括自设实验室进行试验所耗用的材料等费用。

⑨ 工会经费，提企业按《中华人民共和国工会法》规定的全部职工工资总额比例计提的工会经费。

⑩ 职工教育经费，指按职工工资总额的规定比例计提，企业为职工进行专业技术和职业技能培训，专业技术人员继续教育、职工职业技能鉴定、职业资格认定以及根据需要对职工进行各类文化教育所发生的费用。

⑪ 财产保险费，指施工管理用财产、车辆的保险费用。

⑫ 财务费，指企业为施工生产筹集资金或提供预付款担保、履约担保、职工工资支付担保等所发生的各种费用。

⑬ 税金及附加，指企业按规定缴纳的房产税、车船使用税、土地使用税、印花税以及城市维护建设税、教育费附加和地方教育附加。

⑭ 其他，包括技术转让费、技术开发费、业务招待费、绿化费、广告费、公证费、法律顾问费、审计费、咨询费、保险费等。

企业管理费的计算方法：

$$企业管理费＝计算基础×费率$$

《湖南省建设工程计价办法》（2020 年）关于企业管理费的计算基础和费率标准如表 11-10 所示。

（2）计算利润。利润是指承包人完成合同工程获得的盈利。利润的计算方法：

$$利润＝计算基础×费率$$

《湖南省建设工程计价办法》（2020 年）关于利润的计算基础和费率标准如表 11-10 所示。

表 11-10　企业管理费和利润取费标准

序号	项目名称	计算基础	费率标准（%）	
			企业管理费	利润
1	建筑工程	直接费	9.65	6
2	装饰工程		6.80	
3	安装工程	人工费	32.16	20

续表

序号	项目名称		计算基础	费率标准（%）	
				企业管理费	利润
4	园林绿化工程		直接费	8.00	6
5	仿古建筑工程			9.65	
6	市政	道路、管网、市政排水设施维护、综合管廊、水处理工程		6.80	
7		桥涵、隧道、生活垃圾处理工程		9.65	
8	机械土石方（强夯地基）工程			9.65	
9	桩基工程、地基处理、基坑支护工程			9.65	
10	其他管理费		设备费/其他	2.00	—

【例 11-2】 根据《湖南省建设工程计价办法》（2020 年）计算表 11-8 中企业管理费、利润及合价，并将结果填入表中。

【解】（1）计算企业管理费、利润。该工程项目属于装饰工程，故计算基础为直接费，企业管理费率为 6.8%，利润率为 6%。

① 找平层。

企业管理费＝2761.53×0.4535×6.8%＝85.16（元）

利润＝2761.53×0.4535×6%＝75.14（元）

② 石材楼地面。

企业管理费＝34100.24×0.4535×6.8%＝1051.58（元）

利润＝34100.24×0.4535×6%＝927.87（元）

（2）计算合价。

合价＝∑组价定额项目的(直接费＋管理费＋利润)

　　　＝∑(定额项目市场单价×定额工程量＋管理费＋利润)

　　　＝(2761.53×0.4535＋85.16＋75.14)＋(34100.24×0.4535＋1051.58＋927.87)

　　　＝1412.65＋17443.91＝18856.56(元)

（3）填表。将相关数据填入综合单价分析表中，如表 11-11 所示。

4. 计算综合单价

　　　　　　清单项目综合单价＝合价/清单项目清单工程量

【例 11-3】 计算表 11-8 中石材楼地面清单项目的综合单价，并将结果填入表中。

【解】（1）计算综合单价。

　　　　　　清单项目综合单价＝合价/清单项目清单工程量

　　　　　　　　　　＝18856.56/45.35＝415.80（元/m³）

（2）填表。将相关数据填入综合单价分析表中，如表 11-11 所示。

表 11-11　综合单价分析表——管理费、利润、合价及综合单价计算

工程名称：某办公楼　　　　标段：装饰装修工程　　　　　　　　　　　　　　第 1 页共 1 页

清单编码	011102001001	项目名称		石材楼地面	计量单位	m³	数量	45.35	综合单价	415.80
消耗量标准编号	项目名称	单位	数量	单价（元）				管理费 6.8%	利润 6%	合价（元）
				合计（直接费）	人工费	材料费	机械费			
A11-1	找平层、水泥砂浆、在硬基层上、20mm	100m²	0.4535	2761.53	1537.09	1150.52	73.9	85.16	75.14	1412.65
A11-42	石材楼地面、楼地面、周长 3200mm 以内、单色	100m²	0.4535	34100.24	6623.66	27290.62	185.96	1051.58	927.87	17443.91
累计（元）				36861.77	8160.75	28441.16	259.86	1136.72	1002.99	18856.56
材料费明细表	材料、名称、规格、型号		单位	数量	单价	合价		暂估单价		暂估合价
	600mm×600mm×20mm 大理石板		m²	46.26	245.08	11337.4				
	预拌干混 DSM15 地面砂浆		m³	2.29	548.29	1255.58				
	石料切割锯片		片	0.16	35.4	5.66				
	白水泥		kg	4.54	0.71	3.22				
	水		t	1.45	4.39	6.37				
	其他材料费		元	288.25	1	288.25				

注：1. 该表用于编制招投标综合单价时，招标文件提供了暂估单价的材料，应按暂估的单价填入表内"暂估单价"栏及"暂估合价"栏。

2. 该表用于编制工程竣工结算时，其材料单价应按双方约定的（结算单价）填写。

3. 其他管理费的计算按《湖南省建设工程计价办法》（2020 年）附录 C 建筑安装工程费用标准说明第二条规定计取。

11.1.6　措施项目清单计价

措施项目清单中的措施项目可以分为两类，一类是可计量措施项目（也称为单价措施项目），另一类是不可计量措施项目（也称为总价措施项目）。

1. 可计量措施项目（单价措施项目）清单计价

可计量措施项目的计价方法与分部分项工程量清单中的项目计价方法一样，主要采用综合单价分析法，这里不再讲解。这类措施项目主要有脚手架工程、模板及支撑工程、垂直运输费、超高施工增加、大型机械设备进出场及安拆费、大型机械设备基础、二次搬运费、排水降水费等。可计量措施项目（单价措施项目）清单与计价表如表 11-12 所示。

表 11-12　分部分项工程和单价措施项目清单与计价表（湖南省）

工程名称：　　　　　　　　标段：　　　　　　　　　　　　　　　　　第＿＿＿页共＿＿＿页

序号	项目编码	项目名称	项目特征描述	计量单位	工程量	金额（元）		
						综合单价	合价	其中：暂估价
1	本行为清单内容							

序号	项目编码	项目名称	项目特征描述	计量单位	工程量	金额（元）		
						综合单价	合价	其中：暂估价
1.1	本行为定额内容							
1.2	本行为定额内容							
2	本行为清单内容							
2.1	本行为定额内容							
...	......							

2. 不可计量措施项目（总价措施项目）清单计价

不可计量措施项目主要有夜间施工增加费、冬雨期施工增加费、压缩工期措施增加费、已完工程及设备保护费、工程定位复测费用等项目。

不可计量措施项目清单计价主要根据各地区计价办法中规定的计费基础、费率进行计价。例如，《湖南省建设工程计价办法》（2020 年）规定：

（1）冬雨季施工增加费在施工措施项目中列项。冬雨季施工增加费按分部分项工程费和单价措施项目费的 1.6‰计取。

（2）压缩工期措施增加费的计取：建设工程招投标阶段确定的工期，按照工期定额［《建筑安装工程工期定额》（TY01-89-2016）］标准压缩工期在 5％以下（含 5％）不计算压缩工期措施增加费。压缩工期超过工期定额 5％的，发包单位与承包单位双方应在合同中明确压缩工期措施增加费的计费标准。其计费标准可按分部分项工程费和单价措施项目费中的人工费和机械费分别乘以系数确定，参考系数如下：

① 压缩工期在 5％以上 10％以下（含 10％）的，乘以系数 1.05。

② 压缩工期在 10％以上 15％以下（含 15％）的，乘以系数 1.1。

③ 压缩工期在 15％以上 20％以下（含 20％）的，乘以系数 1.15。

④ 当招标人要求压缩工期超过 20％时，招标人应组织相关专业的专家对施工方案进行可行性论证，并承担保证工程质量和安全的责任，压缩工期所增加的人工、材料、机械用量依据专家论证的施工方案计算计入工程造价。

（3）提前竣工措施增加费的计取：工程承包合同签订后在履约过程中，承包人应发包人的要求而采取加快工程进度措施，使合同工程工期缩短所发生的费用，其计算方式和标准应由发承包双方在合同中具体约定或根据实际实施情况协商确定。

不可计量措施项目（总价措施项目）清单与计价表如表 11-13 所示。

表 11-13　总价措施项目清单与计费表（湖南省）

工程名称：　　　　　　　　标段：　　　　　　　　　　　　第＿＿＿页共＿＿＿页

序号	项目编码	项目名称	计算基础	费率	金额（元）	备注
1		夜间施工增加费				

序号	项目编码	项目名称	计算基础	费率	金额（元）	备注
2		冬雨期施工增加费				
3		提前竣工措施增加费				
4		压缩工期措施增加费				
5		工程定位复测费				
6		（专业工程中的有关措施项目费）				
…		……				

3. 绿色施工安全防护措施项目费（湖南省）

费用包括：

（1）安全文明施工费（固定费率）。

① 安全生产费，是指施工现场安全施工所需要的各项费用。

② 文明施工费，是指施工现场文明施工所需要的各项费用。

③ 环境保护费，是指施工现场为达到环保部门要求所需要的，除绿色施工措施项目以外的各项费用。

④ 临时设施费，是指施工企业为进行建设工程施工所应搭设的生活和生产用的临时建筑物、构筑物和其他临时设施费用，包括临时设施的搭设、维修、拆除、清理费或摊销费等。

（2）绿色施工措施费（按工程量计量），是指施工现场为达到环保部门绿色施工要求所需要的费用，包括扬尘控制措施费（场地硬化、扬尘喷淋、雾炮机、扬尘监控和场地绿化）、施工人员实名制管理及施工场地视频监控系统、场内道路、排水沟及临时管网、施工围挡等费用。

（3）绿色施工安全防护措施项目费的确定。

① 招投标时，绿色施工安全防护措施项目费按表 11-14 确定。此阶段绿色施工安全防护措施项目计价表如表 11-15 所示。

表 11-14　绿色施工安全防护措施项目费（总费率）

序号	单位工程	取费基数	绿色施工安全防护措施项目费总费率（%）	其中：安全生产费率（%）
1	建筑工程	直接费	6.25	3.29
2	装饰工程	直接费	3.59	3.29
3	安装工程	人工费	11.5	10.00

表 11-15　绿色施工安全防护措施项目计价表（招投标）

序号	工程内容	计算基数	费率	金额（元）	备注
一	绿色施工安全防护措施项目费	直接费/人工费			按表 11-14 确定
其中	安全生产费	直接费/人工费			

② 工程结算时，绿色施工安全防护措施项目费中的安全文明施工费（固定费率）按表 11-16 确定；绿色施工安全防护措施项目费中的绿色施工措施费（按工程量计量）则按

分部分项工程量清单计价方法确定。此阶段绿色施工安全防护措施项目计价表如表 11-17。

表 11-16　绿色施工安全防护措施项目费（固定费率）

序号	单位工程	取费基数	绿色施工安全防护措施项目费固定费率（%）
1	建筑工程	直接费	4.05
2	装饰工程	直接费	2.46
3	安装工程	人工费	7.00

表 11-17　绿色施工安全防护措施项目计价表（结算）

序号	工程内容	计算基数	金额（元）	备注
一	按固定费率部分	直接费/人工费		按表 11-16 确定
二	按工程量计算部分	1+2.1+2.3+2.4		
1	按项计算措施项目费			
1.1	智慧管理设备及系统			
1.2	扬尘喷淋系统			
1.3	雾炮机			
1.4	扬尘在线监测系统			
1.5	其他按项计算措施项目费			
2	单价措施项目费			按工程量及综合单价
2.1	直接费	2.1.1～2.1.6 中的直接费		
2.1.1	场内道路			硬化道路
2.1.2	施工围挡			
2.1.3	排水沟、管网	直接费		临时排水沟、管网
2.1.4	场地硬化			
2.1.5	场地绿化			
2.1.6	其他单价措施			
2.2	人工费	2.1.1～2.1.6 中的人工费		
2.3	管理费			
2.4	利润			
三	绿色施工安全防护措施费总计	一+1+2.1+2.3+2.4		

【例 11-4】某单位工程招标控制价汇总表如表 11-18 所示，试根据《湖南省建设工程计价办法》（2020 年）计算表中的冬雨期施工增加费、绿色施工安全措施项目费、安全生产费，并将计算结果填入表中。

表 11-18　某单位工程招标控制价汇总表

工程名称：教学楼　　　　　标段：建筑工程　　　　　　　　　　第___页共___页

序号	工程内容	计算基础说明	费率	金额（元）	其中暂估价（元）
一	分部分项工程费	分部分项费用合计			

续表

序号	工程内容	计算基础说明	费率	金额（元）	其中暂估价（元）
1	直接费				
1.1	人工费			10000	
1.2	材料费			30000	
1.2.1	其中：工程设备费/其他				
1.3	机械费			5000	
2	管理费		9.65%		
3	其他管理费			0	
4	利润		6%		
二	措施项目费				
1	单价措施项目费	单价措施项目费合计			
1.1	直接费				
1.1.1	人工费			5000	
1.1.2	材料费			8000	
1.1.3	机械费			7000	
1.2	管理费		9.65%		
1.3	利润		6%		
2	总价措施项目费				
2.1	冬雨期施工增加费		1.6‰		
3	绿色施工安全措施项目费		6.25%		
3.1	其中：安全生产费		3.29%		
三	其他项目费				
四	税前造价	一＋二＋三			
五	销项税额/应纳税额	四			
	单位工程造价	四＋五			

【解】（1）计算冬雨期施工增加费。冬雨期施工增加费按分部分项工程费和单价措施项目费的 1.6‰ 计取。

① 计算分部分项工程费中的管理费和利润。

分部分项直接费＝人工费＋材料费＋机械费＝10000＋30000＋5000＝45000（元）

管理费＝直接费×9.65%＝45000×9.65%＝4342.5（元）

利润＝直接费×6%＝45000×6%＝2700（元）

分部分项工程费＝直接费＋管理费＋利润＝45000＋4342.5＋2700＝52042.5（元）

② 计算单价措施项目费中的管理费和利润。

单价措施直接费＝人工费＋材料费＋机械费＝5000＋8000＋7000＝20000（元）

管理费＝直接费×9.65％＝20000×9.65％＝1930（元）

利润＝直接费×6％＝20000×6％＝1200（元）

单价措施项目费＝直接费＋管理费＋利润＝20000＋1930＋1200＝23130（元）

冬雨期施工增加费＝（分部分项工程费＋单价措施项目费）×1.6‰

$$＝（52042.5＋23130）×1.6‰＝120.28（元）$$

（2）计算绿色施工安全措施项目费、安全生产费。

① 计算绿色施工安全措施项目费。

绿色施工安全措施项目费＝直接费×6.25％

$$＝（10000＋30000＋5000＋5000＋8000＋7000）×6.25％$$

$$＝4062.5（元）$$

② 计算安全生产费。

安全生产费＝直接费×3.29％

$$＝（10000＋30000＋5000＋5000＋8000＋7000）×3.29％＝2138.5（元）$$

11.1.7 其他项目清单计价

其他项目清单计价主要确定暂列金额、暂估价、计日工、总承包服务费、优质工程增加费、安全责任险、环境保护税、提前竣工措施增加费、索赔签证。其他项目清单与计价汇总表如表 11-19 所示。

表 11-19 其他项目清单与计价汇总表（湖南省）

工程名称：　　　　　　标段：　　　　　　　　　　第____页共____页

序号	项目名称	金额（元）	结算金额（元）	备注
1	暂列金额			明细详见表 3.5.1.17
2	暂估价			
2.1	材料暂估价/结算价			明细详见表 3.5.1.18
2.2	专业工程暂估价/结算价			明细详见表 3.5.1.19
2.3	分部分项工程暂估价			明细详见表 3.5.1.19
3	计日工			明细详见表 3.5.1.20
4	总承包服务费			明细详见表 3.5.1.21
5	优质工程增加费			
6	安全责任险、环境保护税			明细详见表 3.5.1.22
7	提前竣工措施增加费			
8	索赔签证			明细详见表 3.5.1.23
...	......			
	其他项目费合计			

注：材料暂估单价进入清单项目综合单价，此处不汇总。

（1）暂列金额。暂列金额应按招标工程量清单中列出的金额填写，如表 11-20 所示。

表 11-20 暂列金额明细表（湖南省）

工程名称：　　　　　　　　　标段：　　　　　　　　　第＿＿页共＿＿页

序号	项目名称	计量单位	暂列金额（元）	备注
1	不可预见费			
2	检验试验费			
	合计			

注：此表由招标人填写，若不能详列，可只列暂列金额总额，投标人应将上述暂列金额计入投标总价中。

（2）暂估价。暂估价项目应按招标工程量清单中列出的金额填写，如表 11-21 和表 11-22所示。

表 11-21 材料暂估单价及调整表（湖南省）

工程名称：　　　　　　　　　标段：　　　　　　　　　第＿＿页共＿＿页

序号	材料名称、规格、型号	计量单位	数量		暂估（元）		确认（元）		差额±（元）		备注
			暂估	确认	暂估	确认	暂估	确认	暂估	确认	
1											
2											
	合计										

注：此表由招标人填写"暂估单价"，并在备注栏说明暂估价的材料拟用在哪些清单项目上，投标人应将上述材料暂估单价计入工程量清单综合单价报价中。

表 11-22 专业工程/分部分项工程暂估价及结算价表（湖南省）

工程名称：　　　　　　　　　标段：　　　　　　　　　第＿＿页共＿＿页

序号	工程名称	工程内容	暂估金额（元）	结算金额（元）	差额±（元）	备注
1						
2						
	合计					

注：此表"暂估金额"由招标人填写，投标人应将"暂估金额"计入总价中。结算时按合同约定结算金额填写。

（3）计日工。计日工应按招标工程量清单中列出的项目，参考国家、省级、行业建设主管部门颁发的计价文件及其计价办法或市场定价方法、类似工程计价方法确定综合单价，如表 11-23 所示。

表 11-23 计日工表（湖南省）

工程名称：　　　　　　　标段：　　　　　　　　　　　　第＿＿页共＿＿页

编号	项目名称	单位	暂定数量	实际数量	综合单价（元）	合价	
						暂定	实际
一	人工						
1							
2							
3							
人工小计							
二	材料						
1							
2							
3							
材料小计							
三	施工机械						
1							
2							
3							
施工机械小计							
总计							

注：1. 此表项目名称、暂定数量由招标人填写，编制招标控制价时，单价由招标人按有关计价规定确定；投标时，单价由投标人自主报价，按暂定数量计算合价计入投标总价中。结算时，按发承包双方确认的实际数量计算合价。

2. 综合单价应包括企业管理费和利润。

（4）总承包服务费、优质工程增加费应按招标工程量清单中列出的项目，参考国家、省级、行业建设主管部门颁发的计价文件及其计价办法或市场定价方法、类似工程计价方法计算，如表 11-24 所示。

表 11-24 总承包服务费计价表（湖南省）

工程名称：　　　　　　　标段：　　　　　　　　　　　　第＿＿页共＿＿页

序号	项目名称	项目价值（元）	服务内容	计算基础	费率（％）	金额（元）
合计						

（5）安全责任险、环境保护税应按招标工程量清单中列出的项目，参考国家、省级、行业建设主管部门颁发的计价文件及其计价办法或市场定价方法、类似工程计价方法计

算，如表 11-25 所示。

表 11-25　安全责任险、环境保护税取费表（湖南省）

序号	工程项目	取费基数	费率（%）
1	建筑工程	分部分项工程费＋措施项目费	1
2	装饰工程		
3	安装工程		

表 11-26　索赔与现场签证计价汇总表（湖南省）

工程名称：　　　　　　　标段：　　　　　　　　　　　　　第___页共___页

序号	索赔与签证项目名称	计量单位	数量	单价（元）	合价（元）	索赔与签证依据
—	本页小计	—	—	—	—	—
—	合计	—	—	—	—	—

【例 11-5】根据某项目招标工程量清单，该项目建筑工程其他项目费应计取的项目及费用为：暂列金额 10 万元，计日工 2 万元，总承包服务费 0.5 万元，安全责任险、环境保护税按规定计取，该项目分部分项工程费 100 万元，措施项目费 2.5 万元。试确定该项目的其他项目费合计。

【解】安全责任险、环境保护税＝（分部分项工程费＋措施项目费）×1％＝102.5×1％＝1.025（万元）

其他项目费＝暂列金额＋计日工＋总承包服务费＋安全责任险、环境保护税
＝10＋2＋0.5＋1.025＝13.525（万元）

11.1.8　增值税计算

增值税按表 11-27 计算。

表 11-27　增值税

项目名称	计算基础	费率（%）
销项税额（一般计税法）	税前造价	9
应纳税额（简易计税法）	税前造价	3

任务 11.2　土建工程投标报价的编制

【任务目标】

（1）了解投标报价的概念、编制依据、构成、编制步骤，掌握管理费、利润、综合单价、绿色施工安全防护措施项目费的计算方法。

（2）能进行土建工程分部分项工程量清单计价、措施项目清单计价、其他项目清单计价、增值税计算；能正确编制土建工程投标报价文件。

（3）具有严谨细致、精益求精、追求卓越的工匠精神，具有客观、公正、守法、诚信

的工作作风，树立节约资源、保护环境的意识。

【任务单】

土建工程投标报价的编制的任务单如表 11-28 所示。

表 11-28　土建工程投标报价的编制的任务单

任务内容	根据《湖南省建设工程计价办法》（2020 年）完成下表的填制。
任务要求	每三人为一个小组（一人为编制人，一人为校核人，一人为审核人）

单位工程投标报价计算（程序）表

工程名称：某项目　　　　　标段：建筑工程　　　　　　　　　　　　　第＿＿＿页共＿＿＿页

序号	工程内容	计算基础说明	费率	金额（元）	其中暂估价（元）
一	分部分项工程费	分部分项费用合计			
1	直接费				
1.1	人工费			5000	
1.2	材料费			2000	
1.2.1	其中：工程设备费/其他				
1.3	机械费			5000	
2	管理费		6%		
3	其他管理费			0	
4	利润		3%		
二	措施项目费				
1	单价措施项目费	单价措施项目费合计			
1.1	直接费				
1.1.1	人工费			3000	
1.1.2	材料费			5000	
1.1.3	机械费			2000	
1.2	管理费		6%		
1.3	利润		3%		
2	总价措施项目费				
2.1	冬雨期施工增加费		1.6‰		
3	绿色施工安全措施项目费		6.25%		
3.1	其中：安全生产费		3.29%		
三	其他项目费			1000	
四	税前造价	一+二+三			
五	销项税额/应纳税额	四	9%		
	单位工程造价	四+五			

【知识链接】

11.2.1　投标报价的概念

投标报价是投标人投标时响应招标文件要求所报出的，在已标价工程量清单中标明的总价。

11.2.2　投标报价编制一般规定

（1）投标价应由投标人或受其委托具有相应资质的工程造价咨询人编制。

（2）投标人的投标报价高于招标控制价的投标无效。

（3）投标报价不得低于工程成本。

11.2.3　投标报价的编制依据

（1）《建设工程工程量清单计价规范》（GB 50500—2013）。

（2）企业定额、企业数据、行业及地区计价办法。

（3）合理可行的初步施工方案，对危险性较大的分部分项工程应依据专家论证的施工方案进行编制。

（4）与建设工程有关的标准、规范、技术资料。

（5）施工现场情况、地质水文资料、工程特点及施工方案。

11.2.4　投标报价的构成

（1）根据《建设工程工程量清单计价规范》（GB 50500—2013），投标报价的构成如下：

土建工程投标报价＝分部分项工程费＋措施项目费＋其他项目费＋规费＋税金（现已改征增值税）

（2）根据《湖南省建设工程计价办法》（2020年），投标报价的构成如下：

土建工程投标报价＝分部分项工程费＋措施项目费＋其他项目费＋增值税

11.2.5　单位工程投标报价的编制

单位工程投标报价的编制包括以下步骤：

（1）分部分项工程量清单计价。

（2）措施项目清单计价。

（3）其他项目清单计价。

（4）计算税前造价。

（5）计算销项税额。

（6）汇总计算。

11.2.6　分部分项工程量清单计价

$$分部分项工程费＝\sum（分部分项工程量×分部分项工程综合单价）$$

1. 综合单价的确定

方法一：根据湖南省分部分项工程量清单综合单价分析表（表11-11）确定。

方法二：利用大数据技术直接从企业数据库中取得分部分项工程项目清单综合单价确定。

2. 综合单价分析

投标报价时，综合单价分析方法同招标控制价编制中分部分项工程项目综合单价分析方法。不同之处在于管理费、利润计算时，管理费率、利润率可以调整，不要求按计价办法规定的费率计算。不同的企业的管理水平、技术水平有差异，管理费率、利润率也不相同，鼓励企业之间竞争。

11.2.7　措施项目清单计价

对招标工程量清单中的措施项目投标人可以不全部报价，措施项目清单是非闭口清单，允许投标人之间相互竞争，采用不同的施工方案。例如，脚手架工程，如果采用不同的脚手架，报价就不相同。投标报价时没有报价的措施项目视此项报价为零，施工中不会产生此项费用。投标人可以增加措施项目清单没有的项目并进行报价。

1. 可计量措施项目（单价措施项目）清单计价

计价方法同分部分项工程量清单项目的计价。

2. 不可计量措施项目（总价措施项目）清单计价

计价方法同招标控制价编制中不可计量措施项目（总价措施项目）清单的计价方法。

3. 绿色施工安全防护措施项目费（湖南省）计价

计价方法同招标控制价编制中绿色施工安全防护措施项目费的计价方法。

11.2.8　其他项目清单计价

计价方法同招标控制价编制中其他项目清单的计价方法。

11.2.9　增值税计算

计算方法同招标控制价编制中增值税计算方法。

【例 11-6】某施工企业根据调研分析确定某项目建筑工程投标报价的管理费率为 8%，利润率为 5%，其他项目费为 5000 元；根据企业定额及工料机市场价计算的人工费、材料费、机械费如表 11-29 所示。试根据《湖南省建设工程计价办法》（2020 年）完成表 10-29 中相关项目的计算并汇总单位工程造价。

表 11-29　单位工程投标报价计算（程序）表

工程名称：教学楼　　　　　　标段：建筑工程　　　　　　　　　　第___页共___页

序号	工程内容	计算基础说明	费率	金额（元）	其中暂估价（元）
一	分部分项工程费	分部分项费用合计			
1	直接费				
1.1	人工费			5000	
1.2	材料费			25000	
1.2.1	其中：工程设备费/其他				
1.3	机械费			5000	
2	管理费		8%		
3	其他管理费			0	
4	利润		5%		
二	措施项目费				
1	单价措施项目费	单价措施项目费合计			
1.1	直接费				
1.1.1	人工费			3000	
1.1.2	材料费			8000	

续表

序号	工程内容	计算基础说明	费率	金额（元）	其中暂估价（元）
1.1.3	机械费			4000	
1.2	管理费		8%		
1.3	利润		5%		
2	总价措施项目费				
2.1	冬雨期施工增加费		1.6‰		
3	绿色施工安全措施项目费		6.25%		
3.1	其中：安全生产费		3.29%		
三	其他项目费			5000	
四	税前造价	一＋二＋三			
五	销项税额/应纳税额	四			
	单位工程造价	四＋五			

【解】 单位工程投标报价计算如表 11-30 所示。

表 11-30　单位工程投标报价计算（程序）表

工程名称：教学楼　　　　　　　标段：建筑工程　　　　　　　　　　第＿＿＿页共＿＿＿页

序号	工程内容	计算基础说明	费率	金额（元）	其中暂估价（元）
一	分部分项工程费	分部分项费用合计		39550	
1	直接费	5000＋25000＋500		35000	
1.1	人工费			5000	
1.2	材料费			25000	
1.2.1	其中：工程设备费/其他				
1.3	机械费			5000	
2	管理费	35000	8%	2800	
3	其他管理费			0	
4	利润	35000	5%	1750	
二	措施项目费	16950＋90.4＋3125		20165.4	
1	单价措施项目费	单价措施项目费合计		16950	
1.1	直接费	3000＋8000＋4000		15000	
1.1.1	人工费			3000	
1.1.2	材料费			8000	
1.1.3	机械费			4000	
1.2	管理费	15000	8%	1200	
1.3	利润	15000	5%	750	
2	总价措施项目费			90.4	
2.1	冬雨期施工增加费	39550＋16950	1.6‰	90.4	
3	绿色施工安全措施项目费	35000＋15000	6.25%	3125	

序号	工程内容	计算基础说明	费率	金额（元）	其中暂估价（元）
3.1	其中：安全生产费	35000＋15000	3.29％	1645	
三	其他项目费			5000	
四	税前造价	一＋二＋三		64715.4	
五	销项税额/应纳税额	四	9％	5824.39	
	单位工程造价	四＋五		70539.79	

任务 11.3　工程结算

【任务目标】

（1）掌握引起合同价款调整的因素及各因素发生后合同价款调整的要求；了解工程结算的类型，掌握工程结算的依据及方法。

（2）能根据合同价款调整的因素进行合同价款调整；能正确编制土建工程结算。

（3）具有严谨细致、精益求精、追求卓越的工匠精神，具有客观、公正、守法、诚信的工作作风，树立节约资源、保护环境的意识。

【任务单】

工程结算的任务单如表 11-31 所示。

表 11-31　工程结算的任务单

任务内容	某办公楼工程的土石方工程的分部分项工程项目清单与措施项目清单计价表（摘自中标人的土石方工程投标报价）如表 11-32 所示。施工过程中，因建设单位提供的地质勘察资料与场地实际地质情况不符致使沟槽、基坑土方工程量变更，其中挖沟槽土方增加 48.5m³，挖基坑土方减少 328m³，假定其他项目没有变化。试确定该工程的结算价
任务要求	每三人为一个小组（一人为编制人，一人为校核人，一人为审核人）

【知识链接】

11.3.1　工程结算的一般规定

（1）工程结算包括施工过程结算、竣工结算和合同解除结算。

（2）国有资金投资的建设工程推行过程结算，非国有投资的建设工程宜采用过程结算。

（3）施工过程结算、竣工结算和合同解除结算应按合同约定办理，合同未做约定或约定不明的，应按地区计价办法及有关规定执行。

（4）工程结算应由承包人或其委托具有相应资质的工程造价咨询人编制；国有资金投资的发包方，应当委托具有相应资质的工程造价咨询人对工程结算文件进行审核。

（5）已完成竣工结算的项目，发包人应将竣工结算文件报送有该工程管辖权的建设行政主管部门备案，未完成竣工结算备案的项目，有关部门不予办理产权登记。

11.3.2 施工过程结算

（1）施工过程结算的编制依据。

① 地区建设工程计价办法。

② 建设工程施工合同。

③ 发承包双方已确认应计入当期施工过程结算的工程量及其施工过程结算的合同价款。

④ 发承包双方已确认应计入当期施工过程结算的调整后追加（减）施工过程结算的合同价款。

⑤ 建设工程设计文件、工程变更、签证及相关资料。

⑥ 招投标文件、答疑纪要及补充通知。

（2）单价合同工程的施工过程结算，其分部分项项目和单价措施项目应按照工程计量确认的工程量与综合单价计算，列入本期应支付的过程结算款中。综合单价发生调整的，以发承包双方确认的综合单价计算过程结算款。其总价措施项目应按照合同约定的总价措施费用支付分解方式计算，列入本期应支付的过程结算款中。

（3）总价合同工程的施工过程结算，应按照合同约定的时间或形象进度节点实际完成工程量占总工程量的比例计算过程结算款。

（4）其他项目费的施工过程结算应按下列规定进行计算：

① 暂估价项目应按实际完成的、质量合格的，并得到发包人确认的金额计算。

② 计日工、签证列入当期支付的进度款中，同期支付。

③ 总承包服务费应按服务事项以合同约定的计算方式计算总承包服务费；合同没有约定计算方式的，可按当期完成的、质量合格的、非承包人自行施工的专业工程造价，计算总承包服务费。

④ 安全责任险、环境保护税依据表11-189的规定计算。

⑤ 除优质工程增加费、提前竣工措施增加费、索赔外，发承包双方已确认应计入当期施工过程结算的合同价款调整金额应列入施工过程结算款，并同期支付。

⑥ 成本加酬金合同的施工过程结算，应按实际完成的、质量合格工程，根据合同约定的计价方式计算相应的工程成本和酬金以及有关增值税。

⑦ 增值税应按规定计算，同期支付。

⑧ 经发承包双方签署认可的施工过程结算文件，应作为竣工结算文件的组成部分，竣工结算不应再重新对该部分工程内容进行计量计价。

11.3.3 竣工结算

（1）工程完工后，发承包双方应在合同约定的时间内办理竣工结算。

（2）竣工结算的编制依据。

① 地区建设工程计价办法。

② 建设工程施工合同。

③ 发承包双方已确认的施工过程结算价款。

④ 发承包双方实施过程中已确认的工程量及其结算的合同价款。

⑤ 发承包双方实施过程中已确认调整后追加（减）的合同价款。

⑥ 建设工程设计文件、工程变更、签证及相关资料。

⑦ 招投标文件。

⑧ 其他依据。

（3）合同工程完工后，承包人应在经发承包双方确认的施工过程结算的基础上汇总编制完成竣工结算文件，应在提交竣工验收申请的同时向发包人提交竣工结算文件。

（4）发包人应在收到承包人提交的竣工结算文件后，在合同约定或规定期限内完成审核。发包人经核实，认为承包人还应进一步补充资料和修改结算文件，应在合同约定或规定时限内向承包人提出核实意见，承包人在收到核实意见后在合同约定或规定时限内应按照发包人提出的合理要求补充资料，修改竣工结算文件，并应再次提交给发包人复核后批准。

（5）发包人应在收到承包人再次提交的竣工结算文件后在规定期限内予以复核，将复核结果通知承包人，并应遵守以下规定：

① 发包人、承包人对复核结果无异议的，应在合同约定或规定期限内在竣工结算文件上签字确认，竣工结算办理完毕。

② 发包人或承包人对复核结果认为有误的，无异议部分按照本条第一款规定办理不完全竣工结算；有异议部分由发承包双方协商解决；协商不成的，应按照合同约定的争议解决方式处理。

（6）发包人在收到承包人竣工结算文件在合同约定或规定时限内，不核对竣工结算或未提出核对意见的，应视为承包人提交的竣工结算文件已被发包人认可，竣工结算办理完毕。

（7）承包人在收到发包人提出的核实意见后在合同约定或规定时限内，不确认也未提出异议的，应视为发包人提出的核实意见已被承包人认可，竣工结算办理完毕。

（8）发包人对工程质量有异议，拒绝办理工程竣工结算的，已竣工验收或已竣工未验收但实际投入使用的工程，其质量争议应按该工程保修合同执行，竣工结算应按合同约定办理；已竣工未验收且实际未投入使用的工程以及停工、停建工程的质量争议，双方应就有争议的部分委托有资质的检测鉴定机构进行检测，并应根据检测结果确定解决方案，或按工程质量监督机构的处理决定执行后办理竣工结算，无争议部分的竣工结算应按合同约定办理。

11.3.4　合同解除结算

（1）发承包双方协商一致解除合同的，应按照达成的协议办理结算和支付合同价款。

（2）因不可抗力导致合同无法履行的，发包人和承包人都有权解除合同。合同解除后，发承包人应商定或确定发包人应当支付的款项，该款项包括：

① 合同解除前承包已完成工作的价款。

② 承包人为工程订购的并已交付给承包人，或承包人有责任接受交付的材料和其他物品的价款。

③ 发包人要求承包人退货或解除订货合同而产生的费用，或因不能退货或解除合同而产生的损失。

④ 承包人撤离施工现场以及遣散承包人人员的费用。

⑤ 按照合同约定在合同解除前应支付给承包人的其他款项。

⑥ 扣减承包人按照合同约定应向发包人支付的款项。

⑦ 双方商定或确定的其他款项。

发包人应在商定或确定上述款项后 28 天内完成上述款项的支付。当发包人应扣除的金额超过了应支付的金额，承包人应在合同解除后的 58 天内将其差额退回给发包人。

（3）因承包人违约解除合同的，发包人应暂停向承包人支付任何价款。发包人应在合同解除 28 天内核实合同解除时承包人已完成工作对应的合同价款，以及按施工进度计划已运至现场的材料货款，按合同约定核算承包人应支付的违约金以及给发包人造成损失或损害的索赔金额，并将结果通知承包人。发承包双方应在 28 天内予以确认或提出意见，并办理结算合同价款。如果发包人应扣除的金额超过了应支付的金额，承包人应在合同解除后的 56 天内将其差额退回发包人。发承包双方不能就解除合同后的结算达成一致的，按照合同约定的争议解决方式处理。

（4）因发包人违约解除合同的，发包人除应按照第二条的规定向承包人支付各项价款以及退还质量保证金外，应按合同约定核算发包人应支付的违约金以及给承包人造成损失或损害的索赔金额费用。该笔费用应由承包人提出，发包人核实后应在与承包人协商确定的 7 天内向承包人签发支付证书。协商不能达成一致的，应按照合同约定的争议解决方式处理。

【例 11-7】某办公楼工程的土石方工程的分部分项工程项目清单与措施项目清单计价表（摘自中标人的土石方工程投标报价）如表 11-32 所示。施工过程中，因建设单位提供的地质勘察资料与场地实际地质情况不符致使沟槽、基坑土方工程量变更，其中挖沟槽土方增加 8.5m³，挖基坑土方增加 108.5m³，回填方增加 97m³，外运土方增加 20m³，假定其他项目没有变化。试确定该工程的结算价。

表 11-32　分部分项工程项目清单与措施项目清单计价表

工程名称：办公楼　　　　　　标段：建筑工程　　　　　　　　　　第 1 页共 1 页

序号	项目编码	项目名称	项目特征	计量单位	工程量	综合单价（元）	合价（元）
	A.1	土石方工程					
1	010101001001	平整场地	土壤类别：一、二类土	m²	574.60	2.30	1321.58
2	010101003001	挖沟槽土方	（1）土壤类别：一、二类土。（2）挖土深度：2m 以内。（3）弃土运距：1km	m³	153.81	39.45	6067.80
3	010101004001	挖基坑土方	（1）土壤类别：一、二类土。（2）挖土深度：4m 以内。（3）弃土运距：1km	m³	4132.74	19.39	80133.83
4	010103001001	回填方	（1）密实度要求：夯填。（2）填方材料：素土回填	m³	4011.59	7.59	30447.97
5	010103002001	余土外运	（1）废弃料品种：素土。（2）运距：1km	m³	274.98	19.54	5373.11
			合计				123344.29

【解】《湖南省建设工程计价办法》（2020 年）中的工程价款调整规定：①当分部分项工程量变更后，调增工程量在 15％以内（含 15％）时，其综合单价应按照原综合单价确定；②当分部分项工程量变更后，调增工程量在 15％以上时，超过原工程量部分的综合单价应按照省建设行政主管部门颁发的建设工程消耗量标准、取费标准、计费程序及建设行政主管部门颁发的工程造价信息（工程造价信息没有发布的参照市场价）确定，但投标人投标报价时或合同约定的优惠比例应予保持。

该工程挖沟槽土方增加：$8.5 \div 153.81 \times 100\% = 5.53\% < 15\%$，增加部分的综合单价按中标人投标报价中已标价工程量清单相应项目综合单价计算。

挖基坑土方增加：$108.5 \div 4132.75 \times 100\% = 2.63\% < 15\%$，增加部分的综合单价按中标人投标报价中已标价工程量清单相应项目综合单价计算。

回填方增加：$97 \div 4011.59 \times 100\% = 2.42\% < 15\%$，增加部分的综合单价按中标人投标报价中已标价工程量清单相应项目综合单价计算。

余土外运增加：$20 \div 274.98 \times 100\% = 7.27\% < 15\%$，增加部分的综合单价按中标人投标报价中已标价工程量清单相应项目综合单价计算。

该工程的结算价 = 中标价 + 增加费用

$$= 123344.29 + 8.5 \times 39.45 + 108.5 \times 19.39 + 97 \times 7.59 + 20 \times 19.54$$
$$= 126910.46（元）$$

【例 11-8】某办公楼工程的土石方工程的分部分项工程项目清单与措施项目清单计价表（摘自中标人的土石方工程投标报价）如表 11-33 所示。施工过程中，因建设单位提供的地质勘察资料与场地实际地质情况不符致使沟槽、基坑土方工程量变更，其中挖沟槽土方减少 8.5m³，挖基坑土方增加 828.6m³，假定其他项目没有变化。试确定该工程的结算价。

表 11-33　分部分项工程项目清单与措施项目清单计价表

工程名称：办公楼　　　　　标段：建筑工程　　　　　　　　　　　　　　　　第 1 页共 1 页

序号	项目编码	项目名称	项目特征	计量单位	工程量	综合单价（元）	合价（元）
	A.1	土石方工程					
1	010101001001	平整场地	土壤类别：一、二类土	m²	574.60	2.30	1321.58
2	010101003001	挖沟槽土方	(1) 土壤类别：一、二类土。 (2) 挖土深度：2m 以内。 (3) 弃土运距：1km	m³	153.81	39.45	6067.80
3	010101004001	挖基坑土方	(1) 土壤类别：一、二类土。 (2) 挖土深度：2m 以内。 (3) 弃土运距：1km	m³	4132.74	15.80	65297.29
4	010103001001	回填方	(1) 密实度要求：夯填。 (2) 填方材料：素土回填	m³	4011.59	7.59	30447.97
5	010103002001	余土外运	(1) 废弃料品种：素土。 (2) 运距：1km	m³	274.98	19.54	5373.11
合计							108507.75

【解】挖沟槽土方减少：$8.5 \div 153.81 \times 100\% = 5.53\% < 15\%$，减少部分的综合单价按中标人投标报价中已标价工程量清单相应项目综合单价计算。

挖基坑土方增加：$828.6 \div 4132.75 \times 100\% = 20.05\% > 15\%$。调增工程量在15%以内（含15%）的，其综合单价应按照原综合单价确定，此部分工程量为$4132.75 \times 15\% = 619.91$（$m^3$）；调增工程量在15%以上时，超过原工程量部分的综合单价应按照省建设行政主管部门颁发的建设工程消耗量标准、取费标准、计费程序及建设行政主管部门颁发工程造价信息（工程造价信息没有发布的参照市场价）确定，此部分工程量为$828.6 - 619.91 = 208.69$（m^3）。

确定挖基坑土方超出15%部分的综合单价，如表11-34所示。

表11-34 综合单价分析表

工程名称：某办公楼　　　　标段：建筑工程　　　　　　　　　　　　　　　　第1页共1页

清单编码	010101004001	项目名称		挖基坑土方	计量单位	m^3	数量	208.69	综合单价	39.41
消耗量标准编号	项目名称	单位	数量	单价（元）				管理费	利润	合价（元）
				合计（直接费）	人工费	材料费	机械费	9.65%	6%	
A1-3	人工挖基坑土方、普通土	100m^3	2.0869	3407.36	3407.36	0	0	686.19	426.65	
累计（元）				7110.82	7110.82	0	0	686.19	426.65	8223.66

该工程的结算价＝中标价－减少费用＋增加费用

$= 108507.75 - 8.5 \times 39.45 + 619.91 \times 15.8 + 208.69 \times 39.41$

$= 126191.48$（m^3）

【项目夯基训练】

【项目任务评价】

"湘潭市某中学招标控制价编制"案例

湘潭市某中学
招标控制价编制

附图　某供水智能泵房成套设备生产基地项目 2♯配件仓库

参 考 文 献

[1] 中华人民共和国住房和城乡建设部，中华人民共和国国家质量监督检验检疫总局. 建设工程工程量清单计价规范：GB 50500—2013[S]. 北京：中国计划出版社，2013.

[2] 袁建新，袁媛，候兰. 建筑工程定额与预算：第 3 版[M]. 成都：西南交通大学出版社，2018.

[3] 湖南省建设工程造价管理总站. 湖南省建设工程计价办法 [S]. 北京：中国建材工业出版社，2020.

[4] 湖南省建筑工程造价管理总站. 湖南省房屋建筑与装饰工程消耗量标准. [S]. 北京：中国建材工业出版社，2020.

[5] 刘元芳. 建筑工程计量与计价[M]. 北京：中国建材工业出版社，2012.

[6] 蔡红新，闫石，樊淳华. 建筑工程计量与计价[M]. 北京：北京理工大学出版社，2009.

[7] 肖剑飞，万小华. 建筑工程计量与计价[M]. 北京：中国建材工业出版社，2012.

[8] 易红霞，周金菊. 建筑工程计量与计价[M]. 长沙：中南大学出版社，2017.

[9] 黄山，王宏辉. 工程量清单计价实务[M]. 北京：中国建材工业出版社，2014.

[10] 吴志超，吴洋. 建筑工程计量与计价[M]. 北京：中国建筑工业出版社，2021.

[11] 中华人民共和国住房和城乡建设部，中华人民共和国质量监督检验检疫总局. 建筑工程建筑面积计算规范：GB/50353—2013，[S]. 北京：中国计划出版社，2013